华东师范大学出版社
· 上海 ·

郑毓信数学教育文选

郑毓信◎著

图书在版编目(CIP)数据

郑毓信数学教育文选/郑毓信著. —上海:华东师范大学出版社,2021
(当代中国数学教育名家文选)
ISBN 978-7-5760-1525-6

Ⅰ.①郑… Ⅱ.①郑…Ⅲ.①数学教学-文集 Ⅳ.①O1-4

中国版本图书馆CIP数据核字(2021)第052231号

当代中国数学教育名家文选
郑毓信数学教育文选

著　　者　郑毓信
策划编辑　刘祖希
责任编辑　刘祖希　吉　翔
责任校对　刘凯旆　时东明
装帧设计　卢晓红

出版发行　华东师范大学出版社
社　　址　上海市中山北路3663号　邮编200062
网　　址　www.ecnupress.com.cn
电　　话　021-60821666　行政传真021-62572105
客服电话　021-62865537　门市(邮购)电话021-62869887
地　　址　上海市中山北路3663号华东师范大学校内先锋路口
网　　店　http://hdsdcbs.tmall.com

印 刷 者　上海雅昌艺术印刷有限公司
开　　本　787×1092　16开
印　　张　28.75
插　　页　4
字　　数　468千字
版　　次　2021年7月第1版
印　　次　2021年7月第1次
书　　号　ISBN 978-7-5760-1525-6
定　　价　128.00元

出 版 人　王　焰

郑毓信学术经历及活动缩影

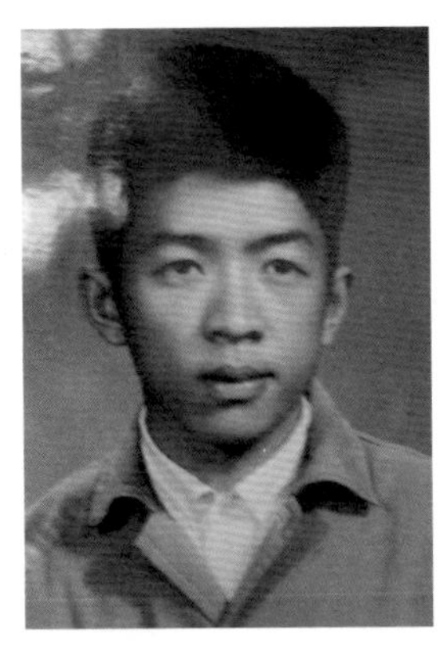

1965 年毕业于
江苏师范学院数学系

1966–1978 年任教于
南京市五七中学（原二女中）

1977 年摄于研究生考场

1981 年硕士研究生毕业于
南京大学哲学系

毓信 雅正、惠存

利治赠

2002/10/22

与恩师徐利治先生合影，感谢他在
各方面给自己的极大帮助与关心

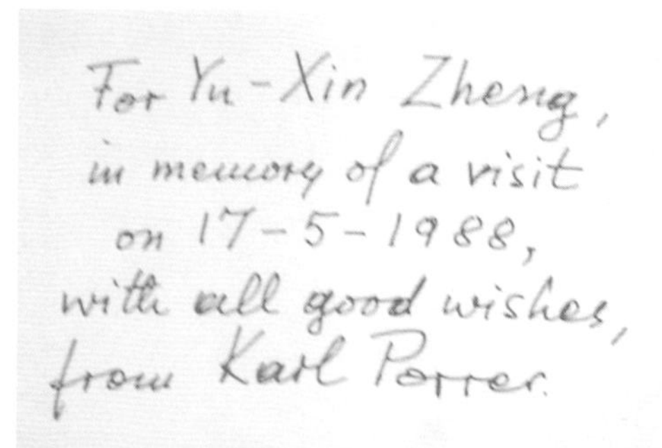

For Yu-Xin Zheng,
in memory of a visit
on 17-5-1988,
with all good wishes,
from Karl Popper.

1987–1988 年访英期间与世界著名哲学家
卡尔 · 波普尔合影（图中文字为波普尔题词）

1988 年摄于英国剑桥大学的几何桥

1991–1992 年访美期间与世界著名数学教育家罗伯特 · 戴维斯合影（图中文字为戴维斯题词）

1992 年访美期间参与美国课堂教学之情景

1995 年访问香港大学期间与梁贯成先生合影

1997 年访问台湾期间与李国伟先生合影

郑毓信主要著作及报告剪影

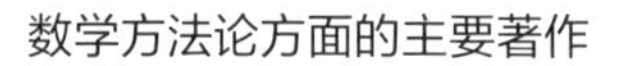

数学方法论方面的主要著作

数学教育哲学方面的主要著作

四川教育出版社与上海教育出版社出版的系列著作

小学数学教育方面的著作

其他方面的部分著作

在国外学术期刊与论文集中发表的部分文章

在国外与我国台湾地区学术讲演的部分公告

目录

总序

数学教育具有悠久的历史。从一定程度上来讲，有数学就有数学教育。据记载，中国周代典章制度《礼记·内则》就有明确的对数学教学的内容要求："六年教之数与方名……九年教之数日，十年出就外傅，居宿于外，学书计。"又据《周礼·地官》："保氏掌谏王恶，而养国子以道，乃教之六艺，一曰五礼，二曰六乐，三曰五射，四曰五驭，五曰六书，六曰九数。"尽管周代就有关于数学教育的记载，但长期以来我国数学教学的规模很小，效果也不太好，大多数数学人才不是正规的官学(数学)教育培养出来的。中国古代的数学教育作为官方教育的一个组成部分，用现在话语体系来讲，其目标主要是培养管理型和技术型人才，既不是"精英"教育，也不是"大众"教育。

1582年，意大利传教士利玛窦来到中国。1600年，徐光启和李之藻向利玛窦学习西方的科学文化知识，翻译了欧几里得《几何原本》，对中国的数学与数学教育产生了一定的影响。1920年以后，在学习模仿和探索的基础上，中国人编写的数学教学法著作逐渐增多，内容不断扩展，水平也逐步提高，但主要还只是小学数学教育研究，大多数只是对前人或外国的教学法根据教学实践进行修补、总结而成的经验，并没有形成成熟的教育理论。1949年新中国成立后，通过苏联教育文献的引入，数学教学法得到系统的发展。如"中学数学教学法"就是从苏联伯拉基斯的《中学数学教学法》翻译而来，主要内容也只是介绍中学数学教学大纲的内容和体系，以及中学数学中的主要课题的教学法。

从国际范围来看，数学教育学科的形成、理论体系的建立时间也不长。在相当长一段时间内，数学教育主要是由数学家在从事数学研究的同时兼教数学，并没形成专职数学教师队伍。在社会经济、科学技术不发达的时代，能够有机会(需要)学习数学的人也只是少数，自然对数学教育(学)进行系统的研究就没有太多的需求。数学教师除了需要掌握数学还要懂得教学法才能胜任数学教学工作，这一点直到19世纪末才被人们充分认识到。"会数学不一定会教数学""数学教师是有别于数学家的另一种职业"这样的观念开始逐渐被认同。最早提出把数学教育过程从教育过程中分离出来,作为一门独立的科学加以研究的是瑞士教育家别斯塔洛齐(J. H. Pestalozzi)。1911年,哥廷根大学的鲁道夫·斯马克(Rudolf Schimmack)成为第一个数学教育的博士,其导师便是赫赫有名的德国数学家、数学教育学家菲利克斯·克莱因(Felix Klein)。数学家一直是数学教育与研究的中坚力量。随着数学教育队伍的不断发展,教育学家、心理学家、哲学家、社会学家的不断融入,数学教育学术共同体不断走向了多元化,其中有些学者本身就是出自于数学界。

我国的数学教育系统深入的研究,总体上来讲起步则更晚。1977年恢复高考后,我国的教育开始走上了正规化的道路。进入21世纪以后,随着我国经济的发展,教育进入了一个飞速发展的新时代。

(1)“数学教育学”的提出

随着20世纪以来对数学教育学科建设的探讨,人们逐渐认识到“数学教材教法”这一提法的局限性:相关研究主要集中在中小学数学内容如何教、教学大纲(课程标准)及教材如何编写等方面,而且以经验性的总结为主,从而提出了建立“数学教育学”学科的设想,在很大程度上赋予了这一领域更为广泛的学术内涵,并将其进一步细分为:数学教学论、数学课程论、数学教育心理学、数学教育哲学、数学教育测量与评价等相关研究领域,使得数学教育学科建设逐步走向深入。

(2)数学教育学术共同体的形成

数学教育内涵的明晰与发展,伴随数学教育学术共同体的形成。一方面,一批长期致力于数学与数学教育研究的专家学者,对我国数学教育研究领域的问题进行了深入的思考与研究,取得了丰硕成果,引领着我国数学教育的研究与实践。另一方面,随着数学教育研究生培养体系的形成与完善,数学教育方向博士、硕士毕业生成为数学教育研究队伍中新生力量的主体。更为重要的是,随着近年数学课程改革的不断深入,广大的一线教师成为新课程理念与实践的探索者、研究者,在数学课程改革中发挥了重要的作用。一批长期致力于数学与数学教育的专家学者,以及广大的一线教师、教研员,形成了老中青数学教育工作者多维度梯队,为我国数学教育理论体系的建设作出了重要贡献。

(3)国际数学教育学术交流与合作研究

随着我国改革开放的推进与社会经济发展,数学教育国际合作交流活动日渐频繁,逐步走向深层次、平等对话交流与合作研究。20世纪八九十年代,数学教育国际合作交流的形式主要是邀请国外专家来华访问、做学术报告,中国的研究者向国外学者请教、学习。这对我国的数学教育研究走向国际起到了非常重要的作用。这一阶段的主要特点是介绍国外先进的教育理论、数学教育理论,经常提到的话题是"与国际接轨"。进入21世纪,国内学者出国访问、参加学术会议、博士研究生联合培养,以及国外博士生毕业回国工作等人数爆发式增长。通过参加国际学术交流,反思我国的数学教育研究,我国学者的数学教育研究水平得到了极大的提高。这一时期我国的数学教育界经常提到的话题则是"要让中国的数学教育走向世界"。近年来,数学教育国际合作交流进入了的新发展时期。人们逐渐认识到,听讲座报告、参加学术会议,已经不能满足我国数学教育发展的需求。我国学者通过上述交流平台,与国外学者开展合作项目研究,针对中国以及国际数学教育共同关注的问题,形成中国特色数学教育理论。通过举办、承办重大学术会议(如第14届国际数学教育大会)等让国际数学教育界更好地了解中国,在国际数学教育舞台上开展平等的对话交流、合作研究。这一时期常常提到的是"在国际数学教育舞台上发出中国的声音"。我国数学教育国际化程度的不断提升,在很大程度上促进和提升了我国数学教育研究的水平。

(4) 数学教育研究成果的不断丰富

近年来,随着数学教育研究水平的提升、数学教育研究方法的不断完善,我国数学教育的成果不断丰富。数学教育研究不仅在国内的学科教育研究领域独领风骚,而且在国际上的影响力不断提升。这里特别需要提及的是,进入本世纪,数学教育方向的博士研究生的学位论文以及他们后续的相关研究,在某种程度上对整体拉升数学教育研究的水平起到了关键性作用,而《数学教育学报》则为此提供了最主要的阵地。不言自明的是,我国数学教育博士点开创者,对中国的数学教育理论与实践逐步走向世界舞台,起到了关键的决定性的作用。我们需要很好地学习、总结他们的研究成果。

华东师范大学出版社计划出版"当代中国数学教育名家文选"(丛书),开放式地逐步邀请对数学教育有系统深入研究的资深数学家、数学教育家,将他们的研究成果汇集在一起,供大家学习、研究。本套丛书策划编辑刘祖希副编审代表出版社约请我担任丛书主编,虽然我一直有这样的朦胧念头,但未曾深入思考，我深感责任重大，担心不能很好完成这一历史使命。然而，这一具有重大意义的工作机缘既然已到，就不应该推辞，必须责无旁贷全力去完成。特别值得一提的是，正当丛书（第一批）即将正式出版之际，传来该丛书入选上海市重点图书出版项目的喜讯，这更增加了我们的信心和使命感。

当然，所收录的数学教育名家文选作者只是当代中国数学教育研究各领域的资深学者中的一部分，由于各种原因以及条件限制，并不是全部。真诚欢迎数学教育同仁与我或刘祖希副编审联系，推荐（自荐）加入作者队伍。

北京师范大学特聘教授、博士生导师

义务教育数学课程标准修订组组长

2021 年春节完成初稿

“五一”劳动节定稿

前言

笔者多年前曾聆听过小学语文教学专家王菘舟老师的一堂语文课。课名已记不清了,好像是"我最爱的人"。课一开始,王菘舟老师就让每个学生在纸上写下自己最爱的5个人。学生很快完成了这样一个任务,甚至没有任何的迟疑或犹豫;然后,王老师又让学生将已填写的最爱的人由5人减为3人、2人,此时学生表现出了一定困难:他们很难确定在原先认定的人中应当去掉哪个人;最后,老师又要求学生将此压缩成1个人,这时学生就完全"崩溃"了,因为,他们完全不能承受将自己心爱的人轻易除去这样的"痛苦"。要指出的是,华东师范大学出版社约我自主编辑《郑毓信数学教育文选》这样一部文集,几乎使我陷入了同样的境地。因为,在过去40多年中,我共撰写了400多篇学术文章,即使局限于"核心期刊"(包括"人大复印报刊资料")或由其他刊物全文转载、以及在境外学术期刊发表的文章也还有170多篇,如果再严格控制至与数学教育直接相关的文章,也即除去我在科学哲学、逻辑学等方面的文章,也还有130多篇,从而就远远超出了出版社关于这一著作篇幅的限制,也即必须从中做出严格的筛选,而这当然也是一件不很容易的事(正由于篇幅的限制,笔者对于《文选》中所收入的一些文章也做了一定删减)。

但我仍然十分感谢华东师范大学出版社的各位同仁为我提供了这样一个机会,因为,这使我下决心认真地回看一下过去的全部工作,包括从总体上思考这样的问题:这些年来自己在数学教育领域究竟做了哪些工作? 这些工作究竟有怎样的意义? 后一问题当然更应由读者与其他同行来评价,但这确又可被看成我在这方面工作最简单的一个概括:所有这些都可归结为"数学教育的理论建设"。

笔者的相关工作在不同时期有不同重点(尽管前后也有一定交叉)。首先,早期工作主要集中于"数学方法论"与"数学教育哲学",这体现了自己的这样一个选择,即是由单纯的哲学研究、包括数学哲学研究转向实际数学活动、特别是数学教育。其次,由于从1978年起自己有较多机会赴英美等国以及我国港台地区做长期学术访问，从而也就有意识地加强了这样一项工作，即是对于国际上数学教育现代发展的了解与综合分析。因为，这显然也应被看成促进我国数学教育事业深入发展、特别是提高理论研究水平十分重要的一个方面和途径；再者，从2000年开始，随着我国新一轮数学课程改革的开展，这也逐渐成为了我在这方面工作的重心，即是希望能从理论角度对课程改革的健康发展发挥一定作用，包括从学术角度提出批评和建议；当然，在这一过程中自己的认识也有一定发展，特别是由于"核心素养说"的促进，更使我对数学教育基本目标形成了这样一个认识，即是我们应当积极提倡"(数学)深度教学"，从而很好落实"努力提升学生的核心素养"这一基本目标。最后，由于一切数学教育理论或教学思想都需通过教师的实际工作才能得到落实，课程改革的成功也离不开教师的专业成长，因此，笔者这些年来也特别关注"数学教师的专业成长"这样一个论题，又由于相关研究同样具有较强的理论色彩，从而也可被归属于"数学教育的理论建设"这样一个范围。

这就是本《文选》的基本架构：

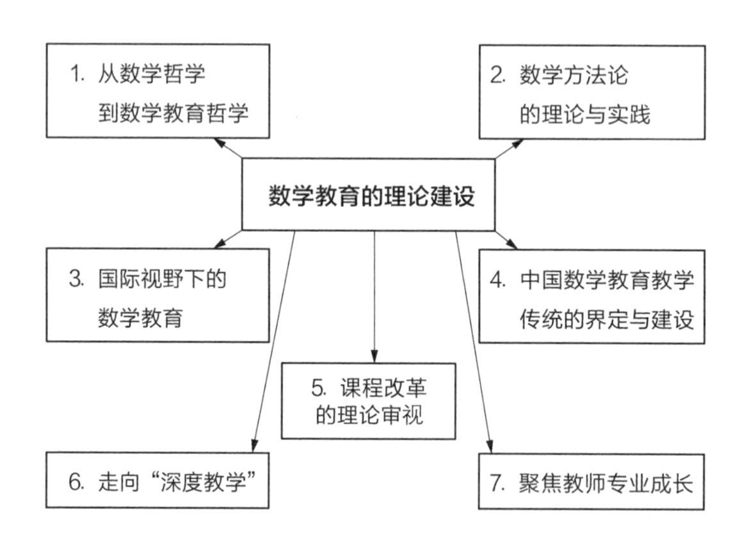

笔者在编选这一《文选》时还坚持了这样一个原则，即是集中于相关文章的启示意义，而这主要地又不是一种历史的考察，而是以当前的读者作为主要对象，也即希望所选用的文章对于当前的数学教育教学工作仍能发挥积极的促进作用——更一般地说，这也是笔者始终具有的一个愿望。当然，这一目标是否

得到了实现,仍有待于各位同仁,特别是一线教师的检验和评价!

最后,相对于大多数数学教育研究而言,笔者在这一方面的工作也有一定的特殊性,即是较强的"哲学味",这是由笔者的"特殊人生"决定的。为了帮助读者更好地理解这样一点,《文选》的附录部分专门收入了自己在2019年撰写的一个"自传":《数学·哲学·教育——我的"跨界"教育人生》,希望也能引起读者的兴趣!

笔者愿借此机会对这些年来一直给自己很大支持的各位同行、教研员、出版界的朋友,特别是广大一线教师表示衷心的感谢,因为,如果没有你们的支持和鼓励,我决不可能一直走到今天!

《文选》的编辑恰逢南京大学哲学系建系100周年,笔者也愿借这一文集表达我对母校哲学系的感激之情,特别感谢各位师长、领导、朋友为我从事学术研究提供了一个十分宽松、十分友好的环境,更感谢各位同事、朋友在各个方面所一直给予的理解与支持!

郑毓信

2020年10月18日

第一章　从数学哲学到数学教育哲学

自笔者1978年进入南京大学哲学系攻读硕士学位起，数学哲学一直是笔者一个主要的研究领域。除已收入本书的“数学哲学中的革命”(1.1节)一文以外，1986年由人民出版社出版的《西方数学哲学》(与夏基松教授合作，由我的硕士学位论文改写而成)、1990年由江苏教育出版社出版的《数学哲学新论》，以及我1990年在《英国科学哲学杂志》(*The British Journal for Philosophy of Science*)第9期发表的“从数学发现的逻辑到科学研究纲领方法论”(From the Logic of Mathematical Discovery to the Methodology of Scientific Research Programmers)、2000年在《哲学研究》第10期发表的“数学哲学：20世纪末的回顾与展望”也是这方面较重要的一些成果。

由于大学毕业后自己曾长期任中学数学教师，从而形成了强烈的数学教育情结，这也促使我在一些年后由纯粹的数学哲学研究转向了“数学教育哲学”。当然，除去个人的因素以外，数学教育哲学在当代的兴起也有一定的必然性，读者由1.2节“数学教育哲学概论”对此即可有较好了解，包括什么是数学教育哲学的主要内容(对此还可见另文“由数学哲学到数学教育哲学”，《科学、技术与辩证法》，1994年第5期)。

1.3节和1.4节的两篇文章则集中体现了笔者的这样一个认识：尽管数学教育哲学具有自己的基本问题，我们又应高度关注数学教育的现实情况，并从哲学高度对此做出具体分析，从而促使人们更深入地进行思考，特别是有效地避免与纠正各种可能的片面性；另外，这两篇文章之所以都集中于“建构主义”这样一个论题,则是因为后者在 20 世纪 90 年代前后的教育领域中具有较大的影响(对此感兴趣的读者还可见另文“建构主义及其教学涵义”,《中学数学教学参考》,2003 年第 10、11 期;以及 1998 年上海教育出版社出版的由笔者与香港大学梁贯成教授合作完成的《认知科学、建构主义与数学教育》一书。以下则是另外一些相关的文章:“数学教育哲学与课程改革”,《湖南教育》,2012 年第 2、3 期;由笔者与肖红合作完成的“从数学哲学到数学教育”,《课程 · 教材 · 教法》,2010 年第 12 期等)。

最后,由于笔者至今已在数学教育哲学这一方面出版了三部著作,即 1995 年四川教育出版社出版的《数学教育哲学》、2008 年广西教育出版社出版的《数学教育哲学的理论与实践》与 2015 年华东师范大学出版社出版的《新数学教育哲学》,因此,为了帮助读者很好地了解笔者在这一方面的认识发展,特别是现今的基本立场,笔者又专门收入了自己为《新数学教育哲学》一书撰写的前言:“开放的数学教育哲学研究”(1.5 节),希望能促进读者在这方面的进一步思考。

1.1 数学哲学中的革命[①]

20世纪六七十年代前后，数学哲学在发展中经历了十分深刻的变化：这不仅是指基本观念的根本性变革，也表现于研究问题、研究方法乃至研究立场的重大转变。从而，如果采用科学哲学的术语，我们就可以说，数学哲学已经历了一场深刻的革命。

具体地说，数学哲学中的革命，是相对于以数学基础研究为中心的时代而言的。也正因此，为了便于对照，我们就将首先对“基础主义的数学哲学”作出简要分析；然后再围绕“数学哲学中的革命”这一主题对数学哲学的现代发展作出概述；最后，笔者还将对数学哲学现代研究中的不同范式，以及数学哲学对于实际数学活动的意义作出简要分析。

一、基础主义的数学哲学

从1890到1940年的五十年，可以说是数学哲学研究的黄金时代。在这一时期中，弗雷格(G. Frege)、罗素(B. Russell)、布劳维尔(L. E. J. Brouwer)和希尔伯特(D. Hilbert)等人围绕数学基础问题进行了系统和深入的研究，并发展起了逻辑主义、直觉主义和形式主义等具有广泛和深远影响的数学哲学观，从而为数学哲学研究开拓出了一个崭新的时代。(详可见P. Benacerraf & H. Putnam [ed.], *Philosophy of Mathematics: Selected Readings*, Prentic-Hall Inc., 1964；或夏基松、郑毓信，《西方数学哲学》，人民出版社，1986)

尽管逻辑主义等学派在基础研究中采取的基本立场各不相同，但从整体上说，这三个学派又有着明显的共同点，后者可被看成“基础主义的数学哲学”的主要特点。

---

① 本文初稿曾由笔者先后在英国、意大利、荷兰、德国与我国台湾地区的多所高校和研究所做专题报告。英文稿“The Revolution in the Philosophy of Mathematics”发表于*Logique et Analyse*(1997)，中文稿发表于《国外社会科学前沿(1999)》，上海社会科学院出版社，1999。

第一,基础研究在数学中应当说具有悠久的传统:由于数学是逻辑地展开的,因此,正如罗素在《数学哲学导论》中所指出的,数学研究可以沿着两个相反的方向进行,即或者是研究“从我们开始所肯定的东西能定义或推演出什么”,从而逐步趋向更大的复杂性,也可以追问我们所肯定的基本概念和命题“能从什么更普遍的概念与原理定义或推演出来”,从而进入愈来愈高的抽象和逻辑的单纯。后者就是一般意义上的基础研究。例如,19 世纪所谓的“分析的算术化”就可被看成这种基础研究的实际例子。

然而,与一般的基础研究相比,逻辑主义等学派的工作又可说具有更加直接的认识论根源。具体地说,这与所谓的“数学基础危机”有着直接的联系:集合论悖论的发现曾在数学家中引起了极大的困惑和不安,因为,集合论观点的统治地位正是数学现代发展的一个重要特点,从而,集合论悖论的发现就对整个数学的可靠性构成了极大威胁,这就清楚地表明了深入开展基础研究的必要性和紧迫性。

简言之,对于已有数学理论和方法可靠性的极大忧虑正是逻辑主义等学派基础研究工作的共同出发点,或者说,基础主义的数学哲学主要就是围绕以下问题展开的:我们应当如何解决数学的可靠性问题?

第二,由于深深地沉溺于对已有数学理论和方法可靠性的疑虑或不安,因此,逻辑主义等学派在基础研究中普遍地采取了“批判和改造”的立场,即都认为应对已有的数学理论和方法进行严格的批判或审查,并通过改造或重建它们来彻底解决数学的可靠性问题。这也就如贝纳塞洛夫(P. Benacerraf)和普特南(H. Putnam)在对以上三个学派的基础研究工作进行总结时所指出的:他们所考虑的主要问题是“‘合法’的数学应当是什么样的?”也即“什么样的概念和方法是合法的,从而可以正当地加以使用的?”(*Philosophy of Mathematics: Selected Readings*,同前,第 2 页)

由此可见,基础主义的数学哲学主要是一种规范性的研究。

第三,作为上述立场的具体体现,逻辑主义等学派分别提出了自己的基础研究规划。对逻辑主义者来说,就是以逻辑为基础开展出全部数学;直觉主义者则试图按照“可构造性”的标准建立新的(直觉主义)数学以取代已有的(古典)数学;最后,著名的希尔伯特规划则是认为应当把包含非有限成分的数学理论组织成形式系统,并用有限的方法证明这种系统的无矛盾性。

从而,对于逻辑分析的高度重视也可被看成逻辑主义等学派的又一共同特征。这也就是指,逻辑分析正是基础主义数学哲学的主要方法。①

进而,也正由于对于逻辑方法的突出强调,因此,在基础主义者看来,数学的实际发展历史就不具有任何的重要性。例如,发现的问题就被认为属于心理学的研究范围而与哲学分析完全无关。

第四,逻辑主义等学派的最终目标都是希望通过自己的工作为数学奠定一个"永恒的、可靠的基础",从而彻底解决数学的可靠性问题。也正因此,尽管各个学派对于什么是数学的最终基础有不同的理解,但从总体上说,他们所体现的又都可以说是一种静态的、绝对主义的数学观,即是将数学的发展看成无可怀疑的真理在数量上的单纯积累。

进而,在基础主义者看来,数学真理性的最终依据又只能是理性,而非经验(或者更恰当地说,实践),也正因此,上述的静态的、绝对主义的数学观就可被看成是与经验主义数学观直接相对立的。这也就如基切尔(P. Kitcher)所指出的:"先验论的认识论构成了基础主义数学哲学的一个隐蔽前提……如果除去这一前提,就没有任何理由认为某一部分数学是第一位的,也即构成了其他全部数学的基础。"(Mathematical Naturalism, *History and Philosophy of Modern Mathematics*, ed. by W. Asprey & P. Kitcher, University of Minnesota Press, 1988)

二、一个时代的终结

数学哲学以基础研究为中心的时代已经过去。这在一定意义上可以被认为是一个消极的后果:尽管逻辑主义等学派曾作出了极大努力,但他们的研究最终却都没有能够获得成功,从而,在经历了前述的"黄金时代"以后,数学哲学的发展就一度"进入了一个悲观的、停滞的时期"。这也就如外尔(H. Weyl)所说:"关于数学最终基础和最终意义的问题还是没有解决;我们不知道向哪里去

---

① 当然,就基本的哲学立场而言,直觉主义又认为是直觉、而非逻辑构成了数学的最终基础;但是,由于直觉主义的主要目标也是数学的重建,后者最终又必然地依赖于对于全部数学逻辑结构的深入分析,从而也就必然地会用到逻辑的方法,尽管所谓的"直觉主义逻辑"只是在后来(通过黑丁的工作)才得到了清楚界定。

找它的最后解答,或者根本就不能期望会有一个最后的客观回答。”(莫里斯·克莱因,《古今数学思想》,上海科学技术出版社,1979,第四册,第324页)

当然,新的发展不可避免。导致新发展的原因可以大致归结如下。

第一,关于基础主义在总体上的反思和批评。

例如,现代的数学哲学家几乎一致地对基础研究中提出的各种观念感到不满,并认为应当寻找新的“出路”。例如,尽管鲁滨逊(A. Robinson)把1890年至1940年的这五十年称为“数学哲学的黄金时代”,但他还是认为所有那些作为数学的哲学基础提出来的观点都有严重的缺陷和困难。(Formalism 64, *Logic, Methodology and Philosophy of Mathematics*, ed. by Y. Bar-Hillel, North-Holland, 1964:228-229)另外,普特南(H. Putnam)则可说采取了一种更加直接的批判立场,即是认为“数学哲学中的各种体系无一例外都是不用认真看待的”。(Mathematics without Foundations, *Mathematics, Matter and Method*, Cambridge University Press, 1979:43-45)

人们通过具体分析提出了这样的观点,即是认为数学中根本不存在所谓的“基础危机”,从而,所谓的“基础研究”也就不具有任何特别的重要性,或者说,“基础问题”根本就不应被看成数学哲学研究的主要内容。显然,相对于先前的论点而言,后一认识是更加深刻的,并标志着数学哲学的研究已经脱离基础主义的传统进入了一个新的发展时期。

(应当强调的是,在断言“数学基础问题已不再是数学哲学研究的中心问题”的同时,我们又不应完全否定基础研究的意义。事实上,后者现已在很大程度上成为了一种专门的数学研究;另外,作为先前的数学基础研究的继续和发展,相应的哲学思考应当说也有一定的意义,特别是,由于集合论在现代数学中占有特别重要的地位,关于集合概念的深入分析就已成为现代数学哲学研究的一个重要课题——当然,这只是全部数学哲学的一个部分,而不应被看成数学哲学的中心问题或主流。)

第二,关于应当如何开展数学哲学研究的新思考。

这种新思考显然与对于基础主义的反思和批评直接相关,两者的区别则主要在于:前者具有更直接的建设性意义,而且,相对于具体的研究工作而言,这种研究也达到了更高的层次,即可被看成“元数学哲学”的研究,因为,它所关注的已不是如何发展某一具体的数学哲学理论,而是“数学哲学应当是怎样的一门学科”这样一个更基本的问题。

具体地说，人们对基础主义的数学哲学严重脱离实际数学活动的做法提出了尖锐批评，并认为数学哲学不应是一种规范性的研究。如赫斯(R. Hersh)就曾明确指出：我们“不承认任何一种先验的哲学信条有权告诉数学家应该做什么，或者宣称他们正在不由自主地或不知所谓地正在做什么”。(“复兴数学哲学的一些建议”，《数学译林》，1981 年第 2 期，第 75 页)与此相反，现今人们普遍地认为，数学哲学应当成为实际数学工作者的“活的哲学”。这也就是说，实际的数学活动应当成为数学哲学的渊源和最终依据。显然，这不仅标志着数学哲学研究立场的根本性转变，更可被看成对于实际数学工作者呼声的直接反映。

第三，来自科学哲学的重要启示。

就数学哲学的现代发展而言，还应特别提及来自科学哲学的重要启示。

具体地说，现代的数学哲学不仅从现代的科学哲学研究吸取了有益的思想和方法，还通过直接“移植”获得了新的研究问题。例如，拉卡托斯(I. Lakatos)就是通过把波普尔(K. Popper)的证伪主义科学哲学理论推广应用到数学领域从而发展起了自己的拟经验主义数学观；另外，现代数学哲学中关于数学知识增长及其合理性问题的研究也可被看成一般科学哲学中关于科学知识增长及其合理性的研究在数学哲学中的直接“反响”；再例如，现代的数学哲学家之所以特别重视数学史的研究则可说是在方法论上从科学哲学研究获得的重要教益。这也就如赫斯所指出的：“库恩的名著是深入这类科学哲学问题的典范，它只有基于对历史的研究才成为可能。这类工作必须在数学史和数学哲学领域开展下去。”(“复兴数学哲学的一些建议”，同前，第 78 页)

综上可见，数学哲学研究已经告别基础主义时代进入了一个新的发展时期。这也就如托玛兹克(T. Tymoczko)所指出的：“现在正是后基础主义(post-foundationism)进入数学哲学主流之中的适当时候了！”(*New Directions in the Philosophy of Mathematics*, Birkhauser, 1985)

三、数学哲学中的革命

为了清楚地说明数学哲学现代发展的革命性质，以下再围绕研究立场、研究方法、研究问题及基本观念等方面与基础主义的数学哲学作一比较。

第一,研究立场的转移,即由与实际数学活动的严重分离转移到了与实际数学活动的密切结合。

具体地说,尽管逻辑主义等学派所采取的基本立场各不相同,但他们所从事的又都是一种规范性的工作,即是对实际数学活动提出了明确的规范,并力图按照这样的标准对已有数学进行改造或重建;也正因此,基础研究在整体上就暴露出了严重脱离实际数学活动的弊病。与此相反,现代的数学哲学研究则采取了一个新的立场,即是认为数学哲学应当成为实际数学工作者的"活的哲学",也即应当"真实地反映当我们使用、讲授、发现或发明数学时所作的事"。

第二,对于数学史的高度重视。

作为上述立场的具体表现,数学史在现代数学哲学研究中得到了普遍重视。人们重新引证康德的著名论述:"没有科学史的科学哲学是空洞的;没有科学哲学的科学史是盲目的",并在这一方向作出了切实努力。从而,历史方法事实上就已成为现代数学哲学研究的一个基本方法。(对此例如可参见 I. Lakatos, *Proof and Refutations*, ed. by J. Worrall & E. Zahar, Cambridge University Press, 1976;P. Kitcher, *The Nature of Mathematical Knowledge*, Oxford University Press, 1984; T. Koetsier, *Lakatos' Philosophy of Mathematics:A Historical Approach*, North-Holland, 1991)

与基础主义者唯一强调逻辑分析相比,历史方法的应用不仅意味着研究方法的重要变革,也为数学哲学研究开拓了一些新的研究方向,即如关于数学发展的社会—文化研究等。(对此例如可参见 M. Kline, *Mathematics in Western Culture*, George Allen & Unwin Ltd., 1954;L. Wilder, *Mathematics as a Culture System*, Pergamon Press, 1980)

第三,研究问题的转移。

具体地说,现代的数学哲学家一般不再关心数学的可靠性问题,而这事实上就是数学工作者实际态度的直接反映。这也就如斯坦纳(M. Steiner)等人所指出的,这是数学哲学研究的一个明显和无可辩驳的出发点,即人们具有一定的数学知识,这些数学知识是可靠的,也即是很好地确证了的。(*Mathematical Knowledge*, Cornell University Press, 1975)

对于旨在建立"实际数学工作者的活的哲学"的数学哲学家来说,数学的本质是什么无疑构成了数学哲学研究的核心问题。这也就如英国学者欧内斯特

(P. Ernest)所指出的:“数学哲学应当对数学的性质作出说明,包括数学家的实践,数学的应用,数学在人类文化中的地位,等等。”(The Revolution in the Philosophy of Mathematics and its Implication for Education, *New thinking about the Nature of Mathematics*, ed. by C. Ormell, MAG-EDU University of East Anglia, 1992:33)

特殊地,与科学哲学的现代研究相对应,现代的数学哲学家也十分重视数学方法论的研究,即如“数学定义是如何得到改进的?”“证明方法是如何被修改的?”以及更一般的“数学知识是如何增长的?”“是什么使得某些数学理论优于其他理论?”“数学家在工作中是否遵循着一定的方法论原则?”显然,这些问题也清楚地表明了数学哲学对于实际数学活动的意义:这主要是一种启发性的工作。这也就如埃斯帕瑞(W. Asprey)和基切尔所指出的:“如果我们拥有了这样一些原则,历史学家就可以此为依据对数学的实际历史与理想情况进行对照,从而发现一些有趣的事例,在其中即是由于外部因素而导致了对于方法论指向的偏离。进而,数学家也可能会发现这是一项有意义的工作,即是认识到他们所选择的领域是如何由过去的数学衍生出来的,某些方法论原则又是如何在数学核心概念的历史演变中始终发挥了重要作用。最后,这可能也非言过其实,即所说的研究对于解决数学家们关于各种研究途径合理性和某些思想意义的争论也有一定的启示作用。”(W. Asprey & P. Kitcher [ed.], *History and Philosophy of Modern Mathematics*, University of Minnesota Press, 1988)

第四,动态的、拟经验主义的数学观对于静态的、绝对主义的数学观的取代。

如果说静态的、绝对主义的数学观在基础主义的数学哲学中占据了主导地位,那么,由于把着眼点转移到了实际数学活动,人们现今已不再把数学的发展看成无可怀疑的真理在数量上的简单积累;恰恰相反,作为人类的创造性活动,其中显然不可避免地包含有谬误的成分,这种活动也必然地会受到社会、文化等多种因素的影响,从而,数学的发展就应被看成一个包含猜测、错误和尝试、证明和反驳、检验与改进的复杂过程,并依赖于个体与群体的共同努力。

就现代的数学观而言,我们还应特别提及这样一些理论:

首先,在此即有所谓的“数学活动论”,而其基本涵义之一就是认为数学不应被等同于数学知识的简单汇集,而应被看成一个由“语言”“方法”“问题”“命题”等多种成分组成的复合体；另外，作为数学活动社会性质的重要表现，每个数学家在现代社会中又必然地是作为相应社会共同体（“数学共同体”）的一员从事研究活动的，从而也就自觉或不自觉地处于一定的数学传统之中，因此，我们也就应当把作为数学传统具体体现的各种“观念”，如数学观和应当如何从事数学研究的共识等，看成“数学（活动）”的又一重要组成成分。

其次，除去经验主义的“现代复兴”以外，所谓的“拟经验主义数学观”也应被看成现代数学观的又一重要内涵。后者的基本观点是：除社会实践以外，数学也具有自己相对独立的检验标准，这就是关于数学意义的分析，如新的研究是否有利于认识的深化和方法论上的进步等。在笔者看来，这也正是对于数学特殊性的直接肯定。（详可见郑毓信，《数学哲学新论》，江苏教育出版社，1990）

最后，作为数学现代发展的直接反映，一些学者提出了“数学是模式的科学”这样一个观点。例如，著名数学家麦克莱恩（S. MacLane）就曾指出：“数学并不是关于这个或那个真实事物的，而是关于由各种事物或先前的模式所提示的模式或形式的。因此，数学研究并非是关于事物的研究，而是模式的研究。”（The Protean Character of Mathematics, *The Space of Mathematics: Philosophical, Epistemological and Historical Exploration*, ed. by J. Echeverria & A. Ibarra & T. Mormann, Walter de Gruyte, 1992）显然，这不仅为“什么是数学”提供了明确解答，也表明了我们应当如何去从事数学研究。

综上可见，相对于基础主义而言，现代数学哲学无论就研究问题、研究方法，或是研究的基本立场和主要观念而言，都已发生了质的变化，从而，我们可明确地宣称：数学哲学的现代发展已经发生了革命性的变化。

四、数学哲学现代研究中的不同范式

应当提及的是，基础主义的数学哲学也曾被描述为数学哲学的一次革命。例如，托玛兹克就曾写道：“作为一门学科，数学哲学在世纪之交时曾经历了重大变革。如果将数学与科学加以对照，遵循库恩的观点，我们也可把这一变革看成是一次革命或是新的范式的建立。”（Mathematics, Science and Ontology, *Synthese*, 88(2), 1991）

托玛兹克曾对基础主义数学哲学的主要研究问题和研究方法进行了分析：

"这种新的数学哲学的主要问题是:什么是数学的基础?这一问题的解答则被认为可以借助新出现的数理逻辑这一学科得到发现。"(同前)由此可见,尽管托玛兹克在此并未直接提及相关研究的基本立场和基本的数学观,上述言论仍可被看成为本文第一节中关于基础主义主要特征的分析提供了直接支持。

更重要的是,如果接受托玛兹克的观点,那么,对于数学哲学的历史发展我们就可大致地区分出以下三个时期(图 1-1):

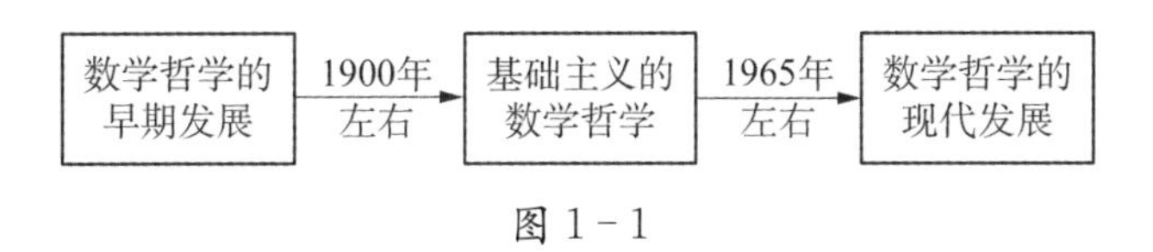

图 1-1

另外,还应强调的是,上述的革命性变化又不应被看成数学哲学现代研究中的唯一范式,恰恰相反,这一领域中现存在多种不同的范式,或者说,即是多种不同的研究方向或纲领。特别是,我们在此并可看到数学哲学早期传统的一种"回归",这也就是指,现代的一些数学哲学家又重新回到了那些自柏拉图和亚里士多德的时代起就曾吸引过无数哲学家的问题,即是数学的本体论问题和真理性问题(认识论问题)。当然,相关的现代研究也有一些新的特点,特别是,这种研究即是与现代分析哲学的主流密切相关的。(关于后一研究方向的一个很好综述可参见 W. Asprey & P. Kitcher [ed.], *History and Philosophy of Modern Mathematics*, University of Minnesota Press, 1988)

事实上,只需对数学哲学领域中的一些代表性著作做一比较我们就可清楚地看出上述两个研究方向或研究范式之间的重要区别。例如,尽管以下两部论文集的编者都声称自己的论文集收集了近年来数学哲学领域中最有吸引力的和最重要的一些论文;但这两本论文集甚至都没有包括一篇共同的论文:(1)*New Directions in the Philosophy of Mathematics*, ed. by T. Tymoczko(由书名即可看出,这一著作属于"革命的范式");(2) *The Philosophy of Mathematics*, ed. by W. Hart(笔者以为,这一著作应被归属于另一范式)。

进而,如果说数学哲学现代研究中的"革命性范式"力图成为实际数学工作者的"活的哲学",那么,另一种范式则就可以说是"哲学家的数学哲学"。因为,后者集中于数学的本体论问题和真理性问题,而对此类问题感兴趣的主要是哲学家,而非数学家。这也就如埃斯帕瑞和基切尔所指出的:“这些问题正是认识论和形而上学这样一些(哲学)基本问题在20世纪的延续。”(*History and Philosophy of Modern Mathematics*,同前,第16页)

从而,对于数学哲学的历史发展我们就可作出如下的进一步细分(图1-2):

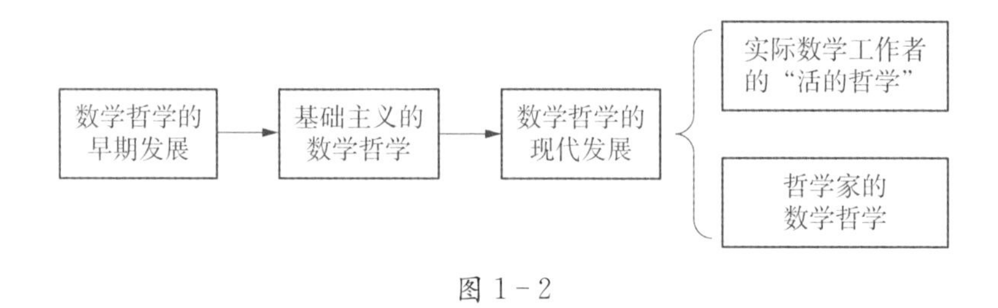

图1-2

五、数学哲学对于实际数学活动的意义

希望上面的论述不会导致这样一种误解,即是认为数学哲学家需要高度重视实际的数学活动,而数学哲学则除去作为酒余饭后的一个消遣话题以外对实际数学活动不具有任何真正的意义。也正是基于这样的担心,作为全文的结束,笔者以为,就有必要对数学哲学与实际数学活动之间的关系做出进一步的分析,特别是,希望能清楚地指明数学哲学对于实际数学活动的积极意义。

第一,数学家与数学哲学。

正如前面所指出的,基础主义数学哲学的一个主要弊病就是完全脱离了实际的数学活动,从而,在从事新的研究时,我们就应注意纠正这样一种倾向,特别是,我们应真实地反映数学工作者(尤其是著名数学家)对于自己学科的看法。

但是,作为问题的另一方面,我们又应看到,实际数学工作者的各种言论、包括其对于自身工作较为自觉的哲学反思并不能被看成数学哲学的主要内容,而这不仅是因为数学上的高明不能等同于哲学上的深刻,更是因为数学哲学应当摆脱素朴的水平上升到理论的高度,而这当然依赖于更加系统的研究。

为了对上述观点作出论证,只需举出实际数学工作者的“哲学困境”就可以了。对此赫斯曾作了十分生动的描述:“一个典型的‘正在工作的数学家’在工作日是个柏拉图主义者,在星期天则是形式主义者。换言之,当他搞数学时,他确信正在研究一种客观的实在……但当被问及这些实在的哲学含义时,他能够用来防身的最简单的遁词却是:他根本不相信数学的实在性。”(“复兴数学哲学的一些建议”,同前)

更一般地说,这也是数学哲学的历史发展给予我们的一个重要启示,即不同的学派和个人往往是从不同角度从事研究的,并具有不同的侧重点,也正因如此,为了避免观念的片面性并正确反映数学的本质,我们就不应停留于实际数学工作者对于自己学科的素朴认识,而应从哲学高度对此做出更深入、更系统的研究。

显然,以上分析不仅清楚地表明了加强哲学工作者与数学工作者联盟的重要性,也在一定程度上表明了数学哲学对于实际数学活动的积极意义:尽管数学哲学不应被看成数学家必须遵循的某种先天教条,但其对于实际数学活动仍有重要的促进作用,特别是,这能够促进实际数学工作者的自觉反思,从而克服思想上的片面性与错误成分,而这当然会对他们的数学工作产生积极的影响。这也就如麦克莱恩所指出的:“对于数学本质的理解会对创造性的研究活动产生积极的导向作用……对于数学本质的正确理解会帮助我们发现何时某个数学分支事实上已经陷入了死胡同。”(The Protean Character of Mathematics,同前)

第二,数学哲学与数学教育。

就数学哲学对于实际数学活动的积极意义而言,我们还应特别强调数学哲学对于数学教育的特殊重要性:由于数学教师的教学活动必然自觉或不自觉地处于一定数学观念的指导之下,这必然地又会影响到年轻一代数学观的形成,因此,能否帮助广大数学教师通过数学哲学的学习建立正确的数学观就关系到了数学的未来发展。

为了清楚地说明问题,在此还可与伦理学作一简单比较。笔者以为,数学哲学与实际数学活动之间的关系就如伦理学对于一般人的影响:首先,任何人的行为总是自觉或不自觉地处于一定道德观念的影响之下,从而我们就应当明确肯定伦理学对于每个人的重要性;其次,由于成年人已经较稳定地建立起了自己的道德观念,因此,对于他们来说,伦理学主要地就只能起到促进其对于自己的道德观念进行自觉反思的作用;与此相对照,我们又应特别强调伦理学对于年轻一代的特殊重要性，因为，他们的道德观念尚未形成，而且，他们的道德观念又将直接关系到人类社会的未来发展。

也正因此，现代的数学教育家就对数学哲学表现出了越来越大的兴趣。例如，美国著名数学教育家伦伯格就曾指出："两千多年来，数学一直被认为是与人类的活动和价值观念无关的无可怀疑的真理的集合。这一观念现在遭到了越来越多的数学哲学家的挑战，他们认为数学是可错的、变化的，并和其他知识一样都是人类创造性的产物……这种动态的数学观具有重要的教育涵义。"(Problematic Features of the School Mathematics Curriculum, *Handbook of Researches on Curriculum*: *A Project of the American Educational Research Association*, ed. by Jachson, Macmillan, 1992)

为了清楚地说明这样一点，在此还可对建构主义作一简单分析。

如众所知，建构主义近年来在教育领域中产生了十分广泛的影响，以致一些学者认为，现今几乎每个数学教育工作者都可在一定程度上被看成建构主义者。建构主义的基本观点是：人们的认识活动并非头脑对于外界的被动反映，而是一个以主体已有的知识和经验为基础的主动建构过程。显然，作为对于认识活动能动性质的直接肯定，建构主义有一定的合理性；但是，作为问题的另一方面，我们又应清楚地看到，认识不是纯个体的活动。客观实在为主体的认识提供了最终的渊源和检验标准，从而，面对建构主义这一浪潮，我们也就应当注意防止各种极端的观点，并从整体上认识建构主义在理论上的局限性。

另外，就建构主义在数学哲学中的应用而言，我们又应特别重视数学的特殊性。具体地说，由于数学对象并非经验世界中的物质存在，因此，它们就确可被看成思维建构活动的产物；但是，为了对数学的客观性作出说明，笔者以为，我们又不仅应当清楚地看到数学建构活动的社会性质及其客观基础，而且也应看到这种活动的形式特性，后者即是指，在严格的数学研究中，无论所涉及的对象是否具有明显的直观意义，我们都只能依据相应定义(显定义或隐定义)和推理规则去进行演绎，而不能求助于直观，从而，即使就数学概念的创建者而言，就已包含了由"主观的思维创造"向"思维对象"的转化，当然，对于所说的"思维对象"我们又应与通常所说的"客观对象"加以明确区分。总之，数学的建构并非是由"思维创造"直接转变成了"客观对象"，毋宁说，这是一个由主观的"思维创造"转向"思维对象"，然后又由"思维对象"转向"客观对象"的复杂过程。(详

可见郑毓信,《数学教育哲学》,四川教育出版社,1995)

更一般地说,笔者以为,由于数学哲学的现代发展可被看成为当前世界范围内的数学教育改革运动提供了重要的理论基础,因此,仿照托玛兹克的说法,我们在此也就可以提出这样一个主张:“现今正是数学哲学家投入数学教育改革运动主流之中的大好时机。”

1.2 数学教育哲学概论①

一、一个新的研究方向

"数学教育哲学"是20世纪80年代后期出现的一个新的研究方向,并在国际数学教育界获得了普遍关注和重视,对此由以下两个事例就可清楚地看出:

第一,这是发生在台湾师范大学林福来教授身上的一个真实"故事":几年前他带领一批中国台湾数学教育工作者去访问著名的荷兰弗赖登塔尔数学教育研究所,双方进行了自由交谈。令林福来教授十分吃惊的是,研究所时任所长德·朗根(J. de Lange)教授首先向中国台湾同行提了这样一个问题:"什么是中国台湾数学教育的哲学思想?或者说,中国台湾的数学教育建立在什么样的哲学思想之上?"

据林福来先生介绍,他事先完全没有想到对方会提这样一个问题,因此一时就不知如何回答是好,最后急中生智地说:"我们的哲学就是没有哲学!"显然,在当时的场合这或许不失为一个较好的遁词;但是,我们又能在这种坦率的"无知"背后躲藏多久呢!

第二,以下是笔者作为第十届国际数学教育大会(ICME-10)国际程序委员会成员的一次亲身经历:国际程序委员会的主要职责是从学术上为2004年在丹麦召开的这次大会做好准备,包括确定会议的各项议题、指定各小组的召集人等。尽管最初的方案没有包括"数学教育哲学"这样一个专题,但很快就有不少委员提出应将这一内容补充进去。这一提议最终获得了通过:这就是后来的大会的DG4(discussion group 4)。

由此可见,数学教育哲学作为一个新的研究方向,确已得到了国际数学教育界的普遍重视;当然,作为严肃的学术研究,我们仍应深入地思考这样一个问

① 本文依据笔者在《数学教育学报》1996年第2期发表的同名文章扩展而成,曾用作《数学教育哲学的理论与实践》(广西教育出版社,2008)的第一章第一节。

题:数学教育哲学的兴起仅仅是一种时髦,还是有一定的合理性和必然性?

笔者对上述问题持肯定态度,即是认为数学教育哲学在当代的兴起确有一定的合理性和必然性。对此可从两个方面进行说明。

首先,对国际数学教育界自20世纪60年代以来的整体形势进行回顾,容易发现,这一时期曾有过多次的改革运动,特别是在一些西方国家,我们更可看到基本主张或口号的不断更新,包括60年代的"新数运动"、70年代的"回到基础"、80年代的"问题解决"与"大众数学"、90年代的"建构主义"等。众多口号或改革主张的提出应当说主要反映了对于数学教育现状的不满,但是,口号的不断更新则又显然表明相应的改革运动没有取得预期的成功。也正因此,在经历了这些年的曲折以后,人们自然会提出这样的问题:数学教育究竟怎么了?或者说,数学教育究竟应当何去何从?显然,为了对后一问题作出解答,我们就应首先从理论高度对数学教育做出更加自觉的反思与总结,也即应当首先为数学教育的进一步发展奠定必要的理论基础——正在这样的意义上,数学教育哲学的兴起就不可避免了,因为从根本上说,哲学就是一门反思的学问。

其次,除去数学教育的整体发展以外,我们还可联系每个教师的教学工作来进行分析,这也正是因为这方面的一个基本事实:无论自觉与否,每个教师总是在一定观念指导下从事教学活动的。例如,每个教师对于什么是数学教育的主要目标总会有自己的想法,对于什么是决定学生数学学习成功与否的主要因素(先天的才能或后天的努力)也会有自己的基本看法——尽管所说的想法与看法未必得到了清楚表述,甚至主体本身对此也未必有清醒的认识,但是,这些主张和看法仍然会对他的教学工作产生十分重要的影响。也正因此,作为搞好数学教育的重要一环,我们就应努力促使广大教师对自己的数学观和数学教育教学观作出自觉反思,从而不仅可以很好实现由不自觉状态向自觉状态的重要转变,也能由各种落后的、片面的观念逐步转向先进的、辩证的观念。显然,这也就从另一角度更清楚地表明了数学教育哲学研究的基本意义。

综上可见,数学教育哲学研究的兴起并非短暂的时髦,而是有一定的合理性和必然性;另外,由上面的讨论我们也可看出:立足实际数学教育教学活动应当被看成充分发挥数学教育哲学促进作用的关键。

最后,还应强调的是,正如任何一次重大的数学教育改革都必然地依赖于一定的数学观念和数学教育教学观念,任何一个深刻的数学教育理论也必然奠基于一定的数学教育理念,在同样的意义上,数学教育哲学也可被看成为建立数学教育的系统理论提供了直接的基础,这也就是指,相对于"构成数学教育学所依据的理论基础有:唯物辩证法、数学、教育学、心理学、逻辑学、计算机科学等"(曹才翰、蔡金法,《数学教育学概论》,江苏教育出版社,1989,第10页,图1-3)而言,我们应当更加重视通过数学教育哲学的研究为数学教育奠定必要的理论基础(图1-4)。

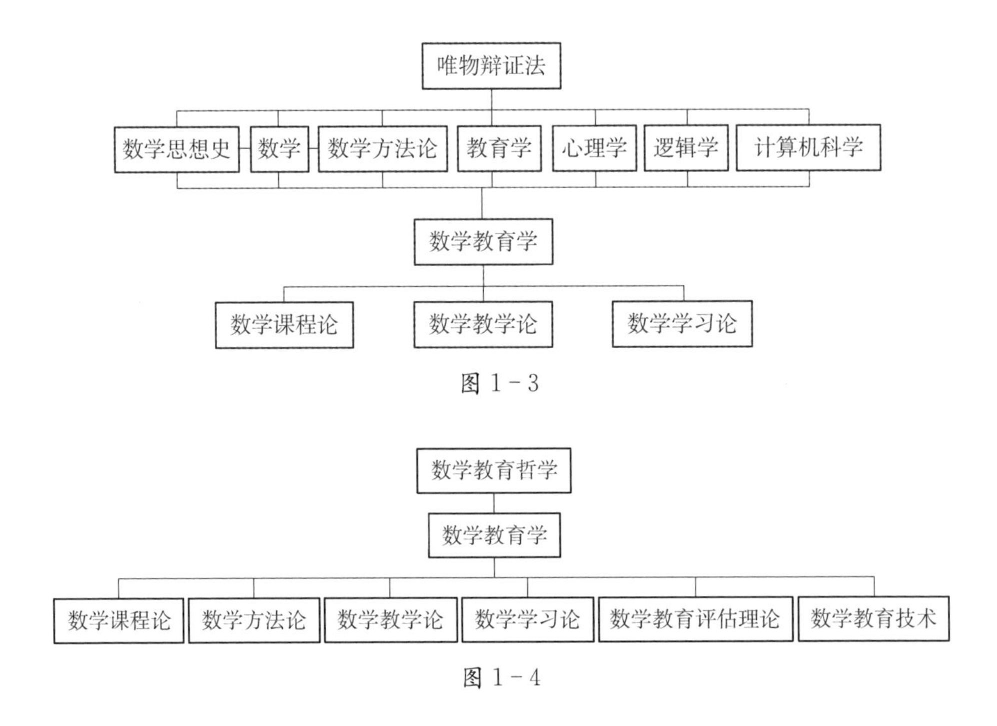

图1-3

图1-4

二、数学教育哲学的主要内容

什么是数学教育哲学的主要内容?

首先,数学教育哲学不应等同于个人在实际从事数学教育活动,包括理论研究和教学实践时,"随意"产生的各种哲学遐想或反思;恰恰相反,数学教育哲学如能成为一门相对独立的专门学问,必须有自己特殊的、同时又是相对稳定的研究问题,并应围绕这些问题逐步形成一定的系统理论。

其次,由于论域的不断扩展正是数学教育现代发展的一个重要特点,特别是与诸多学科的相互渗透,后者则又不仅是指与数学、教育学、心理学的传统联系,也是指来自社会学、历史学、人类文化学、语言学、哲学、政治学等多个学科的重要影响,因此,从这一角度进行分析,除去"数学教育哲学"以外,我们显然也可提及"数学教育社会学""数学教育语言学"等多个不同的研究方向;但这又是"数学教育哲学"相对于其他研究的特殊性所在:我们在此采取的是哲学的视角,这也就是指,数学教育哲学应是关于数学教育的哲学分析,而不是什么别的理论,从而,我们也就不应随意地去扩大数学教育哲学的研究范围,即将一些不具有哲学意义的论题也包括在"数学教育哲学"之中。

为了清楚地说明问题,在此还可特别提及英国学者欧内斯特(P. Ernest)主编的一部论文集《数学、教育和哲学:国际的视角》(*Mathematics, Education and Philosophy: An International Perspective*, Falmer, 1994)。具体地说,尽管这一著作的主要目的是反映"对于数学和数学教育的哲学反思",但从相关目录可以看出它所实际采取的是更广泛的视角,因为,书中的部分内容已明显超出了"数学教育哲学"的范围:第一部分,数学哲学的重构;第二部分,后现代与后结构主义的取向;第三部分,数学的人文方面;第四部分,数学与教育的社会情境。

最后,就数学教育哲学的理论建设而言,我们还应注意防止各种简单化的做法,如将"数学教育哲学"简单地等同于"教育哲学+数学教育",也即是在一般教育哲学的理论框架内简单嵌入数学教育的若干实例(应当指出,在数学教育领域这种简单组合的做法是经常可以看到的,如将"数学美学"等同于"美学+数学","数学社会学"等同于"社会学+数学"等;更一般地说,这直接关系到了师范院校数学系的办学方针,这也就是指,"数学教育学"不应简单地等同于"数学+教育学")。与上述做法相对立,笔者以为,数学教育哲学如有独立存在的必要,就必须突出数学教育的特殊性,这也就是说,我们不能只是依据一般的教育哲学去建立数学教育哲学的理论框架,而应切实立足数学教育的现实。应当指出的是,后者事实上也正是著名数学家、数学教育家弗赖登塔尔(H. Freudenthal)关于我们应当如何从事数学教育研究的基本主张,更可被看成充分发挥数学教育哲学对于实际数学教育活动促进作用的一个必要条件。

具体地说,笔者以为,数学教育哲学研究应当集中于以下三个问题。

第一,什么是数学?这也就是所谓的"数学观"。

第二,为什么要进行数学教育?这也就是所谓的“数学教育观”。

第三,应当怎样进行数学教学?也即关于数学学习与教学活动本质的认识论分析,对此并可简称为“数学教学和数学学习观”。

由于上述三个问题也可被看成数学教育的基本问题,因此,在笔者看来,这也就更清楚地表明了这样一点:数学教育哲学研究的主要作用就是从哲学高度为数学教育奠定必要的理论基础。

以下就围绕上述三个问题对“数学教育哲学”的基本内容作出简要介绍,希望能促进广大教师对于自身数学观、数学教育观和教学观的自觉反思与必要更新。(详可见郑毓信,《数学教育哲学》,四川教育出版社,1995)

三、 数学观的革命

这是人们普遍认同的一个观点,即是数学教师应当树立终身学习的思想,包括数学知识的不断更新,如何更好地运用现代教育技术去改进教学等;除此以外,数学观念的必要转变也应引起我们的高度重视,特别是就当前而言,我们更应强调由静态的、绝对主义的、机械反映论的传统数学观向动态的、经验与拟经验的、模式论的数学观的必要转变。

具体地说,这是十分常见的一个观念,即是认为数学可以等同于数学知识(包括结论、公式等)的汇集,后者更可被看成无可怀疑的真理;另外,为了体现数学的价值,我们又应突出强调数学与实际生活的联系。

与上述的观念相对照,动态的、经验与拟经验的、模式论的数学观其核心就在于突出地强调了数学的易谬性与发展性质:数学主要应被看成人类的一种创造性活动,也即是一个包含猜测、错误和尝试、证明与反驳、检验与改进的复杂过程;另外,我们又不应唯一强调数学与实际生活的联系或是纯数学的研究,而应明确肯定数学的非形式方面与形式方面之间的辩证关系。

但是,这难道不是一种纯粹的哲学思辨吗?这与日常的数学教学活动有什么关系?

不错,以上论题严格地说确实应被看成“数学教育哲学”(或者说,数学哲学)的一个论题;但由以下的事实我们即可清楚地看出这一问题对于数学活动、特别是数学教学工作也有重要的意义:一个人尽管掌握了不少数学知识,却可能仍然不了解数学的本质;进而,对数学教师来说,如果连“什么是数学”的问题都没有搞清,岂非是在“自欺欺人”!

但是,数学难道不就是中小学所学的算术、几何、代数、三角,乃至大学的微积分、线性代数、拓扑学等课目吗?当然,所有这些确都属于数学的范围;但是,就“什么是数学”而言,我们显然不应满足于简单的罗列,而应更深入地揭示数学的本质。应当强调的是,由于数学处于不断的发展之中,因此,任何“外延式”的定义就都不可能完整;更重要的是,就如对于“人”的认识一样,尽管对于各个具体个人(张三、李四等)的认识可以被看成为一般的分析提供了必要基础,但又只有从特殊上升到了一般,也即更深入地揭示出了“人”的共同本质,我们才能更深刻地认识各个具体的人。

最后,应当再次强调的是,尽管我们中的一些人可能从未认真思考过“什么是数学”这样一个问题,但每个教师又总是在一定的数学观念指导下从事自己的教学活动,或者说,他们的教学活动总是体现了一定的数学观念;也正因此,这就不能不说是一个十分糟糕的局面,即是由于未能上升到自觉的状态,因此,人们往往就处于某种素朴、但恰又是较落后的数学观念的影响之下。

以下就围绕“数学活动论”、“经验和拟经验的数学观”等对此做出具体论述。

第一,所谓“数学活动论”,主要是指我们不应将数学等同于数学活动的最终产物(结论、公式等),而应更加重视相应的创造性活动。具体地说,由于数学活动往往以某个或某些有待解决的问题作为实际出发点,因此,我们就应将“问题”看成“数学(活动)”的一个重要组成成分。其次,为了求解问题,我们又必须采取一定的理论工具和研究方法,从而,这也直接涉及了“数学(活动)”的另外两个要素:“语言”和“方法”。再者,由于现代社会中每个数学工作者都必定处于一定的数学传统之中,尽管其本人可能没有清楚地认识到这样一点,又由于所说的“数学传统”往往体现于一定的观念或信念,因此,我们就应将“观念”看成是“数学(活动)”的又一重要组成成分。例如,以下就是影响实际数学活动最基本的一个观念:数学家的工作目标是要获得这样的命题,它们借助人们(更恰当地说,是“数学共同体”)普遍接受的语言得到了表述,是对于人们普遍认同的问题的解答,并建立在人们普遍接受的论证之上。进而,作为现代数学传统的具体体现,我们则又应当对上述观念作出如下的进一步说明:我们在数学研究中应当采用集合论的语言,数学问题的重要性不仅取决于它的实践意义,也取决于它的数学意义,数学中的证明应是可以(至少在原则上)形式化的。

综上可见,从动态的角度进行分析,数学(活动)就应被看成是由“命题”“问题”“语言”“方法”“观念”等多种成分组成的一个复合体。这也就是所谓的“数学活动论”。

“数学活动论”具有重要的教育涵义。例如,从这一立场出发,我们在数学教学中显然就不应唯一强调具体的结论和公式,也应十分重视相关问题、方法和语言的学习。事实上,数学中的每个分支都有自己的基本问题,也即是围绕一定问题逐步展开的,从而,我们在教学中就应特别重视帮助学生很好掌握相应的基本问题。更一般地说,我们又不仅应当注意培养学生解决问题的能力,也应十分重视提升学生提出问题的能力,或者说,应帮助他们养成良好的“问题意识”,因为,后者正是创新能力十分重要的一个组成成分。其次,对于方法的强调显然也是与数学教育的现代发展趋势完全一致的,这也就是指,与具体知识内容的学习相比,我们应当更加重视学生思维能力的培养,特别是,这更可被看成改进数学教学的一个重要方向,即是我们应当用思维方法的分析指导具体数学知识内容的教学,从而真正做到“教活”“教懂”“教深”(2.1 节)。再者,对“语言”的强调则直接涉及了对于“数学”本身的理解:与自然语言一样,数学事实上也应被看成一种语言——自然科学的语言。在不少学者看来,数学语言的变化可被看成主体数学水平的一个重要标志。例如,代数语言的掌握就标志着由小学数学到中学数学水平的过渡;极限语言($\varepsilon-\delta$ 语言)的掌握则标志着由初等数学上升到了高等数学的水平;最后,集合论语言的使用则是数学现代发展的一个重要标志。从语言的角度进行分析,我们显然也可更好地理解这样一个主张:我们不仅应当帮助学生学会“数学地思维”,而且也应学会“数学地谈论”与“数学地写作”。

最后,依据“数学活动论”我们也可更清楚地看出帮助学生养成正确观念的重要性,因为,这正是传统数学教育的一个严重弊病:学生正是通过数学学习逐步形成了各种不正确的观念,包括数学观念与数学教学(学习)观念,后者则又必然地会对学生的数学学习产生极大的消极影响。

第二,所谓“经验与拟经验的数学观”,其基本涵义之一就是对于数学猜测性和易谬性的明确肯定(这也就是所谓的“易谬主义”的基本立场);另外,从更深入的层次看,这也提供了关于数学真理性问题的具体分析:数学并非先验的真理,恰恰相反,正是"经验的标准"和"拟经验的标准"为数学理论的可接受性提供了必要的检验标准。

具体地说,数学研究的经验标准集中体现了数学认识活动的渊源和最终依据,这也就是指,就整体、过程、总和、趋势、源泉而言,数学正是思维对于客观事物和现象量性规律的正确反映。另外,作为"经验数学观"的必要补充,我们又应明确肯定数学研究还有自己相对独立的检验标准,这就是关于数学意义的分析,如新的研究是否有利于认识的深化和方法上的进步等。由于"经验数学观"显然可以被看成集中体现了数学与一般自然科学的共同点,与此不同,所说的"数学的标准"则清楚地表明了数学的特殊性,因此,在诸多数学哲学家看来,我们也就可以将此称为数学的"拟经验性"。例如,美国著名数学哲学家普特南就曾明确指出:"我们在数学中始终在使用拟经验的方法。"这也就是指,数学家在研究中常常是由某些假设出发去进行演绎,再通过结论与事实的比较对原先假设的合理性做出检验,不过,与一般自然科学不同的是,数学中用于检验的"单称命题"并非通常意义上的观察报告,而是数学中的"事实",即其本身也是证明或计算的结果。(H. Putnam, What is Mathematical Truth? *Mathematics*, *Matter*, *and Method*, Cambridge University Press, 1975:64 - 69)

显然,依据"经验与拟经验的数学观",我们在数学教学中就不仅应当教证明,也应教学生猜测。又由于人们关于数学意义的分析往往与"数学美"直接相联系,因此,这也就清楚地表明了培养学生审美直觉的重要性。这就正如法国著名科学家、数学家彭加莱所指出的,"缺乏这种审美感的人永远不会成为真正的创造者。"再者,由于数学活动是一种包含猜测、错误和尝试、证明与反驳、检验与改进的复杂过程,因此,这显然也是一种过分简单化的认识,即是希望通过事先预防我们就能完全避免学生在学习中出现各种各样的错误,毋宁说,我们应对学生的错误采取更加容忍和理解的态度,并应努力帮助学生学会"从错误中学习"。

第三,"模式论的数学观",就其最直接的意义而言,即是对于"机械反映论"的直接反对,这也就是指,数学并非对于客观事物或现象的直接研究,而是通过相对独立的量化模式的建构,并以此为直接对象从事研究的。

事实上,上述思想在大部分教学工作中都已得到了体现,尽管后者未必是一种自觉的行为。例如,在几何的教学中,无论是教师或学生都清楚地知道,我们的研究对象并非教师手中的那个木制三角尺，也不是教师在黑板或在纸上画的那个具体的三角形，而是更一般的“三角形”的概念——从而，我们在此事实上就是以相应的模式作为直接的研究对象。又例如，任何一个数学教师都不会要求学生死记硬背自己在课堂上给出的某个(些)实例，而必然会通过例题的分析(特别是所谓的“变式”)引导学生更好地掌握相应的解题方法，从而达到“举一反三”的目的——由此可见，这里所说的解题方法事实上也就是一种模式，各种例题(以及习题)的选用则就是为了帮助学生很好掌握这种一般性的模式。

总之，无论数学中的概念或命题，或是数学中的问题和方法，都应被看成具有超越特定对象的普遍意义，也即都是抽象的“模式”(pattern)，而非真实的事实或现象，或是后者的直接“模型”(model)；进而，又由于数学应被看成由概念、命题、问题和方法等多种成分组成的复合体，从而也就十分清楚地表明这样一点：数学可以被定义为“模式的科学”。

不难看出，强调“模式的科学”事实上也是对于数学形式特性的直接肯定，特别是，这不仅为数学研究提供了必要的自由，也是决定数学力量的主要因素。这就正如弗赖登塔尔所指出的：“数学的力量源于它的普遍性。人们可以用同样的数去对各种不同的集合进行计数，也可以用同样的数去对各种不同的量进行度量……尽管运算所涉及的方面十分丰富，但又始终是同一个运算——这就是借助于算法所表明的事实。(H. Freudenthal, *Didactical Phenomenology of Mathematical Structure*, Reidel, 1983：116－117)

显然，从教育的角度看，这也就十分清楚地表明了这样一点：“学校数学”不应被等同于“生活数学”，恰恰相反，我们应当明确肯定由“日常数学”上升到“学校数学”的必要性。当然，作为问题的另一方面，我们又应清楚地看到“日常数学”对于学校数学学习的积极作用，特别是，学生从日常生活获得的数学知识和经验应当成为学校数学教学的出发点和重要背景。再者，我们也应明确肯定由“纯形式”的数学向现实生活“复归”的重要性。

综上可见，对于一般所谓的“数学化”我们也应做更加全面的理解：这不仅是指由现实原型抽象出相应的数学概念或数学问题，以及相应的“纯数学研究”，而且也包括由“学校数学”向现实生活的“复归”(图1－5)；进而，我们在教学中又不仅应当明确反对学校数学教学严重脱离实际这样一个现象，而且也应注意防止对于“情境设置”或“问题解决”的片面强调或错误理解。

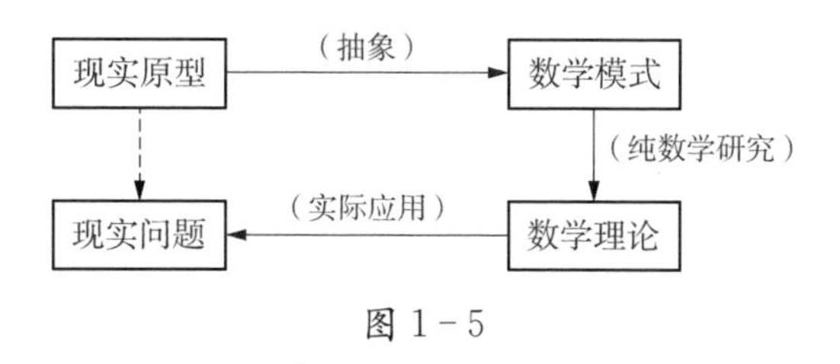

图 1－5

综上可见，我们应当明确肯定数学观对于数学教育的特殊重要性，特别是，就当前而言，我们更应突出强调由静态的、绝对主义的、机械反映论的数学观向动态的、经验与拟经验的、模式论的数学观的必要转变。

四、关于数学教育目标的思考

数学教育哲学研究在这一方面的基本立场是：我们主要地不是为数学教育制定出某个具体目标，而应从更高层面对相关工作作出分析与思考。例如，我们如何才不会成为某些时髦口号的不自觉俘虏？我们又应如何对于数学教育领域中的各个相关主张做出必要判断？

由于数学教育是一个长期的过程，特别是，作为基础教育的一个重要方面，数学教育更贯穿了学生的全部成长过程，因此，从这一角度进行分析，数学教育目标的设计就应有较大的稳定性和连贯性；然而，就现实而言，我们在这一方面却又常常可以看到明显的多变性。例如，自 20 世纪 60 年代以来的诸多数学教育改革运动，包括“新数运动”“问题解决”“大众数学”等，显然就都包含有这方面的一些具体主张，甚至更可说体现了不同的数学教育观，从而，这事实上就应被看成全体数学教育工作者所面临的一个重要问题，即是我们应当如何认识数学教育的基本目标？

为了清楚地说明问题，在此还可提及这样一个现象，即是现实中经常可以听到“数学教育的现代化”这样一种主张；然而，对于究竟什么是后者的具体涵义，人们却又往往有不同的解释或理解。例如，以下就是两种常见的解释。

其一，“数学教育的现代化”主要是指如何依据现代数学思想对传统数学教育进行改造；

其二，“数学教育的现代化”就是要以计算机为基础“重建”数学教育。

由于这两者具有完全不同的含义,从而也就十分清楚地表明了这样一点:如果我们不能从理论上对此做出深入分析,包括必要的澄清与批判,就很可能对数学教育的实际发展造成严重的消极影响。

以下就是笔者在这方面的一些具体看法。

第一,作为制定数学教育目标的一项基本原则,我们应当首先肯定数学教育的发展性质或动态性质。事实上,作为人类一种自觉的社会活动,数学教育应当说涉及了很多方面,任一相关因素都可能造成数学教育的重要发展,包括数学教育目标的必要调整。例如,作为整体性教育的一个重要成分,社会需求无疑是决定数学教育目标最重要的一个因素,这也就是指,数学教育应当充分反映社会的需要,培养出社会需要的人才。这就是促成20世纪90年代以来在世界范围内普遍开展的新一轮数学课程改革的直接因素,即是我们如何能够很好地适应人类社会由工业社会向信息社会转变这一重要的发展。再例如,由于数学构成了数学教学的具体内容,因此,数学的发展必然地也会对数学教育产生重要的影响。如"新数运动"就可被看成这方面的典型例子,因为,正如其名称所清楚地表明的,这一运动的主要目标就是以现代数学思想对传统的数学教育进行改造,从而实现数学教育的现代化。

作为自觉的指导性原则,笔者以为,我们应明确提出如下的"时代性原则":数学教育应当跟上时代的步伐,特别是表现出以下三个方面的适应性。

(1) 数学教育必须与社会的进步相适应。

这不仅是指数学教育应当充分反映现代社会的需求,培养出社会需要的人才,而且是指数学教育应当充分利用现代社会提供的新的物质(技术)和文化条件——显然,这也正是实现前一目标的一个重要保证。

(2) 数学教育必须与数学的发展相适应。

这不仅是指数学教育内容的必要更新,如新的教学内容的引进,而且是指用现代数学思想指导初等数学的教学,还包括数学观的转变。

(3) 数学教育必须与教育科学研究的发展相适应。

这直接关系到了数学教育的科学性。例如,就现代的数学教育研究而言,我们就应特别重视认知科学(心理学)研究对于数学教育的重要涵义。

第二,正因为数学教育涉及了多个不同的方面,数学教育的重大变革也必然地会受到各种因素的限制或制约,搞好数学教育改革的关键就在于:我们如何能够做好各方面的适度平衡。

这首先就是指数学教育的“数学方面”和“教育方面”的辩证统一。这也就是指，数学教育不仅应当正确反映数学的本质，也应很好体现整体性的教育目标，并应符合教育的基本规律。由于这两者并可被看成集中地表明了数学教育相对于一般教育的特殊性和共同性，因此，在这样的意义上，它们的对立统一就可被看成数学教育的基本矛盾，而能否很好地处理这一矛盾则更直接关系了任何一次数学教育改革运动能否获得真正的成功。

例如上面所提及的，数学方面的考虑构成了“新数运动”的直接出发点；然而，尽管用现代数学思想对传统数学教育进行改造这一思想是完全合理的，但由于人们在当时只是注意了所说的“数学方面”，完全忽视了数学教育的“教育方面”，特别是在强调及早引入现代数学概念的同时，没有能够依据教育的规律对这些概念相对于不同年龄学生的可接受性和恰当的教学方法作出深入研究，相关的教学活动最终就不可避免地遭到了失败。

当然，现实中也有相反的例子，即是仅仅注意了数学教育的“教育方面”却未能正确反映数学的本质。例如，20 世纪 80 年代兴起的“大众数学”这一改革运动就多少暴露出了这样的弊病。

具体地说，由于“大众数学”的基本目标之一就是使得数学对大多数学生而言更有吸引力和力所能及，因此，“开放性问题”在当时就得到了大力提倡，因为，普遍的看法是：与具有唯一正确解答，甚至唯一正确解题方法的“传统问题”相比，在解答和解题方法上都具有开放性的问题更加适合所有学生都参与到解题活动之中。他们不仅可以依据各自水平去进行求解，还可自由地选取各种可能的解题方法，包括经验方法、直觉与猜想等。显然，上述作法的基本出发点是完全合理的；然而，由于人们在当时只是注意了上述的“教育方面”而未能对“数学方面”予以足够的重视，因此，在“开放性问题”的教学中也出现了一些不恰当的做法，特别是，人们(这不仅是指学生，常常也包括教师在内)往往满足于具体解答的获得，而未能认识到做出证明和进一步研究的必要，甚至都未能在“猜想”与“证明”之间做出明确的区分。这样的教学当然是不能令人满意的，因为数学并不停止于具体解答的获得，而必须把它与理性的解释联系起来，如“在这些看上去并无联系的事实背后是否隐藏着某种普遍的理论?”“这些事实能否被纳入某个统一的数学结构?”等等；另外，由于证明在一定意义上即可被看成“数学的本质”,因此,人们提出如下的忧虑也就十分自然了:“我所担心的是,通过使数学变得越来越易于接受,最终所得出的将不是数学,而是什么别的东西。”(A. Cuoco)“大众数学是否就意味着没有数学?”(J. D. Lange)

综上可见,无论是片面强调数学教育的“数学方面”或是“教育方面”,都必然会导致数学教育改革运动的失败,恰恰相反,很好实现这两者的适度平衡才是成功实施数学教育改革的关键。

另外,由上述分析我们显然也可看出,上面所提到的关于“数学教育现代化”的两个常见解释都是不够恰当的,也即都有较大的局限性,因为,它们都只是强调了时代进步的某一侧面。

第三,对于上述的“对立面的适度平衡”我们并应从更广泛的角度进行理解。例如,在笔者看来,这也正是这些年的课改实践给予我们的一个重要启示:与各种极端化的立场或片面性的认识相对立,我们应当更加重视对立面的必要平衡,特别是,我们应很好地处理以下一些对立面之间的关系:

“学生情感、态度、价值观和一般能力的培养”与“数学基础知识与基本技能的教学”;

“学生的个性发展”与“个人的社会定位”;

“义务教育的普及性、基础性和发展性”与“数学上普遍的高标准”;

“大众数学”与“20%较好的学生在数学上的发展”;

“数学与日常生活的联系”与“数学的形式特性”;

“学生的主动建构”与“教师的指导作用”;

“学习活动的自主性(创造性)”与“教学活动的规范性”;

“创新精神的培养”与“必要的文化继承”;

“学生的个性差异”与“思维的必要优化”;

“探究学习”与“接受学习”;等等。

另外,笔者以为,数学教育的复杂性与整合性直接决定了数学教育改革必定是一个长期和渐进的过程。

五、数学教学思想的重要转变

作为数学教师,我们当然应当高度重视教学方法的研究;但在做出这一肯定的同时,我们又应始终牢记这样一个事实:科学的教学方法依赖于科学的教学理论,后者则又必须以对于学生在数学学习过程中真实思维活动的深入了解作为必要的前提。

也正因此,这就不能不说是数学教学现状的一个严重不足,即人们往往只是注意了"如何去教",却忽视了对于学生真实思维活动的深入了解和分析。例如,在数学教学的各类刊物和论著中我们所看到的往往是各种教案,却很少能够看到具体的学例。另外,我们在教学中所关注的往往也只是如何能够帮助学生学会数学地思维,却很少关注学生在数学学习过程中真实的思维活动。显然,如果离开了对于学生学习活动的深入了解,我们所采用的各种教学方法充其量就只是简单的经验总结,这就是现实中我们何以常常会受到各种不正确教学思想严重影响的一个重要原因。

就数学教育哲学的相关研究而言,还应特别强调以下几点。

第一,我们应当紧紧追随学习心理学研究的现代发展,同时又应十分重视从认识论的高度对数学学习活动(进而,数学教学活动)的本质做出进一步的分析。因为,尽管正是前一方面的研究为所说的认识论分析提供了必要素材,但这无疑又应被看成数学教育哲学研究的一个基本任务,即是应当超越心理学方面的实证性研究深入揭示数学学习(教学)活动的本质。

例如,就只有从后一角度进行分析,我们才能更清楚地认识认知心理学逐渐取代行为主义在心理学领域中占据了主导地位的重要意义。

具体地说,现代认知心理学的基本立场就是将思维看成人脑对于信息的加工过程,包括信息的获得、贮存、提取、产生等,也正因此,这在很大程度上就可被看成对于行为主义研究局限性的重要超越:我们可以而且应当研究内在的思维活动。

更重要的是,由认知心理学的相关研究我们可看出:学习并非学生对于教师所授予的知识的被动接受,而是以其已有的知识和经验为基础的主动建构,而这显然也就蕴涵了关于学习本质更深入的一个认识。

具体地说,后者就正是教育领域中建构主义观点的核心所在,而建构主义的兴起则又可以被看成数学教育领域在 20 世纪 90 年代最明显的特征之一。这也就如戴维斯教授等人所指出的:"'建构主义'的思想——在一些年前几乎无人提及——现今在数学教育界中引起了极大的重视。许多人对此进行思考并撰文加以论述。尽管人们的意见并不完全一致;但是,在这些争论背后我们又可看到关于学习的性质、数学的性质以及适当的教学方法的实质性一致。”(R. Davis & C. Maher & N. Noddings, [ed.] Constructivist Views on the Teaching and Learning of Mathematics, *The Journal for Research in Mathematics Education*, Monograph 4, NCTM, 1990:187)

又由于上述的“建构说”并与传统的“(被动)接受说”构成了直接的对立,因此,在不少学者看来,建构主义的兴起就是“对于传统教法设计理论的严重挑战”,即是为我们对于传统教学思想的自觉反思与深入批判提供了重要的思想武器。例如,依据建构主义,我们显然就应对教师在学生学习活动中的作用作出新的分析:教师不应被看成知识的授予者,而应成为学生学习活动的促进者、组织者与引导者。当然,后一定位不应被理解成对于教师在教学活动中主导地位的彻底否定,我们更不应因此在教学方法的改革上采取各种绝对化的立场,即如作出关于“建构主义教学法”与“非建构主义教学法”的简单区分,并因此而对某些教学方法采取绝对否定(如讲授式教学)或绝对肯定的立场(如探究学习、合作学习等)。

第二,在充分肯定建构主义积极意义的同时,我们也应清楚地看到其固有的局限性,特别是,建构主义本身也有一个不断发展和演变的过程,这在很大程度上就是对于先前相关理论不足之处的克服或超越。

也正是从上述角度进行分析,我们就应特别强调由“个人建构主义”向“社会建构主义”的发展。

具体地说,个人建构主义与社会建构主义的对立主要即可被看成是围绕以下问题展开的:建构究竟应当被看成纯粹的个人行为还是一种社会行为?按照个人建构主义,人们的认识完全是一种个人行为,任何外部的干涉则都只能起到消极的干扰作用;与此相对立,社会建构主义则明确地肯定了认识活动的社会性质。

显然,就上述对立而言,社会建构主义相对于个人建构主义是更加合理的,并事实上提供了关于学习活动本质更加深刻的认识:学习不仅是一个“意义赋予”的过程,即是如何能够将新的学习内容与学习者已有的知识和经验联系起来从而使之获得确定的意义,而且也是一个“文化继承”的过程,也即我们能够如何很好地把握由文化历史传递给我们的概念和知识;再者,学生的学习活动主要又是在学校这一特定的社会环境中进行的,并就是通过不同个体间(这既是指教师与学生之间、也包括学生与学生之间)的交流、反思、改进、协调得到完成的。

显然,由上述分析我们还可引出这样一个结论:各种合理的思维方式(或较高的智力发展水平)不可能单纯凭借个人的自学或主动探究就能自然而然地得到形成;恰恰相反,我们应当明确肯定教学活动的规范性质,这也就是指,适当的社会环境不仅是学习的一个必要条件,也在很大程度上决定了个体的智力发展方向。值得指出的是,后者事实上也正是前苏联的著名心理学家、现代社会建构主义的直接先驱维科斯基(L. Vygotsky)的一个基本主张:"学校教学促使儿童把知觉到的东西普遍化起来,并在帮助意识他们自己的心理过程方面扮演着决定性的角色……反省的意识经由科学概念的大门而成为儿童的财富,科学概念的形式训练逐渐转变儿童自发概念的结构,并且帮助他们组织一个系统,这促使儿童向更高发展水平迈进。"(详可见《思维与语言》,浙江教育出版社,1997,第六章)

当然,对于教学活动的规范性我们又不应理解成主要通过教师的"监督"从而达到某种绝对的同一性,毋宁说,在明确肯定各个个体间必定存在一定共性的同时(这并就是规范作用的直接后果),我们也应清楚地看到不同个体之间必定存在一定的差异或特殊性,从而,总的来说,我们所追求的就应是一种包含一定差异的同一性,也即是多样化与统一性的一种动态平衡。

第三,综上可见,我们就应积极促成数学教学观由传统的传授观向建构主义教学观的转变。

更一般地说,这显然也就更清楚地表明了数学教育哲学研究的这样一个特征,即其所涉及的主要是观念的问题,包括数学观、数学教育观与数学教学(学习)观;进而,这又是数学教育哲学的基本意义所在:它有助于我们在观念的问题上实现更大的自觉性,包括积极的反思以及观念的必要更新。

1.3 建构主义与数学教育[①]

本文首先从一般角度指明了建构主义新近发展的主要特点：其正经历着由一元论、极端主义向多元论、辩证综合的发展，包括从理论角度对这一发展的合理性进行了论证。其次，我们又将联系数学教育的特殊性对建构主义的教育涵义做出具体分析，其中直接涉及了解释与理解、形式化与非形式化、“问题解决”与数学地思维等这样一些具有重要现实意义的论题。

一、建构主义的新近发展

如众所知，就其最基本的涵义而言，建构主义即是关于学习活动（更一般地说，就是认识活动）本质的认识论分析：学习并非对于教师所授予知识的被动接受，而是学习者以自身已有的知识和经验为基础的主动建构。

由于所说的“建构说”正是对于传统的“接受说”的直接否定，因此就具有重要的教育涵义。以下就是若干由建构主义的兴起而导致的观念转变，它们都具有超出数学教育的更普遍的意义。

第一，关于“理解”的不同解释，也即由唯一强调知识的客观意义转而更加注重主体内在的思维过程。例如，就数学概念的理解而言，人们在先前所强调的往往是概念的“客观意义”（这具体地体现于教材中的“标准定义”）的把握；与此相对照，人们在现今则更加注重从主观的角度进行分析，例如，按照著名数学教育家斯根普的解释（详可见 *The Psychology of Mathematics Learning*, Lawrence Erlbaum, 1987），理解就是一个同化的过程，也即把新的概念纳入到学习者已有的认知框架之中，从而使之获得明确的意义，这也就是所谓的“意义赋予”。

---

① 原文发表于《数学传播》（台湾），1998 年第 3 期；相关内容并先后应邀在我国台湾地区多所高校与 2002 年 12 月在华东师范大学举行的“建构主义与课程教学改革”国际研讨会上做专题报告。

第二，对于“错误”的不同态度，也即由纯粹否定转向了更加理解的态度。具体地说，在先前教师往往把学生在学习过程中产生的各种不同于“标准观念”（或“标准作法”等）的想法（或作法等）看成完全错误的，从而也就必须彻底地予以纠正；与此相对照，现今人们则对此采取了更加理解的态度，并努力发现其中的积极成分。一些学者更进一步提出：所说的不同观念事实上根本不应被看成“错误观念”，而应正名为“替代观念”（alternative conception）。

第三，对于学生个体特殊性的高度重视。由于学习者已有的知识和经验构成了新的认识活动的直接基础，各个学生因其个人经历与社会环境的不同无疑又会有不同的知识和经验，因此，按照建构主义观点，我们就应明确肯定学生认识活动的个体特殊性（应当指明，所说的个体差异不仅表现于已有的知识和经验，也表现于认知风格、学习态度、学习信念及学习动机等各个方面）。一些学者更断言每个人都是以自己的特殊方式（idiosyncratic ways）认识世界的：“一百个学生就是一百个主体，并有一百种不同的建构。”

以上所说的观念转变应当说都有一定合理性；但从理论的角度看，我们显然又可提出一定的疑问。例如，就概念的理解而言，如果只是强调了纯主观的解释，也即认为是一个纯粹的意义赋予的过程，那么，概念（特别是数学概念）是否还有确定的客观意义？再者，对学生在学习过程中产生的各种观念是否可以（或者说，应当）作出正确与错误的区分？最后，尽管我们应当充分肯定学习活动的个体特殊性，但是，学习过程是否又有一定的规律性，或者说，不同学生的学习活动是否也有一定的共同性？

事实上，在笔者看来，由上述问题的不同解答我们即可在“建构主义”这一阵营中区分出若干不同的派别或观念，所说的观念差异直接导致了现今的教学实践中所经常可以看到的一些现象。

具体地说，在此首先就有所谓的“个人建构主义”（personal constructivism），其主要特征就是对认识活动个体特殊性的绝对肯定，并认为应当把这看成一种高度自主的活动，从而，任何外部的“干涉”就都只能起到消极的干扰作用。

其次，从理论的角度看，“个人建构主义”又应说与“极端建构主义”（radical constructivism）有着直接的联系，或者说，正是后者为前者提供了必要的理论依据。因为，按照极端建构主义的观点，认知就是一个组织个人经验世界的适应过程,这也就是说,我们应当用“适应”(fit)这一概念去取代传统的“匹配”(match)概念,从而,在此就根本没有什么客观性可言,当然也谈不上正确和错误的区分。

显然,如果坚持上述的立场,教师的教学对于学生学习活动的积极意义就遭到了彻底否定。这种极端的立场当然不可能为人们普遍接受(然而,在现今的教学实践中,我们确又可以看到这种观点的影响);但我们在此又不应停留于“不现实”“过激”等素朴的批评,而应从理论高度做出进一步的分析。事实上,对于上述的极端观点我们可从多个不同角度做出批判。例如,近年来获得普遍重视的“社会建构主义”(social constructivism)在很大程度上就可被看成对于个人建构主义片面强调认识活动个体自主性的直接反对。

事实上,正如数学哲学中对于直觉主义的批判所已清楚表明的(详可见夏基松、郑毓信,《西方数学哲学》,人民出版社,1986),如果我们绝对地肯定认知活动的个体性质,最终就必将导致“数学神秘主义”和“数学唯我主义”,而这当然是与科学知识的客观性直接相违背的。

另外,就社会建构主义而言,其主要特征就是对于认识活动社会性质的明确肯定,这也就是指,认识不应被看成一种纯粹的个人行为,而必然地有一个在不同个体之间进行表述、交流、批评、反思,以及不断改进的过程。这也就是指,个体的认识活动(包括智力发展)必定是在一定的社会—文化环境中得到实现的,也即主要是一种社会行为。

社会建构主义突出地强调了“社会—文化环境”对于各个个体的规范作用,特别是,从历史的角度看,学习主要地应被看成一种文化继承的行为,而这事实上也就从一个角度为知识的客观性提供了解答,即是相对于群体的普遍性。

显然,从上述的角度看,社会建构主义相对于个人建构主义应当说是更加合理的,特别是,就具体的教学活动而言,我们应清楚地认识到这样一点:现代的科学知识不可能单纯依靠个人的努力(或简单的互动)得到形成,而主要地应被看成一种文化继承的行为,或者说,我们应明确肯定教学活动的规范性:这是一种具有明确目标、高度组织化了的社会行为,教师更应在其中发挥主导的作用。

但是,社会建构主义是否又可被看成完全合理呢?对此我们仍应作出进一步的分析。例如,在笔者看来,以下问题就清楚地暴露了社会建构主义在理论上的局限性或不足之处:所说的社会规范作用是如何得到实现的?

具体地说,我们在此即可看到"社会建构主义"的一种极端形式,即是片面地夸大了"权威和权力"等非理性因素在认识活动中的作用。例如,正是在这样的意义上,一些学者提出,与个人建构活动的自主性相对立,我们应当明确肯定社会机制的"收敛运作",后者主要地就是依靠权威和权力这样一些因素实现的。(对此例如可见 M. Foucault, *Power/Knowledge*, Pantheon Books, 1980)

容易看出,如果我们盲目地去追随上述主张,最终就必将重新回到传统的"教师权威型"教学,乃至彻底的非理性主义;与此相对立,我们应当坚持这样一个观点:学习主要地应是一种理性的行为。

那么,究竟什么又是所说的理性行为的最终依据呢? 笔者以为,正是在这一点上我们即可看到各种建构主义的一个共同弱点,即是未能正确认识"建构"与"反映"之间的辩证关系。

具体地说,除去上述的"普遍性"这样一个涵义以外,我们还应在一种更加基本的意义上肯定知识的客观性,也即应当清楚地看到认识的客观基础。这也就是指,认识应当被看成建构和反映的一种辩证统一:尽管就其直接形式而言,认识是主体的主动建构(或者说,是一个意义赋予的过程),但是,归根结底地说,这种活动的目的又在于正确地反映客观世界,也即如何能够使得所建构的意义正确反映事物的本质。

从而,在明确肯定社会—文化环境对于人们认识活动重要影响的同时,我们也应清楚地看到这样一点:只有独立存在的物质世界才构成了人们认识活动的最终渊源和依据;进而,也正是在后一种意义上,我们才可真正谈及"正确"与"错误"的区分,从而使得学习成为一种真正的理性行为。

当然,除去"建构与反映"这一范畴以外,就学习活动(更一般地说,就是认识活动)而言,我们还应清楚地看到以下诸多对立环节之间的辩证关系,即是认识活动的个体性与社会性,认识活动的个体特殊性与普遍性,认识活动的自主性与教学活动的规范性,认识活动的理性与非理性,等等。

具体地说,在充分肯定认识活动个体性质的同时,我们也应清楚地看到认识必定是在一定的社会环境之中进行的,主要是一种文化继承的行为。同样地,在肯定认识活动个体特殊性的同时,我们也应看到各个个体之间必然存在一定的共同性(这是社会规范性作用的一个直接结果),后者就是各种教学规律的最终依据。当然,后者又不应被看成一些机械的法则,即如我们只需严格按照指定步骤去进行教学就可获得预期的结果;毋宁说,这应是个体特殊性与普遍性的一种辩证统一,也即是一种包含一定差异的统一性,而非绝对的同一(显然,这也清楚地表明了教学活动的创造性和能动性)。再者,在肯定教学活动规范性质的同时,我们又应看到这并非是指如何通过外部控制达到绝对的同一;恰恰相反,我们应当通过自己的教学促进学生对于知识的建构,从而也就是与认识活动的建构性高度一致的,这就是后者能够不断得到深化和发展的一个重要条件——当然,所说的主动建构也直接决定了学习活动的多样性和丰富性。最后,尽管各种非理性因素在学习过程中具有十分重要的作用,但是,我们又应使学生的学习成为一种高度自觉的理性行为,也即能够很好地建立在自我意识、自觉反思和理性选择之上。

最后,上述分析事实上也可被看成在一定程度上反映了建构主义的实际发展轨迹:这首先就是指由极端建构主义的"一统天下"转向了多个观念同时存在的局面,我们更应高度重视社会建构主义在当代的兴起;其次,与先前各种极端、偏执的立场相比较,人们在现今也更加倾向于对立观点的综合和互补。这就正如德国著名数学教育家鲍尔斯费德(H. Bauersfeld)所指出的,一个适当的基本立场应是"极端建构主义的原则……以及对于社会维度在个人建构活动中的作用和教室中社会作用过程的一种整合的和互补的说明"。(Classroom culture from a social constructivist's perspective, *Educational Studies in Mathematics*, 1992(23):467-481)尽管后者或许还不能被看成一种完全自觉的行为,但在笔者看来,这无疑又是一个真正的进步。

二、 建构主义与数学教育

以下再联系数学教育的特殊性对建构主义的教育涵义做出进一步的分析。

可以先考虑这样一个问题:数学对象(如算术中的1、2、3,几何学中的点、线、面等)究竟是一种什么样的存在?这也就是"数学的本体论问题"。

容易发现,我们在此似乎处于一种两难的处境,因为,数学对象显然并非现实世界中的真实存在,而只是抽象思维的产物;但我们在数学中所从事的显然又是一种客观的研究,那么,我们究竟应当如何对数学对象的"客观性"作出说明呢？

在笔者看来，上述问题就直接涉及了数学思维的如下特性：首先，数学抽象就其本质而言是一种建构的活动，数学对象正是通过这样的活动得到了建构；其次，我们又应清楚地看到所说的建构活动的形式特性：数学对象是借助于明确定义得到建构的，而且，在严格的数学研究中，无论所涉及的对象是否具有明显的直观意义，我们都只能依据相应定义和明确给出的规则去进行推理，而不能求助于直观，从而，即使某个数学概念在最初只是某一个人的“发明创造”，但是，一旦这一对象得到了建构，它就立即获得了确定的“客观内容”，对此即使其“发明者”也只能客观地加以研究，而不能再任意地加以改变，这样，数学抽象的形式特性实际就促成了数学对象由主观的“心智建构”(mental construction)向相对独立的“心智对象”(mental entity)的转化；最后，又如以上关于认识活动社会性质的分析所表明的，我们又应明确地肯定数学建构活动的社会性质，特别是，个人的创造完全取决于相应社会共同体(“数学共同体”)的“判决”：只有为数学共同体一致接受的数学概念(以及方法、问题等)才能真正成为数学的组成成分，从而，数学对象就不能被看成纯粹的个人建构，而是数学共同体的共同建构，或者说，正是由个体向群体的转移促成了数学对象由上述的“心智对象”向“客观对象”(objective entity)的进一步转化。(也正是在这样的意义上，我们即可把数学对象的“客观意义”称为“社会意义”。关于数学抽象的分析可见另著《数学教育哲学》，四川教育出版社，1995)

以上关于数学抽象建构性质的分析显然具有重要的教学涵义，特别是这样一点：由于数学建构活动的形式特性，因此，这不可能(或者说，几乎不可能)单纯凭借个人努力(或是通过简单合作)自发地得到完成；进而，数学教学又主要是一种规范性(或者说，文化继承)的行为。

当然，正如以上关于学习活动自主性与教学活动规范性之间辩证关系的分析所表明的，在明确肯定数学教学活动规范性的同时，我们也应高度重视数学学习活动的自主性，特别是，由于数学概念除去相应的符号不具有直接的物质表现，因此，数学对象的认识首先就是一个建构的过程，这也就是说，如果学生不能在思想中实际地建构出相应的对象，使得“外化”了的对象重新转化为思维的内在成分，就不可能获得真正的数学知识。

那么，我们究竟如何才能使“外化”了的数学对象重新转化成思维的内在成分呢？显然，这并非是指在头脑中机械地去重复相关对象的形式定义，而主要是一个意义赋予的过程，即是应当把新的概念纳入主体已有的认知框架之中，从而成为可以理解的和有意义的。

由此可见，就抽象的数学概念而言，所说的“意义赋予”事实上包含“具体化”(visualization)的涵义，也即如何能够使抽象的数学概念与主体已有的经验或知识联系起来，从而成为“十分直观明了的”。当然，对于这里所说的“具体”和“抽象”我们必须做相对的理解。这也就如著名数学家柯朗(R. Courant)所指出的：“一个人必须牢记，‘具体’、‘抽象’、‘个别’和‘一般’这些术语在数学中没有稳定的和绝对的含义。它们主要涉及一个思想框架，一个知识状态以及数学本体的特征。例如已被列为熟悉的事物很容易被看作具体的。”(《数学家谈数学本质》，北京大学出版社，1989，第 121 页)另外，除去由“抽象”向“具体”的转化以外，这也常常包含由现象到本质、由局部到整体的过渡，也即如何能从整体上建立起关于对象本质的深入认识，从而使之成为相应概念体系(“认知结构”)的一个有机成分。

显然，相对于数学概念的外在表现形式——符号——而言，上述的“意义赋予”也可说是一个“解释”(interpretation)的过程。由此我们可更好地理解“解释”的问题对于数学学习和教学活动的重要性，特别是，从建构主义的角度看，我们即应明确肯定解释活动的个体特殊性。这也就如英国学者欧内斯特(P. Ernest)所指出的：“建构主义的中心论题之一即是个体的解释。”“没有任何一种意义能如此地得以传递，以保证解释的唯一性。”(*Constructing Mathematical Knowledge*: *Epistemology and Mathematics Education*, ed. by P. Ernest, The Falmer Press, 1994:107 - 108)

当然，作为问题的另一方面，我们又应看到：就数学学习活动而言，还有一个如何依据数学概念的“客观(社会)意义”对各个个体经由相对独立的建构所获得的“个体意义”进行调整的过程。也正因如此，除去单纯的“意义赋予”以外，数学学习同时也是一个“文化继承”的过程，或者说，数学学习不只是一种“解释”的活动，也是一个对于数学对象的社会意义进行“理解”的过程。这也就如 van Oers 所指出的，数学学习正是对由文化历史传递给我们的数学作出意义赋予的过程。

综上可见，与单纯强调“解释”相比，以下的问题对于数学的学习和教学应当说更加重要,即是我们如何能够处理好“解释”与“理解”,也即“意义赋予”与“文化继承”之间的关系。进而,笔者以为,从这一角度我们也可更好理解数学教学中形式化与非形式化的关系。

具体地说,我们在此必须首先肯定数学的形式特性,这就是指,数学并非真实事物或现象的直接研究,而是以抽象思维的产物作为直接的研究对象。也正是在这样的意义上,我们就可提出如下的“模式建构形式化原则”:在数学的研究中,应当借助明确定义建构出相应的量化模式,并以此为直接对象从事纯形式的研究。(详可见另文“数学抽象的基本准则:模式建构形式化原则”,《数学通报》,1990 年第 11 期)

其次,无论就数学教学还是数学研究而言,任何过分强调形式化的做法都不可取,因为,正如前面所指出的,数学认识作为一种建构活动也必然地包含意义赋予的过程,特别是由“抽象”向“具体”的过渡。正是在这样的意义上,笔者以为,“淡化形式,注重实质”这一主张就十分重要。(详可见陈重穆、宋乃庆,“淡化形式、注重实质”,《数学教育学报》,1993 年第 2 期)

从而,总的来说,我们在数学教学中就不应片面地强调形式化与非形式化中的任何一个,而应根据学生的认知水平处理两者之间的关系,特别是,我们既应帮助学生为抽象的数学概念建构起适当的“心理意义”,同时又应善于引导学生从抽象高度去把握相关的对象。

最后再对“问题解决”(problem solving)这一口号做一简要分析。由于这正是数学教育界在 20 世纪 80 年代的主要口号,即是认为应当以“问题解决”作为学校数学教育的中心,因此这一讨论也具有重要的现实意义。

首先,“问题解决”这一数学教育改革运动确有一定的合理性。具体地说,除去时代的要求和数学观的变革这样一些更为广泛的考虑以外(详可见 2.2 节),建构主义也可被看成为此提供了重要的论据。因为,如果我们坚持学习是学习者的主动建构这样一个立场,那么,一个必然的结论就是:最好的学习方法就是动手去做——就数学学习而言,这也就是指,“学数学就是做数学”,也即我们应当让学生通过“问题解决”来学习数学。因为,这不仅使学生真正处于主动的地位,包括通过积极探索建立自己的理解和意义,而且,由于这事实上就是把学生摆到了与数学家同样的位置之上,因此,除去具体数学知识和技能的学习以外,这也十分有利于其数学观念(或者说,对于数学传统)的养成(继承);再者,“问题解决”显然也有助于同学之间的合作与互动,而由认识活动的社会性,我们已经知道,这也是成功的学习活动的一个必要条件。

但是,正如已有的教学实践所表明的,“问题解决”作为一个数学教育改革运动也有不少弊病,如学生们(甚至包括教师)只是满足于用某种方法(包括观察、实验和猜测)求得了问题的解答,而不再做进一步的思考和研究,甚至都未能对所获得结果的正确性(包括完整性)作出必要的检验或证明。从而,问题解决“在某些场合事实上就正在成为不求甚解和不加检验的猜测的同义词”。(详可见 2.4 节)

当然,我们不能因为在实践中出现了某些偏差就对新的改革运动持完全否定的态度;但在笔者看来,这又的确从一个侧面清楚地表明了“问题解决”的局限性。就本文的论题而言,这显然也就更清楚地表明了规范性在数学教学中的重要地位,特别是,我们不应满足于问题的求解,而应帮助学生学会数学地思维,也即应当按照“数学传统”积极地去从事新的探索,如能否对结论的正确性作出证明?在这些看上去并无联系的事实背后是否隐藏着某种普遍的理论?这些事实能否被纳入某个统一的数学结构?能否对相应的表述方式(包括符号等)作出适当改进?等等。

综上可见,与单纯强调“问题解决”相比,“数学地思维”就是一个更加恰当的口号,特别是更好地体现了数学学习活动自主性与数学活动规范性之间的辩证关系。

1.4　建构主义之慎思[①]

关于建构主义的教学涵义国内已有不少论著进行了专门分析;但就现实而言,仍然可以看到不少不恰当的解释或误解,特别是,如果说正是建构主义为新一轮数学课程改革提供了重要的思想武器,那么,在这一口号下也可说隐藏着不少错误的理论主张。必要的澄清与批判就是本文的主要内容,希望有助于我国教育事业、特别是课程改革的健康发展。

一、从认知的角度看

从认知、特别是学习的角度看,这即可被看成建构主义的核心观点:学习并非学生对于教师所授予的知识的被动接受,而是依据已有的知识和经验所做的主动建构。

由于这一观点突出强调了学生在学习活动中的主体地位,更与传统的"注入式"学习观直接相对立,因此就不仅为我们深入理解教和学的现象提供了新的视角,也为对于传统教学思想的自觉反思和深入批判提供了重要的理论工具。(对此并可见郑毓信、黄家鸣,"对于传统教法设计理论的严重挑战",《教育学报》(香港),1997年第2期)

然而,即使就上述的核心观点而言,如果缺乏深入思考也很容易产生简单化的理解,乃至认识上的误区。例如,这显然就可被看成上述核心观点的一个明显涵义:知识不可能由教师直接传递给学生,学习者在学习过程中也并非处于完全被动的地位,特别是,其已有的知识和经验更在这一过程中发挥了重要作用——也正因此,学习者通过学习所建构的知识与教师所教的知识(或课本上记载的知识)就不可能完全相同,我们更不应将学习者比喻成一个"空的容器"或一块"白板"。

---

① 原文发表于《数学通报》,2004年第9期。

但是,我们能否由此而进一步断言:知识的教学完全不可能,或者说,我们根本不可能通过向其他人学习获得一定知识?特殊地,学习又是否应当被看成纯粹的个人行为——从而,任何的外部干涉在此就都只能起到消极的干扰作用?

事实上,对于学习活动(更一般地说,就是认识活动)的个体性质的绝对肯定正是所谓的“个人建构主义”最重要的特征,而由“个人建构主义”向“社会建构主义”的转变则可被看成建构主义在20世纪90年代的主要发展轨迹,这也就是说,与先前的认识相对照,人们现今普遍地对于认识活动的社会性质采取了更加明确的肯定态度。

具体地说,这即可被看成所说的认识活动的社会性质的第一个基本涵义,即是任何深入的认识必定有一个在不同个体间进行表述、交流、比较、批评与反思的过程,特别是,就学生的学习活动而言,师生与同学间的互动更应被看成成功学习的必要条件。

其次,从更深入的层次看,我们又应明确肯定学习活动主要是一种文化继承的行为,从而,这也就应被看成一种错误的认识,即是认为建构主义的学习观直接决定了学习活动的探究性质,也即认为按照建构主义的观点学生就只有通过主动探索才有可能进行有意义的学习①。

事实上,国外的相关实践已在这方面为我们提供了直接启示,即“探究学习”(或者说,“发现学习”)具有明确的局限性。具体地说,“探究学习”在20世纪60年代的美国曾得到了积极提倡,但最终却只能说是一次失败的努力;进而,尽管存在多种“外部”的原因,如资源缺乏,教师的培训工作没有跟上等,但失败最重要的原因在于基本立场的错误性,即是认为学生无须通过系统学习,也即认真继承已有文化就可相对独立地做出各项重要的科学发现,包括建立相应的系统理论。

从而,总的来说,我们就不应将学习者的主动建构与向其他人学习机械地对立起来,恰恰相反,在明确肯定学习者主体地位的同时,我们也应清楚地看到向其他人(包括各种教材与书本)学习,特别是教师指导性工作的必要性和重要

---

① 以下就是一个相关的论述:“记忆层次的学习反映了行为主义的学习观,理解层次的学习是认知心理流派的学习观,探究层次的学习反映了建构主义的学习观。”(孔企平,“新教材新在哪里?”《小学青年教师》,2002年第5期)

性,后者在很大程度上就可被看成已有文化的集中体现。例如,在笔者看来,这事实上也就可以被看成我国台湾地区小学数学教育改革主要策划者之一蒋治邦先生的以下总结所给予我们的直接启示:“实验课程的教学观点被冠以‘建构教学法’的卷标后,成为目前教育工作者间争议的焦点。……‘实验课程的精神是教师不可以告诉学童任何事’、‘任何解题方式必须由学童自己想出来’是目前对实验课程最严重的误解,必须……澄清。”(“对‘数与计算’教材编制的反思”,《国民小学数学科新课程概况(高年级)——协助儿童认知发展的数学课程》,台湾省国民学校教师研习会,1998)

最后,这也是对于建构主义的一种误解,即是认为学生的“主动建构”主要应被理解成“动手实践、实物操作”。事实上,就以上所论及的核心观点而言,建构主义所涉及的只是学生学习过程中内在的思维活动,并没有涉及任何一种具体的学习形式,这也就是指,上述核心观点只是从“内在的思维活动”这一角度对“意义学习”(这是与“机械记忆”直接相对立的)做出了具体说明:这即是指将新的学习内容与主体已有的知识和经验恰当地联系起来,从而使之获得确定的意义(这也就是所谓的“意义赋予”),从而,与对于外部行为的片面强调相比,我们事实上就应更加重视“活动的内化”——从教学的角度看,这也就是指,我们不仅应使每个学生在课堂上积极地参与活动,更应关注他们在做什么,特别是,这些活动对于相应的学习活动究竟产生了什么样的作用或影响。(对此并可见5.3节)

更一般地说,我们又应注意防止以下的“两极化”思维,即是将学习(和教学方法)简单地区分成“建构主义的学习”与“非建构主义的学习”(“建构主义的教学方法”与“非建构主义的教学方法”)。又由于所说的“两极化”思维在现今的课程改革中十分常见,因此,在笔者看来,以下论述也就应当引起我们的高度重视:“传统的信息加工模型产生了难以弥合的人为的二元割裂……使人认为存在真实(不真实)的学习环境、情境化(非情境化)的学习、有意义的(无意义的)问题……这种表述会产生一种概念上的误导,让人觉得一些学习和思维是情境性的,一些不是这样的。从生态认知观看,所有的学习都是情境性的。……如果学习了什么,学习的东西就会在某种途径上对于该个体有意义。如果学习确实发生了的话,就没有学习是不真实的。……只要学习发生之处,我们就可以认为学习是真实的、情境性的、有意义的。”(扬等,“行动者作为探测者:从感知一行动系统看学习的生态心理观”,载乔纳森、兰德主编,《学习环境的理论基础》,华东师范大学出版社,2002,第136页)

二、从哲学的角度看

就我国教育界对于建构主义的认识而言,这或许可以被看成一个通病,即人们往往只是集中于建构主义教学涵义的分析,却未能从哲学层面对其基本立场做出更深入的剖析。

然而,如果就世界范围进行考察的话,我们却可看到相反的情况:建构主义在西方从一开始就具有明显的哲学涵义。例如,就建构主义在现代教育界中的流行而言,人们一定会提到美国学者冯·格拉塞斯费尔德的工作,因为,正是后者在这方面发挥了特别重要的作用,他明确地指出:“建构主义的立场,如果认真对待的话,即是与知识、真理和客观性等传统概念直接相冲突的,它们要求从根本上去重建个人关于实在的观念。”(E. von Glasersfeld, An Exposition of Constructivism:Why Some like it Radical, *Constructivist Views on the Teaching and Learning of Mathematics*, ed. by R. Davis & C. Maher & N. Noddings, NCTM, 1990:187)这也就是指,(1)我们完全不应去涉及客观世界的存在性这样一个“形而上学”的问题,而应局限于经验知识的范围。(2)认知是一个组织个人经验世界的适应过程,也即我们应当用“适应”(fit)这一概念去取代传统的“匹配”(match)概念,或者说,即是采取彻底的工具主义立场。

显然,冯·格拉塞斯费尔德的上述立场在哲学上十分极端,也即是与大多数人接受的实在论与反映论立场直接相抵触的。对此冯·格拉塞斯费尔德本人也是清楚认识到了的,这并就是他为何将自己所倡导的这种观点称为“极端建构主义”(radical constructivism)的直接原因:“极端建构主义之所以是极端的,即是因为对于固有认识的反对发展起了这样的一种知识论,在其中,知识并不是对于一个‘客观的’本体意义上的实在的反映,而仅仅涉及了对由我们的经验所构成的世界的整理和组织。极端建构主义一劳永逸地消除了‘形而上的实在论’。”(E. von Glasersfeld, *Construction of Knowledge*, Intersystems Publications, 1987:109)显然,这也就从一个角度更清楚地表明了这样一点,即是我们不应盲目地、不加批判地去接受各种建构主义的观点,而应从理论高度对此作出深入分析与批判。

还应指明的是,对于极端建构主义的基本立场国外有一些学者早就从不同角度进行了分析批判。例如,美国著名数学教育家基尔帕特里克(J. Kilpatrick)就曾指出:"极端建构主义是很极端,因为它拒绝大多数经验主义所支持的形而上学的现实主义,它要求它的拥护者放弃知道真实世界的努力。"(What Constructivism might be in Mathematics Education, *Proceedings of the 11th International Conference of PME*, ed. by J. Bergeron & N. Herscovics & C. Kieran, University of Montreal, 1987:4)更一般地说,这也正是"社会建构主义"何以在20世纪90年代逐渐取代"极端建构主义"占据主导地位的主要原因。

正如本文第一节中所指出的,由于社会建构主义明确肯定了认识活动的社会性质,因此,从认知的角度看,其相对于个人建构主义就更加合理;但应指明的是,除去认识论的意蕴以外,西方目前流行的"社会建构主义"事实上还具有更多的涵义,特别是,这更常常被看成提供了关于科学知识(真理)性质的具体分析。

具体地说,就当前西方而言,社会建构主义与所谓的"STS(科学、技术与社会)研究"、特别是"(科学)知识社会学"有着直接的联系,而后者的基本立场就是认为应从社会学的视角对科学知识的本质作出具体说明。诸如"科学,像所有知识一样,是'社会建构'的。它是由社会机制的轮廓,支持这些机制的意识形态,和它们所追求和保护的利益所决定";从而,"认为知识是对一个独立的……实在的忠实反映,就是一种随意的形而上学幻想"(诺曼·列维特,《被困的普罗米修斯》,南京大学出版社,2003,第283页)。进而,在相关学者看来,我们又不仅应当明确肯定科学知识的文化相关性和相对性,而且也应彻底否定科学知识相对于其他各种信念,甚至宗教迷信具有任何的优越性,毋宁说,在此所需要的即是如下的"对称性原则":"所有的信念,就其可信性的原因来说,完全都是等价的。这并不是说所有的信念同样的都是真实的或同样虚假的,而是无论其真假与否,它们的可信性的事实都应该被视为有问题的。我们将辩护的这种观点是,所有信念的影响,应毫无例外地……通过找出这种可信性的、特殊的、局部的原因来获得说明。"(诺里塔·克瑞杰,《沙滩上的房子》,南京大学出版社,2003,第15页)

应当明确的是,对于社会建构主义的上述意蕴我们不应采取简单肯定或简单否定的态度,因为,与其他方面的研究一样,科学知识社会学的研究也为我们更深入地认识科学知识的本质提供了有益的启示或视角。例如,曾经通过撰写“诈文”在美国,乃至西方各国挑起了所谓的“科学大战”的索卡尔就曾这样写道:“如果这一论断(指上述的‘对称性原则’)仅仅是声称我们应该用同样的社会学与心理学原理去解释所有信念的原因……我们将不会提出任何反对的意见。”(诺里塔·克瑞杰,《沙滩上的房子》,同前,第16页)因为,这是一个明显的事实,即就人们对于科学知识的接受而言,除去真理性和学术性的原因以外,其他方面的因素(或如通常所说的“外因”)也发挥了重要的作用;另外,科学显然也应被看成整体性人类文化的一个有机组成成分,从而,在这样的意义上,我们就应明确肯定科学的文化相关性——后者事实上并就构成了现代教育领域中关于“民俗科学”或“民俗数学”(enthnomathematics)研究的直接出发点。(3.2节)但是,作为问题的另一方面,我们又应看到,如果将所说的观点推至极端的地步,即如完全否定了物质世界的存在与科学知识的真理性,乃至更将科学等同于各种神话或迷信,这就是完全错误的了。

从而,与盲目地追随或随意地附和相对照,我们对于建构主义就应采取十分慎重的态度,更应从理论高度对此做出深入分析和批判。例如,上述分析显然表明,就“社会建构主义”的把握而言,我们事实上可以区分出以下几种不同的内涵或意义:

(1) 适当的社会互动对于认识活动十分重要,甚至是必不可少的;

(2) 认知,特别是学习活动主要是一种文化继承的行为;

(3) 科学,与其他所有知识一样,都是一种社会建构,从而也就必然地具有一定的文化相关性和相对性;

(4) 科学归根结底地说也只是一种信念,其之所以为人们接受,并不是因为它们具有一定的真理性,也即是客观规律的正确反映,而是主要依靠宣传和权力,从而科学与宗教迷信相比也就不具有任何的优越性。

由此可见,任何绝对肯定或绝对否定的态度都是不恰当的。

三、从课程改革的角度看

就建构主义哲学意蕴的分析而言,读者也许会有这样的想法:这些论述似乎与教育有很大距离,从而就不必特别关注。但这却是一个不争的事实:任何人,无论其自觉与否,总是在一定哲学观念指导下从事活动的,从而,如果缺乏自觉性的话,最终就可能成为某种时髦的,然而恰又是最坏的哲学的俘虏。

为了清楚地说明问题,以下再联系课程改革进一步指明从理论高度对建构主义做出深入分析与批判的重要性。事实上,无论就国内外而言,建构主义都可说为新一轮课程改革提供了重要的动力因素和思想武器。例如,我国台湾地区自1992年开始的小学数学课程改革就明确提出了"以建构主义作为基本的指导思想";另外,由美国国家科学基金会网址的检索也可发现,在20世纪90年代至少有44%的数学和科学教育项目都援引了"建构主义"这样一个术语。(诺曼·列维特,《被困的普罗米修斯》,同前,第316页)

当然,正如前面所指出的,对于建构主义我们不应采取简单化、绝对化的立场,毋宁说,最重要的是深入的分析与必要的批判。更一般地说,这事实上也可被看成我们面对种种"时髦口号"所应采取的基本立场,而改革大潮则在一定程度上可以被看成为后者的泛起提供了适合的外部环境。例如,除去"建构主义"以外,我们还可提及所谓的"后现代主义""女性主义""民主化"等口号;进而,这事实上也可被看成上面提到的20世纪90年代后期在美国,乃至整个西方爆发的"科学大战"的一个积极意义,即是直接促成了人们从各个方面对"后现代主义"等口号进行积极反思与批判,后者包括了对于课程改革基本立场的深入思考与再认识。又由于我国的课程改革显然以国际上的相关改革作为重要背景,因此,对于上述发展我们就应予以特别的关注;另外,在笔者看来,这事实上也应被看成我国新一轮课程改革顺利发展的一个必要条件,即是我们应从理论高度对课程改革的指导思想做出深入认识和必要反思。

当然,必要的批评并不等于反对课程改革。同样地,清楚认识建构主义的局限性也不意味着对此采取了彻底否定的态度;恰恰相反,笔者以为,这仍是当前的一项重要工作,即是更全面、更深入地认识与发挥建构主义的积极意义。例如,以下两项工作对于课程改革的深入发展就可说具有特别的重要性。

第一,就建构主义教学涵义的分析而言,这是一个明显的不足之处,即人们往往只是注意了学生的学习活动,却未能认识到我们也应从这一角度对教师的培养工作作出新的认识。

应当指出,上述倾向在国外也是经常可以见到的。例如,尼克森就曾指出:

“对于以下观点的普遍接受,即学生是他们自己的数学知识的建构者,并没有伴随着关于教师研究的知识的同样认识。”(The Culture of the Mathematics Classroom: An Unknown Quantity? *Handbook of Research on Mathematics Teaching and Learning*, ed. by D. Grouws, Macmillan, 1992:106)

具体地说,正如我们肯定学生在学习活动中的主体地位,我们显然也应明确肯定教师在教学改革中的主体地位,从而,教学方法的改革就不应是某种外部的强制行为,而应成为教师的自觉行动;进而,又如课程改革中对于“解题策略多样化”的提倡,我们在此也应清楚地看到教师中必然存在的个体差异,从而,与对于某些教学方法的片面强调相对照,我们也应明确肯定教学方法的多样化——当然,正如面对多种不同的解题方法教师应当发挥重要的指导作用,也即应当从不同角度或层面对不同方法作出必要的比较,从而有效地促进学生对于自己方法的积极反思与必要改进。在课程改革中我们也应帮助教师通过比较与反思掌握更先进的教学方法,或者说,即是能够依据特定的教学内容、教学对象与教学环境(以及本人的个性特征)创造性地进行教学。

更一般地说,这并可被看成课程改革成功实施的关键,即其能否真正成为所有相关成员,特别是广大教师的共同事业。进而,也正是从这一角度进行分析,除去教学工作的创造性以外,我们显然又应大力提倡教师密切联系自己的教学实践积极地开展教育教学研究,包括对于“课程标准”与教材的独立分析与深入思考,而不是简单地充当被动的“执行者”,或是作为纯粹的“接受者”去参加各种各样的培训,包括完全被动地去“接受”新一轮课程改革的各项基本理念。

显然,上述结论对于教育工作的其他各个环节,包括教材编写与教育管理等,也是同样适用的。从而,在较广泛的意义上,这也可被看成建构主义的一个重要含义,即是我们应当努力改变中国教育界中长期存在的“一层卡一层”的现象:“大纲‘卡’教材——教材的编写必须‘以纲为本’;教材‘卡’教师——教师的教学必须‘紧扣教材’;教师‘卡’学生——学生必须牢固掌握教师所授予的各项知识和技能。”(4.1 节)应当强调的是,国外的相关实践也在这一方面为我们提供了重要启示。例如,贝德纳等人就曾明确指出,“只有在开发者对设计所依据的理论有反思性认识时,有效的教学设计才成为可能。”(威尔逊等,“理论与实践境脉中的情境认知”,载乔纳森、兰德主编,《学习环境的理论基础》,同前,第

76 页）

第二，对于合作学习的积极提倡无疑应当被看成建构主义，特别是社会建构主义的一个重要涵义；但就当前的教学实践而言，应当说仍有不少问题需要我们深入进行探讨。例如，就课改中得到广泛应用的“小组讨论”而言，我们就应深入地去研究究竟什么是这一方法最有效的组织形式？什么又是采取“小组讨论”最恰当的时机？我们并应如何去处理“小组学习”中经常会遇到的各种问题，如“学生在一起会聊天，但不会讨论”，“学生的讨论经常偏离主题”等。

另外，除去各种具体的做法以外，我们又应不断加深对于“合作学习”本身的理解。例如，就当前而言，以下的思想就特别重要：“合作学习”不仅是指学生间的互动，也包括师生间的积极互动，教师更应在“思维的优化”这一方面发挥重要的引领作用；再者，“小组学习”显然也不应被看成“合作学习”的唯一形式，恰恰相反，教师应当根据具体的教学内容、对象和环境灵活地应用各种可能的教学形式，包括全班讨论，师生问答与集体评价等。

最后，还应提及的是，国际上关于学习活动的现代研究也从理论上为我们深入认识合作学习的意义提供了重要启示。具体地说，我们在此所论及的主要是由“认知心理学（信息加工理论）”向“情境理论”（situated theory）的发展，而后者最重要的特征就是着眼点的变化，也即将研究对象由个体转向了群体、转向了个体与群体之间的关系，以及由唯一注重个体的认知活动（意义建构）转向了个人的社会定位（身份的确定）。显然，上述变化事实上也对我们做好合作学习提出了更高的要求：我们不仅应当高度关注每个学生的参与和发展，也应十分重视如何能够创建出一个好的“学习共同体”，并使每个学生都能成为共同体的积极一员。（对此可见 3.5、3.6 节）

1.5 开放的数学教育哲学研究[①]

数学教育哲学是笔者在数学教育方面的主要工作之一,笔者至今已在这方面出版了三部著作,即1995年四川教育出版社出版的《数学教育哲学》、2008年广西教育出版社出版的《数学教育哲学的理论与实践》和2015年华东师范大学出版社出版的《新数学教育哲学》。

这些著作在学术界有一定影响,更受到了数学教育工作者的普遍欢迎。《数学教育哲学》不仅于2001年再版,台湾的九章出版社也于1998年出版了该书的繁体字版,这一著作先后获得江苏省哲学社会科学优秀成果奖三等奖(1997)与全国优秀教育类图书评选(第四届)一等奖(1998)。《数学教育哲学的理论与实践》一书也获得了广西优秀图书奖(省部级)三等奖(2009)。

这几部著作可说有不同的重点和特色。1995年的《数学教育哲学》主要反映了作者建构数学教育哲学系统理论的具体努力。书中提出,"数学教育哲学"不应等同于数学哲学在数学教育领域的具体应用,而应集中于这样三个基本问题:"什么是数学?""为什么要进行数学教育?""应当如何去进行数学教学?"也即应当分别对数学观、数学教育观与数学教学观作出系统和深入的分析论述。与此相对照,2008年出版的《数学教育哲学的理论与实践》则更加突出了数学教育哲学研究的实践性质,并以我国2001年开始的新一轮数学课程改革作为直接的工作背景。

当然,上述两个方面又不应被看成是互不相干、彼此独立的;恰恰相反,在两者之间也存在相互依赖、互相促进的重要联系,特别是,数学教育哲学的实践活动不仅可以被看成相关理论思想的具体应用,而且也反过来促进了关于数学教育哲学基本问题与相关理论思想更为深入的思考与研究。进一步说,笔者以为,理论建构与实践活动的相互促进也应成为中国数学教育哲学研究的基本立

---

① 这是笔者为《新数学教育哲学》(华东师范大学出版社,2015)撰写的前言,为方便读者阅读,这里对文字做了少量调整。

场,这也就是指,数学教育哲学既不应成为纯粹的理论研究,我们也不应因为强调实践而忽视相关的理论建设;恰恰相反,我们应当始终保持对于数学教育实际活动的高度关注,并以此促进数学教育哲学的理论研究,同时也应很好发挥数学教育哲学研究对于实际教育活动的促进作用。

事实上,这也正是当前的《新数学教育哲学》的主要目标,即是希望以过去这些年的课改实践为背景在数学教育哲学的理论建设上取得新的进展或突破,这就是本书何以取名《新数学教育哲学》的直接原因。为了清楚地说明问题,以下再对本书与1995年出版的《数学教育哲学》做一具体比较。

首先,本书的基本内容仍可被看成是围绕"什么是数学""数学教育的基本目标""数学学习与教学活动的性质"这样三个问题展开的,也即与《数学教育哲学》有基本一致的理论架构;当然,这又是两者的一个明显不同,即是在这样三个部分之外新著又增加了"做具有哲学思维的数学教师"这样一个部分,后者清楚地表明了笔者的这样一个认识:数学教育哲学的理论研究决不应脱离数学教育的实际需要。

其次,应当强调的是,尽管存在上述的共同点,新著又非《数学教育哲学》的简单重复,或只是作了少量增补和调整;恰恰相反,当前的著作集中反映了笔者关于什么是数学教育哲学的主要功能,以及我们应当如何从事数学教育哲学研究的新思考或不同认识。具体地说,如果说较强的规范性或导向性正是1995年的《数学教育哲学》的主要特征,对此例如由书中对于观念(包括数学观、数学教育观和数学学习与教学观)转变,也即"由较为陈旧和落后的观念向更为先进和正确的观念的转变"的突出强调就可清楚地看出,那么,新著中就采取了更加开放的立场,这也就是指,与各种简单化的断言和片面性的认识相比较,笔者现今更加倾向于清楚地指明问题的复杂性与观念的多样化,并希望以此促进读者的独立思考,而不是为此提供直接的解答。

再者,新著也非纯粹的理论建构,而是希望能更好体现理论研究的实践价值,而这事实上也可被看成上述的"开放性"的又一重要涵义,即是对于数学教育实际活动的高度关注。

例如,新书中第一部分中关于数学观的论述其主要目标就不是为"什么是数学"这一问题提供某种无可怀疑的最终解答;恰恰相反,书中不仅对多种不同的数学观念进行了具体介绍,更集中分析了这些观念对于我们改进数学教育的实际工作究竟有哪些新的启示。同样地,如果说《数学教育哲学》一书中关于“数学教育目标与数学教育基本性质”的分析具有较强的理论色彩,那么,本书第二部分也更为明显地表现出了对于数学教育现实情况的高度关注,特别是希望能将这方面的理论研究与新一轮数学课程改革更紧密地联系起来,也即能从理论高度对过去10多年的课改实践作出必要的总结与反思。

最后,也正是从上述角度进行分析,笔者以为,如果说这仍然是笔者在这方面的最终理想,即是希望数学教育哲学能“为数学教育提供坚实的理论基础”,那么,对于后者我们在现今也就应当做出新的不同理解:这里所说的“基础”并非是指某种具体的理论或观念,而是更加希望能有助于广大数学教育工作者学会独立思考,包括不断提高自己的理论素养,并能逐步养成反思的习惯与一定的批判精神,从而将自己的工作做得更好,特别是表现出更大的自觉性。

为了更清楚地说明问题,以下再联系“什么是哲学”对上述立场作进一步的分析说明,而这事实上也可被看成为以下问题提供了直接解答:本书的论述在什么意义上可以被看成属于哲学的范畴?

具体地说,这正是笔者对于“什么是哲学”这样一个问题的具体解答:相对于各种具体的结论而言,哲学更应被看成一种思维方式,这并就是哲学的主要功能,即是有助于人们更深入地进行思考,特别是批判与反思,从而也就可以获得更加深入的认识。

作为对照,在此还可提及关于哲学的这样一个“经典”的定义:哲学是“人们对于整个世界(自然界、社会和思维)的根本观点的体系。自然知识和社会知识的概括和总结”。(《辞海》(简印本),上海辞书出版社,1979,第746页)显然,按照这一定义,哲学相对于其他一切学科而言就有更大的重要性,因为,它是所有这些学科在更高层面的概括和总结。但在笔者看来,我们在此又应深入地去思考这样两个问题:(1)所说的高度概括和总结是否存在?(2)如果存在的话,这种知识又有什么用?

在此我们当然不可能对上述问题做出全面分析;但是,仅仅依据普通的逻辑知识我们就可立即看出相关论点的缺陷或不足之处。具体地说,正如人们普遍了解的,一个概念的外延越大其内涵就越小。由此可见,尽管我们在此所涉及的主要是判断(知识),而非概念,但仍然可以做出如下的大致推论:即便我们能对自然科学、社会科学和思维科学的相关知识作出概括和总结,其覆盖面之大也就直接决定了相关结论的内涵必定极度贫乏,也即只是一些干巴巴的教条,而这当然不能被看成哲学的精髓所在。

另外,相信任一对哲学稍有涉及的人也一定会注意到哲学的这样一些特征:哲学与一般知识相比应当说更明显地表现出了多元性和不连续性;而且,我们在哲学中所看到的似乎又非纯粹的客观知识,因为,各种哲学理论应当说都十分深刻地打上了创造者的个人烙印;而且,人们在此所主要关注的似乎也不是结论的真理性,因为,即使是基本立场的严重错误(如完全颠倒了物质和精神的关系),人们也不会因此而完全抹杀相关哲学家的理论贡献,恰恰相反,只要相关的分析论述对于人们有一定的启示作用,或者说其中多少包含一定的合理成分,人们就仍然愿意承认他的工作具有一定的学术价值。

由此可见,哲学的主要功能就不是为相关问题提供明确的解答,而是通过理论分析,特别是深入的批判,促使人们更深入地进行思考,包括积极的反思和自我批判,从而就可获得更加深入的认识,特别是实现更大的自觉性。显然,在这样的意义上,哲学就可说是一种聪明学、智慧学;但这又是哲学的特殊性所在:哲学并不直接告诉人们应当如何如何去做,恰恰相反,哲学家往往会通过理论分析,特别是通过存在问题的剖析和批判促使人们更深入地去进行思考,并最终通过独立思考获得新的、更深入的认识,从而真正变得聪明起来。

由于新的认识正是对于先前已建立认识的一种超越,因此,在所说的意义上,“更深入的思考”也就可以说是一种反思,哲学则更可以定义成“反思的学问”,或者说,我们即应将“反思性”和“批判性”看成哲学思维最为重要的特征。

笔者希望数学教育哲学的相关研究也能对广大数学教育工作者,特别是一线教师发挥上述的作用,即能促进读者更为深入地进行思考,从而也就能够在更为自觉的水平上去从事自己的工作,特别是切实避免或纠正由于思维的简单化或片面性所可能导致的种种消极后果。

容易想到,这事实上也正是笔者 1995 年在《数学教育哲学》的前言中关于“数学教育哲学”基本意义的如下论述的主旨所在:“我们的数学教师不是天天在教数学吗?难道他们还不知道什么是数学、为什么要教数学和如何去教数学吗?又何劳你来告诉他们这些‘常识性’的东西呢?对于这一问题也许可以简单地回答如下:作者在此所希望的正是通过理论的分析促进读者由对于上述问题的素朴的、不自觉的认识向自觉认识的转化。另外,这无疑也是这方面我们应当高度重视的一个基本事实:一个人尽管掌握了不少的数学知识,但却可能仍然不了解数学的本质;类似地,一个数学教师也可能在从事了多年的数学教学以后,对为什么要教数学和应当如何去教数学仍然缺乏明确的认识。当然,这种不自觉的状态必然会对实际的教育工作产生消极的影响,特别是,在不自觉的状态下,人们往往会成为各种错误观念或理论的俘虏。"

当然,正如1.2节中所指出的,我们又应从更加宏观的角度认识数学教育哲学的意义,包括"数学教育哲学"在当代兴起的必然性和合理性。

由以下两个实例相信读者即可更好理解数学教育哲学研究的基本立场与主要特征。

第一,课改初期,在听了笔者关于新一轮数学课程改革的讲演以后,有不少一线教师和其他一些人员(如教材编写人员等)都有这样的反映:"对于如何进行数学课程改革我们原来是清楚的,但在听了郑教授的报告以后,我们反而不知道应当如何去做了!"笔者以为,所说的"困惑"或许就可被看成新的进步的开端,因为,就只有通过更为深入的思考,包括必要的批判与反思,我们才能不断深化自己的认识,并切实避免或减少由于盲目追随潮流或认识上的片面性所可能导致的各种严重后果。

第二,课改以来,笔者曾在很多场合为数学教育工作者、特别是一线教师做过各种讲演或报告。尽管具体论题由于对象与场合的不同,特别是课改现实情况的变化有所改变,但笔者始终抱有这样一个目标,即是希望从哲学的角度进行分析从而达到更大的深度,从而也就能给聆听者更大的启发,特别是,尽管这是数学教育的专门报告,但仍然能使听众深切地感受到其中的"哲学味",甚至更可能因此而萌发出在后一方面进一步学习的愿望。

希望本书也能达到这样的效果,从而不仅能对促进我国数学教育事业的深入发展发挥积极的作用,而且也能促使更多的数学教育工作者,特别是一线教师成为"具有哲学思维的数学教育工作者",包括进一步促进数学教育哲学本身的理论建设。

让我们一起努力,走得更远,更好!

第二章　数学方法论的理论与实践

除去数学教育哲学的研究,作为数学思维研究的"数学方法论",也是充分发挥哲学对于实际数学活动促进作用十分重要的一个方面。

笔者在这一方面的工作可以追溯到1978年:正是在这一年,当时还是一名中学数学教师的我,在《中学理科教学》(当时是由《数学通报》与其他几家刊物合并而成的)发表了这方面的第一篇文章;另外,这也是我的第一部著作《数学方法论入门》(浙江教育出版社,1985)的直接主题。再者,我于1986年发表的"加强思想方法的训练,上出哲理化的数学课"(《高教研究与探索》,1986年第3期)也可说有一定的纪念意义,因为,这是我为获得南京大学在"文化大革命"后首次设立的教学质量奖一等奖撰写的总结文章,并集中体现了这样一个认识:除去纯粹的理论研究,我们也应高度重视用数学方法论的研究促进实际的数学教学工作。

本章的2.1节则是我为这一方面的第二部著作《数学方法论》(广西教育出版社,1991)撰写的前言,读者由此可很好地了解笔者在这方面的这样一个基本想法,即是我们应当用思维方法的分析带动具体数学知识的教学,从而真正做到"教活""教懂""教深"。

当然,除去相对独立的研究以外,我们也应十分重视国际上的相关研究,特别是,如果说美国著名数学家、数学教育家波利亚关于"数学启发法"的研究即可被看成为"问题解决"的现代研究,包括为中国的数学方法论研究奠定了直接基础,那么,什么又可被看成波利亚以后在这方面的主要进展？这也正是2.2—2.4节的主要内容，相关文章清楚地表明了这样一个事实：正是数学教育的现代发展，特别是20世纪80年代在世界范围内盛行的"问题解决"这一改革运动为相关发展提供了重要动力，并直接导致了"对于波利亚的超越"。另外，由相关文章我们也可清楚地看出坚持这样一个立场的重要性，即是我们不应盲目地去追随潮流，而是应当更加注重独立的思考与综合分析，从中才能够从外部吸取真正有益的经验、启示和教训(相关内容还可见另文："高层次数学思维的研究"，载郑毓信著《数学教育的现代发展》，江苏教育出版社，1999；"'问题解决'与数学教育(2008)"，《数学教育学报》，2009年第1期；以及由笔者与肖柏荣、熊萍合作撰写的《数学思维与数学方法论》，四川教育出版社，2001；《数学方法论的理论与实践》，广西教育出版社，2009)。

最后，2.5节则从另一侧面反映了国际上关于思维研究的最新进展，其中明确提到了这样一个重要的认识，即是相对于"学会数学地思维"而言，我们应当更加重视帮助学生"通过数学学会思维"，后者事实上也是本书第六章的直接主题。

2.1 《数学方法论》前言①

20 世纪 80 年代以来,数学方法论作为研究数学的发展规律、数学的思想方法以及数学中发现、发明与创造等法则的一门新兴学科,在我国数学界,特别是数学教育界获得了广泛的重视和迅速的发展。这主要表现在:第一,以波利亚的数学启发法为实际起点,我国学者积极开展了独立的研究,并取得了一系列有意义的成果;第二,数学方法论作为一门实践性学科并已渗透到了各级的数学教学活动之中,从而对实际的数学活动,包括数学研究和数学教学,产生了积极的影响。

一门学科能在这样短的时间内取得如此迅速的发展,无疑是一件令人高兴的事,而这事实上也就十分清楚地表明了数学方法论对于实际数学活动具有十分重要的意义。就数学教学活动而言,这就是指,它为我们提高数学教学质量提供了一个有效的工具:通过以思想方法的分析带动具体数学知识内容的教学,我们即可真正做到把数学课"教活""教懂"和"教深":所谓"教活",是指教师应当通过自己的教学活动向学生展现"活生生的"数学研究工作,而不是死的数学知识;所谓"教懂",是指教师应当帮助学生真正理解相关的教学内容,而不是囫囵吞枣,死记硬背;所谓"教深",则是指教师在数学教学中不仅应当使学生掌握具体的数学知识,而且也应帮助学生领会内在的思维方法,而且,这事实上也直接关系到了数学教育的基本目标,后者即是指,我们应把帮助学生学会数学地思维看成数学教育的主要目标。

显然,从这样的角度去分析,我们也就应当更加重视数学方法论的研究和教学实践,特别是,从理论的角度看,尽管我们已经取得了一些有意义的成果,但还不能认为已经建立起了数学方法论的科学体系。另外,在充分肯定我国学者所做出的独立贡献的同时,我们无疑也应高度重视如何从国外的有关研究吸取积极的成分,从而通过必要的综合和新的研究达到更高的发展水平。

---

① 这是笔者为《数学方法论》(广西教育出版社,1991)一书撰写的前言。

本书即是上述方向上的一个努力。具体地说，全书对数学方法论的主要内容及其现代发展做了较为概括的介绍，特别是，其中不仅涉及了“微观的数学方法论”的有关内容，而且也对“宏观的数学方法”的主要论题做出了具体的分析，从而事实上就从整体上为数学方法论提供了一个初步的理论框架。①

相对于笔者先前出版的《数学方法论入门》(浙江教育出版社，1985)而言，这一著作并应说更为集中地反映了笔者这些年来在这一领域中的学习和研究成果。尤其是，笔者作为我国数学方法论研究主要开拓者徐利治教授的学生与学术助手，有幸直接参与了多项重要的研究工作，从而为这一著作奠定了直接的基础。另外，对英、美等国的学术访问也使我有可能直接接触到国外在这一领域中的最新研究成果，从而为这一著作达到更大的广度和理论高度提供了现实的可能性。最后，作为“国家教委博士点专项基金项目(第三批)——数学哲学与数学方法论”的一项主要内容，我也因此获得了很大的鼓励和支持。

笔者由衷地希望这一著作能有助于读者更好地了解数学方法论的主要内容及其发展趋势，从而不仅能从中得到一定的启示和提高，同时也有利于数学方法论研究的深入发展。另外，作为一门实践性的学科，我也希望这一著作能对充分发挥数学方法论对于实际数学活动的积极影响起到一定的促进作用。事实上，在笔者看来，也只有通过与实际数学活动的密切结合，才能保证数学方法论的研究沿着正确的道路前进，而不会成为一门纸上谈兵、借题发挥的空洞“学问”。

最后，笔者愿利用这一机会向关心这一著作并从各方面给我以很大支持的马忠林教授、曹才翰教授以及广西教育出版社表示诚挚的谢意。另外，应当再次强调的是，如果没有我的导师徐利治先生的具体指导和热心帮助，这一著作是不可能问世的。

---

① 为了充分反映国际上在“问题解决”这一方向上的最新研究成果，笔者利用《数学方法论》再版的机会在书中加入了“对于波利亚的超越”这样一个小节。相关内容可见2.3节。

2.2 "问题解决"与数学教育①

"问题解决"是美国数学教育界在20世纪80年代的主要口号,即是认为应当以"问题解决"作为学校数学教育的中心,这一思想在80年代后期兴起的美国新一轮数学教育改革运动("课标运动")中也得到了进一步的确认。对这一思想的合理性进行集中地论述,包括对于美国关于"问题解决"的研究现状作出简要说明是本文的主要内容,笔者的主要目标则是通过对国外数学教育最新进展的介绍和分析促进我国数学教育的深入发展。

在此还应特别强调对于"问题解决"的正确理解:由于后者自80年代起已经成为美国数学教育界的一个主要口号,因此,各种不同的主张往往就都打上了"问题解决"这样一个时髦的旗号,但我们在此又常常可以看到各种"名不符实"的现象。具体地说,所谓"问题解决"是指综合地、创造性地运用各种数学知识去解决那种非单纯练习题式的问题,包括实际问题和源于数学内部的问题;进而,"以'问题解决'作为数学教育的中心"则是指我们应当努力帮助学生学会"数学地思维"。

一、"问题解决"与数学教育

"问题解决"是美国数学教育界继20世纪60年代的"新数运动"和70年代的"回到基础"后在80年代提出的主要口号。现在的问题是:"问题解决"这一口号的提出究竟是一个偶然现象,还是有其一定的历史必然性和内在合理性? 显然,这一问题也直接关系到了"问题解决"对于数学教育的特殊意义。

笔者的看法:强调"问题解决"正是数学观的现代演变和数学教育研究深入发展的直接产物,也即集中地体现了数学教育的时代特征。

---

① 原文发表于《数学传播》(台湾),1993年第4期。

1. 数学观的现代演变

所谓“数学观的现代演变”，在此主要指由静态数学观向动态数学观的转变。

由数学哲学的历史发展可以知道：人们在很长时期内一直将数学等同于数学知识(特别是“事实性结论”)的汇集；另外，一些具有哲学思维的数学家或有较多数学知识的哲学家则又往往特别关注数学知识内在逻辑结构的分析，尤其是，一些热衷于数学基础研究的学者更希望能把整个数学，或至少是其中的大部分组织成一个单一的公理系统：其中，由少数几条公理出发，我们即可单纯凭借逻辑法则演绎出全部的数学真理。又由于对于所说的公理(及推理规则)的最终基础有不同的理解，在数学哲学中就形成了逻辑主义、直觉主义和形式主义等不同学派，它们的数学观对当时的数学界产生了很大影响。

从 1890 年到 1940 年的这五十年被称为“数学哲学的黄金时代”，其主要特征就是基础研究中各个学派的数学观占据主导的地位；而又正如上面所指出的，尽管逻辑主义等学派的数学观不尽相同，它们又有这样一个共同点，即对数学都持有静止的观点。

由于基础研究中各个学派的研究均未能够获得成功，数学哲学的发展在 20 世纪 40 年代以后进入了一个停滞时期，数学家们开始寻找新的思想。这也就如同美国当代著名数学哲学家普特南(H. Putnam)所指出的：“我希望我们能对数学真理、数学‘对象’和数学的必然性等进行澄清，但我并不认为数学哲学中各种著名的‘主义’能够导致这样一点”；“我希望能使你们相信，数学哲学中的各种体系无一例外都是不用认真看待的。”(Mathematics without Foundations, *Mathematics*, *Matter and Method*, Cambridge University Press, 1979: 43 - 45)

新的思想既来自对于已有工作的反思，也来自外部的重要启示。后者主要指现代的科学哲学研究：自 20 世纪 50 年代起，科学哲学研究进入了一个异常活跃的时期，其主要特征就是由科学知识的逻辑分析(这集中地体现于逻辑实证主义的科学观，与关于科学发现与检验的严格区分直接相联系，对此可见以下的讨论)过渡到了科学的动态研究，也即认为我们应将科学看成人类的一种活动。不难看出，这种动态的观点与以下关于数学哲学研究的自觉反思也是完全一致的：“我们不必去继续寻找基础而徒劳无功，我们也不必因缺乏基础而迷惑徘徊或感到不合逻辑,我们应把数学看成是一般的人类知识的一部分。我们能够试着分析数学究竟是什么,亦即,真实地反映当我们使用、讲授、发现或发明数学时所做的事情。”“数学哲学的任务应是阐明数学家们正在做什么。”(赫斯,“复兴数学哲学的一些建议”,《数学译林》,1981 年第 2 期,第 75—76 页)

对于真实的数学活动我们可从多种不同角度进行分析研究。例如,所谓的“数学活动论”和“数学文化论”就分别采取了社会—心理和文化的视角。就目前的论题而言,我们仅限于强调这样一点:由静态数学观向动态数学观的转变必然会导致数学教育思想的重要转变,这也就是指,如果采取动态的数学观,我们在数学教育中显然就不应唯一地强调数学知识的掌握,而应更加重视帮助学生学会像数学家那样去工作、像数学家那样去思维。

显然,按照这一立场,强调“问题解决”、强调“数学地思维”也就十分自然了。因为,如果就日常数学活动进行分析,解决问题(更准确地说,就是解决各种非单纯练习题式的问题)显然可以被看成数学活动的基本形式。事实上,在下述的意义上,“问题”和“问题解决”即可被看成数学活动的核心:“某类问题对于一般数学进展的深远意义以及它们在研究者个人的工作中所起的重要作用是不可否认的。只要一门科学分支能提出大量的问题,它就充满着生命力;而问题的缺乏则预示着独立发展的衰亡或中止。正如人类的每项事业都追求着确定的目标一样,数学研究也需要自己的问题。正是通过这些问题的解决,研究者锻炼其钢铁意志,发现新方法和新观点,达到更为广阔和自由的境界。”(希尔伯特语)

最后,依据上述分析我们也可清楚地看出现行教育体制的这样一个弊病,即是学生学习的数学并非真正的数学。

2. 数学教育研究的深入

所谓“数学教育研究的深入”,在此主要是指关于数学学习过程的深入研究,特别是数学教育的认知科学研究。

笼统地说,数学教育的认知科学研究主要地即可被看成属于“数学学习心理学”的范围,后一方面研究的兴起则又可以被看成心理学研究深入发展的一个重要标志,即是由一般的心理学研究深入到了专门的学科领域;另外,就数学学习心理学的现代研究而言,最重要的成果就是关于数学教育的认知科学研究与“建构主义的数学学习观”。

具体地说,认知心理学的基本立场即是认为心理学的研究不应(像行为主义者主张的那样)局限于可见行为,而应深入到主体内在的思维活动,特别是应当深入研究知识的贮存、提取、表达、发展等问题;另外,所谓的“建构主义的学习观”则可被看成认知心理学研究的一个直接结论:数学学习并非被动的吸收过程,而是一个以主体已有的知识和经验为基础的主动建构过程。

从历史的角度看,瑞士著名心理学家皮亚杰(J. Piaget)的发生认识论,特别是其关于主体认知结构在新的认识活动中作用的分析即可被看成为上述的建构主义学习观提供了重要的理论基础;然而,又只有通过对于数学教育历史教训的自觉反省,这种观点才在数学教育界中获得了普遍重视,因为,从总体上说,建构主义的学习观即可被看成对于传统数学教育思想的直接否定。由于论题的限制,在此仅强调这样一点:如果坚持“数学学习并非被动的吸收过程,而是一个以主体已有的知识和经验为基础的主动建构过程”,那么,这就是一个必然的结论:最好的学习方法就是在“干”中“学”;就数学学习而言,这也就是指,“学数学就是做数学”(“‘Knowing’ mathematics is ‘doing’ mathematics”),也即我们应当让学生通过问题解决来学习数学。总之,现代的认知科学研究即可被看成为“以‘问题解决’作为数学教育的中心”提供了重要的理论依据,而其实质就是将学生摆到了与数学家同样的位置之上。

3. 时代的要求

数学教育研究深入发展的又一重要内容是关于数学教育目标的深入分析。事实上,早就有人提出了这样的主张:能力与知识相比是更加重要的;而又正如波利亚所指出的,“在数学里,能力指的是什么？这就是解决问题的才智”。由此可见,数学教育就应特别重视解决问题能力的培养。然而,就当前对于“问题解决”的强调而言,应当说还有明显的时代特征,也即与关于数学教育目标的新思考直接相联系。

具体地说,在数学教育的历史上,应当说始终存在“实用主义”与“人本主义”的对立。前者唯一强调简单技能的掌握,并在很大程度上可以被看成工业社会的必然产物:由于工业社会的基本特征就是大规模的机器生产,因此,工业社会的教育目标主要就是培养大批具有健壮体格、灵巧双手和简单技能(包括计算技能),从而能够胜任简单机械劳动的未来劳动力,也正因此,工业社会的教育体制在整体上就必然表现出重(具体)技能和抹杀个性的特征,特别是表现为对于大多数学生在培养目标上的低要求。与此相对照，人本主义则认为教育的根本目标应是人的自我完善，特别是应当促进人的理性思维(包括批判分析和逻辑推理能力)和创造性才能的发展。就美国(更一般地说，就是西方社会)现行的教育制度而言，上述矛盾最终是以教育的“双重目标”得到“解决”的，也即对于大多数学生(这是未来的劳动力)的低要求和少数学生(这是未来社会的上层分子)的高要求。特殊地，由于数学学习对于理性思维和创造性才能的发展具有特别重要的作用，因此，所说的“对于少数学生的高要求”往往也就以“数学上的高标准”作为一项重要内容。

然而，主要由于科学技术的发展，现代的信息社会对于未来劳动力的培养提出了与工业社会不同的要求。例如，这就正如《人人算数：关于数学教育的未来给国民的报告》这一对于美国当前的数学教育改革具有重要指导意义的文件所指出的：“21 世纪的劳动力将是较少体力型、而更多智力型的，较少机械的、而更多电子的，较少稳定的、而更多变化的。”“信息社会已经创造了一个在其中巧干要比单纯苦干重要得多的世界经济。这一经济需要的是智力上适合的劳动者，即善于吸收新思想、能适应各种变化……并善于解决各种复杂问题的劳动力。”(NRC, *Everybody Counts: A Report to the Nation on the Future of Mathematics Education*, National Academy Press, 1989:11,1)从而，与工业社会对大多数学生的低要求不同，信息社会要求未来的劳动力普遍具有较高的文化素养，特别是具有较强的解决问题的能力。(这样，传统的“实用主义”与“人本主义”在教育目标上的对立在新的条件下就得到了统一，或者说，由工业社会向信息社会的发展必然要求学校教育用“普遍的高标准”取代传统的“双重目标”)当然，上述变化也包括数学教育方面的普遍高标准，特别是，我们应努力提高学生应用数学知识解决问题的能力，并应通过数学学习发展学生的理性思维和创造性才能。例如，作为指导 20 世纪 90 年代美国数学教育改革的纲领性文件《学校数学课程和评估标准》，就首先通过体现时代要求的“社会目标”的分析引出了数学教育的五个具体目标，而其核心就是“使学生具有数学地解决问题的能力”。

综上可见，现代数学教育中对于“问题解决”的突出强调也是时代的要求，即是人类社会由工业社会向信息社会过渡的必然产物。

最后，应当提及的是，波利亚曾依据学生未来的职业情况对“问题解决”，特别是思想方法训练的重要性进行了论证。波利亚指出，普通中学的学生毕业后在其工作中需要用到数学的(包括数学家在内)约占全部学生的30%，而其余的70%几乎用不到任何具体的数学知识；也正因此，波利亚认为："一个教师，他若要同样地去教他所有的学生——未来用数学和不用数学的人，那么他在教解题时应当教三分之一的数学和三分之二的常识。对学生灌注有益的思维习惯和常识也许不是一件太容易的事，但一个数学教师假如他在这方面取得了成绩，那么他就真正为他的学生们(无论他们以后是做什么工作的)做了好事。能为那些70%的在以后生活中不用科技数学的学生做好事当然是一件最有意义的事情。"(波利亚，《数学的发现》，内蒙古人民出版社，1980，第二卷，第181—182页)

应当强调的是，波利亚的上述分析不应被理解为降低了数学的重要性；恰恰相反，这清楚地表明了数学作为一种文化因素对于个人，以及整个民族、整个人类的重要性，也即数学对于人们养成良好的思维习惯、理性思维和创造性才能(就整个民族或人类而言，就是理性精神)的发展具有特别的重要性。显然，这种关于"数学文化价值"的分析也从又一角度更清楚地表明了数学教育应当突出"问题解决"、突出思维方法的学习和训练。

综上可见，以"问题解决"作为数学教育的中心体现了数学教育思想和数学观的重要变化，从而就是数学教育的一次根本性变革。也正是在这样的意义上，伦伯格指出："解决非单纯练习题式的问题正是美国现今数学教育改革的中心论题。"

二、美国"问题解决"研究的历史和现状

1. 波利亚的贡献

在论及美国关于"问题解决"的研究时，无疑应当首先提及著名数学家波利亚的"数学启发法"研究，这不仅是因为波利亚的这一工作可以被看成"问题解决"现代研究的直接先驱，还因为正是波利亚的工作为之提供了必要的理论基础。

纵览波利亚在这方面的几部主要著作，即《怎样解题》《数学的发现》《数学与猜想》等，不难看出，贯穿这些著作的是以下一些思想(以下的大部分论述都

取自波利亚的短文“论中学里的数学解题”[On Solving Mathematical Problems in High School])。

第一,“问题解决”的重要性。例如,波利亚指出:“解题是智力的特殊成就,而智力乃是人类的天赋,正是绕过障碍、在眼前无捷径的情况下迂回的能力使聪明的动物高出愚笨的动物,使人高出最聪明的动物,并使聪明的人高出愚笨的人。”“解题是人类的本性。我们可以把人类定义为‘解题的动物’;他的生活充满了不可立即实现的目标。我们大部分的有意识思维是与问题相关的;当我们并未沉溺于娱乐或白日做梦时,我们的思想有着明确的目标。”

第二,“问题解决”与数学教育的联系。波利亚指出:“如果教育未能对智力的发展作出贡献,这样的教育显然是不完全的”;又由于数学在发展学生的智力这一方面“具有最大的可能性”,因此,“数学教师的首要责任是尽一切可能发展他的学生解决问题的能力。”

第三,“问题解决”的研究应当集中于启发法(heuristic),这也就是指,我们的目标不是要发现可以机械地用以解决一切问题的“万能方法”(波利亚指出,这样的万能方法也是不存在的),而是希望通过解题过程的深入研究,特别是由已有的成功实践,总结出一般的方法或模式,这些方法和模式在以后的解题活动中可起到启发和指导的作用。(注:按照波利亚的解释,“启发法”就是指“有助于发现的”。详可见波利亚,《怎样解题》,科学出版社,1982,第112页)

其次,波利亚在这一方面的工作主要集中于“启发法”的研究。例如,波利亚曾先后给出过这样一些启发性的模式或方法:分解与组合;笛卡儿模式;递归模式;叠加模式;特殊化方法;一般化方法;“从后向前推”;设立次目标;合情推理的模式(归纳与类比);画图法;看着未知数;回到定义去;考虑相关的问题;对问题进行变形等。

进而,一些“定型的”问题和建议又可被看成数学启发法的核心:只要运用得当,这些问题和建议就能起到“思想指南”的作用,也即能给解题者以一定启示,从而帮助他们发现好的或正确的解题方法与解答。我们可按照解题过程的四个阶段,即“弄清问题”“制定计划”“实现计划”和“回顾”,将这些问题与建议组织起来,这就是“怎样解题表”(详可见《怎样解题》,同前)。

最后,以数学发现方法的整个历史为背景进行分析,我们即可更清楚地认识波利亚在这一方面的重要贡献。

具体地说,在人类历史发展中曾有过这样一个时期,其间人们希望能找到这样一种方法,用之即可有效地从事发明创造,或成功地解决一切问题。例如,笛卡儿就曾提出过所谓的“万能方法”:第一,把任何问题转化为数学问题;第二,把任何数学问题转化为代数问题;第三,把任何代数问题归结为解方程。从现在的观点看,上述对于“万能方法”的寻求显然过于简单了,因为,如不存在可以把万物点化为黄金的“哲人之石”,能有效地从事数学发现或解决一切问题的“万能方法”显然也不存在。然而,就基本的研究倾向而言,人们却因此由一个极端走向了另一极端,即是认为不存在任何关于发现的方法。在历史上后一种观念并就是与逻辑实证主义的科学观直接相联系的:后者突出地强调了“证明(检验)的方法”与“发现的方法”的区分,并认为方法论的研究应当局限于证明(检验)的范围,而发现的问题则应被看成完全属于心理学的范围——对此不需要、也不可能作出任何理性的或逻辑的分析,从而也就根本不存在任何真正意义上的“发现的方法”。由于逻辑实证主义在西方学术界中曾长期占据主导地位,因此,关于数学发现(及至一般科学发现)方法的研究就一度陷入了停顿状态。

正是在上述的严峻形势下,波利亚自觉地承担起了“复兴”数学启发法的重任。正如上面所提及的,波利亚在这一问题上的基本立场是:所谓的“万能方法”并不存在;但是,“各种各样的规则还是有的,诸如行为准则、格言、指南等,这些都还是有用的”,而这里所说的“行为准则、格言、指南”等就是前述的启发性模式或方法。从而,波利亚事实上就是在上述的两极对立之间开拓了第三种可能性:我们可以、而且应当积极从事对于新的研究工作具有启发与指导意义的一般性方法或模式的研究。

综上可见,我们就应充分肯定波利亚在这方面的重要贡献:从历史的角度看,波利亚的确起到了“复兴”启发法的作用,这一工作并为后继的研究(这不仅是指国外关于“问题解决”的现代研究,也包括中国的数学方法论研究)奠定了必要基础,即在很大程度上决定了这种研究的性质和方向。

2. 曲折的前进

尽管波利亚的数学启发法研究为这方面的进一步工作打下了良好基础,他的有关论著也曾在世界范围内引发过积极反响;但从美国数学教育的实际情况看,却可说经历了一个曲折的发展过程。具体地说,如果就整体情况进行分析,关于“问题解决”的研究在20世纪的五六十年代应当说始终处于低谷的状态。例如,在对这一过程进行回顾时,有不少在现今的研究中发挥领导作用的学者都曾很有感触地提及,在五六十年代要想以解决问题过程的分析作为学位论文是很难获得导师认可的,而如果坚持这样做了,相关论文也决不会引起普遍的重视。

所说的发展停滞性是由数学教育的总体发展形势决定的。具体地说,在20世纪60年代,数学教育领域中占据中心地位的是席卷全球的“新数运动”,而其主要特征就是对于抽象分析,以及数学知识内在逻辑结构的突出强调。由于“新数运动”违背了基本的认识规律,从而造成了数学教育质量的明显下降,因此,这一运动最终就未能逃脱失败的命运。其后,作为对于新改革的一种“反动”,“回到基础”在70年代又成了美国数学教育界的主要口号,而其基本特征就是对于基础知识、基本技能的突出强调,并认为只需通过反复讲授和大量的、机械的练习就可使学生较好掌握所说的基础知识和基本技能(因此,70年代有时就被形容为“机械练习的十年[The decade of drill and practice]”)。但是,近十年的实践却又表明这一运动没有能够真正达到提高数学教育质量的目标,而且,即使就基础知识与基本技能的掌握而言,反复讲授与大量练习也未能实现预期的目标。从而,在经历了上述的曲折发展以后,人们的注意力又重新回到了“问题解决”。

也正因此,在论及当前关于“问题解决”的研究时,人们就采用了“对波利亚的重新发现”这样一个说法,这也的确没有言过其实。例如,美国数学教师全国委员会(NCTM)1980年出版的指导性著作《学校数学中的问题解决》(*Problem Solving in School Mathematics*)就重印了上面已提到的波利亚的短文“论中学里的数学解题”作为该书的第一篇文章,编者并强调指出:“每一个数学教师,不仅是中小学的数学教师,都应认真阅读这一文章”——但这一篇文章却是波利亚在1949年发表的。

然而,应当强调的是,与波利亚的时代相比,从80年代开始的关于“问题解决”的新研究无论在理论或实践上都已取得了重要进展,对其特点可以大致总结如下。

第一,“问题解决”已经成为美国数学教育的中心环节。

尽管波利亚早已明确强调了数学教师应当致力于发展学生解决问题的能

力，但只是从80年代开始，"问题解决"才真正成为了美国数学教育的中心环节。

具体地说，正如上面所提及的，如果说"新数运动"和"回到基础"分别是美国数学教育界在20世纪60年代和70年代的主要口号，那么，80年代的主要口号就是"问题解决"。例如，美国数学教师全国委员会1980年出版的用以指导80年代学校数学教育的纲领性文件《行动的议程》(*An Agenda for Action*)就明确地提出了应以"问题解决作为学校数学教育的中心"。

另外，与前两次的运动不同，"问题解决"并可说表现出了理论研究与教学实践密切结合这样一个特点，这也就是说，我们在此看到的已不再是理论研究与学校中数学教育实践严重脱节这样的情况，更不是像"新数运动"那样在很大程度上仅有来自理论研究者的积极性，而学校中的大部分数学教师则对此采取漠然，甚至是抵触的态度。事实上，正如基尔帕特里克(J. Kilpatrick)教授所指出的："在整个教育史中很少有这样的课题能同时引起研究者和实践者如此的关注"，而"问题解决"正是这样一个例外。

再者，这也是"问题解决"与前两次运动的又一重要区别：尽管自1980年起已有十几个年头过去了，"问题解决"作为一次运动并没有表现出任何失败或衰退的迹象；恰恰相反，"以'问题解决'作为学校数学教育的中心"得到了越来越广泛的支持。例如，这一主张在美国关于新一轮教育改革的各个纲领性文件中都得到了明确肯定；另外，这一主张在美国也已在各种形式、各种层次和各种规模下得到了实践，有关的论著和教材更是不计其数。如在各个出版社的新书广告中，"问题解决"已经成为与"几何""代数""数学教育基本理论"等"平行"的一个大类，其中更包括不少按年级编排的系列著作。另据初略统计，在美国关于数学教育的若干主要刊物1991年发表的论文中，尽管涉及了代数、几何、学习障碍、教法组织、计算器和计算机、错误诊断及纠正、性别差异、考试分析等近20个课题，"问题解决"占据了首要位置，约占全部论文的五分之一。

最后，"问题解决"事实上也已成了一个世界性的潮流。例如，美国关于"问题解决"的主要代表人物之一舍费尔德(A. Schoenfeld)就曾提及，在1980召开的第四次国际数学教育大会(ICME-4)上，只是由于他的建议，"问题解决"才被列入了会议议程，但又只是作为一个很小的课题被列入到了"关于课程的非常规方面"这一项目之下，以致舍费尔德不得不把大会议程浏览了三遍才找到了这一题目。然而，在四年后的第五次国际数学教育大会(ICME-5)上，情况就发生了很大变化："问题解决"已经成为大会最主要的议题之一。

第二，与波利亚的启发法研究相比，"问题解决"的新研究在理论上也取得了重要进展。

新进展的一个重要表现，就是"问题解决"的研究已由"启发法"的论述发展到了关于解决问题全部过程的系统分析。事实上，如果就80年代初期的情况进行分析，当时关于"问题解决"的研究在很大程度上仍可说停留在波利亚的水平，以致"数学启发法……几乎已经成了解决问题的同义词"；然而，从80年代下半叶起，情况就发生了很大变化，特别是，通过多年的实践与总结，人们已认识到"启发法"不应被看成影响问题解决能力的唯一要素，或者说，为了提高解决问题的能力，我们还应注意更多的方面或环节，如"调节"和"观念"等。更一般地说，就正是通过对于解决问题全部过程的系统分析，我们现已获得了关于"问题解决"的一个新的理论框架。例如，舍费尔德的专著《数学解题》(*Mathematical Problem Solving*)就是这方面特别重要的一部著作："这一著作的主要目标就是要为分析复杂的解题行为提供一个框架。这一框架……描述了复杂的智力活动的四个不同性质的方面：认识的资源，即解题者已掌握的事实和算法；启发法，即在困难的情况下借以取得进展的'常识性的法则'；调节，它涉及的是解题者运用已有知识的有效性；观念系统，即解题者对于学科的性质和应当如何从事工作的看法。"(*Mathematical Problem Solving*, Academic Press, 1985:XII)

应当强调的是，除去积极实践与认真总结以外，外部促进也是导致新的理论进展的又一重要原因：在"问题解决"的现代研究中，人们广泛地吸取了认知科学、人工智能及社会—文化研究等方面的研究成果。事实上，如果把解决问题看成是一种常规的数学活动，那么，相应的认知科学研究与社会—文化研究就分别从微观和宏观的视角揭示了这种活动的内在机制和外部条件，从而也就直接促进了关于"问题解决"的深入研究。

最后，上述分析事实上也就表明了新的研究在方法论上的一个重要特点，即是研究的开放性。而且，按照这一分析，新的理论进展即可被看成科学整体突飞猛进的一个必然产物，从而也就具有很大的必然性。

第三，从总体上说，"问题解决"现正处于深入发展的关键时刻。

所谓"深入发展",在此是指现今的实践活动已由"素朴直觉的理论总结"过渡到了"理论指导下的积极实践",从而也就预示着理论的进一步完善和教学实践的不断改进。

事实上,就现今可以看到的大部分著作而言,都非十分成熟的著作,而主要是一些会议论文集:在这些关于"问题解决"的专门会议中,与会者对有关进展进行交流和分析,更对一些有待深入研究的问题进行了共同探讨,而论文集的组织与出版则很好发挥了"总结—指导"的作用。例如,由雪尔弗(E. Silver)主编的《数学解题的教和学》(*Teaching and Learning of Mathematical Problem Solving*)与查尔斯(R. Charles)和雪尔弗联合主编的《数学解题的教学与评估》(*The Teaching and Assessing of Mathematical Problem Solving*)就是这方面较有影响的两部论文集,它们并就是1983和1987年分别召开的关于"问题解决"的两次专门会议的直接产物。

另外,所谓"问题解决"的发展到了一个"关键时刻"则是指,随着大量人力、物力、财力的投入与时间的消逝,人们对于"问题解决"的研究和实践提出了更高的要求,即是希望看到这一运动确实达到了提高数学教育质量的目标,这一要求显然十分合理,但又十分艰巨。

也正是从后一角度进行分析,我们即可更清楚地看到美国社会的特殊性与弊病。

如众所知,美国社会的一个重要特点就是高度的"自治性"。就教育而言,这就是指美国各个州、市和教区在教育大纲的制定、教材的选择等方面具有很大的自主权。这种高度的"自治性"有一定优越性,特别是有利于多种不同改革方案的实施;然而,从另一角度看,这也为大力推行某种已被证明有效的方案带来了很大困难。例如,一个严酷的事实是:在相当数量的美国学校中,前述的各个运动,包括"新数运动"和"回到基础",都未产生过很大影响——在那里,数学教育始终以传统的方式进行着。

最后,美国社会的固有弊病也对教育改革的深入发展构成了严重障碍,特别是,贫困、落后地区的教育,少数民族的教育,吸毒、暴力等现象对青少年的毒害等。例如,1992年美国的一个骇人听闻的事件:由于纽约市的学校屡次发生枪杀事件,市政府不得不通过法令要求在所有学校的入口处安装金属探测器,以防止学生携带枪支到校。另外,也正是出于同样的考虑,戴维斯教授在列举

"数学教育研究和发展面临的最重要挑战"时,就把"努力改变贫困地区教育水平低下的情况"作为最首要的任务之一。

综上所述,美国关于"问题解决"的研究已经取得了重要进展,并在理论和实践两个方面都积累起了一定经验,从而就为加速发展我国的数学教育事业提供了很好借鉴;另外,美国社会的固有弊病显然也为我们赶超世界先进水平提供了良好机遇。

2.3 对于波利亚的超越[①]

“问题解决”是美国数学教育界在20世纪80年代的主要口号，即是认为应当以“问题解决”作为学校数学教育的中心。就这方面的早期研究而言，可以概括为“对波利亚的重新发现”，因为，早在《怎样解题》《数学的发现》《数学与猜想》等论著中，波利亚就已明确论述了“问题解决”的重要性，更成功地实现了数学启发法的“现代复兴”，从而为进一步研究奠定了必要基础；进而，尽管波利亚的这些工作曾在世界范围内引起过积极反响，但由于20世纪60年代在数学教育领域中占据中心地位的是席卷全球的“新数运动”，其后在70年代“回到基础”又成了美国数学教育界的主要口号，从而，就只是到了80年代，作为一种“曲折的前进”，“问题解决”才真正成了数学教育的中心，波利亚的相关论著也因此重新成为了人们关注的焦点。

也正是由于波利亚的影响，就80年代初期而言，美国关于“问题解决”的研究主要集中于启发法的阐述与进一步发挥，以致“数学启发法”在很大程度上成了“问题解决”的同义词。然而，相应的实践，特别是“问题解决”的教学似乎却未能取得预期的效果，特别是，人们经常可以看到这样的现象，即学生已经具备了足够的数学知识，也已掌握了相应的方法论原则（启发法），但却仍然不能有效地解决问题。

对于上述现象人们采取了不同的态度。例如，一部分人就因此而认定：“启发法的研究和教学是无意义的”“波利亚的工作已经过时”等；与此不同，大部分人则认为应对失败的原因做出深入分析，并由此做出进一步的研究。从历史的角度看，正是后一方向上的努力促成了“问题解决”研究与数学教学的新发展，并事实上完成了对于波利亚的“超越”。

具体地说，新的进展主要表现于这样一个认识：“问题解决”是一个包含多个环节的复杂过程，因此，相关研究就不应唯一集中于数学启发法，而应过渡到

① 原文发表于《中学数学研究》，1994年第7期。

对于解决问题全部过程的系统分析，特别是，除去“知识”与“解题策略”以外，我们还应高度重视“调节”与“观(信)念”这样两个环节。以下就对此做出简要介绍。

一、“调节”在“问题解决”中的作用

所谓“调节”(control)，是指解题者对于自身所从事的解题活动(包括解题策略的选择、整个过程的组织、目前所从事的工作在整个解题过程中作用等)的自我意识、自我分析(包括评估)和自我调整。由以下关于“新手”(不成功的解题者)与“专家”(好的解题者)解题过程的对照比较即可看出，“调节”确应被看成解题过程十分重要的一环。

具体地说，不成功的解题者采取的往往是“盲目干”的做法，即往往不假思考地采取了某一方法或解题途径，或总是在各种可能的“解题途径”之间徘徊，而对自己在干什么，特别是为什么要这样干始终缺乏清楚的认识；另外，在沿着某一解题途径走下去时，又往往不能对自己目前的处境作出清醒评估并由此做出必要的调整，而只是“一股劲地往前走”，直至最终陷入了僵局(这既是指遇到了不可克服的困难，也是指获得了某种结果却对于求解原来的问题毫无作用)而一无所获。与此相反，好的解题者在具体采用某一方法或解题途径前往往对各种可能性经过了仔细考虑；在整个解题过程中也显得“心中有数”，即清楚地知道自己在干什么和为什么要这样干；他们能对自己当下的处境作出清醒的评估，包括由此做出必要的调整，特殊地，即使出现了错误，他们也不会简单地抛弃已有的工作，而是力图从中吸取有益的成分；最后，在成功解决了所面对的问题以后，他们也能自觉地对已进行的工作做出回顾，特别是考虑是否存在更有效的解题途径。

由于“调节”涉及了解题者对于解题活动的自我意识、自我评估和自我调整，因此就不能被纳入“启发法”的范围，而是属于一个更高的层次，也即是将解题活动作为了直接的对象(也正因此，“调节”就常常就称为“元认知[meta-cognition]”)。但是，正如上述分析所已表明的，“调节”也是影响人们解决问题能力十分重要的一个因素。进一步说，“调节”的重要性还在于这样一个事实：问题解决并非一个按照事先制定好的程序一成不变地加以实施的机械过程，而

是一个需要不断对发生的情况进行自我评估并及时做出必要调整的动态过程，当然，这种自我评估与调整又以解题者对于解题过程具有清醒的自我意识作为必要的前提。

显然，上述分析也为“问题解决”的深入研究指明了新的努力方向，即是我们应当努力建立同时包含有启发法与调节的解题模式。应当指出的是，现状调查也已清楚地表明了这一工作的重要性和紧迫性。例如，调查表明，在美国约有60%的学生在解题过程中采取的就是上述的“盲目干”的做法，也即对于解题活动缺乏必要的自我意识、自我评估和自我调整，从而自然也就极大地削弱了他们解决问题的能力。

一般地说，经常被问及以下三个问题正是提高学生元认知能力最有效的方法：

“什么?”(what)(“现在在干什么?”或“准备干什么?”)

“为什么?”(why)(“为什么要这样做?”)

“如何?”(how)(“这样做了的实际效果如何?”)

进而，我们还可针对“调节”提出以下一些更加具体的建议。

第一，切实减少盲目性，增强自觉性。这也就是指，对于自身所从事的解题活动我们应当保持清醒的自我意识。即如：

“我所面临的是怎样的问题?”

“我所选择的是怎样的一条解题途径?”

“我为什么做出这样的选择?”

“我现在已经进行到了哪一阶段?”

“这一步的实施在整个解题过程中有怎样的地位?”

“我目前所面临的主要困难是什么?”

“解题的前景如何?”

……

第二，随时对解题活动做出评估和必要调整。例如，以下一些问题就直接关系到了对于目前所从事的解题活动的自我评估：

“我是否真正弄清了题意?”特别是，“我对于所面临的困难与成功的可能性是否有清醒的认识?”

“我是否真正‘盯住了目标’?”特别是，“我所采取的解题途径是否足以导致问题的彻底解决或能对此起到很大作用?”

“我所选择的解题途径是否可行?”特别是,“‘次目标’的选择是否与最终目标相一致?”

“我所选择的解题途径是否是最好的? 是否有更好的解题途径?”

“在已完成的工作中是否存在隐蔽的错误?”特别是,“我有没有重犯先前的‘老毛病’(如计算中的粗心大意等)?”

最后,应当强调的是,在很多学者看来,对于“调节”的重视正是波利亚以来在“问题解决”研究中取得的最重要进展之一。也正因此,在许多关于“问题解决”的专门课程中,人们往往也就将学员在自我意识、自我评估、自我调整方面的进步看成课程最主要的成绩之一。显然,由此我们也可更清楚地认识“调节”在“问题解决”现代研究和教学实践中所占据的重要地位。

二、“观念”对“问题解决”的影响

所谓“观(信)念”(belief),在此是指解题者的数学观、数学教育(学)观及其对于自身解题能力的认识等。对于观(信)念的强调可以被看成从社会—文化的角度从事数学的哲学分析的一个直接推论。以下就是这方面的一些主要结论:

第一,由于人们自觉或不自觉地总是在一定观念指导下从事自己的实践活动的,因此,在这样的意义上,我们就可以说,一个数学工作者的数学观决定了他从事数学活动的方式,即如选择什么样的研究问题,采取什么样的研究方法,等等。

第二,在现代社会中,每个数学工作者都是作为“数学共同体”的一员从事研究工作的,尽管其本人可能并未清楚地认识到这样一点,而“数学共同体”的主要标志就是相关成员具有共同的行为准则、态度和观念等,也即具有共同的数学观。(正因为所说的“观念”在很多情况下都只是一些不自觉的认识,因此,我们就应将“信念”同时包括在内。)

第三,观(信)念的形成往往有一个较长的过程;另外,就数学共同体的成员而言,其数学观的形成又主要是一种文化继承的行为,也即在很大程度上是由其“生活(工作)方式”和“生活(工作)环境”直接决定的。

显然,除去这种一般性的数学哲学研究以外,我们也应十分重视从社会—文化的角度去分析学生在现行教育制度下通过学校教育,特别是数学教学所形成的各种观(信)念,包括"什么是数学""怎样认识数学的意义""应当怎样学习数学"以及对于自身数学能力的认识等,通过这种研究我们并可更清楚地认识观(信)念对于学生解决问题能力的重要影响。

例如,以下就是一些美国数学教育家通过美国学生的现状调查所得出的一个结论:就现实而言,相当一部分,甚至大多数学生的处境是令人担忧的:"对大多数(美国)学生来说,数学学习就意味着每天准时到校,坐在教室里安安静静地听那些他既不理解、也根本不感兴趣的事,每天的日程就是听讲并按教师的布置用教师指定的方法去做练习,努力记住一大堆毫无意义、零零碎碎的'知识',而唯一的理由就是将来的某一天他们可能会用到这些知识,尽管教师和学生对是否真的会有这样一天都持怀疑态度。"(戴维斯语)显然,所说的处境对于学生形成正确的观(信)念极为不利,他们就是通过这种"生活方式"和"生活处境"发展起了很多不正确的观念。如以下就是美国学生中十分普遍的一些观念(详可见 M. Lampert, When the problem is not the question and the solution is not the answer: Mathematical knowing and teaching, *American Educational Research Journal*, 1990(27)):

只有书呆子才喜欢数学;

数学是无意义的,即与日常生活毫无联系;

学习数学的方法就是记忆和模仿,你不用去理解,也不可能真正搞懂;

教师的职责是"给予",学生的职责则是"接受";

没有学过的东西就不可能懂,只有天才才能在数学中作出发明创造;

教师所给出的每个问题都是可解的,我解不出来是因为不够聪明;

每个问题都只有唯一的正确解答;

每个问题都只有唯一的正确解题方法;

每个问题都只需花费 5—10 分钟就可解决,否则就不可能单凭自己的努力获得解决;

教师是最后的仲裁者,学生所给出的解答的对错和解题方法的"好坏"都由教师最终裁定;

数学证明只是对一些人们早已了解的东西进行检验,从而就只是一种"教

学游戏”,而没有任何真正的价值;

观察和实验是靠不住的,从而在数学中就没有任何地位;

猜想在数学中也没有任何地位,因为数学是完全严格的。

显然,上述观念必然会对学生的数学学习,包括“问题解决”产生极大的消极影响。

例如,舍费尔德教授就曾通过以下实例(这是美国第三次全国教育进展评估中的一个试题)对此进行过分析:

“每辆卡车可以载36个士兵,现有1128个士兵需用卡车运送到训练营地,问需要用多少辆卡车?”

测试结果表明:70%的学生正确地完成了计算,即得出了以36去除1128,商为31,余数为12;然而,就最终答案而言,却有29%的学生回答道“需要31余12”,另有18%的学生的答案为“31”,只有23%的学生给出了“32”这一正确的解答。

对于这一结果舍费尔德分析道:“当学生回答道汽车有余数时,他们显然没有把这一问题看成真实的。他们把它看成是学校中虚构的数学问题——为了练习而杜撰的故事,而学生所需做的只是进行计算并把答数写下来……学生是从哪里学得这样的荒谬做法的,正是在他们的数学课堂中,通过机械的练习。”

类似地,由于很多学生并已通过数学学习不知不觉地形成了这样一个观念:“每一数学问题都是可解的,而且,就问题的求解而言,你完全无须顾及问题的意义,而只需按某种现成的算法去进行计算,并把得数写下来。”以下的更荒谬事例的出现也就无足为奇了:

在一次实验中(1986年)中,要求97个一年级和二年级的学生解答如下问题:

“在一条船上有26只绵羊和19只山羊,问船长的年龄是多少?”

结果有76个学生通过把26和19这两个数字相加获得了解答。

显然,上述事例更清楚地表明了错误观念对于“问题解决”的消极影响。更严重的是,我们在现实中还可经常看到如下的“恶性循环”:学生主要就是通过学校中的数学学习逐步养成了所说的各种错误观念,所形成的错误观念则对新的数学学习,包括新的解题活动产生了严重的消极影响,而新的数学学习、特别是新的解题活动的失败反过来又进一步强化了原先的错误观念……这样不断反复,直至学生最终完全丧失了对于数学学习的兴趣和信心(乃至对整个人生的信心)。当然,并非所有学生将来都会成为专业的数学工作者;但是,数学学习的失败确又在很大程度上限制了不少学生的发展,特别是,有不少学生就是因为未能学好数学从中学,甚至小学起就对自己丧失了信心,乃至完全放弃了全部的人生抱负并最终成为社会上的廉价劳动力——正在这样的意义上,美国著名数学教育家戴维斯(R. Davis)教授警告道:"我们的学校已接近于毁灭年轻一代。"显然,就我们目前的论题而言,这也更清楚地表明了观念的重要性,特别是,我们应十分重视数学教学活动对于学生观念形成的重要影响。

综上所述,相对于波利亚的数学启发法而言,"问题解决"的现代研究确已取得了重要进展,即在很大程度上实现了对于波利亚的超越。

三、研究方法的变化

除去对于"问题解决"各个环节的具体分析以外,还应提及美国数学教育界在方法上的变化。

第一,美国"问题解决"现代研究的一个重要特点就是理论研究与学校教学实践的密切结合。这也就如基尔帕特里克教授所指出的:"在整个教育史中很少有这样的课题能同时引起研究者和实践者如此的关注",而"问题解决"正是这样一个例外。事实上,由上述介绍可以看出,这就是相关研究能够取得重要进展的一个重要原因。

第二,美国"问题解决"现代研究的又一重要特点是"开放性",即这并非一种封闭的研究,而是与其他方面的研究密切相关、相互促进。

例如,上述关于"观念"的分析就是与数学的社会—文化研究直接相呼应的。另外,除去这种宏观的研究以外,我们还应看到认知科学研究的重要影响。具体地说,认知科学即是关于人们内在思维活动的深入分析,从而就从微观的方面为我们深入开展"问题解决"的研究提供了重要基础。最后,我们还应特别提及人工智能研究的影响,特别是,在"问题解决"的现代研究与人工智能中关于"解题机"的研究之间更可说存在一种互相依赖、相互促进的紧密联系。例如,与数学教育中对于"启发法"的突出强调相对应,一些人工智能的专家也曾致力于研究以波利亚的"数学启发法"为基础的"解题机";另外,对于"调节"的强调则是“解题机”现代研究的一个重要特征,而这反过来也对数学教育中关于“问题解决”的现代研究产生了重要影响,特别是,“调节”这一概念本身就是从人工智能研究中直接移植过来的。

第三,由传统的唯一注重可见行为和结果的定量分析转变到了对于内在思维过程的定性分析。

显然,这一转变与认知科学研究的现代发展密切相关。具体地说,就美国“问题解决”的现代研究而言,“解题记录”(protocol)的分析与对比已经成为最基本的一种方法,即如通过训练让学生学会“出声思维”、或让学生以小组(或“结对”)的形式进行解题,就可获得关于解题过程中真实思维活动较可靠的记录;另外,由上面的论述我们也已知道:正是通过“新手”与“专家”的对照比较,人们发现了影响解题能力的一些主要因素。更一般地说,这也正是上述发展所体现的指导思想的一个重要变化,即是由唯一注重教学方法(及其效果)转向了深入了解学生真实的思维活动。

综上可见,即使从方法论的层面看,我们也应注意由美国“问题解决”的现代研究获得有益的启示和教益。

2.4 关于“问题解决”的再思考①

“问题解决”是美国数学教育界在20世纪80年代的主要口号，即是认为应当以“问题解决”作为学校数学教育的中心，这一思想在80代后期兴起的美国新一轮数学教育改革运动中又得到了进一步的确认，从而就在更大规模上得到了实践。后者正是本文分析论述的直接基础，这在总体上并可被看成对于“问题解决”这一口号的自觉反思。

具体地说，在先前的“‘问题解决’与数学教育”(2.2节)一文中，笔者已对这一口号的合理性进行了分析，即是认为对于“问题解决”的强调正是数学观现代演变和数学教育研究深入发展的直接产物，更集中地体现了数学教育的时代特征。笔者现今仍然认为这一观点是正确的；但我们又可从一些新的角度提出更加深入的一些问题，从而进一步深化我们的认识，并以此指导相关的教学实践。

一、“问题解决”与“问题提出”

数学观的现代演变，即由静态数学观向动态数学观的转变无疑具有重要的教育涵义，特别是，这清楚地表明我们在教学中不应唯一强调数学活动的最终产物，而应更加注重数学活动本身；但是，作为进一步的思考，我们又应提出这样的问题：所说的“数学活动”是否就应被等同于“问题解决”，也即是否仅仅是指“综合地、创造性地应用各种数学知识去解决那种并非单纯练习题式的问题(包括实际问题和源于数学内部的问题)”？

应当指出，后一立场在许多关于新一轮数学教育改革运动的指导性文件中都得到了明确肯定。例如，美国数学教师全国委员会(NCTM)特设的关于学校数学课程标准专门委员会的主席伦伯格(T. Romberg)就曾指出，在《行动的议程》(*An Agenda for Action*)和《学校数学课程和评估的标准》(*Curriculum and*

① 原文发表于《数学传播》(台湾)，1996年第4期。

Evaluation Standards for School Mathematics)及其他一些文件中,“问题解决突出地被看成是数学家的主要活动”。(Classroom Instruction that Fosters Mathematical Thinking and Problem Solving: Connections between Theory and Practice, *Mathematical Thinking and Problem Solving*, ed. by A. Schoenfeld, Lawrence Erlbaum Associates, 1994:294)但是,如果就实际数学活动进行分析,我们即可看出上述结论有一定的局限性。例如,一个明显的问题就在于:我们应当如何看待“问题解决”(problem solving)与“问题提出”(problem posing)之间的关系?特别是,那些有待解决的问题是从哪里来的?

事实上,这是一个公认的观点,即是提出问题的能力应当被看成创造性能力十分重要的一个组成成分。这也就如爱因斯坦等人所指出的:“提出一个问题比解决一个问题更为重要,因为解决问题也许是一个数学上或实验上的技能而已,而提出新的问题、新的可能性,从新的角度去看旧的问题,却需要创造性的想象力,而且标志着科学的真正进步。”(*The Evolution of Physics*, 1938, Simon and Schuster: 92)

另外,从数学教育的角度看,这显然也应被看成传统的“传授—接受”型教学思想的具体表现,即学生总是被要求去求解由其他人(教师、教材编写者、出考题者等)提出的问题——在笔者看来,这事实上也正是“问题解决”这一口号何以常常与“应试教育”表现出一定相容性,甚至为后者所利用的主要原因。

鉴于上述原因,“问题提出”近年来在数学教育界获得越来越多的重视也就十分自然了(对此例如可见雪尔弗(E. Silver)的综述性文章 On Mathematical Problem Posing, *Proceedings of the 17th International Conference*, 1993(I): 66 - 85)。另外,从“问题解决”的角度看,我们又应特别强调这样一点:在“问题解决”与“问题提出”之间并可说存有相互制约、互相依赖的辩证关系。例如,正如波利亚所指出的,在解决问题的过程中,我们常常需要引进辅助的问题:“如果你不能解决所提出的问题,可先解决一个与此有关的问题。你能不能想出一个更容易着手的有关问题?一个更普遍的问题?一个更特殊的问题?一个类比的问题?”(《怎样解题》,科学出版社,1982,第 XIV 页)——显然,后者就属于“问题提出”的范围。也正因此,在现今的研究中,人们就常常对“问题解决”作广义的理解,也即把“问题提出”同时包括在“问题解决”之中。

二、“问题解决”与“数学地思维”

如果说上面的讨论主要涉及了实际数学活动的出发点，那么，作为进一步的思考，我们又应考虑这样一个问题：“问题解决”——在此是指具体解答的获得，包括肯定性解答（即如求得了所要求取的未知量）和否定性解答（即如证明了原来的问题是不可能解决的）——能否被看成相应数学活动的结束？或者说，这是否应当被看成数学活动的主要目标？

显然，如果从小范围进行分析，特别是仅仅着眼于数学知识的实际应用，那么，对于上述问题我们或许可以作出肯定的答复；但是，如果着眼于更大的范围，特别是考虑到数学的理论研究，在此无疑就应作出否定的解答，因为，这正是数学家（或者说，数学思维）的重要特点，即数学家总是不满足于某些具体结果或结论的获得，并总是希望获得更加深刻的理解，而这又不仅直接导致了对于严格逻辑证明的寻求，也促使数学家积极地去从事进一步的研究，即如在这些看上去并无联系的事实背后是否隐藏着某种普遍性的理论？这些事实能否被纳入某个统一的数学结构？等等；他们也总是希望达到更大的简单性和精致性，即如是否存在更简单的证明？能否对相应的表述方式（包括符号等）作出适当的改进？等等。

也正是从上述立场出发，一些数学家对现行的数学教育中所出现的一些偏向提出了尖锐批评。例如，为了使数学对大多数学生来说是更有吸引力和力所能及的，“开放性问题”在现代的数学教育中得到了广泛应用（1.2 节），但实践中又可经常看到这样的现象：学生们（甚至包括教师）都只是满足于用某种方法（包括观察、实验和猜测）求得了问题的解答，而不再进行进一步的思考和研究，甚至都未能对所获得结果的正确性（包括完整性）作出必要的检验或证明。从而，“在现实中，开放性问题在某些场合正在成为不求甚解和不加检验的猜测的同义词”；而这当然引起了数学家们的不安：“尽管这一讨论仅限于开放性问题，但对于新改革的某些方面的大致了解已经使数学家对数学教育的前进方向产生了疑虑”（H. Wu）；“我所担心的是：通过使数学变得越来越易于接受，最终所得出的将并非是数学，而是什么别的东西。”（A. Cuoco）

当然，我们并不能因为实践中出现了某些偏差就对新的改革运动持绝对否定的态度;但这确又从又一侧面表明了“问题解决”的局限性,这也就是指,与单纯强调“问题解决”相比,我们应当更加明确地提出这样一个主张:“求取解答并继续前进”(A. Schoenfeld, [ed.], *Mathematical Thinking and Problem Solving*, 1989:45)。另外,从更深入的层次看,这也就是指,与“问题解决”这一口号相比,“数学地思维”应当说更加恰当,即是我们应当将帮助学生学会数学地思维看成数学教育的主要目标。

进而,作为“数学思维”的具体分析,我们又应看到,这不仅是指各种具体的解题策略(包括元认知的调节能力),还包括有更多的内容。事实上,正如上面所提及的,这是数学思维的一个重要特点,即数学家们总是不满足于已有的工作,并总是希望通过新的研究发展和深化认识,即如达到新的更大的普遍性、更大的严格性、更大的简单性等——由于后者与解题策略相比显然属于一个更高的层次,即是主要体现了数学的研究精神,从而,在笔者看来,对于所说的“数学思维”,我们也就可以区分出这样两个不同的层次:

第一层次,解题策略(包括元认知的调节);

第二层次,数学的研究精神。

进而,这里所说的“数学的研究精神”显然又可被看成是与“问题提出”密切相关的,也即主要是指我们应当如何确定进一步的研究方向,而不是指解题过程中应当如何引入适当的“辅助问题”。

最后,从教育的角度看,笔者认为,强调“数学地思维”也更好地体现了这样一个思想,即数学不应被看成单纯的工具,而且也对思维训练具有十分重要的意义,后者并就直接关系到了数学的文化价值,即与人类理性精神的养成密切相关。(详可见 3.4 节)

三、“问题解决”与数学教学

以下再对与数学教学有关的问题做一分析。

应当首先提及,就“问题解决”的专门教学而言,现已表现出了一定的重点转移。例如,作为美国“问题解决”的主要代表人物之一,舍费尔德教授在谈及自己开设的“问题解决”课程时就曾指出,他早期的课程主要集中于数学启发法;然而,“与启发法相比,现今的课程更加关注于一些基本的思想,即如数学推理和证明的重要性,以及持续的数学探索(这时"问题"就不只是有待于解决的任务,而主要被用作更深入研究的出发点)。"这也就是说,后者的主要目的就是为了帮助学生获得"什么是做数学"的直接体验。(*Mathematical Thinking and Problem Solving*, 1989:43 - 44)显然,这一变化与上面的分析也是完全一致的。

其次,与"问题解决"的专门课程相比,以下的问题显然更加重要,即是我们应当如何以"问题解决"(或者说,"数学地思维")为中心去组织全部的数学教学?

这显然是上述问题的一种可能解答:"问题解决"不仅涉及了数学教育的基本目标,也应被看成数学教学的基本形式:全部学校数学课程都应采取"问题解决"的形式。更一般地说,后者事实上也是美国新一轮数学教育改革运动的一项重要内容,更可说已经取得了一定成果;但在采取这一做法的同时,在此仍然存在这样的问题,即是我们应当如何处理"问题解决"与数学基础知识和基本技能教学之间的关系。例如,正是出于这样的考虑,伦伯格提出了关于课程设计的这样五条原则:(1)应当清楚地指明我们希望学生掌握的若干概念领域(conceptual domain);(2)这些领域应当被分解成若干个课程单元,每个单元各有一个主题,并用两至三个星期来学习;(3)对学生来说,这些概念领域应由一定的"问题境界"(problem situation)自然而然地引出;(4)各单元中的活动安排应与学生的思维活动相适应;(5)课程单元应当根据学生的知识情况及教学环境不断加以调整。(*Classroom Instruction that Fosters Mathematical Thinking and Problem Solving*:*Connections between Theory and Practice*, 1994:300 - 302)更一般地说,这事实上也是 20 世纪 90 年代数学教育界的一个共识,即是认为"数学教育应当'过程'与'结果'并重"(黄毅英,"数学教育目的性之转移",《数学传播》(台湾),1993 年第 3 期)。由于后者并可被看成经由对过去十几年"问题解决"的教学实践进行反思所得出的一个结论,因此,这就在一定程度上表明上述实践确有一定的偏废或不足之处。

事实上,在笔者看来,我们在此即应对"基本的教育思想"和"数学教学的基本形式"作出明确区分,这也就是指,强调提高学生解决问题的能力并不意味着数学课程必须唯一地采取"问题解决"这样一种形式。进而,如果将着眼点由狭义的"问题解决"转移到"数学地思维",那么,另一种教学形式就应说更加可取。

具体地说,笔者在此所关注的主要是这样一个事实:数学思维方法并不是什么高度抽象、不可捉摸的东西,而是渗透于各种具体的数学活动之中,后者既包括问题解决,也包括各种基本的数学知识和技能的教学,从而,尽管在某些条件下确有必要进行"问题解决"(或者说,数学思维方法)的专门教学,即如相对集中地通过典型例子进行数学启发法的教学;但与这种相对集中的专门教学相比,如何将数学思维方法的教学与具体数学知识内容的教学更好地结合起来,也即以思维方法的分析带动、促进具体的数学知识内容的教学就更加重要。因为,第一,只有将数学思维方法的分析渗透于具体数学知识内容的教学之中,我们才能使学生真切地感受到思维方法的力量,并使之真正成为可以理解、可以学到手和可以加以推广应用的;"数学思维方法"也才不会蜕变成一门纸上谈兵、借题发挥的空洞"学问"。第二,又只有通过深入揭示隐藏在具体数学知识背后的思维方法,我们才能真正把数学课"教活""教懂""教深"。

显然,按照上述分析,即使从教学方法的角度看,以思维方法的分析带动、促进具体数学知识内容的教学也应被看成改进数学教学的一个有效手段;另外,在笔者看来,这也清楚地表明担心强调数学思维方法是否会影响数学知识和技能的教学完全不必要。应当强调的是,后一结论并已由国内用数学方法论指导数学教学的实践得到了证实。

四、"被动的接受"与"主动的建构"

应当强调的是,上面所论及的第二种教学形式并不意味着又重新回到了"传授—接受"这一传统的教学模式。例如,数学基础知识的学习在很多情况下也可采取"问题解决"的形式,从而让学生在其中发挥积极的作用。然而,这又确实是笔者在这方面的一个基本看法,即是认为"数学地思维"在大多数情况下并不能通过单纯的解题活动自发地形成。例如,在笔者看来,后者事实上即可被看成中国古代数学的发展历史给予我们的一个重要教益;另外,从认识论的角度看,这也可被看成"建构主义"(更准确地说,应是"社会建构主义")的数学学习观的一个重要结论,即数学学习是主体在一定社会环境中的建构活动,教师的示范则应被看成"良好的学习环境"的一个重要组成成分。

为了清楚地说明问题,在此还可举出以数学思维方法促进、带动具体数学知识内容教学的一个实例(它源自笔者从事微积分教学的亲身实践),包括教师

应当如何发挥重要的示范作用:

当时的教学内容是基本初等函数的导数,在弄清了线性函数、幂函数、正弦函数、余弦函数和对数函数的导数以后,余下的问题就是如何求取指数函数 $y=a^x(a>0$ 且 $a\neq 1)$ 的导数。

教材中对此是这样处理的:

$\Delta y=a^{x+\Delta x}-a^x=a^x(a^{\Delta x}-1)$,

$\dfrac{\Delta y}{\Delta x}=a^x\cdot\dfrac{a^{\Delta x}-1}{\Delta x}$,

$y'=\lim\limits_{\Delta x\to 0}\dfrac{\Delta y}{\Delta x}=a^x\lim\limits_{\Delta x\to 0}\dfrac{a^{\Delta x}-1}{\Delta x}$.

现令 $a^{\Delta x}-1=t$,则 $\Delta x=\log_a(1+t)$;当 $\Delta x\to 0$ 时,有 $t\to 0$,于是就有:

$\lim\limits_{\Delta x\to 0}\dfrac{a^{\Delta x}-1}{\Delta x}=\lim\limits_{t\to 0}\dfrac{t}{\log_a(1+t)}=\lim\limits_{t\to 0}\dfrac{1}{\log_a(1+t)^{\frac{1}{t}}}=\dfrac{1}{\log_a \mathrm{e}}=\ln a$.

所以

$$y'=a^x\ln a.$$

对上述过程进行分析,容易看出,其中的关键在于引进 $t=a^{\Delta x}-1$ 这样一个辅助函数;但这一步是怎样想出来的呢?我们又如何能够使得这一步对学生而言真正成为“可以理解和可以学到手的”呢?

在实际教学中笔者是这样做的:

在得出了 $y'=\lim\limits_{\Delta x\to 0}\dfrac{\Delta y}{\Delta x}=a^x\lim\limits_{\Delta x\to 0}\dfrac{a^{\Delta x}-1}{\Delta x}$ 这一表达式后,教师似乎“忘记了”应当如何去引进 t 这样一个新的变量;这样,面前的问题就成了一个真正的挑战!而且,教师最初的两次尝试都失败了——这自然引起了学生的极大兴趣:全班学生都提起了精神看教师将如何处理这一难题。

这时,教师放弃了盲目追随教材的作法,而是开始了“新”的思考:“让我们看一下什么是已经解决了的?特别是,什么与目前所面临的问题密切相关?”显然,这时容易想到以下的事实:

对数函数的导数 $(\log_a x)'=\dfrac{1}{x}\cdot\log_a \mathrm{e}$。

因为,指数函数即可看成对数函数的反函数。

正是通过这样的分析，教师提出了这样的想法："我们能否暂时'放弃'眼前的问题，而从更一般的角度去考虑以下问题：'已知一个函数的导数，如何求得其反函数的导数？'"

显然，从纯形式的角度看，这一问题是容易解决的，即有：

反函数的导数等于原函数的导数的倒数。

进而，将上述的一般性结论应用于指数函数这一"特例"，我们就可立即获得以下的结果：

$$(a^x)' = \frac{1}{(\log_a y)'} = \frac{1}{\frac{\log_a \mathrm{e}}{y}} = a^x \ln a.$$

这样，原来的问题就获得了解决。

笔者的看法是：尽管以上做法脱离了教材，甚至也违背了教材的"逻辑顺序"，但却使学生看到了真正的数学活动，特别是，以上的解题活动对于学生深刻领会"一般化方法"是十分有益的："在解决一个数学问题时，如果我们没有获得成功，原因常常在于我们没有认识到更一般的观点，即眼下要解决的问题不过是一连串有关问题中的一个环节。"（希尔伯特，"数学问题"，《数学史译文集》，上海科学技术出版社，1981，第 63 页。）另外，笔者认为，由这一事例我们也可看出，美国著名教育心理学家奥苏贝尔（D. Ausubel）关于"讲授式教学"与"意义学习"的分析是很有道理的，即决定"意义学习"的主要因素并不是我们所采取的是什么样的教学形式；特别是，以教师讲授为基础的学习（奥苏贝尔称为"接受学习"）未必"无意义"（按奥苏贝尔的话说，就是"机械的"），反之，发现法也未必"有意义"（详可见"奥苏贝尔的教学论思想"，载吴文侃主编，《当代国外教学论流派》，福建教育出版社，1990，第 205—235 页）。事实上，由以上分析我们已经知道，"意义学习"就意味着主动建构，而教师的讲授（以及有待于解决的"问题"）则可被看成为学生的主动学习提供了必要的外部条件。

最后，还应提及的是，除去有意识的工作以外，我们还应清楚地看到教师的"示范"对于学生的无形影响，包括教师的日常言行也会对学生产生潜移默化的影响。显然，这也更清楚地表明了数学学习作为一种建构活动的社会性质。

2.5 “数学与思维”之深思[①]

对于数学教育工作者、包括广大一线教师而言,“数学与思维”当然不是一个全新的论题,特别是,新一轮课程改革对于“三维目标”的提倡,更促进了人们对于这一论题的关注;另外,如果进一步拓宽视野的话,我们则又可以追溯到20世纪90年代在我国兴起的数学方法论研究,因为,数学思维也是后者的主要关注。

尽管如此,对于“数学与思维”这一论题我们还是应当不断进行新的思考与研究,包括已有工作的认真总结与反思,以及进一步的理论学习,因为就只有这样,才能不断深化自身在这一方面的认识,从而将相关工作做得更好。

一、 数学教育应当促进学生的积极思考

从教育的角度看,这无疑是这方面最基本的一个问题:我们为什么应当特别重视“数学与思维”这样一个论题?

对于上述问题并可说存在多种不同的解答;但在笔者看来,这又主要涉及了数学教育的基本目标或主要价值,包括我们应当如何去判断一个数学教学活动的成功与否,也即究竟什么可以被看成好的数学教学的主要标志?

为了清楚地说明问题,在此并可首先联系国际教育署(International Bureau of Education)和国际教育学会(International Academy of Education)2009年联合颁发的指导性文件《有效的数学教学》(*Effective Pedagogy in Mathematics*, ed. by G. Anthony & M. Walshaw, UNESC)作出具体的分析。

具体地说,尽管这一文件使用的是“有效的数学教学”,而不是“好的数学教学”这样一个词语,其主要内容也是关于“有效的数学教学”的10条标准;但这又是笔者阅读这一著作时的主要印象,即是对于“理解”(understanding)与“思

---

① 原文发表于《数学教育学报》,2015年第1期。

维”(thinking)的突出强调。前者表明国际数学教育界何以特别重视“有效的数学教学”,因为,“机械学习”正是西方各国数学教学的普遍性弊病;其次,对思维的强调则不仅是因为这正是实现“理解学习”的关键,而且也体现了关于数学教育目标的这样一个认识:数学教育应当致力于促进学生更积极地进行思考。

以下就是这方面的进一步论据:

正如人们普遍认识到了的,教学方法与模式是教学研究的永恒主题,特别是,对于某些新的教学方法或模式的大力提倡更可被看成新一轮数学课程改革的一个明显特点,即如课改初期对于“情境设置”“合作学习”“自主探究”“动手实践”等新的教学方法的积极倡导,以及近年来得到大力推广的“先学后教”这样一种教学模式,等等。

但是,无论是教学方法或是教学模式主要地又应被看成实现一定教育目标的手段或方法,从而,我们就不应脱离后者泛泛地去谈论教学方法或模式;恰恰相反,就只有联系数学教育目标进行分析思考我们才能更好地认识各种教学方法和模式的优点与局限性。

例如,以下就是著名小学数学特级教师贲友林老师经由多年的教学实践对于“先学后教”优点的一个总结:“这可以让学生更有准备地学;让学生在深层互动中学;让学生在研究性练习中学习。”

但是,正如笔者与贲友林老师交谈时所指出的,这应被看成“先学后教”的核心所在,即是有利于学生积极进行思考,并能逐步学会想得更深、更细、更合理、更有效。因为,如果忽视了这样一点,无论是“更有准备地学”还是“在深层互动中学”或是所谓的“研究性练习”,就都只是一句空话。

再例如,我们显然也可从同一角度去理解什么是这一两年中得到迅速发展的“翻转课堂”的主要优点:“‘翻转课堂’将简单的记忆、理解、运用放在课下,而高层次的综合运用和创新则在课上发生。”又,“视频比导学单更生动形象;前置的微视频学习为课堂腾出了更多的时间和空间;有备而来让课堂互动走得更深入更有效。”(详可见5.6节)

总之,这应当成为我们具体判断一堂数学课是否成功的主要标志,即其是否有效地促进了学生更积极地进行思考,并能逐步学会想得更深、更细、更合理、更有效!显然,这也更清楚地表明了深入研究“数学与思维”这一论题的重要性。

在此还应特别强调这一论题的现实意义:数学教学不应唯一强调动手,而应更加重视动脑,这并可被看成新一轮数学课程改革给予我们的一个重要启示或教训。[①]

当然,"动手"与"动脑"的对立又只是数学教育中"强调思维"最基本的涵义之一。对此我们并将在以下做出进一步的分析论述。

最后,从教师专业成长的角度看,上述分析显然也已表明:相对于"实、活、新"这一传统要求而言,我们在当前应当更加强调一个"深"字,也即应当针对具体的教学内容深入地去思考其内在的数学思想和数学思想方法,并应将促进学生思维的发展看成数学教学的主要目标。

二、"促进学生思维发展"的两种涵义

鉴于我们在这方面已经有了多年的实践,作为必要的总结,自然也应认真地去思考:这些工作的成效如何? 我们又应如何促进这方面工作的进一步发展,特别是,相关教学如何才能有更大的针对性,并更加有效?

为了解答前一个问题,不妨又可先行思考这样两个问题。

第一,应当如何理解"数学思维""数学思想""数学思想方法"等词语的具体涵义,包括相互之间的联系与区别?

毋庸讳言,无论是实验稿、或是2011年版的《义务教育数学课程标准》在这一方面应当说都不够严谨,甚至还可说一定程度上的混乱,而这当然是课程改革的指导性文件不应有的弊病(详可见另文"莫让理论研究拖了实际工作的后腿——聚焦数学思想的教学",《湖南教育》,2015年第3、4期)。

第二,什么是基础教育各个学段最重要的数学思想和数学思想方法?

对此相关人士曾有过这样一个评论:由于新课标"没有展开阐述'数学的基本思想'有哪些内涵和外延,这就给研究者留下了讨论的空间,而且由于它过去并没有被充分讨论过,所以可能仁者见仁,知者见智,不同的学者可能会有不完全一样的说法。"(顾沛,"数学基础教育中的'双基'如何发展为'四基'",《数学教育学报》,2012年第1期)理论研究有多种不同观点当然十分正常,但作为数

---

① 作为新一轮数学课程改革的自觉总结与反思,笔者认为,除去各个具体的经验和教训以外,我们还应更深入地去思考数学教育最基本的一些道理,包括梳理出数学教育的各个关键词。后者正是笔者目前在从事的一项工作,而"思维"正是这些概念中最重要的一个。(详可见6.2节)

学教育的指导性文件出现这样的问题就很不应该了，因为，这种不确定性必然会在教学实践中造成一定混乱，特别是，如果教师本身都没有弄清教学中应当突出哪些数学思想和数学思想方法，我们又如何能够期望通过他们的教学帮助学生学会数学地思维呢？

综上可见，我们在这一方面的进展实在不能说很快，更有很长的路要走，因此必须加倍努力，决不能掉以轻心。

那么，我们究竟又应如何促进这方面的工作呢？笔者以为，一个首要的任务就是很好地弄清“促进学生思维发展”的具体涵义？因为，只有做好了这样一点，我们的教学才能真正做到有的放矢，也才可能更加有效。

从理论的角度看，在此应说存在两个可能的方向。

第一，立足数学思维（数学家思维方式）的研究，并以此作为学生思维发展的必要规范。显然，这也是“帮助学生学会数学地思维”以及数学方法论研究的基本立场。

但是，这一做法应当说也有一定的问题。首先，我们是否真有必要帮助每个学生学会数学地思维？这也就是指，数学思维是否真的具有超出数学的普遍意义？其次，数学思维是否也有一定的局限性？

在此还应特别提及这样两个基本事实：(1)思维形式的多样性，如科学思维、文学思维、艺术思维、哲学思维等，各种思维形式并应说都有一定的合理性和局限性；(2)数学思维也有一定的局限性；在一些学者看来，我们更应清楚地看到“数学的恶”。(3.4 节)

显然，这也为我们深入开展相关研究提供了重要的背景。

第二，现实问题的分析，即是立足于常规思维的研究，并通过揭示其不足之处从而为这方面的工作指明努力方向，也即我们如何能够通过数学教学帮助学生改进思维。

这一主张并应说是与“大教育”的立场较为接近的；但就国内的现实情况而言，这又是一个比较薄弱的环节。与此相对照，国际上近年来在这方面应当说有一些十分重要的工作，从而就为我们改进工作提供了重要启示。

应当指出的是，尽管后一方面的研究对于我们增强教学工作的针对性十分有益；但在充分肯定“改进常规思维”重要性的同时，我们又应积极地思考新的发展可能性，也即如何能够通过数学学习帮助学生形成一些新的思维方式。显然,这事实上也就清楚地表明了上述两个研究方向之间的辩证关系,这也就是指,我们既应清楚地看到它们的不同,同时又应十分重视两者的相互渗透与必要互补。例如,数学思维的研究即可被看成在很大程度上为我们应当如何理解“长时间的思考”提供了重要启示;另外,就思维的进一步发展而言,我们显然又不应单纯地从数学的角度去进行分析,而应更加重视各个数学思想与数学思想方法的普遍意义。

总之,就这方面的进一步工作而言,应当同时开展两个方面的研究与实践:常规思维的改进,与专业(数学)思维的学习,并应很好处理两者之间的辩证关系。

这也正是数学教育中“强调思维”的第二层涵义。

相信读者至此也已对以下问题有了自己的看法:数学教育究竟应当提倡“帮助学生学会数学地思维”还是“通过数学学会思维”?这并就是本文采用“数学与思维”这样一个标题的直接原因。

以下两节我们还将分别对于上述两个方向的研究做出更加具体的论述。

三、数学教育与“常规思维”的改进

从数学教育的角度看,这或许可以被看成“改进常规思维”最直接的一个涵义,即是学会“长时间的思考”。由以下论述我们即可清楚地认识数学教育中明确提出这样一个主张的重要性。

“数学是自己思考的产物,首先要能够自己思考起来,用自己的见解与别人的见解进行交谈,会有很好的效果,但是思考数学问题需要很长时间,我不知道中小学数学课堂,是否能够提供很多的思考时间。”(陈省身语。引自张奠宙,《我亲历的数学教育》,江苏教育出版社,2009,第158页)

“思考问题的态度有两种:从专业角度看一种是花费较短时间的即时思考型;一种是较长时间的长期思考型。所谓的思考能人,大概就是指能够根据思考的对象自由自在分别使用这两种类型的思考态度的人。但是,在现在的……教育环境不是一个充分培养长期思考型的环境……没有长期思考型训练的人,是不会深刻思考问题的……无论怎样训练即兴性思考,也不会掌握前面谈过的智慧深度。”(广中平佑,引自代钦,“对日本精英教育的怀旧及其借鉴作用——

日本数学家藤田宏教授访谈录”,《数学教育学报》,2010年第2期)

另外,相信大多数读者依据自身经历也会同意我国著名数学家姜伯驹先生在面对“什么是数学对自己最重要的影响?”时所给出的如下解答:数学使我学会长时间的思考,而不是匆忙地做出解答。(教育频道,2011年5月2日)

除去对于“长时间思考”的积极提倡以外,在此还应提及另一相关的研究:“即兴性思考(快思)”的特点与局限性。

具体地说,这正是2002年诺贝尔经济学奖得主康纳曼(D. Kahneman)的一部名著:《快思慢想》(*Thinking*, *Fast and Slow*, Penguin Books, 2011),而其主要内容就是“常规思维”的研究,包括它的特点、作用与局限性等。具体地说,康纳曼所说的“常规思维”就是一般所谓的“快思”,因为,在他看来,这正是人类思维的一个重要特点,即是“快思”(他称为“系统一”)占据主导的地位,从而就可被看成“常规思维”的基本形式。另外,在明确肯定“快思”对于人类认识活动重要作用的同时,康纳曼所关注的又主要是这样一个事实:“常规思维”在现实中常常会导致一些系统性的错误,他在这方面有这样一个明确的看法:所说的错误存在一定的心理机制,即是“捷径与偏见”(heuristics and biases)。

所谓“捷径”,在此是指人们面对不确定的情况头脑中常常会自动和迅速地出现某个比较简单的想法,尽管用之未必可以有效地解决面对的问题,但主体却又往往会对此充满自信。“这些发生得非常快,而且全部同时发生,得到一个自我强化的认知、情绪和生理反应形态,这个反应形态是多样的和整合的。”(《快思慢想》,同前,第51页)

显然,这种迅速和自动的反应在很多情况下是必不可少的,又由于所说的“捷径”集中体现了主体已有的经验和知识,从而也就有一定的合理性,这就是康纳曼何以常常将自己提到的各个“捷径”称为“可用性捷径”的主要原因;但在现实中我们又常常可以看到某些与之密切相关的“偏见”,如用案例完全取代类的分析,或是不自觉地为“第一印象”所支配(“锚点效应”),等等。

另外,所谓的“以偏概全”(Wysiati)与“促发效应”(编故事,找理由等)则可被看成这样一种心态的具体表现,即人们往往会不自觉地去追求一致性,在此我们还可清楚地看到一种“自我强化”的现象:“系统一不擅长怀疑,它会压抑不确定性,而且会自动去建构故事,使一切看起来合理,除非这个信息被立刻否定。”(《快思慢想》,同前,第114页)

再者,这也是这方面十分重要的一个事实,即人们的思维并不完全属于认知的范围,也与情感、动作密切相关,后者有时还起到了决定性的作用,尽管当事者常常没有意识到这样一点。"一般人是受到情绪指引而不是理智,我们很容易因不重要的细节而改变心意。"(《快思慢想》,同前,第140页)特殊地,这也正是康纳曼何以专门引入"情感捷径"这样一个概念的直接原因。

由于康纳曼清楚地指明了与"系统性错误"直接相关的若干心理机制,从而,作为进一步的工作,我们自然也就应当考虑如何才能有效地避免或减小所说的错误。然而,正如康纳曼本人所承认的,后者是他的工作较薄弱的一个方面,即是局限于若干一般性的建议,但却未能做出更加深入和全面的研究。从而,这事实上就为我们如何能够结合自己的专业在这方面作出新的工作提供了现实的可能性,这也就是指,如果数学教学能在减少"快思"(常规思维)的局限性这一方面发挥积极的作用,这就将是数学教育的重大进展。

以下就是这方面的一些初步想法,即我们在数学教学中应当有意识地强调这样一些思想或方面,从而更好地发挥数学教学对于纠正上述各种常见性错误的积极作用。

强调全面的分析,即如要求更多的实例、更多的理由、加强比较等;帮助学生更好地认识和处理特殊与一般之间关系;帮助学生学会"客观地研究",切实避免主观情感的影响;大力提倡怀疑精神和批判精神,包括积极的自我批判;等等。

进而,如果说上面的想法较为一般,那么,以下两个实例或许就可被看成更为具体地指明了我们应当如何结合自己的专业去开展工作。

第一,与"用案例完全取代类的分析"(可称为"隐喻式思维")相对照,这正是数学思维的一个重要特点:"文本式思维"。从而,我们在教学中就应更加明确地强调这两者的区分与必要互补。

第二,由于现实中明显存在如下的"情感配对":"好心情、直觉、创造力、易相信和对系统一的依赖,是聚集在一起的;悲伤、警觉、怀疑、分析和努力是聚集在一起的。快乐的心情会解开系统二对行为的控制:当人们心情好时,直觉和创造力会增强,但同时也较不警觉。"(《快思慢想》,同前,第69页)因此,从系统一和系统二(也即"快思"和"慢想")的必要互补这一角度进行分析,我们也就可以更清楚地看出唯一强调"愉快学习"的局限性。

最后,作为这方面的具体实践,建议读者还可认真地去思考这样一个问题:“义务教育数学课程标准”中提到的各个关键词,特别是“数感”“符号意识”“代数思想”等,所涉及的究竟是哪种思维方式,是“快思”,还是“慢想”?

四、 通过数学学会思维

在具体论及“数学思维的学习”前,有必要指明这样两点。

第一,应当清楚地区分无意识的思维活动与有意识的方法论研究。这事实上也是康纳曼特别强调的一点:尽管他在对“常规思维”进行分析时使用的是“捷径”(heuristics)这样一个词语,但他同时也明确地强调了后者与数学思维研究中经常提到的“数学启发法”之间的不同:“波利亚的启发法,是需要系统二去完成的策略程序,但是我……所谈到的捷径并不是特意选的,它们是心智发散性的结果,是我们对问题的回应不精确控制的结果。”(《快思慢想》,同前,第98页)

更一般地说,如果我们接受“快思”与“慢想”的二分,那么,数学思维显然就属于“长时间的思考”(康纳曼称为“系统二”)的范围。

第二,正如前面所提到的,相对于常规思维的改进,数学思维的学习主要体现了思维发展新的可能性;当然,在具体从事这方面的工作时,我们又应采取更广泛的视角,也即应当更加重视数学思想和数学思想方法的普遍意义。

由以下分析(引自林福来,“数学教育理论的二维结构”,《首届全国数学教育哲学论坛论文集》,2014,广州)我们即可大致地看出数学在这方面的积极作用(应当指出,尽管相关分析以康纳曼的工作作为直接背景,但其内容已经超出了这一范围,也即赋予了“慢思”(“长时间的思考”)若干新的涵义):

快　思	慢　想
如何做?(工具性理解)	为什么可以这样做?(关系性理解)
问题解决(解题冲动)	策略性思考与调控(元认知)
特殊(model of)	一般(model for)

以下则是关于深入开展这方面研究的一些具体建议。

第一，数学思维的具体形式，我们并可围绕“数学活动”对此作出具体分析：

(1) 概念的生成、分析与组织。主要包括抽象思维(特别是，数学抽象的建构性质)；结构性观念与逻辑分析；反思与自反抽象(更高层次上的抽象)；数学的自由创造(由现实到可能)等。

(2) 问题的提出与解决。特别是，序的观念(整体性观念)和元认知(调控)；另外，由于解题策略的研究具有重要的方法论意义，我们对此也应予以足够的重视。

第二，思维品质的提高。

依据“努力促进学生的思维发展”这一基本目标，相对于各个具体的思维方式或方法而言，我们又应更加重视学生思维品质的提升，特别是，思维的清晰性(包括清楚地表述)，思维的合理性和有效性(适当的说明与论证，演绎)，思维的深刻性与严密性(必要的审视与批判)，思维的灵活性、综合性与创新性，等等。

第三，思维与理性精神的培养。

这主要反映了这样一个认识：数学思维的学习也十分有利于人们理性精神的培养。

还应指出的是，数学思维的研究为我们深入理解“理性”这一概念提供了重要背景，或者说，这即可被看成为“理性”这一概念赋予了更加丰富的涵义。

最后，应当强调的是，我们还应注意防止这样一种简单化的认识，即是将“快思”(系统一)和“慢想”(系统二)简单地等同于“错”和“对”，乃至完全否定了“快思”的作用，或是认为应当用“慢想”去完全取代“快思”。

事实上，由“快思”在人类认识活动中的主导地位我们即可清楚地认识所说的取代是不应被提倡的，因为，这对于人们的日常生活与工作不可或缺；另外，又由于“快思”的存在及其在认识活动中的首要地位是由人们的生理机制和生活方式直接决定的，因此，所说的取代也根本不可能实现。

从同一角度进行分析，笔者以为，尽管以下提法确有一定道理，即是“应当抑制低层次思维的过分膨胀”，但这显然是更加合适的一个主张，即是我们应当努力增强自身在这一方面的自觉性，从而才能切实避免或减小所说的系统性错误。

另外，应当提及的是，这也是康纳曼在这方面的一个重要建议，即是相对于

“常规思维”，我们应当努力发展“专家型直觉”，因为，后者与前者相比更加可靠。

当然，即使就“专家型直觉”而言我们也应不断增强自身在这一方面的自觉性，后者事实上也正是康纳曼的一个直接论题：我们如何才能成为专家？进而，由于“专家型直觉”也并非完全可靠，我们就应进一步去研究：什么时候可以相信专家？（详可见《快思慢想》，同前，第三章）

容易想到，后一结论对于数学思维的研究也是同样适用的。即如，

第一，不要过于聪明，而应提倡“聪明人下笨功夫”。（季羡林语）显然，从这一角度去分析，我们也可更好领会“经验”的重要性：数学思维的学习应当坚持必要的实践与经验的积累，而不应过早地上升到一般性方法。

第二，所有方法都有一定的局限性，更不应成为束缚人们思维的桎梏；恰恰相反，这是真正的创造性工作的一个必然途径：“以正合，以奇胜”。

五、结语

以上主要是从宏观的视角指明了深入研究“数学与思维”这一论题对于数学教育的特殊重要性，特别是，这更应被看成数学教育的一个基本目标，即是努力促进学生思维的发展，包括常规思维的改进，和专业（数学）思维的学习，从而逐步学会想得更深、更细、更合理、更有效。

当然，从实践的角度看，这又是更加重要的一个问题，即是我们应当如何进行数学教学才能很好实现上述的目标？

显然，后一问题的解答有待于深入的研究，包括积极的教学实践与认真的总结与反思。以下则是笔者的一个初步认识，即是我们在这方面应当特别重视这样几个环节：(1)“问题引领”；(2)数学地交流与互动，从而帮助学生很好地实现优化；(3)文化熏陶，言传身教。另外，我们在教学中还应依据学生的具体情况切实加强工作的针对性，包括很好地实现以下几个阶段的必要区分与合理过渡，即由“深藏不露”逐步过渡到“画龙点睛”，由“点到为止”逐步过渡到“系统论述”，由“教师介绍”逐步过渡到“学生的自我总结和自觉应用”。

希望广大数学教育工作者，特别是一线教师都能在上述方面做出自己的研究与贡献。

第三章 国际视野下的数学教育

无论就促进我国数学教育事业的深入发展或是数学教育的理论建设而言，相关努力显然都不应局限于某些专门的研究，而应有更广泛的视角，特别是，即应始终保持对于数学教育国际进展的高度关注。

本章所收入的各篇文章就是这方面的一些具体工作，对此可大致地分为两个不同的方面：第一，数学教育整体发展趋势的综合分析(即 3.1 节。相关内容并可见另文"数学教育之关键性论题与发展趋势"，《数学教育学报》，1998 年第 4 期)。第二，若干专门的论题。应当指出的是，本书前两章中提到的"建构主义"和"问题解决"事实上也都可以被归属于这样一个范围。本章所收入的文章则集中于以下三个论题：(1)"数学教育的文化研究"(即 3.2—3.4 节。对此并可见笔者与王宪昌、蔡仲合作完成的由四川教育出版社 2001 年出版的《数学文化学》)。还应指出的是，3.4 节是一项相对独立的研究，即是通过数学教学与语文教学的对照比较对"数学文化"的具体涵义进行了具体分析，包括我们究竟应当如何去理解"数学的文化价值"。(2)"数学教育研究的'社会转向'"(3.5—3.6 节)。(3)"多元表征理论与概念教学"(3.7 节)。

由于这是数学教育的现代发展在 20 世纪 80、90 年代的主要特征，即是研究领域的极大扩展，从而自然就包括更多的内容。对此有兴趣的读者还可见另文："数学教育的多学科、多方位研究"，《中学数学教学参考》，1999 年第 1 期；"开放题与开放式教学"，《中学数学教学参考》,2001 年第 3 期;“再论开放题与开放式教学”,《中学数学教学参考》,2002 年第 6 期;“学习理论的现代发展及其教学涵义”,《数学教育学报》,2004 年第 1 期;“后现代课程与数学教育”,《全球教育展望》,2004 年第 3 期;“数学教育国际比较研究的合理定位与方法论”,《上海师范大学学报》,2004 年第 3 期;“语言与数学教育”,《数学教育学报》,2004 年第 3 期;“语言视角下的数学教学”(与肖红合作),《课程 · 教材 · 教法》,2009 年第 9 期;“从 HPTM 到 HPTS”(与郑玮合作),《全球教育展望》,2007 年第 10 期;“HPM 与数学教学的‘再创造’”(与郑玮合作),《数学教育学报》,2013 年第 3 期;等等。

3.1　数学教育的国际进展及其启示[①]

个人谈及数学教育的国际进展当然不是一件很容易的事，之所以选择这样一个论题则是为了突出强调“放眼世界、立足本土”的重要性，并希望通过抛砖引玉能引发更多同行的关注，乃至直接参与这一方面的研究。

本文的一、二两节将首先从总体上对数学教育国际进展的若干特征与主要取向做出概述，第三节则将以国际上最新发展为背景指明我们在当前应当特别重视的一些问题。

一、数学教育国际进展的若干特征

笔者1997年曾有机会对欧洲多国和我国港台地区进行较为长期的学术访问，回来后根据自己的了解，特别是参照台湾地区“国科会”科学教育发展处数学教育学门（科）资源整合规划小组的有关文件，写了“数学教育之关键性论题与发展趋势”这样一篇文章（《数学教育学报》，1998年第4期），从以下几个方面对国际上数学教育的发展趋势和热点问题进行了分析：

（1）数学教育的专业化与国际化；（2）数学教育的全民化；（3）建构主义与数学教育哲学；（4）认知科学与数学教育；（5）计算机与数学教育；（6）问题解决；（7）民俗数学；（8）数学教育评价；（9）数学师资培养；（10）大学数学教育。

尽管自1997年以来已有五个年头过去了，但我们仍可以此为基本框架对国际上数学教育的最新发展做出进一步的考察和概括；当然，由于情况的变化我们也应做出适当的调整和变化，而不是机械地就上述各个方面逐一地进行分析说明。

第一，数学教育与数学教师的专业化。

“所谓‘专业化’，是指数学教育已经成为一门专门的学问”；特别是，“数学

① 原文发表于《全球教育展望》，2003年第7期。

教育既不应被认为完全附属于数学,也不应被认为完全附属于教育学;毋宁说,数学教育具有自己特殊的研究问题,并就是围绕着这些问题,正在形成系统的数学教育理论。"

就当前而言,数学教育的专业化可说已为人们普遍接受,我们可在更多方面看到这样一个取向。例如,人们现今所强调的已不只是学科的专业化,也包括教师的专业化,后者即是指,数学教师不应被看成一种普通的职业(job),而是像医生、律师一样代表了一个"知识性的专门职业"(profession),这也就是说,为了成为一名合格的数学教师,一个必要的条件就是很好掌握本专业的专门知识,进而,创造性和一定的自主权又应被看成教师工作的基本要求:"教师应当根据教学内容和学生的需要,并借助各种教学方法在学习过程中发挥主导的作用,创造出教学环境。"(NCTM)

再例如,专业组织也已在数学教育领域中发挥了越来越重要的作用,而这当然也被看成专业意识不断增强的一个表现。这方面的一个典型例子就是美国数学教师全国委员会(NCTM):正是后者直接策动了美国自 20 世纪 90 年代开始的新一轮数学课程改革,从而就与传统的"自上而下"的改革模式构成了鲜明对照。除此以外,我们还应特别提及国际数学教育委员会(ICMI)的工作:后者所主导的四年一届的国际数学教育大会(ICME)与各项专题研究("ICMI Studies")应当说对于促进数学教育的深入发展都发挥了十分重要的作用。

第二,数学教育的国际化与比较研究的兴起。

国际数学教育委员会的工作显然已在一定程度上表明了数学教育的国际化趋势,它所组织的各项专题研究也都具有国际合作的性质;另外,比较研究的兴起,即如"第三次国际数学与科学研究(TIMSS)"那样的国际比较测试,以及由国际数学教育委员会组织的专题研究"不同文化传统中的数学教育:东亚与西方的比较"等,显然也从不同角度更清楚地表明了数学教育国际化的趋势,这也就是指,人们现已采取了更广泛的国际视角,并力图由其他国家的相关实践获得有益的启示或教训。这也就如国际著名数学教育家毕晓普(A. Bishop)在其主编的《数学教育国际手册》的前言中所指出的:"数学教育是一项国际性的事业……一个思想或一种实践不能由一个国家直接移植到另一个国家,但人们无疑可以从具有不同哲学、进行着不同实践的其他同行的经验中学到很多东西。其他国家、其他同行的经验可以为他自己的经验提供有趣的对照。"

(*International Handbook of Mathematics Education*, Kluwer, 1996:3)

应当强调的是,人们已就数学教育的国际比较研究逐步建立起了这样的共识:比较研究所提供的主要是一面镜子(mirror),而不是一个蓝本(blueprint)。这也就是说,比较研究最重要的作用是帮助各国对自己工作作出自觉的总结与反思(对此并可见另文"数学教育国际比较研究的合理定位与方法论",《上海师范大学学报》,2004 年第 3 期)。更一般地说,笔者以为,这也应被看成数学教育国际化的"合理定位":我们所追求的并非是要完全放弃各个国家和民族特有的文化和传统,即如寻求全球性的"标准课程",而是帮助各个国家更好地建立起适合自己国情的数学教育,也即努力促使"数学的教与学在各具特色的文化中得到很好的开展"。

第三,多视角的研究与必要的聚焦。

如果说认知心理学的研究与建构主义的兴起可以被看成 20 世纪八九十年代数学教育研究最明显的一个特征,那么,在下述的意义上,这一浪潮的高峰期可以说已经过去:人们现已较清楚地认识到了相应研究的局限性,从而采取了更加广泛的视角。

例如,国际数学教育委员会现任副主席安提卡(M. Artigue)就曾指出:"越来越多的人认为,作为最早提出的一种理论,建构主义方法在用令人满意的手段模拟数学的学习过程方面是不充分的,因为,它没有充分地考虑到学习的社会和文化方面。"("大学水平数学的教与学",《数学译林》,2001 年第 2 期)另外,在不少学者看来,这也是数学教育现代发展的一个基本事实,即其主要的动力或促进因素并非来自数学教育内部,而是从外部的相关学科吸取了很多有用的观点和思想。也正在这样的意义上,研究领域的不断拓宽就可被看成数学教育现代发展的又一重要特点。

应当强调的是,相对于单纯的知识面拓宽而言,我们应更加重视视野的拓展或视角的改变,特别是,我们应由唯一强调某种观点转向更加重视对立(或多种不同)观点的互补与整合。例如,尽管由行为主义向认知心理学的转变可以被看成研究工作的一种深化,但我们不应对行为主义采取绝对否定的态度;毋宁说,与认知心理学一样,这也可被看成为心理学研究提供了一种可能的视角,或者说,重要的理论框架。

另外,在不断拓宽研究领域的同时,我们还应高度重视必要的聚焦。这也就是说,我们之所以要采取多种不同的视角和理论,根本目的仍是为了不断深化自身对于数学学习与教学活动的认识。后者在一定程度上可被看成数学教育研究深入发展的关键。例如,在论及数学教育研究的未来发展时,国际数学教育委员会前秘书长尼斯(M. Niss)就曾指出,在过去30年中,数学教育研究的发展主要表现为领域的扩张,即是致力于不遗漏掉任何对于数学的教和学可能具有重要影响的因素;但今天我们则应更加注意适当地聚焦,也即对于“复杂性的合理归约”(justified reduction of complexity)。(Key Issues and Trends in Research on Mathematical Education, *Abstracts of Plenary Lectures and Regular Lectures of ICME-9*, 2000, Japan)

第四,关于现代技术的再思考。

如果说人们在先前比较强调现代技术对于数学教学的革命性作用,即是认为现代技术的应用必然会造成数学教学的革命性变化,那么,现今则可说采取了更加现实和理性的态度,对此例如由网络与远程教学等方面的发展就可看出。

具体地说,技术的发展显然为我们改进数学教学提供了多种新的可能性,如网络为学生的学习与教师的教学提供了更加丰富的资源,远程教学则显然具有超越地域局限的优点。然而,与盲目的乐观不同,人们现已能够更深入地去思考一些相关的问题,即如我们如何才能很好地利用网络中提供的大量信息?远程教学又能否成为日常的教学手段、或只应被用于某些特殊的场合与时间?等等。更一般地说,这也就是指,我们究竟应当如何认识现代技术在数学教学中的应用,特别是,它究竟有什么优点与缺点?

由此可见,现今人们对于现代技术在数学教学中的应用已表现出了更大的自觉性。例如,在笔者看来,我们就应从这一角度更好地去理解国际数学教育委员会所组织的这样一项专题研究(专题17):“技术的再思考(Technology Revisit)”。

二、数学教育国际进展的重要特点

局限于固定的框架当然会有一定的局限性,对此由国际数学教育委员会组织的各项专题研究的简单对照就可清楚地看出:

(1) 计算机与信息科学对于数学及其教学的影响;

(2) 九十年代的学校数学;

(3) 作为服务学科的数学;

(4) 数学与认知;

(5) 数学的大众化;

(6) 数学教育的评价及其影响;

(7) 性别与数学教育;

(8) 什么是数学教育研究? 什么又是它的成果?

(9) 21 世纪的几何教学;

(10) 数学史在数学教学中的作用;

(11) 大学层次的数学的教与学;

(12) 代数的教与学的未来;

(13) 不同文化传统中的数学教育:东亚与西方的比较;

(14) 应用与建模。

另外,笔者以为,除去已提及的"多视角的研究与必要的聚焦""对于国际比较研究的普遍重视"这样几点,数学教育的国际进展还有以下一些重要的特点。[①]

第五,对于教师主导作用与教学方法重要性的再认识。

这或许可以被看成 20 世纪八九十年代建构主义在教育界中盛行的一个消极后果,即是由于突出强调了学生在学习活动中的主体地位(特别是,按照极端建构主义的观点,学习更是一种纯粹的个人行为,任何的外部干涉则都只能起到消极的干扰作用),因此,在这一观念的影响下,教师在教学活动中的重要作用就一度被削弱,甚至遭到了完全的否定。另外,就一些西方国家而言,这应当说也涉及了对于教学工作创新性质的不同看法:与东方"熟练的演绎者"(skilled performer)这一认识不同,在一些西方国家好教师被认为应当是一个"创新者"(innovator),这也就是说,仅仅演绎出一个标准的课程还不足以被看成一个好教师,甚至应被看成缺乏创造力的表现——也正因此,这些国家的教师通常就

① 由于个人的局限性,以下分析显然不够全面。例如,由于本文集中于新的发展,因此,对于数学学习心理学等传统热点就没有直接涉及。

不愿意向有经验的教师学习,甚至不愿意使用某些已经被证明较为有效的教学方法(对此并可见另文"三种不同的数学教学模式——《教学的差距》简介",载郑毓信《数学教育:从理论到实践》,上海教育出版社,2001)

然而,后一情况近年来已有了重要变化。例如,在 2002 年 10 月于中国香港召开的国际数学教育比较研究会议上,美国著名比较教育研究专家 J. Stingler 就曾提及,美国数学教育界在先前通常比较注意学生的方面,现在则已认识到了教师是提高教学质量的关键;进而,就如何改进教师的工作而言,人们在先前往往比较注重如何招募优秀人才以充实教师队伍,以及如何提高教师的素质,现也已经开始认识到了教学方法的重要性。

应当指明,对于教师与教学方法重要性的再认识事实上不只限于西方各国,而可被看成国际数学教育界的一个普遍趋势,这并与前面所提到的"数学教师的专业化"有着直接的联系。例如,在 2001 年召开的第十届国际数学教育大会(ICME - 10)国际程序委员会第一次会议上,与会者就明显地表现出了对于教师专业化发展的共同关注:哪些知识对于数学教师来说是必需掌握的?教师进修应达到什么样的标准?由谁来对教师进行培训?我们又应如何为教师提供更多的支持和发展的机会?等等(详可见另文:"走向 ICME - 10",《中学数学月刊》,2001 年第 9 期)。

第六,研究工作表现出了更大的自觉性。

这里所说的"自觉性",主要是指对于总结与反思性工作的普遍重视,包括研究立场与方法论的深入探讨,从而就在一定程度上体现了由不自觉状态向自觉状态的重要转变。对此例如由以下一些著作或专题研究的名称就可清楚地看出:《关于数学课程的再思考》(*Rethinking the Mathematics Curriculum*, ed. by C. Hoyles & C. Morgan & G. Woodhouse, Falmar, 1999),《数学教育作为研究领域的界定》(*Mathematics Education as a Research Domain*: *A Search for Identity*, ed. by A. Sierpinska, Kluwer, 1998), "Technology Revisit" (ICMI Studies 17), "In Search of an East Asian Identity in Mathematics Education" (K. Leung, 2002)等。再例如,正如前面所提及的,在论及数学教育研究的未来发展时,国际数学教育委员会前秘书长尼斯也曾强调指出,相对于拓宽研究领域我们现在应当更加注意适当地聚焦,而且,相对于特殊现象的研究我们又应更加重视普遍性理论的建设——显然,这些论述同样体现了研究工作的高度自觉性。

还应指出的是,由于数学教育是一个处于积极发展之中的新领域,因此,就现实而言,这就明显地暴露出了"学科界限模糊""研究内容极度多样化""研究方法缺乏必要的规范"等弊病。当然,对于这些问题我们不应简单地归结为"前进中的缺点"置之不理,而应通过认真总结与深刻反思逐步解决。也正是在这样的意义上,上述由不自觉状态向自觉状态的转变就应被看成数学教育研究深入发展的必然要求,这就是数学教育专业化的必由途径。

例如,作为由国际数学教育委员会组织的专题研究"数学教育作为研究领域的界定"的实际出发点,人们就提出了这样五个问题:(1)什么是数学教育研究的特殊对象?(2)数学教育研究的目的是什么?(3)什么是数学教育研究的特殊研究问题?(4)什么是数学教育研究的成果?(5)应当采用什么样的标准对数学教育研究的成果进行评价?显然,这些问题也是每个数学教育研究者应当认真思考的,因为,就只有这样,相应研究才能真正成为自觉的行为,也才有可能取得更多、更好的成果。(对此并可见另文:"数学教育研究的界定与深化",《数学教学通讯》,2001 年第 8 期)

第七,课程改革一波三折。

课程改革也是各国数学教育界在当前面临的一个共同课题,但从相关的实践看,一个重要的结论似乎应是更清楚地认识课程改革的艰巨性和曲折性。例如,尽管由美国数学教师全国委员会在 20 世纪 90 年代初启动的美国新一轮数学教育改革运动在开始时得到了普遍好评,但是,随着时间的推移,这一改革运动也暴露出了众多弊病,支持者与反对者更因为意见尖锐对立演绎出了一场轰轰烈烈的"数学战争",乃至在今天美国的课程改革已出现了一定程度的倒退。再例如,我国台湾地区自 1992 年开始的小学数学课程改革至今已有十年,但方方面面也对这一改革运动提出了尖锐的批评,甚至出现了剧烈的对抗,而随着课程设计由"中小学相对独立"转向"九年一贯制",这一改革运动现也进入了尾声。最后,由日本数学会理事长泽田利夫、韩国数学教育学会前理事长崔英翰、国际数学教育委员会前执行委员俄罗斯的沙雷金等人,2002 年夏天在重庆召开的"21 世纪数学课程与教学改革国际学术研讨会"上的发言,我们也可发现对于课程改革的批评具有相当的普遍性。(详可见张奠宙、李忠如,"加强国际交流与合作,推进数学教育改革——21 世纪数学课程与教学改革国际学术研讨会议

纪要”,《数学教育学报》,2002年第4期)

也正因为数学课程改革出现了回潮,在第十届国际数学教育大会国际程序委员会第一次会议上,与会者们就对“考试导向下的数学教育”表现出了普遍的关注和忧虑。当然,改革的趋势不可逆转,从而,在这样的意义上,上述现象事实上也为我们深入开展研究提出了很多重要的课题,特别是,我们应当如何更好地去处理以下各个关系:“大众数学”与“20%最好的学生在数学上的提高”,“学生的主动建构”与“教师的指导作用”,“数学与日常生活的联系”与“数学的形式特性”,“学生的个性发展”与“个人的社会定位”,等等;另外,就课程改革的持续发展而言,我们则又应认真地去思考:数学教育政策的制订者应当是谁?我们又应如何对教育改革作出评价?等等。

第八,对于理论与实践关系问题的高度关注。

当前人们普遍地持有这样的看法:切实做好由理论研究向教学实践的过渡也应被看成数学教育深入发展的又一关键,因为,这两者不仅始终存在较大的距离,而且,由于视角的拓宽直接导致了研究成果的大量增加,其内容也日趋丰富,所说的间隔又有进一步扩大的趋势。

除去由理论研究向教学实践的过渡以外,人们也更加清楚地认识到了两者积极互动的重要性。例如,就数学课程改革的顺利开展而言,著名数学教育家毕晓普就曾指出,我们不应局限于“研究—发展—推广”这一传统模式,也即应当认真改变由理论到实践的单向运动(详可见 A. Bishop, Research, Effectiveness, and the Practitioners' World, *Mathematics Education as a Research Domain: A Search for Identity*, ICME Series, Kluwer, 1998)。另外,作为后一方向上的积极实践,我们又可特别提及美国数学教育家柯布(P. Cobb)的这样一项工作:与传统的“由理论向实践的单向运动”不同,柯布在从事数学课程开发时采取了一个新的工作模式,而其主要特征就是将课程设计与实际教学活动更紧密地联系了起来,并以后者作为对课程设计进行及时分析与评价的直接基础,从而事实上形成了理论研究与教学实践之间日复一日的小循环(mini-cycle),并最终较好地实现了理论与教法设计的同时成长。(详可见 The Importance of a Situated View of Learning to the Design of Research and Instruction, *Multiple Perspectives on Mathematics Teaching and Learning*, ed. by J. Boaler, Ablex Pub., 2000)

三、当前应当重视的一些问题

笔者在2001年底还曾写过一篇文章“数学教育之动态与思考”(《数学教育学报》,2002年第1期)对国内数学教育的总体情况进行了概述,特别是提到了以下四个方面的进展:(1)数学课程改革正处于积极实施之中;(2)建构主义的教育思想已为人们普遍接受;(3)开放题的研究和实践取得很大进展;(4)案例分析获得了广泛重视。

当然,除上述四个方面以外,我们还应提及“素质教育与创新精神的培养”“在职教师的培训”等工作。例如,人们之所以对“开放题”表现出了特别的关注,主要就是因为后者被认为是培养学生创新精神的一个有效途径;另外,对于案例的重视显然也与教师的培训工作有着直接的联系:案例分析不仅被看成理论联系实际的一座重要桥梁,也已成为教师培训工作的一项基本内容;再者,这显然也应被看成大规模教师培训的一个直接结果,即在很大程度上促进了建构主义在中国的传播。

国内数学教育的发展在很多方面并就是与国际上的相关研究直接相呼应的。以下就从这一角度,也即以国际上最新发展为背景指明我们在当前应当特别重视的一些问题。

第一,课程改革的深入发展。

这是国际上相关发展的一个明显结论,即是我们应当清楚地认识数学课程改革的长期性和复杂性,而不应持盲目的乐观情绪,更不应刻意地去追求某些短期效果,并应对课程改革所可能面临的种种困难与问题保持清醒的头脑,包括高度重视已有工作的总结与反思,从而就可通过进一步的研究,包括“上下”两个方面的积极互动不断克服存在的问题与不足之处,从而保证课程改革的顺利发展。

具体地说,笔者以为,以下就是数学课程改革深入发展的一些关键:(1)与对于时髦口号的盲目追随相对立,我们应当通过对于国际上数学课程改革普遍取向的深入分析决定自己的定位,包括对国际上各种新的数学教育教学思想的合理性及其对于我国的“适用性”做出具体研究。(2)加强研究,努力建立有效的评价机制。就当前而言,我们并应特别重视对于已有工作(包括改革的基本理念、《数学课程标准》与各种试验性教材)的总结与反思。(3)切实改变“由上到下”的运作模式,更好实现理论与教学实践、研究者与广大教师的积极互动。(4)努力改进教学,充分肯定各种细小的进步,从而就可通过长期积累逐步实现根本性的改变。

第二,中国数学教育的界定与建设。

国际比较研究应当说已经清楚地表明了积极开展这一方面研究的必要性,特别是,今天不应再出现中国的优秀传统需要外国人来总结这样的可悲局面;进而,这又不仅应当被看成数学课程改革顺利发展的一个必要条件,即在积极进行改革的同时,我们也应注意继承已有传统中的优秀成分,而且也为中国数学教育走向世界提供了重要桥梁,因为,中国数学教育传统中的优秀成分、特别是中国数学教学法,事实上应被看成我国数学教育工作者对于数学教育这一人类共同事业的重要贡献。例如,美国著名比较教育研究专家J. Stingler在前面提到的那次会议上就曾表达了这样的看法:“数学教学中的问题设计”可以被看成改进教学的一个突破口,而我们中国显然已在这一方面积累了大量的经验和教训。

当然,正如“界定”与“建设”这两个词语所已表明的,我们在此所面临的又不只是简单的总结与继承这样一个任务,而还应当从理论高度对过去的教学实践,包括已有的成功经验,做出更深入的分析和反思,特别是,我们不仅应当很好地总结出中国数学教育的总体特征与优点,也应深入研究已有工作的缺点或不足之处,从而更好地实现由不自觉状态向自觉状态的必要转变,包括为进一步的工作指明努力方向。例如,究竟什么是“双基”?什么是“双基教学”的基本涵义和主要优缺点?我们又应如何去认识“双基教学”与中国数学教育的关系?等等。

另外,作为总结与反思工作的又一重要方面,笔者以为,我们也应注意利用国际上最新的理论成果,因为,后者不仅直接关系到了由经验型向理论指导下自觉实践的重要转变,而且也关系到了我们如何能够使得具有明显中国文化特色的数学教育成果,对于在西方文化中成长起来的人士也成为可以理解的。

第三,理论研究的必要深化。

这首先是指研究领域的进一步拓宽,特别是,我们应当努力追踪国际上的最新发展,积极开展多方面的研究,如数学教育的社会转向,数学教育的语言学研究等。

其次,同样重要的是,我们又应努力增强研究工作的自觉性,也即应当十分重视研究工作的合理定位和方法论,而不应盲目地去追随国际上的各种浪潮,特别是,一切研究工作最终都应服务于促进我国的数学教育事业这样一个根本目标。

另外,正如张奠宙先生在"关于《数学教育学报》文风的建议"(《数学教育学报》,2002 年第 4 期)中所指出的,对于研究工作我们也应作出必要的规范,特别是,就当前而言,我们更应明确反对各种急功近利的浮夸风气,大力提倡扎扎实实的工作作风。

第四,高级研究人才的培养。

就高级研究人才的培养而言,我们显然应当特别重视博士研究生的培养,因为,这直接关系到了我国数学教育事业的未来发展。

笔者以为,(1)研究生的培养应以理论学习为重点,着眼于知识面的拓宽与重组,特别是,应使他们对于数学教育的现代发展有较好了解;(2)与"方法至上"相对照,应当更加重视论题的选择与研究工作的创新;(3)清醒的自我意识与自觉反思应当成为提高研究能力的一条重要途径(对此并可见另文"努力提高我国数学教育专业研究生的培养水准",《数学教育学报》,2003 年第 1 期)。

希望今后几年就能看到年轻一代在研究工作中发挥越来越重要的作用。

第五,进一步增强专业意识,充分发挥专业组织的重要作用。

正如第一部分中已提及的,这应被看成数学教育专业化的一个必然结论;另外,在笔者看来,这也是我国数学课程改革顺利发展的一个重要保证。

令人高兴的是,在这方面已经可以看到一些初步的迹象。例如,2002 年的"高师年会"与数学教育高级研讨会都具有着十分明确的主题("数学教师专业化:数学教师教育发展的潮流"与"中国数学'双基'教学研究"),从而对于进一步的研究就具有重要的导向作用。

另外,除去 2000 年 8 月已召开的"中国数学会中小学数学教育改革研讨会"以外,中国数学会现也正在积极组织对于新一轮数学课程改革,包括各种试验教材的独立评价——在笔者看来,这也为数学教育的各类组织积极发挥专业组织的应有作用开了个好头。

3.2 “民俗数学”与数学教育[①]

“民俗数学”(ethnomathemtics)是20世纪80年代前后在国际数学界和数学教育界兴起的一个新的研究方向。就其基本意义而言,可以看成数学与人类文化学的一种交叉,也即是“关于数学(和数学教育)的人类文化学研究”(P. Gerdes, Ethnomathematics and Mathematics Education, *International Handbook of Mathematics Education*, ed. by A. Bishop, Kluwer, 1996:909),而其首要论点则是对于数学社会—文化属性的明确肯定。例如,正是在这样的意义上,“民俗数学”也常常被定义为关于数学与相应的社会—文化背景之间关系的研究,即要研究“在各种特定的文化系统中数学是如何产生、传播、扩散和专门化的”。(同上,第909—912页)

显然,按照上述的理解,“民俗数学”与人类文化学的研究就十分接近,更在很大程度上就可被看成后者的一个组成部分,特别是,由于文化的多元性正是人类文化学研究的一个主要结论,因此,由人类历史上多种不同文明形式的存在,我们也就应当具体地去研究其相应的数学形式(当然,对于这里所说的“数学”我们应作广义的理解,而这又不仅是指我们应将数学知识、数学技能和数学的思维方式等同时包括在内,也是指所有这些未必要得到充分发展,也可能处于萌芽的状态),特别是,我们即应明确肯定数学在形式上的多样性;另外,由于“文化”这一概念在现代已获得了更加广泛的意义,即不仅是指宏观意义上的各种人类文明,诸如不同地区、不同国家、不同民族特有的文化传统等,而且也是指各个社群特有的生活方式、工作方式,因此,从这一立场出发,对于所说的“数学在形式上的多样性”我们也就应当做更加广义的理解,并应明确肯定这样一个事实:各个不同的文化社群,如不同的职业团体、不同年龄组的儿童等,都可能发展起自己特殊的数学形式。显然,这也极大地拓宽了“民俗数学”的研究范围:这已不再局限于“人类文化学”的传统研究范围,而是同时包括了历史的和

---

① 原文发表于《贵州师范大学学报》,1999年第4期。

现实的、宏观的和微观的研究。

总之，就现实而言，“民俗数学”的内涵可以说十分丰富。对此例如由以下诸多相关的术语就可清楚地看出：

“本土数学”(indigenous mathematics)，这一术语主要是在与“外来数学”(“西方数学”)相对立的意义上得到了使用；

“社会数学”(socio-mathematics)，这是指在各种特定社会环境中发展起来的数学；

“非正式的数学”(informal mathematics)，这是指在学校以外学到的数学；

“自发的数学”(spontaneous mathematics)，这一术语突出强调了这样一个事实：任何个人或文化群体都能自发地形成一定的数学知识；

“被压制的数学”(oppressed mathematics)，这是指这样的数学成分，它们存在于民众的日常生活之中，但却受到了占据主导地位的意识形态的压制，也即不能得到社会主导成分的承认；

“非标准的数学”(non-standard mathematics)，除去与“正规数学”(“学院数学”，academic mathematics)的直接对立以外，这一术语也突出地强调了数学的文化相关性，即各种文化都会发展，并将继续发展自己特有的数学形式；

“被遗忘的数学”(hidden or frozen mathematics)，这是指前殖民地人民原先具有的，但在殖民化过程中被遗忘了的数学知识，也正因此，现在的任务就是如何去发掘和重建这些成分；

“日常数学”(folk mathematics)，这是指体现于日常活动的数学，尽管这些成分常常不被认为是数学。

显然，上述各个术语的使用清楚地表明：“民俗数学”的研究确实具有多个不同的方向或重点；但是，正如前面所指明的，这又是所有这些研究的共同点，即是清楚地表明了数学的文化相关性。更一般地说，这事实上也可被看成所谓的“民俗数学运动”(ethnomathematical movement)的主要特征，即其支持者对于数学普遍持有一种广义的理解，并认为数学的技术和事实都是文化的产物，不同的文化(或子文化)还会发展出多种不同的数学形式：“在某些经济、社会和文化条件下，数学会在某个方向上得到形成和发展；在其他的条件下，数学则会在不同的方向得到形成和发展，从而，数学的发展就不是高度统一的。”(P. Gerdes, Ethnomathematics and Mathematics Education, *International*

Handbook of Mathematics Education, ed. by A. Bishop, Kluwer, 1996:917)显然,按照这一认识,数学就不应被看成单一的、普遍的、超越文化的。由于后者正是传统数学观的重要特征,因此,在这样的意义上,“民俗数学”的兴起也就意味着数学观的重要转变。

另外,由上述介绍我们也可看出,现代关于“民俗数学”的研究可以大致地归结为以下两类:

第一类确可被看成“人类文化学研究”的一个组成成分,主要着眼于历史的考察,并认为“民俗数学”研究的一个重要任务就是重建那些在西方文明扩展过程中受到压制和排斥的数学知识、数学技能和数学思维方式等,并依据多元文化的立场对此作出公正的评价,特别是,我们不能单纯依据“西方数学”的观点做出这样的断言,即是认为所有其他的数学形式或者只是西方数学的一种萌芽形式,或者根本不具有任何的重要性和科学性;恰恰相反,我们应当明确反对数学(和数学史)领域中长期存在的“西方至上”“白人至上”的观点。(显然,从这一角度进行分析,这也是数学教育工作者面临的一项重要任务,即是我们应当清楚地认识数学的多元性,学会尊重各种不同的数学形式,包括从中吸取有益的成分。)

其次,与上述研究的历史倾向不同,另一类关于“民俗数学”的研究更加关心现实的问题,特别是与数学教育直接相关的各种问题,而其主要论点就在于:就数学学习而言,我们不仅应当看到学校中的数学教学,也应看到整体性文化环境,特别是日常生活在这方面的影响,这也就是说,学校中的数学学习不应被看成学生数学知识的唯一来源,恰恰相反,他们所具有的很多数学知识都是从学校以外的生活中获得的;另外,在这一方向上工作的数学家和数学教育家通常也特别强调这样一个事实,即在很多情况下这种源于日常生活的数学是与学生在学校中学到的“正规数学”(“学校数学”)很不相同的。

就后一方向的研究而言,还应特别提及巴西学者的工作。

事实上,人们现今普遍地认为,巴西学者,特别是德安布罗西奥(U. D'Ambrosio)等人,应被看成“民俗数学”研究最早的倡导者。例如,巴西学者的以下发现就引起了人们的普遍重视,即来自贫困家庭的巴西儿童在数学上具有两种截然不同的表现:他们在课后常常从事街头的叫卖工作,并在这种交易活动中表现出了熟练的计算能力;然而,同样是这些学生,他们在学校中的数学学习却又往往只是失败的记录。

巴西学者做了如下的进一步实验:以两种不同的方式给5个学生同样的数学问题,第一次采取的是现场买卖的形式;在一个星期以后,再用文字题的形式要求他们解答同样的问题。结果发现:在后一种情况下,不仅学生解答的正确率大大降低,他们在求解这两类问题时使用的方法也很不相同:在前一种情况,学生采用的是口算,在后一场合,学生们则采取了笔算的方法。从而,在研究者看来,在此事实上就有两种不同的数学,即所谓的“日常数学”与“学校数学”。(应当指出,正是通过所说的研究,并就是为了表明与学校中学习的“正规数学”的区别,巴西学者创造了“民俗数学”这样一个术语。当然,由上面的介绍我们已经知道,“民俗数学”后来获得了更广泛的意义,也即已不再局限于上述的“日常数学”。)

显然,从教育的角度看,上述事例也对我们做好数学教育提出了一个十分严重的问题:学校的数学教学究竟是一种成功的实践,还是一种失败的努力?

为了清楚地说明问题,在此还可举出另一事例——这是我国台湾地区一位小学教师关于自己亲身体验的一段口述(林文生、邬瑞香,《数学教育的艺术与实务》,心理出版社(台湾),1999):

记得两年前,我女儿幼稚园大班,我儿子小学三年级,有一天带他们两人去吃每客199元的比萨。付账时,我问儿子和女儿:妈妈一共要付多少元啊?儿子嘴巴喃喃念着:“三九,二十七进二,三九,二十七进二。”女儿却低着头数着手指头,一会儿,儿子喊着:“妈妈!你有没有纸和笔,我需要纸和笔来写‘进位’,否则会忘。”儿子还未算出。女儿却小声地告诉我:“妈妈!你蹲下来一点,我告诉你,我知道要付多少钱了。”

“哦!真的,要付多少钱?”

“你拿600元给柜台的阿姨,她会找你3元。”

付完钱后,牵着女儿的手走向店外,再问:“小妹!你怎么知道要给阿姨600元,还会找3元呢?”

“我用数的啊!199再过去就是200、400、600,三个人共要给600元,但是阿姨一定要再找3元给我们才可以,她多拿了3元嘛!”

以上只是“前奏”,更“精彩的”还在后面。

最近带他们两人去吃“沙拉吧”,一人份380元,付账时,我问他们兄妹二人:“算算看,要付多少元?”两人异口同声地回答:“给我纸和笔”。“没有纸和笔”,女儿答腔:“那就算不出来了”。

这位教师感慨地说:“只差两年,我女儿就变成不会解题,只会计算了。”

读了这样一段描述相信大多数读者也会像相关著作的编辑一样,不禁要提出这样一个疑问:“究竟是谁把小孩教笨了?”

除去这种直接的疑问以外,一些学者从理论角度对此做了进一步的分析。例如,就上述巴西小孩的实例而言,德安布罗西奥提出,在此事实上存在一定的“文化冲突”。

具体地说,德安布罗西奥指出,“在上学以前和学校以外,世界上几乎所有儿童都发展起了一定的应用数和量的能力以及一定的推理能力,然而,所有这些‘自发的’数学能力在进入学校以后都被‘所学到的数学能力’完全取代了。”他写道:尽管儿童们面临的是同样的事物和需要,他们却被要求使用一种全新的方法,从而,这事实上就在这些儿童的心中造成了一种心理障碍,后者直接阻碍了他们对于学校数学的学习。更有甚者,这种早期的数学学习并很容易使学生丧失自信心,从而就会对其一生产生严重的消极影响。(*Socio-cultural Bases for Mathematics Education*, UNICAMP, 1985:45)从而,这也就不能不说成一种真正的失败。

也正是在同样的意义上,毕晓普(A. Bishop)指出:“所有正规的数学教育都有一个文化交流的过程,在这一过程中每一儿童(与教师)都经历了一定程度的文化冲突。”(Cultural Conflict in Mathematics Education: Developing a Research Agenda, *For the Learning of Mathematics*, 14[2]:16)

(显然,从同一角度进行分析,中国的数学教育工作也应认真地思考这样一个问题:我们的数学教育是否也存在一定的文化冲突?特别是,中国的传统文化与主要源于西方的“学校数学教育”是否完全相容?进而,如果这两者并没有构成直接冲突的话,那么,究竟是我们“同化”了外来成分,还是我们已被外来成分彻底地“异化”以致完全丧失了自我?对此并可见 4.1 节)

那么,我们究竟又应如何去解决所说的“文化冲突”呢?或者说,面对“日常数学”和“学校数学”这样两种不同的数学,我们究竟应当怎么办,特别是,我们是否可以完全放弃“学校数学”而仅仅保留“日常数学”?

应当指出,对于后一问题我们不应单凭直觉去进行回答,因为,这一问题的正确解答取决于对“民俗数学”更深入的研究。

具体地说，这正是“民俗数学”的一个重要特点，即其不仅涉及了相应的数量关系，也与各种具体情境直接相联系，这使儿童清楚地意识到了数学是与日常生活密切相关的，即是一种有意义的活动。

但是，“民俗数学”也有明显的局限性。例如，如果始终采用口算的方式，那么，在面对较大的数量时，所说的“自发的数学能力”往往就会遇上困难；更重要的是，由于“民俗数学”与各个具体情境直接相联系，因此，相应的数学知识和技能就不具有较大的可迁移性。例如，在一项以巴西建筑工人(施工员)为对象所做的研究中，研究者发现，那些没有受过正规学校教育的施工员，在面对较熟悉的比例时，一般都能正确和迅速地求得图纸上某个尺寸代表的实际数据；但如果他们面对的是不很熟悉的比例，就表现出了很大的局限性：这时他们往往会采取“错误尝试”的方法，也即希望能够通过归结为熟悉的情况来解决面对的新情况，但由于未能上升到一般的算法，因此，就如以下对话所表明的，这种努力常常以失败告终。

所给出的问题为 9 公分∶3 米=1.5∶x，其中用到的比例是 1∶33.3，这是施工员们不熟悉的，他们经常用到的是 1∶50，1∶100 和 1∶20。

施工员：“9 公分，3 米，这个尺寸是…… 不，这将是 4.5 米…… 我做不出来。”

调查者：“为什么？前几个问题(其中采用的都是施工员熟悉的比例)你不是都解决了吗！”

施工员：“因为，这不是 1∶50 的情况，套用 1∶1(指 1∶100)也不行，套用 1∶20 也不行，一般有三种尺寸 1∶50，1∶20 和 1∶1，最简单的是 1∶1，这时你不用做任何计算，只需看一下多少公分就可知道是多少米，而如果是 1∶50 或 1∶20 你就必须进行计算，但现在是 9 公分代表 3 米，我从来没有遇到过这样的情况，我只遇到过另外三种情况。”(T. Carraher, From drawing to building, Working with mathematical scales, *International Journal of Behavioral Development*, 1986:9)

再例如，以下研究显然也从又一角度表明了“民俗数学”的局限性：在求解文字题时，大部分未进过学校的成年人都能很好解决直接的问题，但如果问题的求解需要用到逆运算，解答的正确率就大大降低了，特别是，如果所涉及的数量较大，就更加是这样的情况；与此相对照，通过学校学习，所说的情况就有了很大改进。(T. Carraher, Adult mathematical skills, The effect of schooling, Paper presented at the annual meeting of the American Educational Research Association, 1988)从而，我们在此也就可以引出这样一个结论：学校教育在帮助学生学会用逆运算解决问题这一方面有明显效果。更一般地说，这也就是指，如果仅仅依靠“自发的数学能力”，人们往往不善于从反面去思考问题。

综上可见，“民俗数学”既有明显的优点，也有严重的局限性，从而，面对“民俗数学”与“学校数学”的冲突，我们就不应采取完全放弃“学校数学”的作法，而应努力将两者很好地融合起来。

例如，作为后一方向上的一个具体尝试，人们发现，利用想象的情境帮助学生掌握“学校数学”，对于提高学生解决问题的正确率有明显效果，也有利于学生更好认识数学的意义，也即不至于把数学看成毫无实际意义的符号游戏。

更一般地说，人们认为，我们应当善于将“日常数学”用作学校数学学习的出发点和必要背景。从而，一个好的数学教师就应十分重视对于学生文化背景的了解，并应善于把它与学校中的数学教学活动联系起来，而这更可被看成数学教学的一条重要原则：“数学教学，除非建立在学生的固有文化和生活兴趣之上，就不可能有效。”(O. Raum 语)

但是，从理论的角度看，我们在此显然还有这样一个问题：在“日常数学”与“学校数学”之间是否有一定的相容性？已有研究在这方面也提供了一些初步结论，特别是，如果透过内容上的不同而着眼于内在的数学成分(包括数量属性、推理方式等)，那么，在“日常数学”与“学校数学”之间确实存在一定的共同点。例如，在上面所提到的巴西贫困儿童的实例中，研究者发现：尽管这些儿童在街头做买卖和在学校学数学时采用的分别是口算和笔算的方法，但是，即使在进行口算时，他们仍然使用了与“学校数学”中相同的策略，如在从事加减运算时，他们往往会采取“分解”(decomposition)这样一个策略；另外，在从事乘除运算时，他们又往往会采取“反复分组”(repeated groupings)的办法。显然，这些解题策略正是运算法则的正确运用。

正因为在“日常数学”与“学校数学”之间有一定的共同点，这就为用“日常数学”作为学校数学学习的出发点和必要背景提供了重要依据。另外，也正是基于这样的考虑，人们提出：“在面临各个特定数学概念的教学任务时，数学教师应当仔细研究他的学生在日常生活是否已经用到了这一概念……并应努力弄清在日常概念与算法背后的不变因素。”(T. Nunes, Ethnomathematics and Everyday Cognition, *Handbook of Research on Mathematics Teaching and Learning*, ed. by D. Grouws, Macmillan, 1992:571)这也就是指,“为了将民俗数学纳入到课程之中,必须首先确定其中的知识结构。”(D'ambrosio, Ethnomathematics and its Place in the History and Pedagogy of Mathematics, *For the Learning of Mathematics*, 5[1]:47)

由于从“日常数学”(更一般地说,就是“民俗数学”)到“学校数学”的过渡在很大程度上可被看成由特殊上升到了一般,因此,比较就可被看成实现所说“转变”的一个有效手段。这也就是说,“对若干具有相同不变因素的情景的理解,将会导致关于相应概念(即不变因素)的抽象和一般化。”(T. Nunes, Ethnomathematics and Everyday Cognition, *Handbook of Research on Mathematics Teaching and Learning*, ed. by D. Grouws, Macmillan, 1992:571)

另外,研究表明,要求学生对自己所做的数学工作做出表述也是促成由“日常数学”向“学校数学”过渡的一个有效方法。因为,对自己的数学工作做出表述,往往包含有注意力的转移,也即由唯一注重结果转移到了一般的方法;另外,从更深的层次看,这也会促进主体的自觉反思,而又正如人们所熟知的,反思在数学思维中占有特别重要的地位。

(应当提及的是,从发展的角度看,数学的应用,即是如何把学校中学到的数学应用于社会实际生活,也应被看成“日常数学”与“学校数学”的一种融合。由于这已经超出了目前的论题,在此就不再讨论。)

综上可见,“民俗数学”的研究不仅对于数学教学提出了直接的挑战,也为我们搞好数学教学提供了有益启示。就后者而言,笔者还愿特别提及这样一点:能否正确看待“民俗数学”事实上也关系到了数学教育的基本目标。例如,这就正如基斯(P. Gerdes)所指出的,将源自不同文化的素材纳入到课程之中,从而对所有学生的文化背景作出正确评价,增强所有人的自信心,并学会尊重所有的人类和文化,将有利于学生将来更好适应多元文化的环境。(“Ethnomathematics and Mathematics Education”, *International Handbook of Mathematics Education*, ed. by A. Bishop, Kluwer, 1996:930)

3.3 “数学教室文化”：数学教育的微观文化研究[①]

如众所知，我们可以从多个不同角度从事数学教育的文化研究，即如集中考察整体性文化传统对于数学教育的影响，或是深入分析数学教育的文化价值等。相对于上述研究而言，“数学教室文化”(The Culture of the Mathematics Classroom)的研究则可说采取了微观的视角，因为，其着眼的只是教室这样一个小环境，也即以数学教师和学生作为直接的考察对象，当然，作为一种文化研究，人们在此所关注的又主要是教师和学生具有的与数学的教和学直接相关的各种观点及信念。例如，这就正如尼克森(M. Nickson)所指出的，“由于文化的主要特征是涉及了看不见的信念和价值观，因此，数学教室的文化在很大程度上也就取决于教师和学生所具有的与学科有关的隐蔽的观念。”他进一步指出：“通过采取文化的观点，我们就可更清楚地认识教学和学习的情境中所包含的这些‘看不见的成分’对于数学教学的成功或失败有着怎样的影响。”(The Culture of the Mathematics Classroom: an Unknown Quantity? *Handbook of Research on Mathematics Teaching and Learning*, ed. by D. Grouws, Macmillan, 1992:102)由此我们显然也可清楚地看出“数学教室文化”研究的主要目标和意义。

由于教师在教室中的教学活动中发挥了主导作用，因此，教师具有的观点和信念对于数学教学就有特别重要的影响，后者更集中地表现于所谓的“数学观”和“数学教学观”，也正因此，已有的“数学教室文化”研究主要地就是围绕这样两个主题展开的，即是希望对教师的数学观和数学教学观作出具体界定，并清楚地指明这两者对于数学教学活动的重要影响。

例如，按照英国学者欧内斯特(P. Ernest)的观点，对于教师具有的数学观可以大致地区分出以下三种不同的类型(The Impact of Beliefs on the Teaching of Mathematics, *Paper Prepared for ICME VI*, Budapest, 1988)：

---

① 原文发表于《数学教育学报》，2000 年第 1 期。

(1) 动态的、易谬主义的数学观。这是指把数学看成人类的一种创造性活动,也即主要是一种探索活动,并包含有错误、尝试与改进的过程,更必然地处于不断的发展和变化之中。

(2) 静态的、绝对主义的数学观。这是指把数学看成无可怀疑的真理的集合,这些真理并得到了很好的组织,即是构成了一个高度统一、十分严密的逻辑体系。

(3) 工具主义的数学观。这是指把数学看成适用于不同场合的事实性结论、方法和技巧的汇集,由于这些事实、方法和技巧是为着不同的目的、彼此独立地发展起来的,因此,数学就不能被看成一个高度统一的整体。

除去欧内斯特,其他学者在这方面的研究结论应当说也是与此较为接近的。例如,尼克森就曾突出地强调了"'形式主义'的传统"与"发展的、变化的数学观"的对立,而这两者事实上就是与欧内斯特所说的"静态的、绝对主义的数学观"和"动态的、易谬主义的数学观"十分接近的。

当然,又如大多数研究者所已清楚地认识到的,他们所提供的只是一种极大地简化了的"图像",后者则又不仅是指在这些"极端"的情况之间还有多种可能的"中间状态",而且也是指这样一个事实:不同的数学教师可能具有完全不同的数学观念,即使是同一个教师其数学观念也未必自洽。显然,后一事实也清楚地表明了这样一点:我们所说的"数学观念"未必是一种系统的理论观点,也可能是一些素朴的认识,甚至持有者对此也未必具有清醒的自我意识。

其次,所谓的"数学教学观"则是指我们应当如何从事数学教学的观点和看法等。显然,数学教学观的涉及面十分广泛。例如这就直接涉及了以下一些问题:什么是数学教育的基本目标?教师在教学中应当发挥怎样的作用?学生在教学过程中具有怎样的作用?什么是合适的教学方法?等等。

一些研究者提出,对于教师的数学教学观念我们也可大致地区分出如下四种类型(详可见 T. Kuhs & D. Ball, *Approach to teaching mathematics: Mapping the domains of Knowledge, Skills and Dispositions*, Michigan State University, 1986):

(1) 以学生为中心的数学教学思想,即是认为数学教学应当集中于学习者对于数学知识的建构。

(2) 以内容为中心、并突出强调概念理解的数学教学思想,即是认为应当围绕教学内容去组织教学,并应特别重视概念的理解——也正因此,教学中我们就不仅应当讲清"如何",也应讲清"为什么"。

(3) 以内容为中心、并突出强调运作的数学教学思想,即是认为数学教学应当特别重视学生的运作及其对于各种具体数学技能(法则、算法等)的掌握。

(4) 以教学法为中心的数学教学思想。这种教学思想的主要特征是:与特定的教学内容相比,教师应当更加重视教学法,如教学环境的布置、教学环节的恰当组织等。

尽管不同的研究者可能具有不同的研究角度或研究重点,但从现今的情况看,这又可被看成这方面的一个基本事实,即是研究者们普遍地认为数学观念与数学教学观念相比更加重要,也即认为正是数学教师的数学观念在很大程度上决定了他以什么样的方式去从事教学活动。

例如,正是这样的意义上,法国著名数学家托姆(R. Thom)写道:"所有的数学教学法都建立在一定的数学哲学之上,尽管后者很可能只是很糟糕地界定了的,它的表述也是十分糟糕的。"(M. Nickson, The Culture of the Mathematics Classroom: an Unknown Quantity?, *Handbook of Research on Mathematics Teaching and Learning*, ed. by D. Grouws, Macmillan, 1992:102)另外,英国著名数学教育家斯根普也曾写道:"我们并不是在谈及关于同一数学的较好的和不那么好的教法。只是在经过了很长一段时期以后,我才认识到并非这样的情况。我先前总认为数学教师都在教同样的科目,只是一些人比另一些人教得好而已。但我现在认为在'数学'这同一个名词下所教的事实上是两个不同的学科。"(A. Thompson, Teacher's Beliefs and Conceptions: a Synthesis of the Research, *Handbook of Research on Mathematics Teaching and Learning*, ed. by D. Grouws, 1992:133)

上述断言应当说有一定道理,因为,如果一个数学教师具有的是"静态的、绝对主义的数学观",那么,他就会倾向于把数学知识看成一种可以由教师传递给学生的纯客观的东西,从而数学学习也就不应是一种探索的活动。另外,任何问题又都必定存在唯一正确的解答和唯一合理的解题途径,所说的正确性和合理性并完全取决于教师的裁决。与此相对照,如果一个教师具有的是"动态的、易谬主义的数学观",那么,他在教学中就会大力提倡学生的参与,包括"问题解决"、合作学习、批判性讨论等,他对学生在学习过程中产生的错误也会采取比较容忍的态度,包括通过师生的共同努力来消除错误,而不是简单地求助于教师(或教材)的权威。

再例如,如果教师持有"形式主义的数学观",就会认为数学教学应当清楚地指明概念的内在联系;然而,如果他持有的是"工具主义的数学观",就会突出强调教师的示范作用,并认为学生的职责就是记忆和模仿。

笔者的看法:尽管我们应当明确肯定数学观念对于数学教学的重要影响,但这又不能被看成唯一重要的因素,因为,所说的"数学教学观念"还包含一些相对独立的成分。具体地说,我们在此首先就应看到关于数学教育目标的思考和认识。例如,上述分析事实上都可以被看成建立在这样一种认识之上,即是认为数学教育的基本目标就是要帮助学生学会数学(当然,对于这里所说的"数学"可能存在多种不同的理解);但是,我们在此显然又应更深入地去思考这样一个问题:究竟什么是数学教育的基本目标,特别是,什么是数学教育的社会职责?因为,如果从后一角度进行思考,我们对于很多问题就会有不同的看法。例如,如果集中于数学教育的社会职责,那么,与"帮助学生学会数学地思维"相比较,"帮助学生经由数学学习学会思维"显然就是一个更加合理的主张;另外,如果认为数学教育应对培养未来社会的合格公民作出贡献,而民主性、开放性和技术性的不断增强又可被看成未来社会的重要特征,那么,我们显然也会对如何从事数学教学得出新的看法,特别是,即会更加强调探索性活动与合作学习的重要性。

其次,对于学习活动本质的理解当然也应被看成"数学教学观念"的又一重要内容,而这相对于数学观而言显然也有较大的独立性。在笔者看来,这就是20世纪80年代中期以来在数学教育界中兴起的建构主义思潮的根本意义所在,即其不仅促使我们重新认识教师和学生在教学活动中的作用与地位,而且从整体上对传统的教法设计理论提出了严重的挑战。

再者,笔者认为,在教师的数学观念与实际教学活动之间并存在一种动态的、辩证的关系:我们既应看到教师的数学观念对其教学实践有十分重要的影响,同时又应看到他的教学实践无论成功与否反过来又会使教师对自己的数学观念(和数学教学观念)作出自觉反思,包括必要的调整或改进。总的来说,这也就如汤普森(A. Thompson)所指出的:"已有的文献支持了这样一种观点,即观念影响了教室中的实践活动,教师所具有的观念在此似乎起了过滤器的作用,借此教师才能理解自己通过与学生和教学题材的相互作用获得的经验。但是,作为问题的另一方面,教师观念中很多成分又源自教室中的经验,并是由后者不断调整的,教师们正是通过与这一特定环境的相互作用,包括教学方面的各种要求与现存的问题,并经由反思对自己的观念作出评价和重组。”(Teacher's Beliefs and Conceptions:a Synthesis of the Research, *Handbook of Research on Mathematics Teaching and Learning*, ed. by D. Grouws, Macmillan, 1992:138,139)

就“教室文化”的研究而言,除去教师的观念以外,我们当然也应十分重视学生的观念对于教学活动的影响。在此仅仅强调这样两点。

第一,学生的观念主要是通过学校中的数学教学活动形成的(当然,我们在此也应看到整体性文化传统与特定环境的影响)。例如,正是从这一角度进行分析,我们即可更好地理解波利亚的这样一个论述:“有一条绝对无误的教学法——假如教师厌烦他的课题,那么整个班级也将无例外地厌烦它”(《数学的发现》,内蒙古人民出版社,1981,第二卷,第174页)

事实上,我们还可从更广泛的角度分析教学活动对于学生观念的影响。例如,在上述“静态的、绝对主义数学观”支配下的教学形式下,学生很快就会形成这样的想法:数学就是数学课程中列举的各个科目,如算术、代数、几何等;另外,没有学过的东西就不可能会,因为学生的职责就是接受,而不是探索或发现,从而就把自己摆到了完全被动的地位。

我们在此还应清楚地看到这样一点:学生的学习在很大程度上就是学生对自己的行为做出调整以满足教师期望的过程。例如,在上述的教学形式下,学生很快就会以给出正确解答作为主要的学习目标,并认为实现这一目标的最有效途径就是牢牢记住教师给出的方法,并通过模仿获得教师希望的解答。显然,一旦形成了这样的观念,数学的实际意义就会被看是与数学学习完全不相干的,这并就是现实中出现以下现象的一个重要原因,即尽管教师(或教材中)有时会引入一些日常情境,但通常不会取得很好的效果,而这又不仅是因为所说的情境有时过于牵强,也是因为在学生看来我们所希望了解的数学的现实意义从根本上说是与学校的数学学习完全无关的。

第二,就观念的形成和变化而言,在教师与学生之间也有一种动态的、辩证的关系,而并非单向的关系,也即仅有教师对学生的影响,他们并共同构成了所谓的“学习共同体”。例如,在笔者看来,以下事实就十分清楚地表明了师生之间的相互作用与互相限制:有时教师表现出了积极从事教学改革的热情,但学生却对此采取了消极,甚至是抵制的态度,从而就会对教师产生很大的负面影响。当然,我们在此不应对学生做任何指责,毋宁说,这即是从反面更清楚地表明了观念(从更大的范围看,就是传统)的力量。

综上可见,教师(和学生)持有的观念(包括数学观念和数学教学观念)确在很大程度上决定了教室中的数学教学活动是如何进行的,特别是,这不仅对于教学方法有直接影响,也在很大程度上决定了教师和学生在教学活动中的地位与作用,包括两者相互作用的方式等。也正是在这样的意义上,在很多研究者看来,我们就可论及不同的“数学教室文化”,后者在很大程度上并就是与教师和学生的观念直接相对应的。这也就如尼克森所指出的:“数学教室的文化是随着其中的角色改变的。各个教室特有的文化是由以下因素所决定的,即教师和学生引入其中的知识、信念、价值观等,以及这些成分对于教室中社会运作的影响。”(The Culture of the Mathematics Classroom: an Unknown Quantity? *Handbook of Research on Mathematics Teaching and Learning*, ed. by D. Grouws, Macmillan, 1992:111)

最后,由上述讨论我们显然也可清楚地看出“数学教室文化”研究的意义:这可以促进教师对自己的观念做出自觉反思,而这又不仅有利于由不自觉状态向自觉状态的重要转变,更关系到了观念的不断更新与改进。这也就正如汤普森所指出的:“正是通过对于自己的观念和行动的反思,教师获得了关于自己的隐蔽的假设、信念和观点,以及这些成分是如何与自己的行动相联系的更大自觉性。也正是通过反思,教师发展起了关于自己的观念、假设和行动的更大合理性,并清楚地认识到了其他的可能性。”(Teacher's Beliefs and Conceptions: a synthesis of the research, *Handbook of Research on Mathematics Teaching and Learning*, ed. by D. Grouws, Macmillan, 1992:139)

在此我们还应特别重视这样一个问题:教师的观念是如何形成的?在笔者看来,上述分析也已为此提供了初步解答,特别是,我们即应清楚地看到传统文化的影响,以及教师作为学生时的学习经验对其后来教学工作的重要影响;另外,笔者以为,这也是这方面又一重要因素,即教师是否具有一定的研究经验,特别是,后者对于教师形成“动态的、发展的数学观”更可说十分重要。显然,从后一角度我们也就可以更好理解波利亚的以下论述:“数学教师应当具有一定的数学工作经验”“数学教师的训练,应当在解题讲习班这种形式或在任何其他适当的形式下,向他们提供有适当水平的独立的(‘创造性’的)工作的经历。”(《数学的发现》,内蒙古人民出版社,1981,第二卷,第168—172页)

当然,又如上面所提及的,我们在此还应清楚地看到教学实践以及作为教学对象的学生对于教师的影响。事实上,从理论的角度看,这就正是“教室文化”这一概念的核心所在,即是作为教学双方的教师与学生事实上形成了一个“(数学)学习共同体”,而其主要特征就是相关成员对于什么是数学与什么是适当的教学方法等具有共同的看法,从而也就对于他们在教室中的教学和学习行为(责任与权力)有着重要的约束力量,更可能直接促成或阻碍教师观念的转变。

3.4　数学的文化价值何在、何为[①]

突出强调“数学文化”是新一轮数学课改革的一个重要特点，更与数学教育目标的现代演变，也即由单纯强调数学知识与技能的学习转向数学教育的“三维目标”有着直接的联系。因为，就数学教育对于培养学生情感、态度和价值观的作用而言，显然不应等同于一般的思想教育，而应充分发挥数学教育在这方面的特殊功能，从而也就直接关系到了数学的文化价值。再者，正如人们普遍认识到的，这也是新一轮课程改革的一个常见弊病，即是由于不恰当地强调了“数学的生活化”，从而极大地削弱了数学课应有的“数学味”。但是，究竟什么是数学课应有的“数学味”？这与其他课程、特别是语文课应有的“语文味”又有什么不同？在笔者看来，对此我们也只有从“数学文化”的角度进行分析才能做出正确的解答。还应指出的是，后一问题事实上也为我们具体从事这一研究指明了一条可能的途径，即是通过与语文课的对照指明数学的文化价值，以及数学教学又如何才能很好发挥数学的文化价值？

一、语文教学反照下的数学教学

两种文化、也即“科学文化”与“人文文化”的必要整合是现今经常可以听到的一个主张，特别是，后者更可被看成所谓的“整合课程”的一个重要出发点；但由仔细的考察又可看出，相关研究往往又有这样一个不足之处，即都只是停留于一般口号，却未能对如何才能实现所说的整合给出具体建议，甚至对什么是“两种文化”的真谛、两者之间究竟又存在怎样的区别都未能作出清楚的说明，更不用说真切的体验与感受了。

由于语文和数学可以分别被看成属于“人文文化”与“科学文化”，因此，我们就可通过两者的比较初步认识两种文化的区别。事实上，尽管“数学文化与

① 原文发表于《人民教育》，2007 年第 6 期。

数学教育”一直是笔者特别关注的一个主题,但又正是通过实际聆听小学语文课并以此作为对照进行思考,自己才对这一主题有了更加深切的认识。

例如,在此不妨首先想象这样一个情境:如果在语文课上讲“圆”会是什么样的一种局面?教师在黑板上画了一个大大的圆,然后问学生:看着这个圆你想到了什么?学生表现出了丰富的想象力:一轮红日;十五的月亮;……从而就与相应的数学课有很大不同。

当然,如果在语文课上出现以下情况也会使教师十分尴尬:“我们正在学习《太阳》一课,就在我进行总结归纳的时候,一只小手高高地举了起来。是铭——一个喜欢发言却又词不达意、经常会制造点麻烦的孩子。我皱了皱眉,有点无奈地请他站起来说。他结结巴巴地讲:‘老师,太阳不……不是圆的……’同学们一听,哈哈大笑起来,说:‘我们天天都看到太阳,太阳怎么可能不是圆的呢?’可是铭涨红了脸,固执地坚持:‘真的,太阳真的不是圆的。我从书上看来的。’……”(引自周一贯,“小学语文应是儿童语文”,《人民教育》,2005年第20期)

综上可见,语文课与数学课确实具有完全不同的品味,或者说,语文课有自己特殊的“语文味”,数学课则有自己特殊的“数学味”。

其次,为了清楚地说明什么是数学课特有的数学味,这就直接关系到了“数学文化”这一主题,对此我们仍可以语文课为对照来进行分析。

具体地说,这正是笔者经由语文教学观摩获得的一个体会:听一堂好的语文课真是一种享受!而且,即使对于一个外行来说,多听几堂好的语文课也就可以大致地体会出什么是语文课特有的“语文味”。用专业的语言来说,这就是指,语文主要是一种“情知教学”:教师将教材中的情感因素充分发掘出来,从而在课堂上造成了一种强烈的感情氛围,并使学生受到强烈的感染。

例如,由窦桂梅老师演示的《珍珠鸟》一课就可说很好体现了语文课的上述特征。教师突出地强调了课文中如下一些关键词:小脑袋,小红嘴,小红爪子……并要求学生在朗读时努力体现“娇小玲珑、十分怕人”这样一种意境(“读出味道来”),从而成功地创设了这样一个氛围:对于小珍珠鸟的关切、爱怜……孩子们甚至不知不觉地放低了声音,整个教室静悄悄的……

当然,语文课也应让学生学到一定的知识,而这事实上也正是语文教学的特殊性所在:这是一种“情知教学”,即是以情感带动知识的学习。例如,在上述的课例中，窦桂梅老师就不断要求学生用自己的语言(或一句成语)表达自己的感受，或是要求学生对一些想象的情境(不同于书上的情境)作出具体描述。

现在的问题是，我们在数学教学中是否也可同样采取这种“以情感带动知识”的教学方法，或者说，数学教学是否也可被看成一种“情知教学”?

显然，由简单比较我们即可得出这样的结论：尽管数学教学并非不带情感，数学教学也必须十分讲究教学氛围的创设，但其所体现的是一种完全不同的情感，也是一种完全不同的学习方式：数学课并非以情带知，而是以知贻情！

具体地说，语文教学中涉及的应当说是人类最基本的一些感情：爱、善、美：人世间的爱恨和冷暖，领悟到的是自然万物的生命短暂和崇高，欣赏到的是社会历史进程中的神奇和悲欢。这也就是说，正如种种文学作品，在此首先吸引你不是相应的语言表达形式，而是文字中的精神滋养，包括对大自然的关爱，对弱小的同情，对未来的希冀，对黑暗的恐惧，等等。但是，数学教学中涉及的却是一种不同的情感，因为，我们在数学课上所希望学生养成的是一种新的精神：它并非与生俱来，而是一种后天养成的理性精神(例如，这即与原始人普遍持有的宗教迷信、或者说对大自然的敬畏心直接相抵触)；一种新的认识方式：客观的研究(从而，这也就与所谓的“天人合一”“天人感应”构成了直接对立)；一种新的追求：超越现象认识隐藏于背后的本质(是什么？为什么?)；一种不同的美感：数学美(罗素将其形容为“冷而严肃的美”)；一种深层次的快乐：由智力满足带来的快乐，成功以后的快乐；一种新的情感：超越世俗的平和；一种新的性格：善于独立思考，不怕失败，勇于坚持……

从而，这就是一种完全不同的文化：数学文化，这并集中地体现了数学课应当具有的“数学味”！

为了更清楚地说明两种文化的区别，以下再对语文教学与数学教学做出进一步的分析比较。

第一，正如上面已提及的，好的语文课往往充满激情，充满感染力：听了这样的课真想马上就做点什么(热血沸腾)。例如，这就是笔者的一个亲身经历：在深圳的一次语文教学观摩中，听课专家感动得数次掉下了眼泪；另外，也许就是长期从事语文教学的原因，语文老师比较容易激动，对此相信任何实际组织过教学观摩的人都会有深切的体会。但是，数学教学并非这样的情况，而是更加提倡冷静的理性分析，数学学习似乎也更加需要一个安静的环境。

第二，由于感情从属于个人，因此，语文教学明显地带有个性化的倾向：你是怎样想的？你有什么感受？……与此相对照，数学所追求的则是普遍性的知识，也即是一种客观的研究：我们一起来看，平行四边形有什么性质？……也正因此，尽管同一数学概念（如平行线）在不同学生的头脑中很可能有不同的心理图像（或者说，不同的心理表征），但相应的数学结论却是完全相同的，即是一种客观的知识。用更加专门的术语说，这也就是指，数学知识的形成必然经历"去情境化、去个人化和去时间化"。

但是，在数学教学与语文教学之间是否也有一定的共同点？另外，就数学教学而言，我们又可通过与语文教学的对照获得怎样的启示？

为了对上述问题作出解答，可以首先联系学习氛围的创设进行分析。具体地说，正如上面所提及的，创造强烈的情感氛围正是语文教学的一个重要因素；与此相对照，数学课当然也应十分重视学习氛围的创设，但又有很不相同的内涵：这主要是指如何调动学生的学习积极性，从而就能高度集中、全力以赴去从事新的学习活动……

当然，后者又不是指数学学习完全不带情感，恰恰相反，理性精神的背后同样隐藏着火热的激情，而这主要是指这样一种情感，即是希望揭示世界最深刻的奥秘。从而，在这样的意义上，我们也就应当说：数学教学同样涉及了人的本性，其与语文教学的区别则就在于：如果说语文教学主要涉及了爱，数学教学则直接涉及了人类固有的好奇心、上进心（由于后者常常被看成"童心"的重要涵义，从而就清楚地表明了这同样是一种与生俱来的情感）。

由此可见，这事实上也应被看成搞好数学教育的一个关键，即是努力创设这样一种情境，其中学生的好奇心、上进心得到了充分调动，更能不断得到强化。

显然，上面分析也为我们深入理解以下论述提供了一个新的视角：好的数学教学情境既不应被等同于课堂游戏，也不应被等同于生活情境，因为，如果说好的生活情境主要是指一个舒适、自在、轻松的环境，那么，好的数学学习情境则就必须保持适度的紧张感、适度的压力（当然，所说的压力不应完全来自外部，而主要是指内在的认知冲突）。再者，这显然也是"游戏情境"与"学习情境"的一个重要区别：学习不应具有强烈的竞争意识，而应建立在合作之上。

进而，从上述角度我们也可清楚地看出片面强调联系实际所可能造成的负面影响,即是对于功利性的过度关注,后者则又与纯粹的好奇心以及由此而导致的最纯真的快乐构成了直接对照。这也就如牛顿所指出的:"我不知道世人怎样看我,我只是一个在海滩上玩耍的男孩,一会儿找到一颗特别光滑的卵石,一会儿找到一只异常美丽的贝壳,就这样使自己娱乐消遣。"考虑到"急功近利"正是目前中国社会的普遍心态,上述差异显然也应引起我们的高度重视。

但是,我们究竟又如何才能创建好的数学学习情境呢? 为了寻找解答,还是让我们再次转向语文教学。

具体地说,这正是语文教学的一个有效手段,就是通过朗读创设出好的学习情境,也即要求学生带着感情去读,读出感情来! 那么,数学教学中是否也存在某种调动学生好奇心、上进心的普遍有效手段呢?

笔者以为,这就清楚地表明了提出恰当的问题对于数学教学的特殊重要性,或者说,这正是创设好的数学学习情境特别重要的一环:教师应当善于提出问题,提出有挑战性、启发性的问题,从而激发学生的好奇心,使其积极地学习,深入地思考。

显然,从这一角度进行分析,以下作法就有一定的合理性:数学教材的编写应当努力实现"知识的问题化"与"问题的知识化";而这又是这方面工作的关键所在:我们不应停留于各个具体情境,而应从中引出普遍性的数学问题,从而就可较好地实现由"生活数学"向"学校数学"的必要过渡。再者,"问题解决"也不应被看成数学学习活动的终结,而应用作研究工作的新起点,包括"问题的知识化",也即应当通过"问题解决"建构起相应的数学知识,以及又如何能够引出新的问题,包括最终建立系统的知识结构。

最后,笔者以为,这也是数学应向语文学习的一个方面,即是努力将文化落实到人格。更一般地说,这也就是指,数学教学应当很好发扬数学的文化价值。以下就转向这一论题。

二、 充分发扬数学的文化价值

上面的讨论显然表明,所谓"数学的文化价值",主要就是指人们经由数学学习在情感、态度和价值观等方面所造成的积极变化。例如,主要地也就是在这样的意义上,著名数学史学家克莱因的以下论述就可被看成对于数学文化价值的高度总结:“数学是一种精神,一种理性的精神。正是这种精神,激发、促进、鼓舞并驱使人类的思维得以运用到最完善的程度,亦正是这种精神,试图决定性地影响人类的物质、道德和社会生活;试图回答有关人类自身存在提出的问题;努力去理解和控制自然;尽力去探求和确立已经获得知识的最深刻的和最完美的内涵。”(《西方文化中的数学》,九章出版社(台湾),1995,第8—9页)另外,著名科学家、数学家彭加莱也曾指出:“因为数学科学是人类精神从外部借取的东西最少的创造物之一,所以它就更加有用了……它充分向我们表明,当人类精神越来越摆脱外部世界的羁绊时,它能够创造出什么东西,因此它们就愈加充分地让我们在本质上了解人类精神。”(《科学的价值》,光明日报出版社,1988,第374页)显然,后者也清楚地表明了数学学习对于培养学生创新意识和创新能力的特殊重要性,特别是,这更直接关系到了这样一种价值取向:数学研究不局限于各种具有明显现实背景的量化模式,也是对于各种可能的量化模式的研究。

但是,我们在日常的数学课堂上又应如何很好地去体现数学的文化价值?

首先,应当明确反对简单的“外插”,乃至完全“取代”等不恰当作法,即如认为这主要地就是指在数学教学中加上一些专门的说教,或是更多地穿插一些数学史的小故事,特别是数学家的趣闻轶事,等等。另外,以下的论述显然也是一种简单化的认识:“讲到促进学生知识与技能的发展,老师们感到很容易理解,而讲到促进学生的情感、态度和价值观的发展,很多老师却认为是很空泛的。有这样一个例子,我在徐州听了一节课,讲的是去花店买花的问题:我要给妈妈买一束花,该怎么买?从表面上看,这里是教学加减运算的问题,这是一种知识和技能。但这里面还隐含着另一层含义:给妈妈买一束花,送她作生日礼物,通过学生的讨论交流,引发了对母亲的一种敬爱的感情,这就是课程标准所倡导的情感、态度和价值观。”与上述作法相对照,笔者以为,我们不应脱离具体数学知识内容的学习去空谈情感、态度和价值观的培养,而应突出强调文化价值与知识内容(以及思维方法)的相互渗透,真正做到以知贻情。

例如,从这一角度去分析,我们就可更好理解语文教师何以往往特别强调学生的广泛阅读,包括必要的背诵,甚至应当做到“日有所背,手不释卷”,我们更应要求学生读名著,因为,这就是与大师的直接对话:“读着同样的书,就是过着同样的生活。”那么,数学教学又可由此获得什么样的启示呢?特别是,要求学生天天做题(用某位数学家的话说,就是保持一定的“解题胃口”)是否也可达到同样的效果呢?笔者对此不敢作肯定的解答,而只想指明这样一点:现今盛行的“题海战术”事实上已经大大败坏了一些学生对于数学的兴趣;另外,与唯一强调做题相比,我们或许应当更加重视数学哲学与数学史向数学教学的渗透——当然,作为必要的前提,我们又应大力提倡数学教师广泛地阅读名著和经典著作,努力扩展自己的知识面。

其次,就当前而言,笔者又愿特别强调这样一点:我们不能单纯期望通过聆听某位专家的报告或阅读某部专著(特别是,通过将其毫无遗漏地归结为甲、乙、丙、丁等几条)就能很好把握“数学文化”的内涵,我们也不能期望通过依样画葫芦就能在课堂上很好体现数学的文化价值;毋宁说,与单纯的理论学习相比,我们应当更加重视自己的切身体会与感悟,因为,无论所说的体会和感悟何等“单薄”“肤浅”,恰恰因为这是你自己的体会,从而才有可能在课堂上得到很好体现,又只要处处用心,我们就一定可以通过各种渠道与日积月累最终把握“数学文化”的真谛。

也正是从这一角度进行分析,笔者以为,我们就应牢牢记住这样一个道理:“文如其人”。这也就是指,没有数学味的教师很难真正上出具有数学味的数学课!进而,这也是笔者经由多年的教学实践获得的一个体会:只要认真学习,无论我们所学习的是数学,还是语文或哲学等其他学科,都可以在很大程度上改变一个人的气质乃至品格——也正因此,无论就小学、中学还是大学乃至研究生的教育而言,我们就都可以区分出这样三个不同的层次,即教书匠、智者与大师,而后者就是指能够通过自己的教学,包括日常言行给学生深刻文化熏陶的教师。(7.5节)

再者,尽管就各个个人而言并非一定要有很强的“数学文化素养”,但是,作为问题的另一方面,我们又应清楚地认识充分发挥数学的文化价值对于中华民族的特殊重要性。

具体地说,这直接涉及了东西方文化的差异:如果说数学在西方文明的形成与发展过程中发挥了特别重要的作用,特别是,所谓的“数学理性”更得到了普遍的推崇(这也就是所谓的“毕达哥拉斯—柏拉图传统”。详可见另著《数学哲学与数学教育哲学》,江苏教育出版社,2007,第一章),以致现代西方文明在很大程度上就可被看成一种“数学文化”;那么,这就不能不说是东方文明的一个明显不足:由于其主要可以被看成一种"儒家文化",数学在其中就始终未能取得任何重要的地位,这也就是说,除去被视为不登大雅之堂的一种"济世之术",数学在中国传统社会始终未能对人们的世界观、思维方式与价值取向等产生任何真正的重要影响。

由于数学正是形成现代文明的一个主要力量,因此,在这样的意义上,我们就应明确地肯定:充分发扬数学的文化价值正是当代数学教师应当自觉承担的一项社会责任与历史使命。因为,正如齐民友先生指出的,"历史已经证明,而且将继续证明,一个没有相当发达的数学的文化是注定要衰落的,一个不掌握数学作为一种文化的民族也是注定要衰落的。"(《数学与文化》,湖南教育出版社,1991,第12—13页)

由此可见,数学教育与语文教育应当说具有不同的特点和使命,两者更应相互补充从而才能为每个学生的成长提供足够的空间与必要的基础。也正因此,任何简单的整合或取代就都不足取,更一般地说,这也就是指,无论数学课或语文课都不应承担太多的使命,乃至试图包揽全部的教育使命。显然,我们也可从这一角度对所谓的"整合课程",以及"两种文化的整合"作出自己的分析。

最后,就充分发扬数学的文化价值而言,我们还应特别强调这样一点:数学不仅有积极的方面("数学的善"),也有一定的消极影响("数学的恶")。

为了清楚地说明这样一点,我们仍可通过比较来进行分析。

具体地说,正是通过与哲学的比较,笔者才较为深刻地认识到了数学思维的局限性:如果说哲学思维(这也应被看成属于"人文文化"的范围)明显地具有网络性、双向性和间断性,哲学的发展又往往是指用新的不同范畴去把握对象,即是主要表现为揭示出了更多的方面或内涵,那么,数学思维就明显地表现出了直线性、单向性和连续性,数学的发展又主要是以已有的知识为基础建构出新的理论。另外,如果说这正是由数学学习养成的一些思维习惯:讲究逻辑、结论明确、概念清楚、论证有效,并应注意排除个人的感情色彩……,那么,这就是与此密切相关的一种局限性,即是思想的封闭性,从而也就与哲学家的敏感性和开放性构成了直接对照。另外,哲学家与数学家相比也更有激情,甚至可以说具有一种诗人的气质。(对此并可见另文:"从东西方的比较到'两种文化'的整合",《陕西师范大学学报》,2006年第2期)

当然,对于上述分析我们又不能看成纯粹的缺点;但在笔者看来,这确又清楚地表明了这样一点:正如著名数学家西瓦尔茨所指出的,简单性(simpleness)、单一性(singleness)和文本性(literal)可以被看成数学思维的局限性;又由于封闭性显然容易导致自高自大,抽象性(拘于文本)则容易脱离实际,因此,从这一角度进行分析,我们也就容易理解著名哲学家怀特海所提到的这样两种“数学的恶”。所谓“微不足道的恶”,就是指我们不应将抽象的模式与真实简单地等同起来:“讨论善与恶可能要求对经验的理解具有一定的深度,而一个单薄的模式可能阻挠预想的实现。于是,有一种微不足道的恶——一幅写生画竟能取代一幅完全的图画”;另外,所谓“强烈的恶”,则是指“引起强烈经验的两个模式可以彼此冲突。于是,就有一种由主动的对抗所产生的、强烈的恶。”(《数学与善》,林夏水主编,《数学哲学译文集》,知识出版社,1986,第351页)

综上可见,这就是充分发扬数学的文化价值所应坚持的立场,即是充分发扬数学的“善”,同时也应切实避免或克服数学的“恶”。

3.5 数学教育研究的“社会转向”[①]

就世界范围而言,数学教育、特别是数学学习心理学的研究正经历着一个重要转折,即由先前主要集中于个别学生的学习活动,特别是内在的思维活动(这也就是所谓的“心理学视角”或“认知观点”),转而采取了多样化的视角,特别是,从20世纪80年代后期开始,人们更对关于数学教育的社会—文化研究表现出了很大兴趣,部分学者并明确地提到了“数学教育研究的社会转向(the social turn)”。以下就对相关发展作出概要介绍。我们将首先集中于一般的学习理论,然后再转向数学教育。

一、 学习理论的现代发展

“我们深信,过去的十年见证了在历史中学习理论发生的最本质与革命的变化……我们已经进入学习理论的新世纪。”(乔纳森、兰德,“序”,《学习环境的理论基础》,华东师范大学出版社,2002,第3页)作为数学教育工作者,我们当然也应十分关注学习理论的现代发展,注意分析其对于数学教学的重要涵义。以下就是这方面的初步工作。

1. 由行为主义、认知心理学到情境认知

就学习理论、特别是学习心理学研究的历史发展而言,人们通常会立即提及由行为主义到认知心理学的过渡,这就是指,从20世纪60年代起,认知心理学已逐渐取代行为主义在心理学领域中占据了主导地位。在一部分学者看来,这一领域从20世纪90年代起又正经历一场新的革命。

华东师范大学的高文教授曾从总体上指明了新发展的这样几个特点:(1)人的学习已经成为一个跨学科研究的对象;(2)基础研究、应用研究与开发

① 本文由笔者在《数学教育学报》2004年第1期发表的文章“学习理论的现代发展及其教学涵义”扩展而成,曾用作《数学教育:动态与省思》(上海教育出版社,2005)的5.1节。

研究相结合;(3)学习理论流派纷呈。(“《21世纪人类学习的革命》译丛总序”,载乔纳森、兰德主编,《学习环境的理论基础》,同前,第4页)

的确,任何人只需稍加留意就都一定会对20世纪90年代以来学习领域中出现的众多“新理论”留下深刻印象,如“情境学习”“分配认知”“生态心理学”“社会共享认知”等;另外,多学科的交叉与相互渗透则可被看成为诸多新理论的建立提供了必要的理论背景或特定视角。例如,以下就是人们经常提到的一些相关学科:社会学、人类学、政治学、认识论、知识论等。

应当强调的是,与所说的“多样性”相对立,在诸多新的学习理论之间我们也可看到明显的共同点。这也就如乔纳森和兰德在其主编的《学习环境的理论基础》的序言中所指出的:“在学习理论相对短暂的历史上(一百多年),从来没有这么多的理论基础分享着如此多的假设和共同基础,也从来没有关于知识与学习的不同理论在理念和方法上如此地一致。”(同前,第3页)另外,贝尔等人则曾更明确地指出:这些理论“大多数是以学生为中心的,关注学习活动的,注重学习情境脉络重要性的。”(“分布式认知:特征与设计”,乔纳森、兰德,《学习环境的理论基础》,同前,第113页)

也正因此,“情境认知(situated cognition)”这一概念现今就获得了教育界人士的普遍重视。“情境认知的突出特点是把个人认知放在更大的物理和社会的情境脉络中。”又由于上述理念是与认知心理学的基本立场直接相对立的:“情境认知是不同于信息加工的另一理论。它试图纠正认知的符号计算方法的一些不足,特别是信息加工依靠储存中的规则和信息的描述,集中于有意识的推理和思维,忽视了文化的和物理的情境脉络。”(威尔逊、迈尔斯,“理论与实践境脉中的情境认知”,乔纳森、兰德,《学习环境的理论基础》,同前,第62—63页)因此,在这样的意义上,我们也就可以论及由“认知心理学”向“情境认知”的发展,或者说,即可认为后者集中地体现了学习理论现代发展的主要特征。

以下再从更一般的角度对学习理论的历史发展做出进一步的分析。

第一,由“外”转向“内”,又重新转向了“外”。

由于行为主义主张心理学的研究应当局限于外部的可见行为,认知心理学则将研究重点转向了内在的思维活动,即人脑中对于信息的接收、加工、贮存和提取(也正因此,“认知心理学”就常常被称为“信息加工心理学”),因此,对于由行为主义转向认知心理学我们就可形象地形容为“由外转向了内”;与此相对照,由于情境认知关注的主要是人在特定情境中的活动、人与环境的相互协调,因此,在这样的意义上,我们就可以说,学习理论在经历了由“外”向“内”的转变以后,现又重新转向了“外”,转向了人的活动。例如,正是在这样的意义上,威尔逊等人写道:“行为主义与情境认知的联系是明显的”“情境认知处于心理学的边缘,就像行为主义一样,两者都避而不谈心智构念,而是重视行为和行为的情境脉络或环境。”(“理论与实践境脉中的情境认知”,同前,第56—57页)

当然,在行为主义与情境认知之间也有重要的区别,特别是,从学习的角度进行分析,由于行为主义只集中于如何通过外部强化促成相应的行为,从而事实上就是将学生置于完全被动的地位;与此相对照,情境认知则突出强调了个体与环境之间的互动和协调。例如,这就正如诺曼(D. Norman)所指出的,“情境和人们所从事的活动是真正重要的。我们不能只看到情境,或者环境,也不能只看到个人:这样就破坏了恰恰是重要的现象。毕竟,真正重要的是人和环境的相互协调。”(Cognition in the Head and in the World: An Introduction to the Special Issue on Situated Action, *Cognitive Science*, 1993, 17(1): 1-6)另外,在对所谓的“生态心理学”作出论述时,扬等人也突出地强调了个体与环境之间关系的动态性质和复杂性:“从生态心理学家的观点看,分析的单位是行动者—环境交互。问题解决……是意图驱动行动者与信息丰富的环境交互作用的结果。对于这个系统而言,数学的、线性的模式是不完整的。”(“行动者作为探测者:从感知—行动系统看学习的生态心理观”,载乔纳森、兰德,《学习环境的理论基础》,同前,第135—136页)

第二,除去研究视角的改变以外,情境认知也提供了与行为主义和认知心理学很不相同的理论框架或概念系统。

具体地说,如果说“刺激—反应”与“强化”,以及“信息的接受、加工、贮存与提取”可以分别被看成行为主义与认知心理学的核心概念,那么,学习理论的现代研究则就是围绕“情境认知”这一概念发展起了一个新的概念系统。

例如,正如上面所提及的,所谓的“生态认知心理学(ecological psychology)”就突出强调了个体(行动者)与环境之间的互动,并因此引进了“(环境的)给养”与“(个体的)效能”“感知—行动系统”等概念;另外,所谓的“分配认知(distributed cognition)”则集中于个体与共同体之间的关系,并借助于“互动”与“规范”、“分工”与“共享”、“认知”与“身份”等概念对此进行具体描述。

再者,对于中介工具(主要是语言)的重视也是环境认知研究的又一普遍特点。这也就如乔纳森所指出的:“认知心理学传统上只注重心智表征,而忽视制品或中介工具和符号……社会文化理论并不认为人类行动中没有心理因素,而是认为心理是以中介制品和文化的、组织的、历史的情境脉络为条件的。”又,“活动系统的要素相互之间不直接作用于对方。它们的互动是由符号和工具中介的。符号和工具提供了客体之间的直接或间接交流。对交流进行历史的分析提供了活动系统如何存在和为什么这样存在的重要历史信息。……中介者描述了对活动加以限制的模式和方法的种类。”(“重温活动理论:作为设计以学生为中心的学习环境的框架”,乔纳森、兰德,《学习环境的理论基础》,同前,第100、104页)

显然,由上述各个概念我们也可更清楚地认识情境认知研究所采取的特定视角:“学习环境设计的情境认知方法更注意语言、个体和群体的活动、文化教育的意义与差异、工具,以及所有这些因素的互动。”(威尔逊等,“理论与实践境脉中的情境认知”,同前,第66页)

第三,从行为主义经由认知心理学向情境认知的发展显然有一定的合理性,但这又不应被看成新的理论对于已有理论的彻底取代,我们更不应依据理论的“新”“旧”对理论的好坏作出简单判断,毋宁说,在此更加需要多元的视角与整合的观点。

具体地说,从发展的角度看人们往往容易强调新旧理论的不同或对立;但在充分肯定新的发展积极意义的同时,我们又应看到原有理论仍有一定的合理性和价值。

例如,威尔逊等人就曾提出,我们不应将行为主义与“教师中心课堂、讲授、材料的被动接受等方法和状况”直接联系起来,恰恰相反,“行为主义曾经是一次以积极学习为核心目的的改革运动……传统方法,如教师中心的课堂和讲授等,正是行为主义者所努力改革的东西。”(“理论与实践境脉中的情境认知”,同前,第57页)以下则更可以被看成行为主义对于教学的直接贡献:教学目标的明确界定,对于结果的高度重视,任务的恰当分解,程序化的教学方法等。另外,在更一般的意义上,我们显然还应提及对于教学科学性的追求。

另外,认知心理学的研究则清楚地表明了深入研究内在思维活动的必要性和重要性,并因此引起了人们对于以下一些概念或方面的重视,而这对于改进教学也有重要的意义:感知的选择性,知识的分类,记忆的局限性,图式与认知框架在认识活动中的作用,同化与顺应,元认知等。

总之,在充分肯定情境认知重要性的同时,我们不应因此对行为主义与认知心理学采取完全否定的态度;毋宁说,在此需要的是多元的视角与整合的观点。例如,这事实上也正是威尔逊等人在"理论与实践境脉中的情境认知"一文中采取的立场:"在设计和参与学习环境的过程中,要注意不能太教条地或单一地应用任何特定的理论""学习环境的设计者应该努力使他们的观点更具包容性和拓展性……力求把看待整个系统的多种观点加以整合……"("理论与实践境脉中的情境认知",同前,第54、64页)

更一般地说,笔者以为,这事实上也是我们面对心理学研究中诸多矛盾时应当采取的态度,后者主要包括:心理过程与外在活动,个体与群体,具体动作与社会文化现象,微观与宏观的方面,获得与建构,描述性与规定性,等等。

例如,尽管我们应当明确肯定认识活动的情境相关性,但又不能认为学生的学习活动是由他所处的情境唯一决定的,因为,这事实上也就重新取消了学生在学习活动中的主体地位,而这当然是错误的。另外,这也是"环境决定论"这种极端化立场的一个主要困难,即是无法解释学习活动中可以明显看到的个体差异性——总之,我们应当深入认识,并很好把握个体的特殊性与普遍性之间的辩证关系。另外,以上分析显然也已表明,心理学的研究应当大力提倡"内""外"研究的必要互补与整合。

2. 建构主义与学习研究的"社会转向"

在先前出版的《认知科学、建构主义与数学教育》(与梁贯成合作,上海教育出版社,1998)中,笔者曾表达过这样一个观点,即是认为应对心理学研究的具体主张与相应的认识论分析作出明确区分。也正是基于同样的认识,笔者认为,将行为主义、认知心理学与建构主义说成三种"平行"的理论,或是认为可以具体地去论及从行为主义经由认知主义向建构主义的发展,就不很恰当,因为,与前两者不同,建构主义并不包括关于应当如何从事心理学研究的具体主张,而是代表了关于学习活动(更一般地说,就是认知活动)本质的哲学分析,也即主要应被看成一种认识理论。

当然,在作出上述区分的同时,我们也应看到在认知心理学与建构主义之间存在的重要联系,特别是,正是认知心理学的研究为相应的认识论分析提供了必要的素材与重要论据。

那么,什么又是与情境认知相对应的认识理论呢?

在笔者看来,乔纳森与兰德的以下分析在一定程度上就可被看成为上述问题提供了具体解答:“根据本书所描述的理论,在有关学习的思考中至少应该有三个基本转变。第一,学习是意义制定过程,而不是知识的传递。第二,当代学习理论越来越关注意义制定过程的社会本质。学习就本质而言是一个社会对话过程。第三,假设的第三个基本变化与意义制定的地点有关。知识不仅存在于个体和社会协商的心智中,而且存在于个体间的话语,约束他们的社会关系,他们应用并制造的物理人工品以及他们用于制造这些人工品的理论、模型和方法之中。知识和认知活动分布于知识存在的文化与历史之中,知识是由人所运用的工具作中介的。”(“序”,《学习环境的理论基础》,同前,第4页)

在此还可特别提及高文教授关于知识观的以下分析,因为,这同样提供了关于知识基本性质的一个具体分析:(1)知识的建构性,(2)知识的社会性,(3)知识的情境性,(4)知识的复杂性,(5)知识的默会性。(“《21世纪人类学习的革命》译丛总序”,同前,第9—10页)

为了更清楚地说明问题,以下再对上述观念与建构主义作一比较,这就是人们提及“学习研究的社会转向”的主要原因。

具体地说,在此首先涉及了分析单位的转变,即由个体转向了共同体,转向了个体与共同体之间的关系。

例如,正是从后一角度进行分析,“学习”被赋予了新的解释:“学习、思维和认知是参与活动的人们之间的关系。”(巴拉布、达菲,“从实习场到实践共同体”,乔纳森、兰德,《学习环境的理论基础》,同前,第27页)进而,我们又应明确肯定认知与意义的社会本质,这也就是指,认知主要是不同个体间的积极互动,意义的建构则主要是一个协商与文化继承的过程。

其次,我们在此所关注的已不再是纯粹的认知活动,也包括个体的社会定位,也即个体“身份”(identity)的形成或变化。

应当强调的是,我们不应将知识和技能的学习(包括理解的建立)与身份的形成绝对地对立起来,毋宁说,“这两者是同一过程的组成部分,在这一过程中,前者激发了其所包含的后者,对其加以塑造并赋予其意义。”(巴拉布、达菲,“从实习场到实践共同体”,同前,第25页)进而,也正是在这样的意义上,一些学者提出,“合法的边缘参与就是学习”。(J. Lave & E. Wenger, *Situated Learning*:*Legitimate Peripheral Participation*, Cambridge University Press, 1991)

个体与共同体之间的关系还包含有十分丰富的内容:

(1) 除去成员间的积极互动以外,作为共同体的合法成员也意味着对于共享的目标、共同的信念系统以及必要的共同规范的接受。

例如,按照巴拉布等人的分析,这就是共同体的首要特征,即其成员具有共同的文化历史传统:“共同体具有有意义的历史、共同的文化和历史传统。这个传统包括了共享的目标、信念系统和体现自己规范的集体故事。……当个体成为共同体的合法成员时,他们继承了这个共同的传统。”(“从实习场到实践共同体”,同前,第35页)

(2) 除去成员间的合作与分工以外,共同体的又一重要特征是信息的共享。

例如,这事实上就是所谓的“分配(布)认知”的主要涵义:“分布认知系统要取得成功……要在系统的各要素之间以有意义的途径分享信息。”这也就是说,“交流是分布式认知的必要条件。”(贝尔、温,“分布式认知:特征与设计”,乔纳森、兰德,《学习环境的理论基础》,同前,第128、118页)

进而,从同一角度进行分析,我们也就可以更好地理解情境认知研究为什么特别重视“中介工具”的作用。这也就如贝尔等人所指出的:“为了使个人能分享分配系统的成果,必须以外在于个体的形式对观点加以表征……更概括地说,分配认知强调利用不同的镌刻系统(inscriptional systems)来记录并在系统中发布观点。”又,“个体在利用制品的时候,会将制品的这些方面内化,因而,运用制品能在个体中产生认知留存。”(“分布式认知:特征与设计”,同前,第128页)

(3) 共同体的“再生产循环”正是借助个体由“边缘参与者”向“中心参与者”的转变得到了实现。

例如,这也就如巴拉布等人所指出的:“如果共同体希望有一个共同的文化传统,可以进行再生产这一特性是根本性的,这一特性使新来者能进入共同体中心并将共同体加以拓展。”巴拉布等人并强调指出,“这是在所有实践共同体中都不断发生的过程。”如“学生做老师的学徒,在他们的手下工作……通过教师的眼光去看待世界,总是做一个边缘的参与者。最终,当他们自己必须去教别人时，当他们自己必须发挥老手的作用时，他们进入了一个学习的新层次，开始拓展自己作为其组成部分的共同体的思考。他们在研究和教学过程中指导新成员。他们继续学习这个过程，并且可能更重要的是，他们越来越自信于对共同体的贡献，越来越自信于在共同体的自我的感觉。在这个过程中，他们对意义进行协商和使之具体化。通过这种循环，一个实践共同体和组成该共同体的成员进行了再生产，界定了自我。"（"从实习场到实践共同体"，同前，第37页）

最后，还应指明的是，作为一个新的发展领域，多种不同术语或表述方法的共存或许不可避免，因此，我们就应对情境认知研究中概念的"多样化"，甚至彼此间存在一定的不一致性采取较为容忍的态度。例如，与以上关于"学习研究的社会转向"这一提法不同，巴拉布等人在"从实习场到实践共同体"一文中就突出地强调了所谓的"心理学观点（视角）"与"人类学观点"的对立，并认为两者都是"情境理论"的重要分支。另外，就对于个体间积极互动以及意义建构社会性质的强调而言，这里所说的"社会转向"显然也是与"社会建构主义"的基本立场十分接近的。

当然，又如以上论述所已指明的，在情境理论与社会建构主义之间也有重要区别：如果说社会建构主义仍然集中于意义的建构，那么，情境理论所关注的已不是个人在特定情境中对于知识的建构，而是个人身份的形成及其改变的过程——也正因此，按照后一观点，学习主要就应被看成一种参与的活动，这也就是说，在此所涉及的不仅是相应知识的建构或能力的培养，也是主体的自我认识（an experience of identity）和改变的过程（a process of becoming）。（J. Boaler, [ed.] *Multiple Perspectives on Mathematics Teaching and Learning*, Ablex Pub., 2000）

也正是从上述角度去分析，笔者以为，相对于一些译者采用的"情境理论"（situated theory）这一词语而言，"置于理论"也许更加恰当，因为，后者所强调的已不只是任何个体都必定处于一定的情境之中，更是这样一个事实：任何个体都必定处于一定的共同体、一定的传统之中。

综上可见，学习研究现正经历着一场新的革命，而这又不仅是指研究视角的转变：在经历了先前的由"外"向"内"的转变以后，现又重新转向了"外"，转向了人与情境的互动，而且也是指对于学习本质更深入的认识："合法的边缘参与就是学习”。也正因此,这就是数学教育工作者在当前的一项紧迫任务,即是应当很好地弄清这些新的学习理论或观念给予我们的重要启示。

二、从教学的角度看

应当指明,对教育现状的不满构成了情境认知研究的重要背景。例如,一些学者就从这一角度对认知心理学提出了直接的批评:“在20世纪七八十年代,认知心理学建议对这些学习过程作内在的、心智上的解释,遗憾的是,这样的解释并不能系统地改变教育的实践。对学习过程更为复杂的表征并没有能够为教育过程的变革提供足够的推动力。”(乔纳森,“序”,《学习环境的理论基础》,同前,第2页)显然,这也为我们应当如何从事相关的研究指明了努力方向。

以下就针对我国数学课程改革的现实对学习理论现代发展的教学涵义做出简要分析。

1. 学习情境的设计

从情境认知的角度看,我们显然应当特别关注学习活动的情境设计,更有不少学者认为通过这方面的努力就能有效解决“学校学习”相对于“日常学习”的诸多局限性。

以下就是由巴拉布等人提出的关于学习情景设计(他们称之为“实习场”)的若干基本原则(详可见“从实习场到实践共同体”,同前,第30—32页):

(1)进行与专业领域相关的实践。(2)探究的所有权。也即应当赋予学生真正的自主性。(3)思维技能的指导和建模。这也就是指,教师应是学习和问题解决的专家,教师的工作就是通过向学生问他们应当问自己的问题来对学习和问题解决进行指导和建模。(4)反思的机会。应给予个体以机会,来思考他们在做些什么,他们为什么做,甚至收集证据来评价他们行动的功效;对经验的事后反思提供了纠正错误概念和补充理解不足之处的机会。(5)困境是结构不良的:学习者面临的困境必须是不够明确的或是松散界定的,以提供足够空间让学生能利用自己的问题框架。(6)支持学习者,而不是简化困境。这就是说,给出的问题必须是真实的问题。学生不应该从简化了的、不真实的问题开始。(7)工作是合作性的和社会性的。(8)学习的脉络具有激励性。

其中,第(5)条和第(6)并可被看成最清楚地表明了倡导者的这样一个主张,即是我们应使学校的学习情境尽可能地接近真实情境。

然而,尽管在上述方面有一些成功的案例,即如通过立足于实际教学活动来培养教师,但从总体上说,人们又普遍地认识到了这样一点:学校环境不同于真实的生活情境,或者说,正是“学生”这一特殊身份直接决定了学校学习活动的特殊性。这也就如巴拉布等人所指出的:“实习场的主要问题是它们发生在学校里……这就导致学习情境脉络从社会生活中隔离出来。”(“从实习场到实践共同体”,同前,第 33 页)

另外,主要地也正是基于这样的认识,一些学者提出了完全不同的看法:“有些观点认为,教育者应当将类似于校外情境脉络中的活动引入课堂,或者用学徒制训练取代教学,我们的这种观点与此完全不同。……我们认为,如果向教育者建议学校应尽量在课堂上模仿或再生产校外活动,那就是一个根本性的错误。”(卡拉尔,施利曼,“数学教育中日常推理的应用:实在论对意义论”,乔纳森、兰德,《学习环境的理论基础》,同前,第 164 页)

综上可见,与单纯强调情境设计相比,我们应当更加重视对于“日常数学”与“学校数学”之间关系的深入分析;而且,这又不应被看成一个纯粹的理论问题,恰恰相反,只有立足实际教学活动我们才有可能在理论与实践这样两个方面同时取得切实的进展。

例如,这事实上也正是卡拉尔等人在“数学教育中日常推理的应用:实在论对意义论”一文中得出的主要结论:“教授数学,要不断地引入新的情境和新的符号。没有别的选择,只能将学生已经熟悉的表征方式和符号与新的表征方式和符号结合起来使用。日常数学研究,以及发展性研究,能够帮助我们认识如何将当前的学习建立在学生已经知识和理解的东西的基础上。……新知识不能还原为学生已有的知识,否则就不会学到任何新的知识。但是,如果新知识完全脱离了已有的经验和理解,它就无法理解。已有知识和新知识之间的适当平衡,涉及一个永远无法排除的张力。”(同前,第 176 页)

2. 合作学习与学习共同体

以上关于共同体的分析显然也为我们做好合作学习提供了很多重要启示,特别是,我们应当很好地处理互动与规范、分工与共享、创新与继承等对立环节之间的关系。

具体地说，我们在教学中不仅应当努力促进教学共同体各个成员之间，也即学生与学生之间以及学生与教师之间的积极互动，也应认识到"成为共同体的合格一员"就意味着对于共同目标和信念系统，特别是相应规范的自觉接受；其次，相对于形式上的参与而言，我们又应更加重视成员间的合作与合理分工，特别是对于相关信息的共享；最后，由"边缘参与者"向"中心成员"的转变则就清楚地表明了在"创新"与"继承"之间的重要联系，特别是，对于已有文化传统的继承即应被看成成功创新的一个必要条件。

另外，这也可被看成前述"中介工具"重要性的一个直接结论：教师在教学中应当"鼓励学生通过镌刻系统使他们自己的思维可视化，通过参与辩论活动交流他们的观点，通过采用更科学的标准——这些标准通过所运用的工具得以提升——朝向对于问题更为统整的理解而努力。"（贝尔、温，"分布式认知：特征与设计"，同前，第 128 页）

最后，我们在当前又应特别注意防止这一方面的各种片面性认识，即如对于合作学习的绝对肯定，并认为其他各种学习形式都不足取。事实上，国外的相关实践也已在这一方面为我们提供了直接的启示。例如，在一篇题为"数学世界中的定位、个体与认识"的论文中，尽管作者的主要目的是区分出两种不同的"教室文化"，并通过两者的比较清楚地指明合作学习的优越性，但论文的两位作者鲍勒和格里诺也明确地指出：我们不应将"合作学习"与"理解学习"简单地等同起来，因为，合作也可以被用于程序性技能的学习，独立学习也可能达到深层次的理解；另外，"数学教学更可以如此组织以使学生参与到了积极的互动之中但却没有实现任何有意义的数学学习——无论这是指概念式的学习或是程序性的学习，也会有这样的学生他认为在别人看来是很有成效的课堂讨论对其而言只是分散了他对于数学概念与所倾向的方法的注意。"（J. Boaler & J. Greeno, Identity, Agency and Knowing in Mathematical World, *Multiple Perspectives on Mathematics Teaching and Learning*, ed. by J. Boaler, Ablex Pub. 2000：191）

3. 活动与内化

以上关于"信息共享"的论述显然已从一个侧面表明了"内化"应当被看成学习活动十分重要的一个环节："个体在利用制品的时候，会将制品的这些方面内化。"（贝尔、温，"分布式认知：特征与设计"，同前，第 128 页）要强调的是，除去上述的普遍性意义以外，我们还应清楚地看到“活动的内化”对于数学学习的特殊重要性。

这事实上也是皮亚杰的一个明确论点：“高级数学最终归结为对于行动的思考，这些行动最初寓于人的身体世界，但是最终寓于心理活动本身，人能够在没有具体物体的情况下进行这种心理活动。”（卡拉尔、施利曼，“数学教育中日常推理的应用：实在论对意义论”，同前，第163页）也正因此，与单纯强调学生的动手实践相比，我们就应更加重视“活动的内化”，因为，只有在后一层面上，主体所从事的活动才能真正成为反思的对象，而且，正如皮亚杰所指出的，数学抽象归根结底地说是一种“自反抽象”，也即直接建立在对于已建立的概念与方法的反思之上。

当然，从情境认知的角度看，我们又应十分重视个体间的积极互动，这并就从又一角度更清楚地表明了超越单纯的“动手实践”的重要性，因为，为了实现所说的互动，我们必须首先使得相关活动成为“集体对话的对象”，后者则又不仅是指如何利用中介工具去“镌刻”相关活动，也是指其在思维中的“内化”。

在此还可特别引用卡拉尔等人的以下论述，因为，这更直接地涉及了数学的本质特点：“知识，特别是数学知识，并不是通过感觉器官进入人脑的……数学是关于关系的，而关系并不像桌子、小刀、叉子那样是可能操纵的东西。”（“数学教育中日常推理的应用：实在论对意义论”，同前，第175页）

综上可见，在积极倡导“动手实践”的同时，我们又应注意防止所谓的“天真的物理主义”。（同前，第159页）

4. 理论与教学实践

从情境认知的角度进行分析，我们显然也应对理论与教学实践之间的关系作出新的认识：

(1)“情境中的需要高于规则、模式甚至标准价值观的规定。”（威尔逊、迈尔斯，“理论与实践境脉中的情境认知”，同前，第77页）这也就是指，我们应当依据对象、环境与教学内容创造性地进行教学，而不应机械地去应用任何一种理论或模式。

(2)也正因此，我们就应注意各种学习或教学理论的分析与反思。例如，正是在这样意义上，贝德纳等人写道，“只有在开发者对设计所依据的理论有反思性认识时，有效的教学设计才成为可能。”（引自威尔逊、迈尔斯，“理论与实践境

脉中的情境认知”,同前,第 76 页)

(3) 应当大力提倡观点的多元化。因为,“当一个理论转换成教学上的规定时,唯我独尊就会成为成功的最大敌人……理论的上唯我独尊和对教学的简单思维,肯定会把哪怕是最好的教育理念搞糟”;与此相反,“当两个隐喻相互竞争并不断印证可能的缺陷,这样就更有可能为学习者和教师提供更自由的和坚实的效果。”(A. Sfard, On two metaphors for learning and the dangers of choosing just one, *Educational Researchers*, 1998(27):10,11)

(4) 对于各种教学方法我们也应采取同样的态度。这就是指,“好的教学不能简化为技术;好的教学来自教师的身份和完整性。”(引自威尔逊、迈尔斯,“理论与实践境脉中的情境认知”,同前,第 78 页)

综上可见,“情境认识也提供了一个以新的方式界定(课程)设计者作用的机会。设计任务被看作是互动的而不是理性地规划的。但更重要的是,设计和控制变为情境化的,处于真实学习环境的政治社会情境脉络中。学习环境的设计者和参与者不再是采用最佳的学习理论,而是重视具体情境的约束和给养。在这样的学习情境脉络中,对理论的应用较少是线性的和直接的。与任何工具一样,实践者可以发现不同理论的价值,特别是在提供了看待问题的不同视角方面的价值。……设计的情境观支持参与者和利益相关者的有价值的实践,而不管它们采用什么理论、工具或技术。”(威尔逊、迈尔斯,“理论与实践境脉中的情境认知”,同前,第 78—79 页)

在此还应特别提及这样一种片面性认识,因为,这在当前也是经常可以看到的:“这种表述会产生一种概念上的误导,让人觉得一些学习和思维是情境性的,一些不是这样的”;恰恰相反,“所有的学习都是情境性的……如果学习了什么,学习的东西就会在某种途径上对于该个体有意义。如果学习确实发生了的话,就没有学习是不真实的……只要学习发生之处,我们就可以认为学习是真实的、情境性的、有意义的。”(扬,“行动者作为探测者:从感知—行动系统看学习的生态心理观”,同前,第 136 页)

5. 对于传统教学的再认识

相对于纯粹的批判而言,新的学习研究对于传统教学应当说采取了更加肯定的立场,这也可被看成对于前一时期中部分人所采取的极端化立场的必要否定,特别是,我们决不应因为突出强调学生在学习活动中的主体地位而否定教师教学的重要性。当然,对此我们又不应理解成传统教学的简单回归,毋宁说,这即是要求我们从理论高度对传统教学做出更加自觉的总结与反思,从而努力完成由经验到理论、由自发行为到理论指导下自觉实践的重要转变。

应当强调的是,社会进步也必然会造成一些新的变化。例如,作为技术进步的一个直接结果,对于"学习活动的指导者"我们就不应仅仅理解为教师,也可指各种精心开发的软件或计算机系统。

最后,还应强调的是,就数学教育研究而言,学习理论的现代发展不仅提供了良好的机遇,也提出了严重挑战,特别是,由于新的学习理论主要都是从一般教育的角度进行分析论述的,因此,这就是数学教育工作者在当前的一个紧迫任务,即是努力做好由一般教育到数学教育的过渡。以下就围绕"社会建构主义""环境认知"与"置于观点"对此做出简要分析。

三、数学教育研究的"社会转向"

1. 从社会建构主义谈起

(略。详可见 1.3 节和 1.4 节)

2. 认知活动的情境相关性

依据"社会视角",我们不仅应当充分肯定不同个体间积极互动的重要性,也应清楚地看到情境对于人们认识活动的重要影响。

例如,由香港中文大学黄家鸣先生给出的以下实例("Do real world situation necessarily constitute'authentic'mathematical tasks in the mathematics classroom?")我们就可清楚地看出这样一点:

有 11 位同事在教师餐厅共进午餐,费用由用餐者共同承担,最终送来的账单是 483 元。应当如何处置?

黄家鸣先生指出,在不同的情境,也即这究竟是现实生活中的一个真实问题,还是课堂上给出的一个应用题,人们很可能会采取不同的计算方法(估算或笔算),甚至对什么可以被看成合适解答也会有不同的看法,因为,现实生活中人们往往会满足于某种不那么精确的解答,在课堂上则无论是教师或是学生都会感到有必要通过仔细计算求得相应的解答:$483\div 11=43\frac{10}{11}$。

作为又一实例,我们还可提及斯蒂文斯(R. Stevens)关于"自动形成的问题"与"教师指定的问题"的区分,因为,这不仅表明对于所说的"情境"我们应作广义的理解:这未必指不同的场合,因为,即使是同样的场合(教室),问题的不同类型也可被看成为学生的数学学习提供了不同"情境",并从更广泛的角度指明了情境对于学生学习活动的重要影响:这不仅直接关系到了解题方法的选择与答案的判断标准,对于学生的学习态度,甚至相应的合作形式也有十分重要的影响。

具体地说,斯蒂文斯的研究对象是由 4 个学生组成的一个小组——他们正在从事一项课题研究(探索性研究),尽管后者并不是直接关于数学的,但在探索的过程中却形成了一些很有意义的数学问题,又因为这些问题与他们面对的"实际问题"密切相关,学生们对此表现出了很大兴趣,并采用各种可能的方法积极地进行求解,在这一过程中学生们也表现出了很好的合作态度;与此相对照,教师后来在课堂上又提出了一些"指定的任务",由于这些问题的求解将直接影响到学生的分数,此时学生主要就不是在兴趣的支持下,而只是由于分数的压力"被迫地"去从事解题活动,对于分数的追逐也成了他们的唯一的目标——没有人再关心这些问题是否有任何的现实意义,对分数的重视使这些学生由先前的积极合作转变成一种较为消极的关系,包括因时间的延误而相互指责以及在同学间形成了某种"不平等的地位"。(*Multiple Perspectives on Mathematics Teaching and Learning*, ed. by J. Boaler, Ablex Pub, 2000:131-134)

由于教师的教学也可被看成为学生的学习提供了特定情境,因此,从这一角度进行分析,不同的教学模式对于学生学习活动的影响也可被看成认识活动情境相关性的又一实例。例如,这事实上就正是前面所提及的鲍勒和格里诺的论文"数学世界中的定位、个体与认识"的主旨所在,即是认为"讲授式教学(didactic teaching)"和"以讨论为主的教学(discussion-based teaching)"构成了两种不同的学习情境,并在很大程度上决定了学习者的性质和定位(positioning):与前者对应的是被动的、接受型的、孤立的学习者,与后者对应的则是主动的、探索型的、合作型的学习者。

综上所述,这就是"社会视角"的一个基本涵义,即是我们应当明确肯定数学认识活动的情境相关性,这可被看成"情境认知"(situated cognition)这一概念在数学教育领域中的具体应用。

最后，还应强调的是，在一些学者看来，我们不仅应当明确肯定认识活动的情境相关性，也应进一步肯定数学知识的情境相关性。例如，“民俗数学”研究在国际数学教育界的兴起在一定程度上就可被看成后一观点的直接体现，因为，这种研究的出发点就是对于数学的文化相关性的直接肯定，这也就是指，不同的文化必然会发展出多种不同的数学形式。当然，就数学教育工作者而言，“学校数学”与“日常数学”的区分无疑更加重要，而这事实上也就是对于数学知识情境相关性的直接肯定，特别是，学生可以由日常生活发展起一定的数学知识，但后者未必与他们在学校中学到的数学知识完全相同。

3. 置于理论

先前的讨论已经表明：相对于“情境认知”而言，“置于理论”可以说更加重要，因为，后者的关注点已不再局限于个人在特定情境下对于知识的建构，也包括其身份的形成与改变——从而，如果说对于个体与群体之间关系的突出强调正是“置于理论”与“社会建构主义”的主要共同点，那么，以下分析则就清楚地表明了两者的区别：按照社会建构主义，学习主要应被看成一种“意义赋予”的活动，与此不同，按照“置于理论”，学习则主要地应被看成一种参与的活动，这也就是说，其所涉及的不只是知识的建构或能力的培养，也是主体的自我认识和改变。

例如，正如上面所提及的，按照鲍勒和格里诺的观点，不同的教学模式就在很大程度上决定了学习者的性质和定位，因为，对于大多数学生而言，学习主要就是如何能够适应这一特定情境的要求，从而真正成为相应社会共同体(班级与学校)的合格一员。还应指明的是，后者又不应被看成一种纯粹被动的行为，毋宁说，在所说的“情境的要求”与学生心目中的“理想自我”(authored identity)之间往往有较大的距离，从而，最终所发生的就既可能是“自我的丧失”，也可能是主体对情境的“改造”或脱离。例如，按照鲍勒和格里诺的研究，在很多学生看来，传统的数学教学所要求的就主要是(学生的)耐心、服从、韧性和承受挫折的能力，这是与创造性、艺术性与人性直接相对立的——在鲍勒和格里诺看来，这也为以下事实提供了直接解答：为什么在传统的教学模式下有这么多的学生，尽管他们未必是数学学习中的失败者，却仍然不喜欢数学，因为，他们不能接受传统教学模式的相关“定位”，并更加倾向于创造性和艺术性等品质。

与个体间的互动以及认识活动的情境相关性一样,"置于理论"也可被看成为我们深入开展数学教育研究开拓了一些新的领域,即如关于数学课堂中不同组群的分析等。例如,在上面所提到的那篇论文中,巴纳斯就曾以合作学习为背景具体地指明了男生中的两种不同组群("the Males"与"the Technophiles"),特别是两者在合作学习中的不同行为方式。巴纳斯指出,所说的行为方式既是成员间互动的结果,也造成了所说的组合;另外,所说的组群又不仅对于组群中各个成员的行为方式有十分重要的影响,也直接影响到了整体性教室文化的建构。

还应指出的是,在笔者看来,"置于理论"并是与通常所说的"社会学视角"较为接近的,因为,相关研究往往也表现出了社会学研究的这样一个特征,即是对于价值观念的特别关注,如"对谁有利?""这种作用又是如何发挥作用的?"等等。

例如,澳大利亚学者札文伯根(R. Zevenbergen)的以下研究就表现出了较强的"社会学特性":来自中产阶级家庭的学生对于传统的教学组织形式是较为适应的,包括教学中的"三步式的对话"(triadic dialogue,即由教师首先提出问题,这通常是较简单的,也即其答案对于学生来说是较明显的,再由学生作出回答,最后再由教师对学生的解答作出评价),教师在教学活动中的主导地位,课程的学术取向,以及必须保证教学秩序这一基本规范等;贫困家庭出身的儿童则往往对此具有较大的抵触情绪,从而,传统的教学组织形式对前者就较为有利。另外,由于加强与实际生活的联系即可被看成世界范围内新一轮数学课程改革的普遍特征,因此,以下的研究结论也就应当引起我们的高度重视:并非所有学生都可由加强数学与日常生活的联系得益,恰恰相反,这种作法事实上进一步加重了贫困学生的负担。

最后,还应指出的是,由于"置于理论"主要涉及了个体与群体之间的关系,而群体的主要标志就是其成员具有共同的观念和行为方式,因此,观念的问题在相关研究中往往就占有特别重要的地位——在笔者看来,这也就清楚地表明了在"社会的视角"与通常所谓的关于数学教育的社会—文化研究之间的重要联系。例如,按照英国学者拉曼的分析:社会的视角即可被看成为文化研究开拓了新的可能性,文化则是社会化的内涵。(S. Lerman, *Cultural Perspective on the Mathematics Classroom*, Kluwer, 1994)另外,在笔者看来,这则是两者的主要区别：如果说社会学研究特别重视社会集团及其利益关系的分析，那么，文化的研究则就更加关注观念与信念等“看不见的成分”。

4. 观点的必要互补

以上论述显然即已清楚地表明了“社会的视角”与先前在数学教育领域中占据主导地位的“心理学视角”（“认知视角”）之间的重要区别，特别是，如果说极端建构主义在一定意义上即可被看成将数学学习研究中的“心理学视角”发展到了极至，也即将学生的学习看成纯粹的个人行为（从而，在这种观点下，学生就是完全独立、彻底自治的，并就与外部情境，包括整体性的社会—文化环境完全隔离），那么，社会建构主义则已包含了由“心理学视角”向“社会的视角”的重要转变，因为，后者主要就是依据个体间的互动突出地强调了认识活动的社会性质。再者，“情境认知”与“置于观点”则又可被看成更深入地揭示了学习活动的社会性质，从而就不仅为数学教育研究开拓了若干新的研究领域，也使相关认识达到了更大的深度。（S. Lerman, The Social Turn in Mathematics Education Research, *Multiple Perspectives on Mathematics Teaching and Learning*, ed. by J. Boaler, Ablex Pub. 2000）

当然，尽管所说的“社会的视角”与“心理学视角”很不相同，但就数学教育的深入发展而言，我们又不应采取任何一种片面性的立场，即如对于“社会的视角”的绝对肯定，对于“心理学视角”则采取完全排斥的态度，毋宁说，在此所需要的应是两者的必要互补。

例如，尽管我们应当明确肯定认识活动的情境相关性，但又不应认为学生的学习活动是由他所处的情境唯一决定的；另外，正如以上关于“情境的要求”与学生的“理想自我”之间的冲突与整合所已表明的，与知识的建构一样，学生的“社会定位”最终也只能通过主体内在的思维活动才能得到实现，从而，在此也就同时需要“社会的视角”这样一种“外部的”考察与“心理学视角”这样一种“内在的”视角。

事实上，在现今的数学教育研究中我们已可看到“心理学视角”与“社会的视角”的互补及整合。例如，美国数学教育家柯比就曾指出，这正是他在过去十多年中实际经历的思维发展，即由“最初的个体主义立场转向了如何能将社会的和心理学的视角作出协调这样一种立场”。（*Multiple Perspectives on Mathematics Teaching and Learning*, ed. by J. Boaler, Ablex Pub. 2000:71）

进而,由柯比与德国学者鲍尔斯费尔德联合承担的一项研究则更可以被看成这方面的一个自觉努力:柯比在先前主要侧重于“心理学视角”,鲍尔斯费尔德的工作则集中于“社会(互动)的模式”;然而,正是通过交流与合作,他们最终得出了这样的共同结论:“心理学与社会的视角都只是说出了问题的一半,在此所需要的是一个综合的途径,即在认真研究各个学生的数学解释的同时,也应清楚地看到这种活动必定是在一定的社会环境中进行的。”再例如,正是基于同样的考虑,尽管其出版的论文集主要是为了对“社会的视角”作出说明,但其主编者鲍勒在前言中也明确地提出,在“社会的视角”与“心理学视角”之间事实上存在互补的关系——也正因此,鲍勒就将自己的这一论文集起名为《多视角下的数学教学》(*Multiple Perspectives on Mathematics Teaching and Learning*)。

更一般地说,我们又不仅应当明确肯定“社会的视角”与“心理学视角”的必要互补,而且也应清楚地看到数学教育诸多对立面之间的辩证关系,如情境的影响与学生的主体地位,学生的自治性与其对于共同体的参与等。进而,又如笔者多次提及的,这并就是数学课程改革深入发展的关键,即是我们应当努力做好诸多对立面之前的必要平衡。

[附录]关于“数学教育研究‘社会转向’”的三点附注

谈论“转向”在哲学圈内应当说是一种时髦,即如“哲学的认识论转向”“哲学的语言学转向”等,而且,尽管其中有不少真见灼知,但也有相当一部分只是哗众取宠、耸人听闻。正是基于这样的考虑,笔者感到就有必要对这里所说的“数学教育研究的‘社会转向’”做出一定说明。

第一,强调“数学教育研究的‘社会转向’”并非笔者所创,而只是转引了其他学者的相关看法。具体地说,笔者正是由拉曼的论文“The Social Turn in Mathematics Education Research”(*Multiple Perspectives on Mathematics Teaching and Learning*, ed. by J. Boaler, Ablex Pub, 2000)首次接触到了这样一个提法。当然,这又是笔者在这方面的一个具体看法,即是认为上述提法有一定道理,因为,在比较的意义上,我们确可看到研究方向的重要调整,特别是,如果说认知心理学对于行为主义主导地位的取代在很大程度上即可被形容为由“外”(外部的可见行为)转向了“内”(主体内在的思维活动),那么,20世纪90年代以来出现的教育社会研究则就可说是由“内”又重新转向了“外”,也即表现出了对于个体认知活动(特别是,学习活动)与外部情境,以及个体与群体之间关系的更大关注,乃至由唯一集中于个体的认知活动转而更加关注个体的社会定位。

还应强调的是,上述“转向”又不应被看成是由少数学术人士的意愿或兴趣唯一决定的,毋宁说,这主要反映了深入开展数学教育研究的实际需要,因为,个人所处的“情境”(这不仅是指物质环境,更是指社会环境)对于主体的认知活动具有十分重要的影响,从而,在从事研究时我们必须将各种“外部因素”也考虑在内。例如,尽管“社会建构主义”与“情境认知”都不能被看成“社会转向”这一方向上的自觉努力,但它们显然又都在一定程度上体现了研究重点的如下转移,即是由唯一关注主体内在的思维活动转向了更加重视外部情境对于主体认知活动的影响。当然,相对于这种“早期的发展”而言,“数学教育研究的社会转向”又可说表现出了更大的自觉性,特别是,由于“置于理论”所关注的已不只是个人在特定情境中对于知识的建构,而主要是个人身份的形成与改变,从而就已完全超出了“认知心理学(科学)”的研究范围。

第二,“数学教育研究的‘社会转向’”不应被理解成相关研究已在数学教育领域中占据了绝对的主导地位,或应被看成数学教育研究的唯一正确方向,毋宁说,这即是体现了一种新的研究视角或研究取向,从而,正如文中所强调的,我们在此也应特别注意防止各种片面性的认识,即如认为“情境理论”的兴起就意味着我们应当完全放弃认知心理学的研究。值得指出的是,这事实上也可被看成先前发展给予我们的一个重要启示,即是我们不应将认知心理学对于行为主义主导地位的取代简单地理解成对于外部可见行为研究的绝对取消,毋宁说,这只是清楚地表明了行为主义的局限性,也即是对于相关局限性的一种纠正。

更一般地说,笔者以为,这并可被看成相关发展(更一般地说,就是学习心理学现代发展)的主要意义所在,即是更清楚地表明了学习活动的复杂性。

也正是基于这一立场,笔者以为,面对新的研究工作,特别是研究方向的重要转变,我们就应特别重视这样一些问题:新的研究(或转向)对于数学教育的实际活动(包括教学与研究)究竟有什么积极作用或启示意义?特别是,这对于新一轮数学课程改革的深入发展有哪些新的启示?

本文即是上述方面的一个初步工作;当然,我们又应针对数学学习和教学的特殊性做出更深入的研究,笔者在此愿再次强调这样一点:数学教育领域内的一切理论研究都应聚焦实际的教学活动,特别是学生的学习活动,也即应当致力于促进我们对于学习与教学活动更深入的理解。

第三,以下再从更一般的角度提出笔者关于深入开展数学教育研究的一些想法,特别是,我们应当如何看待国际上数学教育研究的最新发展?

在此可首先提及这样一个事实:相对于20世纪七八十年代而言,我们在"放眼世界"这一方面已取得了很大进步,特别是,在过去的一些年中我们不仅派出了相当数量的数学教育专业的留学生和访问学者,更有不少人员直接参加了各种国际性的学术会议和合作研究,从而对于数学教育的国际进展就有了一定了解。

当然,上述趋势又应进一步地强化;但是,相对于各项具体的研究或是一般性了解而言,我们又应更加重视对于国际数学教育总体发展趋势的综合分析(3.1节就是这方面的一个初步努力),另外,作为赶超世界先进水平的又一重要环节,对于国际上的一些最新发展我们也应保持一定的敏感性,包括积极开展相关的研究。

当然,在此所需要的又不是理论的简单移植或直接应用,而应切实立足于我国数学教育的具体实践,笔者并由衷地希望能有更多的数学教育工作者,特别是年轻同志积极地参与这一方面的工作。

3.6 学习共同体与课堂中的权力关系[①]

教育的社会研究是近年来得到迅速发展的一个新的研究方向,并获得了教育界人士的普遍关注。相对于早期的教育社会学研究而言,新的研究应当说具有一些不同的特点,特别是,如果说先前的研究所关注的主要是整体性社会问题(如性别歧视、种族歧视等)在教育领域中的反映,那么,新的研究就包含有更丰富的内容,也即是从社会的视角对教育活动的方方面面、包括课堂中的教学和学习活动进行了更深入的研究。也正因为这是一种新的视角,教育的社会研究不仅揭示出了教育领域中某些在先前往往为人们忽视的方面或环节,也对实际教学活动,包括课程改革的深入发展具有重要的促进作用或启示意义。以下就围绕"课堂学习共同体"与"课堂中的权力关系"对此做出具体说明。笔者之所以选择这样两个论题,当然也是因为它们与当前的课程改革有着直接的联系。

一、"课堂学习共同体"与学生在共同体中的身份

这是教育社会研究的一个基本主张:人总是作为共同体的一员从事活动的,并由此获得了一定的身份,在共同体的不同成员之间也必定存在一定的互动。

1. 课堂学习共同体

主要由于著名科学哲学家库恩(T. Kuhn)的倡导,"共同体"的概念"现已为科学家、社会学家和许多史学家所接受"。以下就是库恩对于"科学共同体"的解释:"一个科学共同体由同一学科专业领域中的科学工作者组成。在一种绝大多数其他领域无法比拟的程度上,他们都经受过近似的教育和专业训练;在这个过程中,他们都钻研过同样的技术文献,并从中获取许多同样的教益。通

① 原文发表于《全球教育展望》,2006 年第 3 期,由笔者与张晓贵合作完成。

常这种标准文献的范围标出了一个科学学科的界限,每个科学共同体一般有一个它自己的主题。……科学共同体的成员把自己看做、并且别人也认为他们是唯一的去追求同一组共有的目标、包括训练他们的接班人的人。在这种团体中,交流相当充分,专业判断也相当一致。另一方面,由于不同的科学共同体集中于不同的主题,不同的团体之间的专业交流有时就十分吃力,并常常导致误解。”(《科学革命的结构》,北京大学出版社,2003,第159页)另外,与“科学共同体”相比较,由美国学者莱夫(J. Lave)和温格(E. Wenger)给出的关于“实践共同体”的如下定义显然与我们所关注的“学习共同体”有更加紧密的联系:“‘共同体’这一术语既不意味着一定要是共同在场、定义明确、相互认同的团体,也不意味着一定具有看得见的社会界线。它实际意味着在一个活动系统中的参与,参与者共享他们对于该活动系统的理解,这种理解与他们所进行的该行动、该行动在他们生活中的意义以及对所在共同体的意义有关。”(《情景学习:合法的边缘参与》,华东师范大学出版社,2004,第45页)

综上可见,“共同体”未必是一个有形的组织,而主要是指由某些因素(职业、民族、实践活动等)联系起来的一群人;进而,实际参与、并具有关于如何从事相关活动基本相同的理念又可被看成共同体成员最重要的标志,尽管后者也未必得到了清楚表述,而只是共同的观念或信念,甚至仅仅表现为一些习惯性的工作(生活)方式。

进而,如果说“文化研究”(如“课堂文化”“东亚文化”等)所关注的主要是所说的“共同信念”或“相同的工作(生活)方式”,也即成员间的共同点;那么,“社会研究”所关注的就主要是各个成员在共同体中的不同地位。例如,主要就是基于后一方面的思考,人们提出了“核心成员”与“边缘参与者”的区分:“边缘性参与关系到在社会世界的定位……边缘性是一个授权的位置;作为一个人受阻于充分参与的地方,从更为广泛的整个社会的观点看,它就是一个被剥夺权利的位置”;“中心参与暗示着该共同体有一个中心,这个中心涉及个人在其中的位置。”(莱夫、温格,《情景学习:合法的边缘参与》,同前,第6页)

显然,依据以上分析我们也就可以对“课堂学习共同体”的概念做出如下的大致“定义”:这是指同一班级之中,共同从事学习活动的学生和教师;进而,这又是课堂教学社会研究的主要内容,即是对于学习共同体中不同成员身份的具体分析或界定。[①]

2. 学生在课堂学习共同体中的身份

上述分析显然表明:就学校中的教学活动而言,我们不仅应当高度重视学生在认知方面的发展,也应注意分析他们由此获得了怎样的身份。这也就如莱夫和温格所指出的:“学习意味着成为另一个人。忽视了学习的这个方面就会忽略学习包括身份建构这个事实。”(《情景学习:合法的边缘参与》,同前,第 17 页)

具体地说,我们在此首先即应看到这样一个事实:所说的身份事实上是由多种因素决定的。例如,就学生的数学学习活动而言,我们就应注意区分他们的“数学性身份”和“非数学性(社会性)身份”:前者是指各个学生通过课堂中的数学学习形成的身份,后者则是指个体与生俱来的、以及通过家庭和大社会中的生活获得的身份。进而,学生在“数学学习共同体”中的身份就应被看成上述两种身份的总和。

其次,学生在课堂学习共同体中身份的形成又不应被看成纯粹被动的过程,恰恰相反,其中往往包括有主体的自我选择或自我定位。例如,由于在“共同体的合格成员”与学生心目中的“理想自我”这两者之间可能存在较大的差距,因此,通过学习活动最终所发生的就既可能是“自我的丧失”,也可能是主体对于相应共同体的自我疏离。

最后,学生在课堂学习共同体中的身份又处于不断的变化之中。在一些西方学者看来,我们就可以从这一角度对学习的本质作出概括。具体地说,这就正是所谓的“情境(学习)理论”的主要论点,即是认为学习的本质是指学习者由“合法的边缘参与者”逐步演变成了相应共同体的“核心成员”。例如,在《情景学习:合法的边缘性参与》一书中,莱夫和温格就曾通过助产士、裁缝、海军舵手、屠夫和戒酒的酗酒者这样 5 个“学徒制”的实例指明了学习与工作实践的不可分割性(这也正是所谓的“师徒实践共同体”的主要特征),以及学习的社会性质:学习就是参与到了相应的社会实践之中,并由“合法的边缘参与者”逐步演变成相应共同体的“核心成员”。

---

① 上述分析显然表明:我们不应因为某些个体对于相应共同体存在严重的抵触情绪就将其排除在后者之外,而应对于这些“弱势个体”予以更多的关注——就课堂学习共同体而言,这也就是指,我们不能仅仅因为某些学生在学习活动中不够“积极、主动”就认定其不属于相应的“课堂学习共同体”,而应努力促使其由“边缘参与者”向“核心成员”转变。

3. “师徒实践共同体”与“课堂学习共同体”

莱夫和温格的上述工作在西方教育界具有十分广泛的影响，一些学者更因此提出了这样的主张：我们就应以“学徒制”为范例对传统的课堂教学进行改造。由于这种观点和主张现也已经传入我国并产生了一定影响，从而就有必要对其合理性作出进一步的分析。

具体地说，我们在此即应对于“学校教育”与“学徒制”的不同之处做出具体分析。就目前的论题而言，这就是指：在所谓的“师徒实践共同体”与“课堂学习共同体”之间究竟有什么不同？

第一，如果说“师徒实践共同体”的一个重要特征就是学习与工作实践密不可分：师傅与徒弟都直接参与了相关产品的生产活动；那么，学习共同体在这方面就有很大的不同，因为，“课堂学习共同体”的主要任务之一就是帮助学生掌握若干普遍性的，而非某一特定工作必需的基础知识和基本技能，进而，即便我们突出地强调了基础知识和基本技能的可应用性，但由于学生主要处于课堂这一特定情境，而非相关知识或技能的特定应用情境，因此，在此也就始终存在有知识和技能的“可迁移性”问题，或者说，在学生的学习与他们未来的工作之间必定有一定的距离。

第二，“课堂学习共同体”相对于“师徒实践共同体”而言，一方面具有更大的变化性，特别是，随着学生由小学升入初中、高中，无论是班级成员、特别是任课老师都会发生一定变化；另一方面，就相应的权力关系而言，课堂学习共同体又可说具有更大的稳定性：尽管共同体的成员可能有所变化，但在共同体中占据核心地位始终是相关的教师（对此并可见第二节的分析），从而也就与学徒由“合法的边缘参与者”逐渐演变成“核心成员”的情况有很大的不同。

综上可见，“由合法的边缘参与者向核心成员的转化”并不能被看成准确地表明了“课堂学习”的本质，那种认为应以“学徒制”为范例对传统的课堂教学进行改造的观点更不能被看成正确的主张，恰恰相反，我们应当更加注重与学生认知水平的发展相对应的如下“身份”变化，即其如何由“不自觉的学习者”（或者说，“新手学习者”）逐步转变成了“自觉的学习者”（“成熟的学习者”）。

例如，以下关于认知发展的常见模型显然也可被用于对学生通过课堂学习逐步实现的身份变化做出具体分析：（1）“沉默和接受知识”的阶段。在这一阶段，学习主要表现为对于他人授予的知识的被动接受。（2）“主观的知识”。在这一阶段,学习仍然主要表现为对于他人授予知识的被动接受,但学习者已经表现出了对于他人的知识和权威的一定抵制,并更加愿意相信自己的直觉。(3)"程序的知识"。在这一阶段,学习者已不再为他人所压制,不再把他人看成无可怀疑的权威,并能按照一定的程序或标准对相关知识的可靠性作出检验。(4)"建构的认识"。在这一阶段,学习者已经成为真正自治的认识者。

更一般地说,笔者以为,这又可被看成课堂教学的社会研究给予我们最重要的启示:学生的认知活动与其在学习共同体中身份的形成和变化并非互不相干,而是有十分重要的联系。例如,笔者以为,我们就应从后一角度去理解以下的论述:"学生所关注的仅仅是如何能给出正确的解答,借此可以使教师与其他重要人士感到满意,从而学生也就可以获得认同。"(T. Cabral, Affect and Cognition in Pedagogical Transference, *Mathematics Education within Postmodern*, ed. by M. Walshaw, Information Age Publishing, 2004:146)

二、"课堂学习共同体"不同成员之间的互动

上面已经提及,这是不同个体构成同一共同体的重要标志,即是相互之间有一定的互动(interaction)。当然,后者又有多种不同的表现形式:这既可能表现为显性的影响,也可能表现为隐蔽的、不知不觉的影响;另外,就各个个体而言,所说的影响又不仅可能起到促进的作用,也可能起到"促退"的作用。

显然,依据上述分析我们也可更深入地认识传统的课堂教学研究的不足之处。例如,人们在过去往往只是注意了师生间的互动,而忽视了学生间的相互作用;进而,师生间的互动又往往被理解成教师对于学生的单方面影响,却忽视了学生对于教师也有重要的影响。例如,在课改时期我们就可清楚地看到后一方面的影响:如果学生对教师的某些改革措施采取抵制态度,就必然会对教师的改革积极性产生负面的影响。

新一轮课程改革实施以来上述局限性应当说已在一定程度上得到了纠正;但在笔者看来,我们又应注意防止某些简单化的认识与做法上的片面性。以下就分别针对师生与学生间的相互作用对此作出具体分析。

1. 课堂中的权力关系

这是教育社会研究的又一基本主张:共同体中必定存在一定的权力关系,

后者又必然地会受到更大的社会关系的影响,即在很大程度上体现了社会上关于共同体不同成员的具体定位。就"课堂学习共同体"而言,这也就是指,社会上关于教师与学生在教学活动中不同地位的普遍性认识即在很大程度上决定了课堂中的权力关系。这也就如著名教育社会学家伯恩斯坦(B. Bernstein)所指出的,学校不过是社会的一种复制:有什么样的社会就有什么样的学校,特别是,教育中的一切行为其实都是权力分配的反映。

其次,更深入地看,这又涉及了"知识就是权力"这一重要结论。具体地说,这正是后现代主义主要代表人物之一福柯(M. Foucault)的一个主要论点:"权力和知识是直接相互蕴含的,不相应地建构一种知识领域就不可能有权力关系,不同时预设和建构权力关系也不会有任何知识。"简言之,"知识就是权力"。(M. Malshaw, The Pedagogical Relation in Postmodern Times, *Mathematics Education within Postmodern*, ed. by M. Walshaw, Information Age Publishing, 2004:127)

显然,依据上述分析我们也就可以立即引出这样一个结论:由于教师相对于学生而言具有更多的知识,因此,在通常的情况下,教师在"课堂学习共同体"中必然处于权力的地位,这也就是说,除非社会上对于知识的整体性认识有了根本性的变化(后者则又往往与社会的整体性变革具有直接的联系),教师在课堂上的权力地位是很难改变的。

也正因此,这就不能不说是一种简单化的认识,即是认为由"传统课堂教学"向"现代课堂教学"的转变将导致一种新的权力关系,也即必然会导致"课堂学习共同体"中权力关系的重新分配。恰恰相反,笔者以为,就课堂教学的改革而言,关键并不在于剥夺教师的权力,而是应当帮助教师更恰当地使用自己的权力。

例如,在笔者看来,以下的常见现象就可被看成从一个特定角度表明了上述结论的正确性:尽管采用"小组学习"这样一种学习形式确可被看成在一定程度上分散了教师的权力,但实践中却很可能出现这样的情况:小组内少数几个同学取代教师占据了支配的地位,而其之所以能取得这一地位主要地也是因为他们在学习上较为先进,从而,最终所出现的就是这样一种情况:尽管教师的权力在一定程度上被分散了,但却只是由原来的"大老师"变成了几个"小老师",也即只是造成了形式上的变化,但就权力的使用方式而言却没有任何实质性的

变化。(对于“小组学习”我们并在以下做出进一步的分析)

与此相对照，以下论述则可说更为具体地表明了教师在教学中应当如何使用自己的权力：教师应由传统的“知识的传授者”转变成“学生学习活动的组织者、引导者与合作者”。例如，按照“知识的传授者”这一定位，教师无疑有权对学生解答的对错，以及不同解题途径的好坏作出最终裁决，学生则应无条件地服从教师的裁决；但如果从后一定位去分析，教师显然就应大力提倡“解题方法的多样化”，进而，尽管教师应当努力帮助学生实现必要的优化，但后者又不应被理解成强制的统一，恰恰相反，教师应当充分尊重学生的自主选择，并应看到方法的转变应是学生的一种自觉行为——当然，后者又不应成为教师无所作为、放之任之的理由，毋宁说，这正是教师发挥引导作用十分重要的一个方面，即是随着时间的推进和学习的深入应从不同的角度或层面不断对各种解题方法作出比较，从而就不仅能够有效地促进学生对于自己原先采用的方法作出积极的反思与必要的改进，也能在方法论上达到更大的自觉性和先进性。(对此并可见郑毓信，“数学教学方法改革之实践与理论思考”，《中学教研(数学)》，2004 年第 7、8 期)

最后，正如前面所提及的，我们在此并应清楚地看到整体性文化(特别是普遍性的社会观念)，乃至整体性社会结构对于课堂教学中权力关系的重要影响，特别是，“过强的规范性”正是我国传统教育体制的一个重要特征，即如大纲(课程标准)“卡”教材——教材的编写必须“以纲为本”；教材“卡”教师——教师的教学必须“紧扣教材”；教师“卡”学生：学生必须牢固地掌握教师授予的各项知识和技能；等等。再者，就整体性的社会体制而言，我们则又应当特别提及中央集权制这一长期的传统——从而，这也就十分清楚地表明了这样一点：“由于教学是一个深深地嵌入于整体性文化环境之中的系统，任何变化必定是小步骤的，而不可能是急剧的跳跃。”另外，就教学思想与教学方法的改革而言，我们则又不应采取简单的“拿来主义”，恰恰相反，就“只有通过在各个不同教学环境中的反复尝试与调整，新的思想才可能传播到全国”。(J. Stigler & J. Hiebert, *The Teaching Gap —— Best Ideas from the World's teachers for Improving Education in the Classroom*, The Free Press, 1999:132,134)

2. “小组学习”与学生间的互动

教学中完全忽视学生间的相互作用这一现象自课改以来应当说已在一定

程度上得到了纠正;但在这方面我们也可看到一些简单化的认识,即如将学习共同体中不同成员之间的互动简单等同于学生间的互动以致完全否定了教师的作用,或是将“小组学习”看成合作学习的唯一形式,等等。就当前而言,笔者以为,我们还应特别注意防止形式主义的泛滥,即只是集中于教学形式的变革但却未能注意分析这种变革究竟产生了什么样的效果?

具体地说,我们在此即应特别强调这样一点:如果学习共同体不同成员之间的互动并没有达到促进学生的学习这样一个目标(应当强调,对于后者我们并应从认知与身份的形成这样两个方面去把握),那么,无论相关的课堂学习表面上多么热闹,所说的相互作用事实上却毫无意义。例如,在笔者看来,我们就应从这一角度去理解由安德森(J. Anderson)和西蒙(H. Simon)等人在“认知心理学在数学教育中的应用与误用”一文中所给出的如下提醒:“正如国际研究会报告所指出的,有相当一部分报告认为合作学习与独立学习没有区别,也有大量报告试图掩饰这种方法的困难,把它当成学术上的灵丹妙药。事实上,这种方法用得太泛滥,没有一个预设结构去规范,使其产生效果。合作学习需要用奖励促使其结构化,这种奖励将推动合作,共同分担总的目标任务,正是由于这种不加鉴别的应用,使得这种教学方法所付出的超过了所得到的。在大学中,我们发现小组计划在教师中越来越普遍,但是所遇到的困难显示出小组学习有时起到相反的效果,有时学生抱怨很少找出时间与其他人聚在一起讨论指派的任务,这使得他们感到沮丧,有的学生‘剥削’这一组织,并常常假设其他参与者会完成所有的任务。根据报道,有的小组是把任务分配到某一个人,这样,这个小组的任务就由一个人一次单独完成的,到了下次,小组又指派另外一个人去完成。很明显,这种情形已经不是合作学习所希冀的结果了,却是在不加思考地采用这种学习方式必然会发生的结果。我们的观点不是说合作学习一定不会成功,也不是说合作学习一定就比不上单独学习,而是说,合作学习并不是十分有效方法,它的效果可能优于单独学习也可能等同于单独学习,还可能弱于单独学习。”(Application and Misapplication of Cognitive Psychology to Mathematics Education, *Texas Educational Review*, 2000)(对此并可见3.5节的相关论述)

另外,相对于上述分析,特别是直接的批评而言,以下论述显然又应引起我们的更大关注,因为,这即是为我们改进工作指明了努力的方向:好的“小组学习”应当切实处理好这样三个关系:(1)互动与制约。特别是,就当前而言,我们不仅应当强调共同体成员间的积极互动,也应高度重视帮助每个学生都能自觉遵守相应的规范,包括学会尊重别人,欣赏别人。(2)分工与分享。特别是,我们不仅应当十分重视共同体各个成员对于学习活动在形式上的参与,包括不同成员间的分工,也应真正做到所有成员对于信息与成果的共享,包括给予相对后进的学生更多的关注。(3)认知与身份。特别是,我们不仅应当十分重视学生的认知发展,也应十分关注他们通过学习形成了什么样的身份,更应努力促成他们由“不自觉的学习者”向“自觉的学习者”的转变。

综上可见,这正是教育社会研究的根本意义,即是有利于人们由不自觉状态向自觉状态的转变,从而也就可以有效地避免因为缺乏自觉性而陷入某种盲目性,并因此对于实际教学工作造成消极的影响,后者既是指不加批判地沿用传统的“权威式教学”,也是指对“权力重新分配”的错误理解,还包括教学中的形式主义倾向但却完全忽视了对于问题实质的深入分析。

[附录]教师身份的形成与成长

类似于正文中关于学生在“课堂学习共同体”中身份的分析,我们也可对教师身份的形成与变化作出相应的分析,两者的区别则主要在于:我们在从事后一分析时所着眼的已不是“课堂学习共同体”,而是更一般的“教育共同体”,乃至整个社会;进而,我们在此所关注也不只是教师与学生之间的关系,还包括教师与“教育共同体”中其他成员(如教育研究者、教育管理者等)之间的关系,以及教育与社会整体发展之间的关系。

具体地说,教师身份的形成显然也是多种因素共同作用的结果,甚至包括对立成分的冲突与调和(正是在这样的意义上,有学者提出,同一个体可能具有多种不同的身份,在这些身份之间并可能有一定的冲突)。例如,在新教师走上工作岗位的初期,“外部(政府、学校、家长)的要求”往往会与其原有的关于教师工作的憧憬构成直接的冲突,而其结果则往往是教师因迫于压力不得不放弃了原有的理想,也即被迫采取了传统的教师定位,或是因始终无法适应外部要求而最终离开了教师岗位。(对此并可见 T. Brown & L. Jones & T. Bibby, Identification with Mathematics in Initial Teacher Training”, *Mathematics Education within Postmodern*, ed. by M. Walshaw, Information Age

Publishing, 2004)另外,以下的常见现象显然也可从同一角度获得合理的解释:一些教师在刚刚结束培训时往往对于如何进行改革充满了激情,但在回到教学岗位后又很快恢复了"故态"。

其次,与学生由"不自觉的学习者"向"自觉的学习者"的转变相类似,对于教师的成长也可区分出几个不同的阶段。以下就是帕里(W. Perry)提出的关于教师成长的四个不同阶段[①]:(1)"简单的二元论者"。处于这一阶段的教师习惯于(更恰当地说,即是拘泥于)用"非此即彼、非对即错"这样的简单化思维思考问题,即如对于"好的教学方法"与"坏的教学方法"的绝对区分,等等。在这一阶段人们并往往会通过求助外部权威以作出相应的判断。(2)"相对主义"。这即是指由绝对的肯定与否定转向了相对主义,也即认为所有的理论或主张都是同样地好或同样地坏的。(3)"分析性立场"。在这一阶段人们已能认识到"相对主义"立场的错误性,也即能够依据一定的准则对各种理论或主张的好坏作出自己的判断。(4)"自觉的承诺"。在这一阶段人们已能通过不同理论或观点的比较与批判更深入地认识它们的优点和局限性。(*Forms of Intellectual and Ethical Development in the College Years*:*A Scheme*, Holt, Rinehart and Winston, 1970)

更一般地说,我们又可提及德国著名学者哈贝马斯(J. Habermas)关于"技术兴趣""实践兴趣"和"解放兴趣"的以下区分:"技术兴趣"是通过合乎规律(规则)的行为而对环境加以控制的人类基本兴趣,它指向外在目标,是结果取向的,其核心是"控制";"实践兴趣"则是建立在对意义的"一致性解释"基础之上,并通过与环境的相互作用而理解环境的人类兴趣,它指向行为自身的目的,并是过程取向的,其核心是"理解";"解放兴趣"是人类对"解放"和"权力赋予"的基本兴趣,它指向于自我反省和批判意识的追求,进而达到自主和责任心的形成。[②] 显然,后者对教师的成长提出了更高的要求,特别是,我们即应当努力发展分析和批判能力,从而彻底改变对于外部权威或时髦潮流的盲从,包括逐步实现由"规范"向"超越"的重要转变。

---

① 应当指明,以下所使用的四个名称并非对于帕里原先所使用的名称(simple dualism, multiplicity, relativism, commitment)的直接翻译,而是依据其涵义做了一定调整。

② 应当指明,所说的三个"兴趣"也可被看成"理性"发展的三个不同阶段,这就是说,我们即应努力实现从"技术理性"经由"实践理性"向"解放理性"的重要转变。

最后,我们显然也可从同一角度对课程改革的相关问题作出分析和思考。例如,权力这一因素在我国新一轮课程改革中无疑也发挥了十分重要的作用,但这究竟是一种社会权力,还是一种由于知识导致的权力?进而,又如文中对于片面强调"权力的重新分配"这一不恰当观点的批判,我们在此也应更加重视权力的使用方式,特别是,究竟什么是实施课程改革的最佳方式和推广途径?

例如,无论就单纯的社会权力或是由知识而导致的权力而言,都容易产生一定的弊端。就前者而言,即是形式主义的泛滥,特别是对于某些新的教学方法的片面提倡;就后者而言,则是指理论与教学实践的严重脱节——显然,这也可被看成国内外历次教育改革所给予我们的一个重要教训。

再者,从权力的正确使用这一角度进行分析,我们也可清楚地看出单纯的"由上至下"的改革模式的不足之处,这也就是指,相关人士应当彻底改变"居高临下、指手划脚"这样一种态度,也即由"改革理念的传授者"转变成为"教师学习活动的组织者、引导者与合作者"。

最后,正如以上关于从"技术兴趣"经由"实践兴趣"向"解放兴趣"的转变所已表明的,这也应当成为所有教育工作者的共同目标,即是更自觉地承担起自己的社会责任,而这又不仅是指很好地承担起社会赋予教育的职责,也是指我们如何能够通过教育促进社会的进步或变革。这也就如巴西著名数学教育家德安布罗西奥(U. D'Ambrosio)所指出的:"作为一门科学分支的数学教学理论从本质上说正是对我们自己、对我们在社会大框架中的地位、对我们在形成未来中所担负的责任所做的批判性思考。"("数学教与学的文化框架",R. Biehler 主编,《数学教学理论是一门科学》,上海教育出版社,1998,第 516 页)更一般地说,这也正是教育领域中所谓的"批判的范式"的基本立场:"批判的范式的目标就是要把知识的模式和那些限制我们的实践活动的社会条件弄清楚。持有这种观点的人的基本假设是人们可以通过思想和行动来改造自己生活于其中的社会与境。"(T. Romberg, Perspectives on Scholarship and Research Methods, *Handbook of Research on Mathematics Teaching and Learning*, ed. by D. Grouws, Macmillan, 1992:55)显然,这也是我国教师极待加强的一个方面,即是我们应当更清楚地认识,并更好地承担起自己的社会责任。

3.7 多元表征理论与概念教学[①]

概念教学是数学教学十分重要的一项内容。也正因此,概念的"心理表征"(mental representation),也称"内在表征"(internal representation)就获得了数学学习心理学家的高度关注,这方面的研究工作更经历了由"外"到"内"、由"一"到"多"、由主要集中于"了解学生"到"努力促进学生的发展"的重要转变。以下就围绕所说的变化对此做出简要介绍,包括具体指明相关研究的教学涵义。

应当强调的是,尽管以下分析主要集中于数学概念的教学,其结论也可推广应用于"问题解决"的教学。例如,对于数学问题"深层结构"的强调显然就是与数学概念的"形式定义"直接相对应的;另外,这同样可以被看成改进"问题解决"教学的一个重要方向,即是我们应当十分重视"问题表征"的多样性与培养学生思维的灵活性。

一、"概念定义"与"概念意象"

数学学习心理学中对于概念"心理表征"的关注应当说是与心理学研究的整体发展趋势直接相呼应的,后者即是指认知心理学逐渐取代行为主义在这一领域中占据了主导的地位,人们并清楚地认识到了促成这样一种变化的必要性:心理学研究不应局限于外部的可见行为,而应深入研究人们内在的思维活动。

显然,从这一角度进行分析,学习心理学中对于概念"外部表征"与"内在表征"的区分及联系的高度重视也就十分自然了,特别是,从教学的角度看,我们更应深入研究如何能够利用各种外部表征帮助学生很好建立起反映概念本质的内在表征。

---

① 原文发表于《中学数学教学参考》,2011 年第 5、6 期。

例如,我们就可从上述角度更好地去理解布鲁纳的以下论述:学生思维活动的水平主要取决于外在刺激的程度,对此可区分出动作的(enactive)、图像的(iconic)和符号的(symbolic)这样三个不同的水平:在动作表征的水平,学生的思维必须借助实物或具体物的操作来完成;图像表征是指具体物消失时学生仍能依据实物的影像在头脑中制作心像来进行思维活动;符号表征则是指学生已能直接对数学符号进行思维操作,从而标志着主体思维已经达到了较高的抽象水平。(J. Bruner, *Towards a Theory of Instruction*, Harvard University Press, 1966)

尽管布鲁纳的工作并非专门针对数学概念而言,但其对于数学教学显然也有重要的意义;当然,我们又应针对数学的特殊性做出更深入的研究。例如,这就是这方面的一个重要事实:由于数学对象并非物质世界中的真实存在,而是抽象思维的产物,因此,从这一角度进行分析,概念的外部表征,特别是符号表征事实上就充当了数学对象的"物质承载者",这也就是指,只有借助外部表征数学对象才可能获得相对的独立性,也即由内在的思维建构"外化"为外部的独立存在;进而,这又是新的认识活动(包括数学研究与学习)的一个必要前提,即人们必须首先在自己的头脑中重新建构起相应的数学对象,从而,与上述的"外化"相对立,在此又必然地有一个"内化"或重新建构的过程,这并直接涉及了概念的内在表征,我们还应清楚地看到这种建构活动的抽象性质,因为,就只有这样,我们才能真正掌握数学概念的本质。

更一般地说,这即应被看成数学学习心理学研究的基本立场,即是我们不应满足于将一般学习心理学的普遍性结论应用于数学领域,而应对于数学学习领域中的特殊现象、特殊问题作出直接的研究。也正是在这样的意义上,相对于概念的"外部表征"与"内在表征"而言,我们就应更加重视"概念定义"(concept definition)与"概念意象"(concept image)的区分。

具体地说,这正是数学特殊性的一个重要表现,即每个数学概念都有明确的定义(包括显定义和隐定义);然而,在大多数情况下,数学概念的内在表征并非相应的严格定义,而是一种由多种成分组成的复合物,包括相应的心智图像、对其性质及相关过程的记忆,以及相关的例子等,而且,数学概念的内在表征又具有与严格定义很不相同的性质。也正因此,我们就不应将数学概念的内在表征,也即所谓的"概念意象"简单等同于严格的"概念定义"。

例如，就几何概念而言，其概念意象往往包含对其某个(些)特例(或原型)的感性记忆(这也就是所谓的“心智图像”[mental picture])，从而就有很大的直观性和形象性；进而，对其几何性质的记忆又往往与主体对于不同概念之间逻辑关系的认识密切相关。(从而，在一些学者看来，对于几何概念的“内在表征”我们就可作出如下的概括：这由主体“所有相关的例子、反例、事实和关系组成。”(S. Vinner & Hershkowitz, Concept Images and Common Cognitive Paths in the Development of Some Single Geometrical Concepts, *Proceedings of the 4th PME International Conference*, ed. by R. Karplus, 1980)与此不同，算术和代数的概念意象则往往与符号密切相关，并常常包括对于相应计算过程(算法)的记忆。

以下就是关于“概念定义”与“概念意象”不同性质的一个概括(详可见 D. Tall, & S. Vinner, Concept Images and Concept Definition with Particular Reference to Limits and Continuity, *Educational Studies in Mathematics*, 1981(12),151 - 169)：

概念定义	概念意象
单一性	丰富性
普遍性	个体特殊性
一致性、稳定性	分散性、变化性

研究表明，学生关于数学概念的心理表征往往还有这样一些弊病。

(1) 模糊性。这就是指，学生对于自身所具有的概念意象往往缺乏清醒的自我意识，从而也就与概念定义的明确性构成了鲜明对照。

(2) 分散性和不一致性。正如上述概括所已提及的，学生关于数学概念内在表征的各个成分往往没有构成一个有机的整体，而是表现出了很大的分散性(正因为此，一些学者提出，我们事实上就可认为主体对于同一概念具有多种不同的心理表征)；进而，在这些不同的成分之中直观形象常常又占有特别重要的地位，后者并就主要是一种“素朴的直观”，也即与主体的日常生活经验或先前关于这一概念某个特例的学习经验直接相关，但却没有能与相应的概念定义作出必要的整合，从而也就没有能够上升到新的认识高度。

事实上,在学生关于同一数学概念的不同心理表征之间常常存在一定的矛盾,特别是,其先前已建立的素朴认识常常与概念的严格定义直接相冲突。又由于在缺乏整合的情况下不同的刺激物通常只会激发概念意象中的某些成分,更由于学生对于自身具有的概念意象往往缺乏清醒的自我意识,因此,对于自身概念意象中存在的内在矛盾他们通常也不具有清醒的认识,更不能通过适当调整自觉地消除这种不一致性。

(3) 不灵活性。在新的数学学习活动中,学生往往不善于在心理表征的不同成分(或者说,不同的心理表征)之间作出转换,从而也就往往不能顺利地找出对于完成新的学习任务(如求解问题)较适合的心理表征成分。

与此相对照,这是数学思维的一个重要特点,即是善于根据情境与需要在同一数学概念心理表征的不同成分之间作出灵活的转换,特别是,好的数学工作者更善于由概念的严格定义过渡到相应的直观形象,或由直观形象转移到形式定义。

由此可见,这就是改进数学概念教学的一个重要方向,即是我们应当帮助学生对于自身具有的概念意象建立清醒的自我意识,并能逐步学会在同一概念的不同心理表征或概念意象的不同成分之间灵活地进行转换,更能对概念的严格定义与其原有的经验和知识作出必要的整合,后者既是指教学中如何能够利用学生已有的知识和经验使得相应定义对学生而言变得丰富和生动起来,而不再是一种空洞的"词汇游戏",也是指帮助学生从更高的抽象水平重新认识原有的知识和经验,包括对此作出必要的改造或重构(图 3-1)。

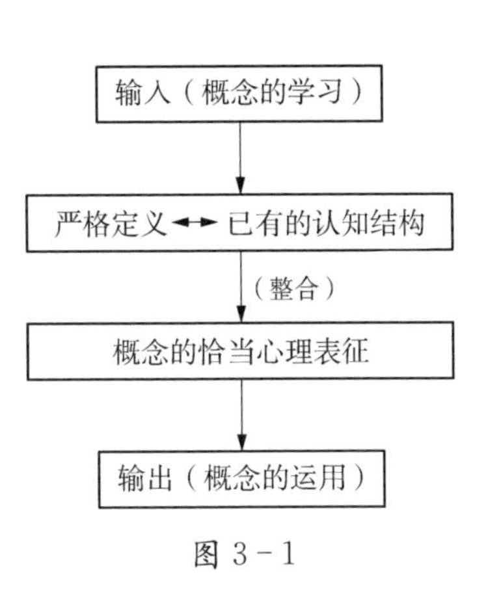

图 3-1

与此相对照,如果我们在教学中未能帮助学生很好实现所说的整合,那么,严格定义的学习在最初往往就只是在学生原有的心理表征中加入了一个新的成分,或者说,这两者在学生的头脑中即应被看成两个互不相关的成分(图 3-2)。

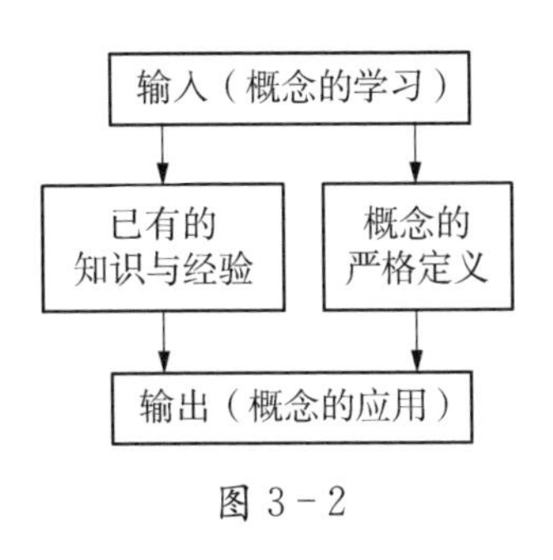

图 3-2

例如,这就是所谓的"灾难研究(disaster

studies)”的一个主要结论,即有很多原先被认为已经较好地掌握了有关概念的学生(特别是,由于他们在通常的考核中取得了较好成绩),但在更深入的研究中却暴露出了严重的观念错误,而且,这些错误观念往往又与相应的严格定义直接相矛盾——从而,在这些学生的头脑中所说的这两个部分似乎就是互不相干的:通常的考试仅仅涉及了严格定义的部分,学生在实际活动中却又往往坚持原来的错误观念。(R. Davis, *Learning Mathematics: The Cognitive Science Approach to Mathematics Education*, Routledge, 1989:349 - 354)

当然,从发展的眼光看,学生头脑中关于同一数学概念心理表征的不同成分(或者说,不同的心理表征)不可能永远互不相干,从而,在更多的情况下我们就可看到这样的现象:由于已有的素朴观念的“长期性”(顽固性),更由于主体对于数学概念严格定义的学习往往建立在被动接受与机械记忆之上,因此,如果缺乏必要的指导,那么,随着时间的推移,最终就很可能发生相反方向上的整合(应当指明,这往往是在不自觉的情况下进行的,即主体对此并不具有清醒的自我意识),这也就是指,最终所出现的很可能是错误观念对于严格定义的排斥或“改造”,即如由于坚持素朴直觉而导致了对于形式定义的错误“转译”。显然,这也更清楚地表明了帮助学生通过观念冲突实现观念更新的重要性,当然,后者又应以学生对于自身观念不一致性的自我认识作为必要的前提(图 3—3)。

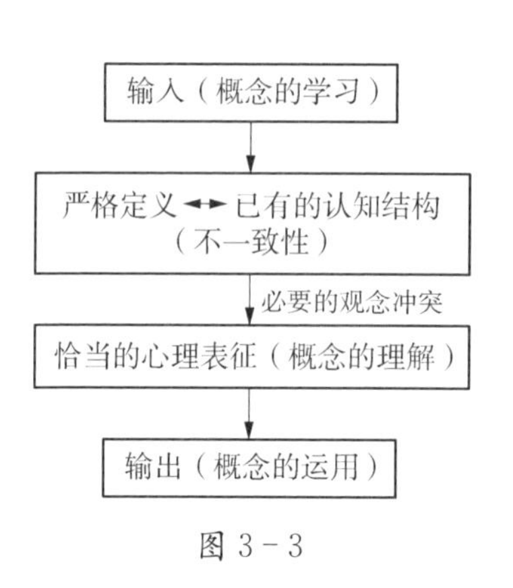

图 3 - 3

二、由“单一表征理论”到“多元表征理论”

如果说上述内容主要反映了数学学习心理学在 20 世纪 80 年代的研究成果,那么,这就是这一领域在当前的发展趋势,即是更加强调了数学概念心理表征的多元性,这就是指,与前述关于“概念定义”与“概念意象”的区分相对照,人们现今更加重视由“单一表征理论”向“多元表征理论”的转变。

具体地说,对于数学概念本质的突出强调即可被看成“单一表征理论”的主要特征,前者就常常被等同于概念的严格定义。例如,上面提到的布鲁纳关于学生思维活动三个不同水平的分析就可被看成属于这样一个范围，因为，按照布鲁纳的观点，在动作表征、图像表征与符号表征这三者之间存在的是一种线性的关系，我们就应当以帮助学生达到后一水平作为教学的主要目标。[①]

与此相对照，"多元表征理论"则更加强调概念表征不同方面的相互渗透与必要互补，从而就与上述的"线性"或"单向性"构成了直接的对立。例如，上述关于数学概念严格定义与学生已有经验和知识的必要整合就可被看成属于多元表征理论的范围，特别是，我们不仅应当高度重视对于学生已有知识和经验的超越，也即能从更高的抽象水平重新认识原有的知识和经验，而且也应十分重视利用学生已有的知识和经验使得概念的严格定义变得丰富和生动起来，

再者，除去对立面的必要互补和相互渗透以外，这又是"多元表征理论"更重要的一个特征，即是突出地强调了数学概念的心理表征往往具有多个不同的方面或成分，这些成分对于概念的正确理解都具有重要的作用，而且，与片面强调其中的某一成分相对照，我们应当更加重视这些成分之间的联结。

例如，美国学者莱许等就曾借助以下图形(图 3 - 4)来说明数学概念的发展过程："实物操作只是数学概念发展的一个方面，其他的表述方式——如图像，书面语言、符号语言、现实情境等——同样也发挥了十分重要的作用。"(R. Lesh & M. Laudan & E. Hamilton, Conceptual Models in Applied Mathematical Problem Solving, *Acquisition of Mathematical Concepts and Process*, ed. by R. Lesh, & M. Laudan, Academic Press, 1983)显然，与布鲁纳所说的"三种表征"相比，这不仅包含更多的成分，也为我们应当如何进行概念教学指明了努力方向：我们不应唯一强调其中的任何一个方面，而应更加重视各个方面之间的联结，并应帮助学生逐步地学会依据情况与需要在这些成分之间做出灵活的转换。

例如，按照这一分析，我们在当前就不应片面地强调"情境设置"或"动手实践"；另外，这也为我们更好地理解数学教育领域中的这样一个趋势提供了直接

---

① 应当指明，布鲁纳的观点后来有所改变。例如，布鲁纳后来在谈到这三种表征时就曾明确指出："从任何意义讲，它们都不是分为阶段的问题，而是代表发展中的不同着重点的问题。"这也就是指，从横向角度看，三种表征平行存在于人的智力发展中；从纵向角度看，三种表征在人的智力发展中又有所侧重，存在一定的顺序。(引自单丁，《课程流派研究》，山东教育出版社，1998，第123—124 页)

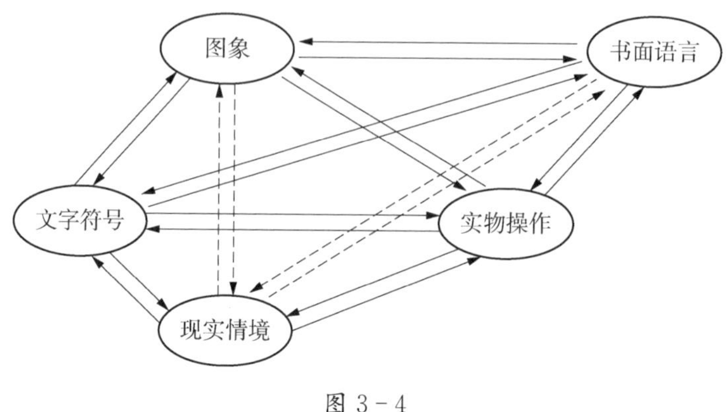

图 3-4

背景,即是对于“联系”(connection)的突出强调(当然,对于所说的“联系”我们应做广义的理解:这不仅是指“同一概念不同心理表征之间的联系”,也包括不同概念,乃至不同学科或学科分支之间的联系)。

2. 按照“多元表征理论”,除去概念本质的理解以外,这也应被看成数学概念教学的又一重要目标,即是帮助学生很好地建立起相应的多元表征,并能根据需要与情境在表征的不同成分之间作出灵活的转换。

也正因此,就数学概念的学习而言,我们就不应唯一强调所谓的“同化”和“顺应”,特别是认定数学思维的发展主要是指“纵向的”发展,也即如何能对学生已有的认知框架不断做出新的改造或重构,而且也应清楚地看到“横向”扩展的重要性,也即如何能够开拓出更多方面,并在不同的方面之间建立普遍的联系。

例如,在笔者看来,我们事实上就可从后一角度去理解赫伯特与卡彭特关于“概念理解”的以下分析,尽管他们所论及的主要是不同概念之间的联系,而不是同一概念心理表征的不同方面:数学概念的“理解”就是指将新的概念纳入到主体已有的“概念网络”(认知框架)之中,也即如何能与主体已有的知识和经验建立广泛的联系;进而,“理解”又不是一种全有或全无的现象,而主要是指达到了何种程度,后者就取决于联系的“数目”和“强度”:“如果潜在地相关的各个概念的心理表征中只有一部分建立起了联系,或所说的联系十分脆弱,这时的理解就是很有限的……随着网络的增长或联系由于强化的经验或网络的精致化得到了加强,这时理解就增强了。”(J. Hiebert & P. Carpenter, Learning and Teaching with Understanding, *Handbook of Research on Mathematical*

Teaching and Learning, ed. by D. Grouws, Macmillan, 1992:67)

以下则是关于数学概念教学的一些具体建议:教师在教学中应当加强案例、图像、隐喻与手势(身体活动)的应用。更一般地说,“语言学活动、手势和身体活动、隐喻、生活经验、图像等都应被看成数学中意义建构的重要来源。”(基兰,“关于代数的教和学的研究”,古铁雷斯、伯拉,《数学教育心理学研究手册:过去、现在与未来》,广西师范大学出版社,2009,第24页)

另外,依据“多元表征理论”我们也可更好欣赏以下的教学实例(闫东等,“数学表征及其案例解析”,《中学数学月刊》,2011年第3期):

在完全平方公式 $(a+b)^2=a^2+2ab+b^2$ 的教学中,教师应当有意识地应用多种不同的表征形式,即如:

(1) 符号表征:利用多项式乘多项式法则计算 $(a+b)^2=?$

(2) 语言表征:总结公式的特征(首平方,尾平方,首尾乘积两倍加中央)。

(3) 操作表征:让学生使用计算器,分别取几组数值计算 $(a+b)^2$ 和 $a^2+2ab+b^2$ 的值,然后通过比较发现所求的关系。

(4) 情境表征:有一位老奶奶很喜欢小孩子,每次孩子们到她家,她都会给他们一些糖,她给自己立了一个规定:每次有多少孩子去,就会给每个孩子同样数目的糖(如有5个孩子就给每个孩子5颗糖)。现在有 a 个男孩子和 b 个女孩子准备去老奶奶家,这些孩子在商量是分开去还是一起去所得的糖会多一些?多多少?请你帮他们解决这一问题。由此引导学生发现所求的关系。

(5) 图形表征:利用图形(图3-5)启发学生发现正方形以及四个小矩形的面积,由此得到所要的关系。

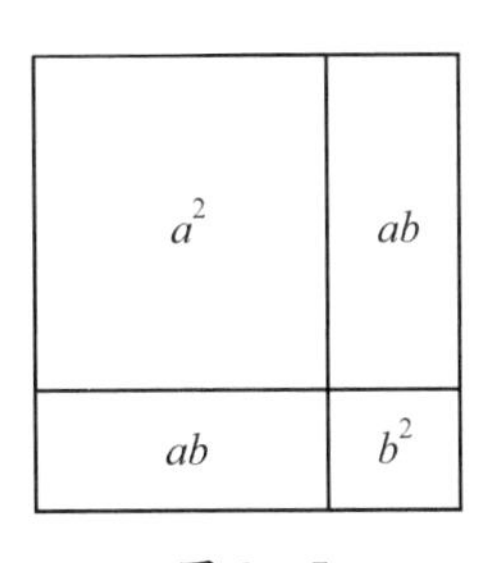

图3-5

当然,相对于简单地给出多种不同的表征形式而言,我们在教学中又应更加重视必要的引导。例如,就只有通过不同表征形式的比较,我们才能帮助学生更好地理解各种表征的特点及其局限性,如实例的描述性质与严格定义的建构性质,图像的整体性、直觉性与符号操作的顺序性、逻辑性,等等。(哈雷尔等,“关于高级数学思维的研究”,古铁雷斯、伯拉,《数学教育心理学研究手册:过去、现在与未来》,同前)进而,除去帮助学生建立概念的多元表征以外,这也应被看成教学工作更重要的一个目标,即是帮助学生在表征的不同成分之间建立充分的联系,并能根据需要与情境做出灵活的转换。

例如,我们显然就应从后一角度去理解莱什的以下论述:学生必须具备了以下条件才算真正理解了一个概念:(1)他必须能将此概念放入不同的表征系统之中;(2)在给定的表征系统内,他必须能很有弹性地处理这个概念;(3)他必须很精确地将此概念从一个表征系统转换到另一个表征系统。(R. Lesh & T. Post & M. Behr, Representations and Translations among Representations in Mathematics Learning and Problem Solving, *Problems of Representation in the Teaching and Learning of Mathematics*, ed. by C. Janvier, Lawrence Erlbaum Associates, 1987)

最后,从上述角度我们显然也可更好地认识数学学习的普遍意义,即是有益于学生思维品质的提升,特别是增强学生思维的灵活性与综合性。当然,又如前面所提及的,对于所说的"灵活性与综合性"我们不应局限于同一概念不同表征之间的联系,也应包括不同概念之间的联系。例如,主要地就是基于这样一种认识,人们提出,数学概念的教学不应仅仅着眼于"概念的生成",也应包括"概念的分析与组织"。

3. 应当指出,上述关于教学涵义的分析体现了数学学习心理学研究的这样一个发展趋势:我们不仅应当充分肯定深入了解学生内在思维活动的重要性,也应十分重视如何能够以此为基础设计教学从而促进学生的发展。

从这一角度我们可更好认识以下各个教学建议的重要性:

第一,由于教学工作的主要目标之一是帮助学生建立概念的多元表征,因此,我们在教学中就应十分重视如何能使学生在这一过程中更好发挥主体的作用,即如教师可以要求学生通过物质对象的操作证实相应的符号方法,或是为抽象的数学概念举出一个实例,或是用一个隐喻来说明自己的感受或体验,等等。另外,要求学生对新学习的概念作出表述,甚至做出自己的定义也是一个重要的教学手段,因为,"一个学生处理或形成外部表示的方式将显示出他在头脑中对于这一信息是如何予以表征的"(J. Hiebert & P. Carpenter, Learning and Teaching with Understanding, *Handbook of Research on Mathematics Teaching and Learning*, ed. by D. Grouws, Macmillan, 1992:66),而且,这种由"内"向"外"的转变也必然会使学生对自己的"概念意象"具有更大的自觉性,从而十分有利于他们通过反思或改进实现新的发展。

第二,先前的教学建议主要是从规范性的角度指明了我们应当如何进行数学概念的教学,作为问题的另一方面,我们当然也应十分重视认识活动的个体特殊性,这也就是指,不同个体在自己的实践活动中完全可能倾向于多元表征中的某一(些)方面。这也正是著名数学家阿达玛所曾从事的一项调查的一个主要结论。

具体地说,阿达玛以当时最著名的一些数学家(包括爱因斯坦等著名物理学家)为对象进行了一项调查,即是希望了解他们在从事研究时采取的是怎样的思维方式,特别是,这主要依赖于语言,还是依赖于图像?结果发现,数学家中存在几种不同的类型:大多数人"不仅在思维过程中避免使用语言,甚至还避免使用代数符号或任何其他的固定符号……总是运用模糊的意象思维";但也有相反的情况,如著名数学家、数学教育家波利亚就曾提及:"我相信,对于一个问题的关键性思想总联系着一个恰当的词或句子,这个词或句子一经出现,形势即刻明朗。如同你所说的,'它给出了问题的全貌'。"(《数学领域中的发明心理学》,江苏教育出版社,1989,第66页)

由此可见,我们在数学概念的教学中不仅不应唯一地强调概念的严格定义,也不应以任何一种思维形式作为教学的硬性规范,而应从各个方面为学生的发展提供必要的条件,包括努力培养他们的思维转换能力。

(以下案例略)

第四章 中国数学教育教学传统的界定与建设

除去对于国际上数学教育最新发展的必要关注以外,我们当然也应十分重视中国数学教育教学传统的继承与发展,这是我们做好数学教育改革十分重要的一个方面。

4.1 节从文化的视角提供了关于中国数学教学传统的一个整体分析,包括主要特征与实践中容易出现的一些问题,文章还涉及了这样一个十分重要的问题,即是我们应当如何认识"比较研究"在这一方面的重要作用(相关内容并可见另文:"中国学习者的悖论",《数学教育学报》,2001 年第 1 期;"国际教育视角下的中国数学教育",《中学数学教学参考》,2003 年第 1 期;"数学教育国际比较研究的合理定位与方法论",《上海师范大学学报》,2004 年第 3 期)。

4.2 节则以新一轮数学课程改革为背景对"我们应当如何发展自己的传统与教学经验"进行了综合分析(相关内容并可见另文"中国数学教育的界定与建设:综述与分析",《数学教育学报》,2006 年第 2 期),其中更依据现代教育理论对"双基"与"双基教学"、"熟能生巧"和"变式教学"等具有广泛影响的传统教学思想进行了具体分析(对此并可见:郑毓信、谢明初,"'双基'与'双基教学':认知的观点",《中学数学教学参考》,2004 年第 6 期;"由'熟能生巧'到自觉学习",《数学教育学报》,1999 年第 2 期;"变式理论的必要发展",《中学数学月刊》,2006 年第 1 期),从而就具有重要的现实意义,我们并就可以从同一角度去理解文中给出的关于两个新的数学教学方法或教学模式的分析评论，包括应当如何去理解所谓的“实践性智慧”。

最后，4.3 节源自笔者与台湾地区一位学者的一次讨论：“什么可以被看成中国数学教育教学最重要的特点或优点?”即是具体地表明了笔者对于后一问题的具体看法：对于“问题引领”的高度重视正是中国数学教学最重要的特色。由于这在很大程度上也可被看成对于广大一线教师教学经验与教研成果的理论总结，从而就具有重要的现实意义；另外，文中还直接涉及了“中国数学教育的总体评价”这样一个论题，由于国内外在这一方面的认识都在发生重要变化，从而也就应当引起我们的高度重视。无论就后一论题或“什么是中国数学教育教学最重要的特点或优点”而言，我们显然还应做出更加完整的论述。这也正是第六章的具体论题。

4.1　文化视角下的中国数学教育①

一、“不识庐山真面目，只缘身在此山中”

如众所知，近年来国际数学教育界出现了“向东方学习”的热潮，特别是，有不少国际上的学者，以及我国香港地区的学者更从文化比较的角度对中国(包括我国的香港和台湾地区，更一般地说，就是东亚各国，下同)的数学教育进行了分析研究。

相对于西方的传统观念而言，上述热潮的出现应当说代表了观念的重要变化，因为，西方曾有一种传统的“妄自尊大”心态，即是对于西方的数学教育普遍持较肯定的态度，对东方的数学教育则采取了强烈的批评态度，即如认为东方的数学教育“过分着重学习内容及受考试主导；教学方法保守又过时，教师似乎不懂最新的教学方法，并认为单单掌握学科内容已经足够；教学通常都在大班的情况下进行，而且每班人数偏多，以致难以进行小组活动；教学偏于教师主导，学生甚少积极参与；并且强调背诵及不求甚解，很多时候学生在未完全了解教学内容的情况下，就进行大量练习；教师及学生都因竞争激烈的考试而承受极大压力，学生似乎也不喜欢学习。”(F. Leung(梁贯成), In Search of an East Asian Identity in Mathematics Education —— the Legacy of an Old Culture and the Impact of Modern Technology, ICME-9,2000, Japan)但是，中国学生在近年来进行的多次国际测试中与西方国家的学生相比却取得了较好成绩，从而，在西方学者看来，这事实上就构成了一个“悖论”(这也就是所谓的“中国学习者悖论”)：一种较差的数学教学怎么可能产生较好的学习结果？进而，这又是诸

① 原文发表于《课程·教材·教法》，2002年第10期。笔者并曾就这一主题在国际数学教育委员会(ICMI)组织的专题研究会议“不同文化传统下的数学教育：东亚与西方的比较”(2002，香港)上做专门报告，文章的英文稿“Mathematics Education in China: From a Cultural Perspective”也已被收入到了作为上述研究最终成果的论文集之中：*Mathematics Education in Different Cultural Traditions-A Comparative Study of East Asia and the West*, ed. by F. Leung & K-D. Graf & F. Lopez-Real, Springer, 2006。

多相关研究的一个主要结论,即是认识到了西方关于中国数学教育的很多传统认识事实上都只是一种误解,这也就是说,一些西方学者现已认识到了中国数学教育包含一定的合理成分,并就是后者导致了较好的学习成绩。

从整体上说,国际上关于中国数学教育的研究应当说还只是处于起步阶段,西方学者之所以从事这方面研究主要地也是为了促进本国的数学教育;尽管如此,我们还是应当充分肯定这些工作对于中国数学教育深入发展的积极意义。

事实上,就比较研究的深入发展而言,应当首先考虑以下两个问题:第一,不同国家的数学教育是否具有可比较性?第二,如果这种比较可能的话,什么又是这种研究的主要意义?关于上述问题较全面的分析可见另文"数学教育国际比较研究的合理定位与方法论"(《上海师范大学学报》,2004年第3期),在此则仅限于强调这样一点:比较研究最主要的功能就是帮助各国数学教育工作者更清楚地认识自己的传统(包括教学传统和文化传统),并能对此做出自觉反思与批判。显然,从这一角度去分析,我们也就应当充分肯定国际上关于中国数学教育相关研究的意义:"不识庐山真面目,只缘身在此山中"。这也就是说,相关的比较研究即可促使我们更深入地认识中国数学教育的优点与不足,从而避免这一问题上的盲目性。特殊地,这也正是本文的主要目标,即是希望以国际上的相关研究为背景对中国数学教育,特别是中国数学教学法,作出初步总结与反思。

笔者愿特别强调积极开展这一工作的现实意义:

第一,我国现正处于新一轮数学课程改革之中,由于改革之际人们往往会突出强调改革的必要性,从而也就容易唯一着眼于先前工作的不足,却没有做出认真努力去弄清过去的工作究竟有哪些成绩和经验;另外,随着中国在总体上的改革与开放,数学教育工作者也由国际数学教育界吸取了不少先进的教育思想和教学方法,但是,在积极引进的同时人们又容易忽视对于传统的必要继承和发扬,从而也就可能永远跟在西方后面乃至完全丧失自我,这当然是我们应当十分警惕的。

第二,尽管我国数学教育界已表现出了越来越大的开放性,诸如我国共有100多人出席了2000年在日本召开的国际数学教育大会(ICME-9),人数之多仅次于东道主日本和美国;但在肯定上述发展的同时,我们又应看到,中国在国际数学教育界尚未取得应有的地位,特别是,我们在这一方面的工作与成绩尚未得到国际数学教育界的应有重视和充分肯定。从而,这事实上就应被看成中国数学教育走向世界的重要一步,即是我们应对什么是中国数学教育的主要成就建立清醒的自我认识,也即应当对于中国数学教育作出清楚界定。

二、"同化"或"异化"

相对于更全面的分析而言,本文采取的只是文化这一特殊的视角,这也就是说,笔者在此所关注的主要是整体性文化传统对于中国数学教育和教学工作的影响。也正是从这一角度进行分析,笔者以为,尽管西方的相关研究已经涉及中国数学教育的很多方面,大到社会上普遍存在的观念和信念,即如什么被认为是决定学生学习活动成功与否的主要因素,小到课堂中的提问方式与教师的备课形式等;但从文化的视角看,以下的问题无疑更为基本:我国现行的数学教育体制,包括学校的组织形式、课程设计、教学方法等,主要都是从国外(包括西方和原苏联)引进的,但中国又有自己独特的传统文化,例如,后者常常被描述为"儒家文化",那么,在这两者之间是否也有一定的文化冲突?或者说,从发展的角度看,最终出现的究竟是我们"同化"了外来成分,还是我们自身为外来成分所"异化"了?

笔者以为,犹如中国历史上曾多次发生的外来成分逐渐为中国传统文化所同化的现象,在此我们所看到的主要也是一个同化的过程。本文的第三节和第四节即可被看成为这一结论提供了直接论据,即是具体地指明了中国数学教育相对于西方数学教育的特殊性质(显然,也只有在这样的意义上,我们才能真正谈及所谓的"中国数学教育");另外,作为一个具体例子,我们又可先来看"(数学)问题解决"这一口号在中国的"命运"。

如众所知,作为国际数学教育界在20世纪80年代的主要口号,"问题解决"的主要意义是对传统的数学教育,包括教育目标和教学形式等,提出了直接挑战,即如认为应当以培养学生解决问题的能力作为数学教育的主要目标,"问题解决"并应成为学校数学教育的主要形式,等等(2.2节);进而,由于中国数学教育历来特别重视解题技巧的研究和训练,以致常常被称为"解题大国",因此,"问题解决"这一口号几乎未经任何认真的宣传与推广很快就为中国数学教育界所普遍接受了,但就其直接后果而言,在很大程度上又只是进一步强化了原先的传统,但却没有导致任何实质性的变化,数学教育仍然因袭传统的路子,人们甚至更加热衷于解题技巧的研究,更加坚持"大运动量"的训练。从而,就总体而言,人们在此就是按照中国传统的教育思想,特别是关于教育活动规范性质的认识,对"问题解决"这一外来成分进行了改造,也即主要是一个"同化",而非"异化"的过程。

正因为中国数学教育的历史发展主要是一个外来成分逐渐为固有文化传统所同化的过程,因此,这事实上就应被看成从比较的角度研究中国数学教育时必须遵循的一个方法论原则:我们不能脱离整体性的文化脉络去看待中国数学教育的各个具体方面或环节。例如,按照这一原则,尽管中国数学教学工作中的某些作法在形式上可能与西方采用的某些方法十分相似,即如中国的"反复记忆"(repetitive memory)和"加强基本功训练"与西方所谓的"机械记忆"(rote memory)和"机械练习"(drill and practice)等,但却不应被简单地等同起来,因为,在不同的文化脉络中它们事实上具有十分不同的内涵和作用。进而,更一般地说,我们又应明确肯定数学教育的文化性质和整体性。例如,按照这一立场,即便是一个在西方十分有效的改革措施,我们对此也不能采取简单的"拿来主义",而必须认真研究其是否适合中国的社会—文化环境,或者说,我们即应如何对此进行改造以使之更加适合中国的情况;进而,从根本上说,这又应被看成数学课程改革的根本目标,即是建立符合时代发展与中国国情的数学教育体系。

事实上,正如不少西方学者现已认识到了的,所谓的"文化隔阂"正是导致上述西方关于东方数学教育各种不正确观念的一个重要渊源;另外,也正是从同一角度进行分析,笔者以为,尽管我们应当充分肯定国际上的相关研究对于我们深入总结中国数学教育的成绩与不足具有重要的借鉴意义,但中国数学教育工作者又应在这一工作中发挥主要作用,也即应当成为这一研究工作的主体。考虑到现实中一些西方学者,以及我国香港地区同行已经走到了我们前面,因此,这事实上也就十分清楚地表明了认真作好这一工作的必要性和紧迫性。[①]

---

① 当然,中国学者的主体作用并不排斥这一方面的国际合作;恰恰相反,对于后者我们应持十分积极的态度。

最后,应当提及的是,上述分析也涉及了走向世界的过程中我们应当注意的另一问题:为了让国际数学教育界很好了解我们的工作,必须十分注意成果的表述方式,而这主要地又不是指外语水平的高低,而是应当更加重视文化的差异,这也就是说,只有很好地解决了理论框架与研究方法的"共通性(可公度性)",我们才能使得具有明显中国文化特色的数学教育成果对于在西方文化中成长起来的人士也能真正成为可以理解的。

以下就从整体上对中国数学教育的主要特征做出具体分析。

三、"一阴一阳之谓道"

什么是"文化"?相对于社会组织形式、经济体制、政治立场等"可见成分"而言,文化的重要内涵显然更加侧重于信念和价值观等"看不见的成分"。进而,笔者以为,我们在此又应十分重视一般哲学思想,包括传统思维方式的影响——就中国文化传统而言,这就是指素朴的辩证思想,也即"一阴一阳之谓道"①。这也就是指,这事实上即可被看成中国数学教育在整体上的一个重要特征,即是特别倾向于在各个对立面之间建立适当的平衡。

应当指出,一些学者已曾从各个不同角度指明了中国数学教育的相关特征:"与西方对于过程或结果的片面强调不同,东亚各国和地区所采取是'过程与结果并重的态度'""西方学者往往注重内在的动力并认为像考试此类的外部动力对学习是有害的,但在东亚各国和地区则认为两者对于促进学生的学习都是十分必要的,从而事实上采取了'内外并重'的作法。"(F. Leung(梁贯成), In Search of an East Asian Identity in Mathematics Education —— the Legacy of an Old Culture and the Impact of Modern Technology, ICME-9, 2000, Japan)又,"西方人往往将'记忆'与'理解'绝对地对立起来,即是认为记忆无助于理解,并认为两者事实上是互相排斥的;但在不少中国学生看来,在这两者之间存在一种相互促进的辩证关系:理解有助于记忆,记忆能加深理解。"(D. Watkins & J. Biggs, [ed.], *The Chinese Learner*: *Cultural*, *Psychological and Contextual*

① 应当指出,后者事实上已经超出了儒家的范围,从而,将中国传统文化简单等同于"儒家文化"并不恰当。对此并可见:黄毅英等,"'儒家文化圈'学习现象研究之反思",2000。

Influence, CERC & ACER, 1996)显然,这些论述事实上也是对于中国数学教育上述基本特征的直接肯定。当然,我们又应将分析的着眼点由各个具体的侧面扩展到数学教育的更多方面,诸如过程与结果,理解与记忆,合作学习与独立思考,学习的内在动力与外部动力,先天能力与后天努力等。进而,就现实而言,这更应被看成中国数学教育改革深入发展的关键,即是很好实现以下诸多对立面之间的适当平衡(在以下对于中国数学教学法作出具体分析时,我们还会回到这一主题):

"人的情感、态度、价值观和一般能力的培养"与"数学基础知识与技能的教学";

"义务教育的普及性、基础性和发展性"与"数学上普遍的高标准";

"学生主动的建构"与"教师的规范作用";

"数学的现实意义"与"数学的形式特性";

"(学习中的)创新"与"继承";

"以问题解决为主线的教学模式"与"数学知识的内在逻辑";

"学生的个体差异"与"大班教学的现实";等等

最后,就中国数学教育的总结与反思而言,笔者以为,以上分析也已表明:所说的总结不应停留于经验的水平,而应上升到必要的理论高度,特别是,我们更应积极利用西方的现代研究成果;但就后一方面的具体工作而言,我们又应注意分析所说的理论工具的局限性,特别是,由于西方习惯于形而上学的思维方式,因此往往就容易在两极对立之中采取绝对化的立场,与此相反,我们应当自觉应用辩证唯物主义指导自己的工作。

四、"以正合,以奇胜"

以下再来看具体的教育思想。

首先应当指出,除去西方和中国香港的学者以外,中国内地的一些学者也曾从各个不同方面对东西方数学教育思想的差异进行过分析。例如,张奠宙先生就曾围绕以下一些环节对东西方数学教育的不同特征进行过具体分析:考试严厉对考试温和;教师中心对学生建构;注重演练对强调理解;负担过重对课业不足;强调严密对注意趣味;形式演绎对非形式化;重视模仿对注重创造;相对

平均对两极分化;弱于自信对善于表达;等等。("中国传统文化与数学教育",数学教育高级研讨班,1998)

以上分析有一定道理;但在笔者看来,相对于各个细节而言,从整体上指明东西方数学教育的主要差异又更加重要,[1]对此我们并可概括如下:东方特别强调教育的规范性质,即是表现出了明显的社会取向;西方则特别重视学习者的个性发展,从而表现出了明显的个体取向。

例如,"没有规矩,不成方圆"这一成语就可被看成最为清楚地表明了中国数学教育,乃至一般教育的规范性特征。应当指明的是,从更深入的层次看,中国教育的规范性与以下的理念有着直接的联系:只要教师教学得法,学生又做出了足够努力,绝大多数学生都能掌握基本的知识与技能,也即从知识上为进入社会作好必要准备;另外,也只有从这一角度进行分析,我们才能更好地理解中国数学教学的各个具体特征,如对于"基础知识和基本技能"的突出强调等。然而,与所说的普遍"达标"相对照,以下则不能不说是中国传统教育思想的一个严重不足之处,即认为只有少数人能够超出基本知识和技能达到更高的境界,后者被认为主要是一个"悟道"的过程,也即在很大程度上取决于主体的"悟性",从而事实上就没有被看成教育应当实现的一个重要目标。这也就是所谓的"师傅引进门,深造靠自己"。[2]

特殊地,笔者以为,也只有从这一角度进行分析,我们才能很好地理解中国数学教学法的以下特征。

第一,课堂教学相对于具体目标的高效率性。

这首先就是指教学上的统一目标:在中国的数学教学中,每一堂课都有十分明确的目标。其次,所说的目标又主要集中于具体数学知识或技能的学习,整个课程并就是围绕所说的目标很好地组织起来的。例如,中国的数学课程通常包括"复习""引入""讲授""练习""总结"等五个环节,而其中的所有细节,包括时间的分配乃至板书的设计等,都是围绕所说目标精心安排的结果。最后,

---

① 从而,这事实上也就直接涉及了比较研究的方法论问题。对此可参见另文"数学教育国际比较研究的合理定位与方法论",(《上海师范大学学报》,2004年第3期)。

② 对此并可见黄毅英(Wong Ngai-ying), "From 'Entering the Way' to 'Exiting the Way': in Search of a Bridge over 'Basic Skills' and 'Process Ability'", *ICMI Comparative Study Conference, Pre-conference Proceedings*, 2002,香港。应当指出的是,就"是否人人都可达到较高的境界",以及"是否存在帮助人们达到较高境界的普遍有效方法"而言,笔者与黄文有重要的分歧。

笔者以为,也只有从上述角度进行分析,我们才能很好理解中国数学教师的特殊定位。这也就如斯蒂文森(H. Stevenson)和斯丁格勒(J. Stingler)在《学习的差距》一书中所指出的:"按照中国的教育思想,好的教师主要地应被看成'熟练的演绎者'(skilled performer),就像演员或音乐家一样,他们的主要工作是有效地和创造性地去演绎出指定的角色或乐曲,而不是直接从事剧本或乐曲的写作。"当然,后者不应被看成中国的数学教学工作完全不具有任何创造性;毋宁说,这同样体现了对于创新的不同理解:"西方人很难理解创新未必需要全新的表述,也可以表现为深思熟虑的增添,新的解释,与巧妙的修改。"(*The Learning Gap —— Why Our School are Failing and What We Can Learn from Japanese and Chinese Education*, Simon & Schuster, 1992)也正是在这样的意义上,笔者以为,中国的数学教师即可被称为"教学研究者";另外,这事实上也构成了"集体备课"的主要内容,即是如何更有效地实现所说的具体目标。

例如,"课堂教学的高效率性"在数学课程的引入方式上就有十分明显的表现:与"情境设置"相对照,中国的数学教师往往更加强调知识内容的内在联系,因为,后一做法不仅可以更快地切入主题,也能更好地体现教学在整体上的一致性。

第二,数学教学的规范性与启发性。

教育的规范性在很大程度上决定了中国的数学教师在教学中处于主导的地位,而且,讲授又可被看成中国数学教学的基本形式。但是,我们不应把这种教学简单地理解成知识的传递与被动接受;恰恰相反,中国的数学教学十分重视对立面的必要平衡。具体地说,与教师的主导地位相对照,中国的数学教学也明确地强调了学生的主体地位;另外,在实际的教学工作中,教师不仅十分注重教学的启发性,而且也对如何促使学生积极地参与教学活动给予了高度重视。例如,就前者而言,我们即可提及"数学方法论"研究对于中国数学教学的重要影响,也即如何以数学思想方法的分析带动具体数学知识内容的教学,这也就是指,数学教师应当努力通过自己的再创造(或者说,"理性重建")将数学课真正"讲活""讲懂""讲深";另外,正是基于后一方面的考虑,中国的数学教学就特别讲究"设问"的艺术,即是认为教师在课堂上的提问应当集中于过程,并应通过提问促进学生积极进行思考,而不应唯一集中于结论的"对"与"错"。

最后,为了更好理解中国数学教学法的这一特征,我们又应特别提及"大班教学"的现实:在所说的情况下,加强教学的启发性就有利于全体学生(而不只是少数学生)通过课堂学习,特别是教师的教学获得最大的收益——由此可见,这一特征也与"课堂教学的高效率性"有着直接的联系,并应被看成实现后一目标的一个重要手段。

第三,不同的教学理念。

如众所知,中国的数学教学特别强调记忆和练习;但与西方不同,这事实上体现了不同的教学理念。例如,这也就如别格斯(J. Biggs)所指出的:"在西方,我们相信探索是第一位的,然后再发展相关的技能;但中国人则认为技能的发展是第一位的,后者通常则又包括了反复练习,然后才能谈得上创造。"(*The Chinese Learner*:*Cultural*, *Psychological and Contextual Influence*, CERC & ACER, 1996)更一般地说,中国数学教学中对于记忆和练习强调事实上也是与深层次的理解直接相联系的。例如,我们就应从这一角度去理解中国数学教育的一些传统作法,如"温故而知新""熟能生巧"等。这也就是指,在此所强调的并非"死记硬背",而是"记忆"与"理解"之间的辩证关系:理解有助于记忆,记忆可以加深理解;人们所追求的也不只是运算的正确性和速度,而是希望能够通过反复练习不断深化认识,从而达到真正的理解。还应强调的是,中国的数学教师已通过长期实践在这些方面积累了丰富经验。例如,在此我们即可特别提及所谓的"变式教学",因为,其主要涵义就是通过具体背景(包括表述方法等)的变化帮助学生更好掌握相应数学知识的本质;另外,这事实上也可被看成所谓的"精讲多练"这一方法的精髓所在,更对习题(练习)的设计提出了很高的要求,即是应有一个不断发展和深化的过程,包括由简单到复杂、由单一到综合等。

最后,还应强调的是,这里所说的"理解"主要是指学生能由对象的"表层结构"深入到"深层结构",并能清楚地认识(新旧)数学知识的内在联系。显然,从这一角度进行分析,这也对教师提出了更高要求,因为,教师自身对于所教的内容是否具有较好理解显然应当被看成"理解教学"的一个必要前提。我们在此并可特别提及中国旅美学者马立平(L. Ma)的这样一项工作:*Knowing and Teaching Elementary Mathematics*, Lawrence Erlbaum Associates, 1999)。因为,按照这一研究,中国数学教师与美国数学教师相比一个明显的优点就是数学知识的"深刻理解"(profound understanding),后者就具体地体现于知识的深度、广度和贯通度,从而也就是与上述分析完全一致的。[①]

五、 界定与建设

上述分析显然表明:我们应当明确肯定中国数学教育的特色与成绩,从而在这一问题上采取任何妄自菲薄的态度都是不正确的;但是,作为问题的另一方面,我们也应清楚地看到已有工作的不足之处。[②]

具体地说,中国数学教育所追求的对立面的必要平衡并非一种静止的状态,而是一个动态的过程,从而,在实践的过程中就必定会出现一定的偏差或错误,特别是,在考试的严重压力或其他一些特殊情况下,中国数学教学法的上述特征往往会遭到严重的扭曲,从而我们也就应当注意对于中国数学教学法的真谛与其在实际中的表现予以明确的区分,进而,人们又可说正是通过不断解决新的挑战,包括纠正出现的偏差与错误不断取得了新的进步。在此我们还应特别提及中国数学教育的这样一个现实:广大教师的教学工作往往依赖于已往的经验,而没有能够成为理论指导下的自觉实践,从而在实践中也就更加容易出现各种各样的偏差,甚至出现“形似而神异”的现象。也正是基于这样的思考,笔者以为,以下所提及的中国数学教学的各个不足之处就应引起我们的高度重视,因为,这些即是与上面所提到的中国数学教学法的主要特征直接相联系的,也正因此,如果缺乏足够自觉性的话,在实践中就很容易出现所说的偏差。

第一,对于数学教育长期目标的忽视。

由于集中于具体数学知识或技能的学习这样的短期(即时)目标,数学教育的长期目标,如学生能力、情感和态度的培养等,就很容易在教学中被忽视。更一般地说,这事实上也可被看成“熟练的演绎者”这一模式所固有的一种局限性。

---

① 在笔者看来,我们并就应当从这一角度去理解中国数学教育中对于“双基”的突出强调,这也就是指,我们不应将所谓的“基础知识和基本技能”等同于各个孤立的数学事实,而应从整体上去掌握各个知识和技能。(4.2 节)

② 另外,社会进步显然也对数学教育提出了新的更高要求。例如,在计算机技术迅速普及与广泛应用的今天,我们应当如何坚持“双基教学”这一传统无疑就应引起我们的高度重视。更一般地说,由于人类社会向信息社会的过渡为数学教育创造了一个全新的社会环境,因此,我们就应认真地研究如何发展传统才能紧紧追随时代前进的步伐。

应当指出的是,上述问题在中国新一轮数学教育改革中已得到了高度重视,对此可见国家《数学课程标准》中关于"发展性领域"与"知识技能领域"的区分。当然,正如前面所指出的,这里的关键仍然在于做好对立面(在此即是指数学教育的"短时目标"与"长期目标")之间的适当平衡,而不应由一个极端走向另一极端,即只是唯一地强调"愉快学习"却忽视了一定程度的"艰苦性"。后者正是数学上达到较高水准,包括调动深层次学习积极性的一个必要条件。

第二,未能给学生的自由创造留下足够的空间。

由于教育的规范性质,因此,在中国的数学课堂上教师始终占据主导的地位,特别是,尽管也强调了教学的启发性以及学生的参与,但教师所希望的又总是课程能够按照事先设计的方案顺利地进行,特别是,学生能够按教师的思路去进行思考,并最终牢固地掌握相应的数学知识和技巧,包括教师所希望学生掌握的数学思维方法。从而,总的来说,这在很大程度上就可说是"大框架下的小自由",也即往往未能给学生的主动创造(以及学生间的互动与交流)留下足够的"自由空间";进而,如果教师缺乏自觉性的话,则更可能出现教学处于教师的绝对支配之下、学生的主动性和创造性则受到严重压制的局面,即如果过分强调所谓的"小步走""循序渐进"就会是这样的情况。(后者事实上也就清楚地表明了这样一点:在强调教育规范性的传统下,十分容易出现这样的情况,即是对于教学目标的一再"细分",直至各个所谓的"知识点",但却忽视了知识内容的整体性把握。[①] 特殊地,这显然也就是布鲁姆的"目标教学法"何以会在中国得到普遍接受与高度重视的一个深层原因。)

应当强调的是,我们应清楚地看到出现上述现象的文化背景:由于中国历来是一个管理高度集中的国家,因此在教育系统中也就容易出现如下的"一层卡一层"的现象:大纲(课程标准)"卡"教材——教材的编写必须"以纲为本";教材"卡"教师——教师的教学必须"紧扣教材";教师"卡"学生:学生必须牢固地掌握教师所授予的各项知识和技能。这样,作为最终结果,所有有关人员,包括教师和学生,其创造性才能就都受到了严重的压制。

应当指明,上述弊病现也已经得到了普遍重视,人们已采取一些措施加以

---

① 更一般地说,教育的规范性往往又会特别强调教学的"循序渐进",对于个体发展性的强调则重视不够。从而,我们也就可以从这一侧面去指明东西方数学教育的又一重要区别。

克服或防止。例如,这事实上就是中国的数学教师何以特别重视“一题多解”的一个重要原因;另外,人们也对所谓的“开放式问题”表现出了很大兴趣,包括对于“开放式教学”的大力提倡,而其主要目的就是为学生的自由创造提供充分的空间。

最后,教材从“一纲一本”经由“一纲多本”到“多纲多本”的发展显然也可被看成更大范围内的松动。当然,由于教育的规范性深深地扎根于中国的文化传统之中,因此,我们就不应期望单纯依靠行政命令就能在短期内彻底改变这一局面。

第三,对于学生个体差异重视不够。

由于习惯于大班教学和讲授式,因此,中国的数学教师在教学中往往对个体差异重视不够。当然,从更深入的角度看,这事实上也可被看成过分强调教育规范性的一个必然后果,或者说,即就涉及了这样一个更基本的问题:我们究竟应当以何者作为教育工作的基本立足点,是先天的差异,还是努力缩小可能的差距?我们并就可以在这一点上看到东西方数学教育(乃至一般教育)思想的又一重要区别。

第四,数学应用意识淡薄。

相对于知识的内在联系而言,中国的数学教师对于数学的应用意识普遍重视不够。我们在这一方面也可看到整体性文化环境的重要影响:由于中国学生普遍地较为重视学习,因此大部分教师就感受不到有必要通过联系实际调动学生的学习积极性。

综上可见,我们在此所面临的就不只是中国数学教育的“界定”这样一个任务,更是一个建设和发展的过程。当然,为了实现这一目标,我们又应立足于中国的教学实践,并应努力超出经验积累的水平上升到应有的理论高度,从而使我们的教学工作真正成为理论指导下的自觉实践,并能通过不断的实践与总结逐步建立起新的、更加符合时代要求和中国国情的中国数学教育理论。

最后,尽管以上分析主要是就数学教育立论的,但其基本思想对于一般教育而言显然也是同样适用的。

4.2 我们应当如何发展自己的传统与教学经验[①]
——聚焦数学教育

本文以新一轮数学课程改革以及数学教育领域中若干主要的实践性经验为背景论述了"我们应当如何发展自己的传统与经验",相关结论具有超出数学教育的普遍意义。

一、从新一轮数学课程改革谈起

过去 10 年数学课程改革的一个明显不足,就是对于中国数学教育传统与教学经验的继承和发展未能予以足够重视。后者事实上可被看成我国历次教育改革运动的普遍性特征,乃至中国教育的一个"新传统":"中国数学教育积累得太少,否定得太多。一谈改革,就否定以前的一切,把传统作为错误加以批判。老是否定自己,没有积累。"(张奠宙语。引自赵雄辉,"中国数学教育:扬弃与借鉴",《湖南教育》,2010 年第 5 期,第 25 页)从而也就十分清楚地表明了认真研究"如何认识和发展自己的传统与经验"的重要性,从而才可切实防止在未来的改革中一再重复所说的错误。

具体地说,这无疑应当被看成这方面的基本立场,即是明确反对各种绝对化的立场。当然,就过去 10 年的课改实践而言,我们又应特别重视纠正这样一种错误立场,即是对于中国数学教育传统与实践性经验的绝对否定。

例如,以下就可被看成所说的绝对化立场的一个具体表现,即是对于某些新的数学教学方法与教学模式的片面推崇。例如,"与现行教材中主要采取的'定义、公理—定理、公式—例题—习题'的形式不同,《标准》提倡以'问题情境—建立模型—解释、应用与拓展(反思)'的基本模式展开内容。"(教育部义务教育阶段《国家数学课程标准》研制工作组,"《义务教育阶段国家数学课程标准(征求意见稿)》特点",《数学教育学报》,2000 年第 4 期);又,"'导入—讲授—巩

① 原文发表于《湖南教育》,2011 年第 7、8 期。

固—作业—小结'这种以教师为中心的五环节教学法,历来把学生封闭在教师划定的圈子里。那么我们是否可以'开放'一些,给学生更多的主动思考的空间?'创设情境—活动尝试—师生探究—巩固反思—作业质疑'这样的以学生为主体的教学模式能否成为常规?"(张奠宙,"在改革的潮头上",《小学青年教师》,2002年第5期,卷首语)

在此还可特别提及课改初期十分盛行的教学观摩与"专家引领"这样一个做法:尽管面对不同的教学内容与教学情境,教师采取的教学方法也不尽相同,但在很多时候相关专家的点评却十分一致:"再多一点合作学习就好了!""能不能再多一点学生的主动探究!"……从而就不可避免地给人留下了这样的印象:如果不采用情境设置、合作学习、学生主动探究等新的教学方法,就会被看成"教学观念陈旧""缺乏改革意识"。

由以下论述我们即可更清楚地认识上述立场的错误性:"中国千万不要学习美国的数学教育。中国的数学教育在实践上肯定比美国好。事实胜于雄辩。中国好不容易有一项比美国好的数学教育成绩,为什么自己不珍惜、不总结呢?"("陈省身谈数学教育:我们要有自信",《文汇报》,2004年11月29日)另外,瑞典著名教育家马飞龙也曾指出:"我认为它(指中国的数学教学)是全世界最出色的。我钦佩中国的教学艺术。"(余慧娟,"什么是好的教学——就中国教师关心的问题访马飞龙教授",《人民教育》,2009年第8期)另外,由上述立场我们显然也可更好理解香港大学梁贯成先生对于内地同行的以下忠告:"面对国际课程改革的趋势,我们面对的一种危险是落后于其他国家,进而在越来越激烈的全球经济竞争中落败。但是,另一种危险是我们简单地跟随国际潮流,结果丢掉了我们自己的优点。在我们的文化中,长期存在的弱点需要巨大的勇气来改变。但是我们需要更大的勇气来抵制那些在'发达'国家中正在发生的变化,并且坚持一些传统价值来保持我们的优点。最为困难的是区别什么应该改变,而什么又不应改变!"("第三届国际数学及科学研究结果对华人地区数学课程改革的启示",《数学教育学报》,2005年第1期)

在此还应特别提及以下做法的错误性,即是以西方为"蓝本"进行改革。这也就如旅美学者蔡金法教授指出的:"中国也正围绕课程展开一系列的数学教育改革。改革不可避免地会触及中国数学教育的传统,争论是不可避免的,对美国数学教育及其改革的兴趣与日俱增,参考美国数学教育改革的一些成功经验和策略也是无可厚非,但其中也有一些值得警觉的倾向。正如有人在哲学上'言必称希腊'一样,我国有的数学教育工作者也'言必称美国'。无论什么事情,只要在美国做了,在中国做就'先进'了、就'改革'了。这种以'美国标准'为标准的迹象是危险的。"(聂必凯等,《美国现代数学教育改革》,人民教育出版社,2010,"绪言")由于蔡金法教授同时具有"局内人"和"局外人"的身份,即不仅在中国有先后作为受教育者和教育者的双重经历,而且已移居美国多年,并直接见证和参与了美国的新一轮数学教育改革,因此,他的这一评论就应引起我们的更大重视。

当然,随着时间的推移,上述错误已在一定程度上得到了纠正,这更可被看成一个真正的进步,即与盲目"追随"西方相对照,人们现已认识到了什么是加强比较研究的主要意义:数学教育的国际比较研究所提供的并非一个普遍适用的"蓝本",而主要是一面可以用以促进反思的"镜子":通过比较我们即可更清楚地认识自己的优点与缺点,从而明确前进的方向。

为了便于对照,在此仍可以数学教学方法的改革为例进行说明,相信读者由以下工作也可更好地体会到什么是"真正的进步":在一篇题为"关于中国数学教育的特色——与国际上相应概念的对照"(《人民教育》,2010年第2期)的文章中,张奠宙先生指出,这是我国数学教育的六个主要特征:"注重导入环节""尝试教学""师班互动""解题变式演练""提炼数学思维方法""熟能生巧"。张奠宙先生就这些特征与国外的相关理念进行了对照比较。

(1) 中国的启发性"导入"与"情境设置"

"中国数学课堂上,呈现了许多独特的导入方式,除了现实'情境呈现'之外,还包括'假想模拟''悬念设置''故事陈述''旧课复习''提问诱导''习题点评''铺垫搭桥''比较剖析'等手段。"

对照与分析:"最近一段时间以来,我们提倡'情境教学'是正确的,但是,人不能事事都获得直接经验,大量获得的是间接经验。从学生的日常生活情境出发进行数学教学,只能是启发性'导入'的一种加强和补充,不能取消或代替'导入'教学环节的设置。坚持'导入新课'的教学研究,弄清它和'情境设置'的关系,是我们的一项任务。"

(2) 中国的"尝试教学"与"(学生主动)探究、发现"

"'尝试'的含义是:提出自己的想法,可以对,也可以不对;可以成功,也可以失败;可以做到底,也可以中途停止。尝试,不一定要‘自己’把结果发现出来,但是却要有所设想、敢于提问、勇于试验。”

对照与分析:“‘尝试教学’的含义较广,它可以延伸为‘探究、发现’。‘尝试教学’,可以在每一节课上使用,探究、发现数学规律,则只能少量为之。‘尝试教学’,应该从理论上进一步探讨。”

(3) 中国的“师班互动”与“合作学习”

“‘师班互动’是课堂师生互动的主要类型……中国的数学教师采用了‘设计提问’‘学生口述’‘教师引导’‘全班讨论’‘黑板书写’‘严谨表达’‘互相纠正’等措施,实现了师生之间用数学语言进行交流,和谐对接,最后形成共识的过程。这是一个具有中国特色的创造。”

对照与分析:“小班的合作学习,与大班的‘师班互动’,各有短长。不过,大班上课是中国国情所决定的,它仍然是主流。”

(4) “提炼数学思维方法”

“数学教学中关注数学思想方法的提炼,是中国数学教育的重要特征。长期以来,我国的数学教学重视概念的理解,证明的过程,解题的思路,提倡数学知识发生过程的教学,这些都是重视数学思想方法的教学理念。”

对照与分析:“到现在为止,西方的数学教育界还没有提出能够直接与‘数学思想方法’相对应的数学教育研究领域。至于‘过程性’教学目标的提法,则比较笼统。”

由张奠宙先生的以下言论我们可了解他目前在这方面的基本观点:“经过百年发展,中国数学教育已经逐渐成熟。今天,建设具有中国特色的数学教育,是摆在我们面前的一项重要任务,我们已经有不少自己的特色,只是没有提升为理论而已。比如,我们实行新课导入,西方叫做创设情境;我们有尝试教学,西方则主张探究;我们实行师生互动,西方则主要分组合作;我们保持必要的记忆和接受式学习,西方则强调发现;我们采用变式训练,注意提炼数学思想方法,西方则偏重学生的数学活动;等等。这些与西方不尽相同的特色,很值得我们深入思考。数学教育学还是一门朝阳学科,没有像牛顿力学、相对论那样具有世界定论的理论,中国可以发出自己的声音,参与讨论。但我们既不可固步自封、夜郎自大,也不可妄自菲薄,失去自信。要努力建设有中国特色的数学教育。”(赵雄辉,“中国数学教育:扬弃与借鉴”,同前)

当然,我们又只需与先前关于教学模式改革的论述作一对照就可发现张奠宙先生的立场有逐步深化或改变的过程。在笔者看来,这也是知识分子应有的一种品格,即是对于真理的执着追求,包括勇于否定自己;当然,从更宏观的角度看,这也清楚地表明:积极实践基础之上的认真总结与反思,特别是,不断发现问题、解决问题,正是我们不断取得新的进步,包括推动课程改革深入发展的基本途径。

二、传统的必要发展

固步自封当然也应被看成一种绝对化的立场;恰恰相反,我们不仅应当高度重视中国数学教育教学传统的很好继承,也应十分重视传统的必要发展。应当强调的是,这是发展传统的一个有效途径,即是注意吸取国外的先进经验和有益启示。更一般地说,这也是我们面对不同的数学教育传统,特别是东西方数学教育传统时应当采取的基本立场,即与任一绝对化的立场相对立,我们应当更加强调两者的相互补充、相互渗透与相互促进。

就后一方面的具体工作而言,我们又应特别强调学习国际上的现代理论,因为,就只有从理论高度进行再认识,我们才能很好实现由不自觉状态向自觉状态的重要转变,即如更好地理解相关传统的合理性,并能由纯粹的经验总结上升到"理论指导下的自觉实践",也即不仅知其然,也知其所以然;另外,由于新的理论往往意味着采取了不同的分析视角,或是达到了更大的认识深度,因此,以此为背景进行分析思考也就容易发现已有传统或经验的不足之处,从而为进一步发展指明努力方向。

以下就以"双基教学"等传统数学教学思想为对象做出具体分析。

1. "双基教学"的必要发展

如众所知,"双基教学"是中国数学教育传统十分重要的一个组成部分,而其最基本的思想就是"夯实基础",包括数学基础知识与数学基本技能。尽管这一传统有很大的合理性,但在现实中我们又可经常看到一些不尽如人意的地方。例如,主要地也就是基于这样的考虑,有学者提出:"需注意的是,并非数学基础越多,数学创新就越强,两者并不存在正比例关系。如果数学基础过于零碎庞杂或僵化呆板,反而会限制和禁锢数学创新。"(刘兰英,"创新正是当下中

国数学教育之急需”,《人民教育》,2010年第18期)

那么,我们究竟应当如何去认识与实践“双基教学”呢?由现代认知心理学的研究我们即可在这一方面获得重要的启示。

具体地说,我们首先即应从认知的角度对“什么是双基?”做出更深入的分析。第一,如果说各个数学概念或命题、公式、法则等都可被看成整体性概念网络(认知结构)上的不同结点,那么,就只有那些具有更广泛的联系,从而在认知结构中占据重要地位的概念和命题等才能被看成真正的“基础知识”。第二,由于技能在人的头脑中主要是以“产生式系统(production system)”的形式得到表征的:单个的程序或产生式系统可以被用于解决单一的问题,复杂问题的解决则需要多个程序或产生式系统的联接或组合,因此,按照各个程序或产生式系统得到应用的广泛程度,我们也可对各个范围内数学技能的“基本性”做出具体判断。

其次,上述分析显然表明,我们不应将“数学基础知识”等同于各个孤立的“知识点”,恰恰相反,就数学知识的教学而言,我们不仅应当帮助学生较好地掌握各个基础知识,而且也应十分重视如何能将所说的知识与其他知识联系起来,从而形成整体性的知识网络。这也就是指,“数学知识的教学,不应求全,而应求联”。同样地,就数学基本技能的教学而言,我们也不应满足于简单的重复,而应努力帮助学生学会如何能在各种变化了的条件下对此做出辨识和应用。这也就是指,“数学技能的教学,不应求全,而应求变”。(对此并可见郑毓信、谢明初,“‘双基’与‘双基教学’:认知的观点”,《中学数学教学参考》,2004年第6期)

特殊地,由于所说的“求联”与“求变”显然与上述关于“数学基础过于零碎庞杂或僵化呆板”的弊病直接相对立,因此,在笔者看来,这就确实为我们如何发展“双基教学”这一传统,包括克服可能的弊病指明了努力方向。

2. 由“熟能生巧”到自觉学习

这是李士锜教授1996年发表的一篇论文:“熟能生巧吗”(《数学教育学报》,1996年第3期),其主要内容就是依据国际上数学学习心理学的现代研究成果(这主要是指以色列学者斯法德关于“凝聚”在算术与代数学习过程中重要作用的分析)对中国数学教育界“熟能生巧”这一传统做法的合理性进行了说明:适当的练习应当被看成理解学习的必要前提,从而就获得了数学教育界的普遍肯定。

进而,如果说上述工作清楚地表明了认真继承传统的重要性,那么,这又是李士锜教授一系列后继工作的可贵之处,即是进一步指明这一作法也有一定的局限性:“熟能生巧”,但未必“生巧”,甚至还可能“熟而生厌”“熟而生笨”。

那么,我们在实践中又应如何避免上述弊病呢?在笔者看来,国际上的相关研究也为我们提供了直接启示。

具体地说,这正是笔者在这方面的基本想法:上述现象的出现主要是因为现实中“熟能生巧”常常表现为一种不自觉的行为,从而,为了彻底改变所说的现象,我们在教学中就应努力帮助学生很好地实现由所说的不自觉状态向更自觉状态的重要转变。

例如,按照现代数学学习心理学的研究,所谓的“凝聚”,也即由“过程”向“对象”的转化,主要包括以下三个步骤:(1)内化;(2)压缩;(3)客体化。由此可见,为了很好地实现“熟而生巧”,我们就不应停留于单纯的“练习”,包括实物操作和数学运算,而应更加重视如何帮助学生实现操作或运算的“内化”。另外,这也是国际数学教育领域关于“问题解决”的现代研究给予我们的一个重要启示,即是为了帮助学生很好实现由被动的“熟能生巧”向更自觉状态的转变,教师应当发挥重要的导向作用,特别是,由于反思正是实现上述转变的关键,因此,在加强练习的同时,教师就应经常问及这样几个问题,直至帮助学生逐步养成向自己提这些问题的习惯:“我们现在在做什么?”(what?)“为什么要这样做?”(why?)“这样做了究竟又有哪些实际效果?”(how?)(对此并可见另文“由‘熟能生巧’到自觉学习”,《数学教育学报》,1999年第2期)

由于中国学生在单纯练习上花费的精力实在太大,由被动意义上的“熟能生巧”向更自觉状态的转变就将是中国数学教育的一次重要飞跃。显然,就我们目前的论题而言,这也更清楚地表明了对传统做出发展的重要性,特别是,我们即应很好克服或解决已有传统的不足之处。

3. 变式理论的可能发展

“变式教学”也是中国数学教学传统十分重要的一个组成部分,顾冷沅先生及其合作者在这方面做出了重要贡献:“顾冷沅对变式教学进行了系统而深入的实验研究与理论分析。这项研究主要涉及两个方面的工作:一是对传统教学中的‘概念变式’进行系统的恢复与整理;二是将‘概念式变式’推广到‘过程性变式’,从而使变式教学既适用于数学概念的掌握,也适用于数学活动经验的增长。”(鲍建生、黄荣金、易凌峰、顾泠沅,“变式教学研究”,《数学教学》,2003年第1—3期)

尽管我们应当充分肯定将“概念性变式”推广到“过程性变式”,以及对这两者做出清楚区分的重要性;但在笔者看来,相对于各个细节而言我们又应更加重视两者的共同本质:我们应当通过恰当变化突出其中的不变因素,这也就是指,变化是认识的手段,而我们的目的则是通过变化(与对照)帮助学生更好认识其中的不变因素,也即概念或问题的本质。(对此并可见另文“变式理论的必要发展”,《中学数学月刊》2006年第1期)

例如,在笔者看来,我们显然就可从后一角度更好地理解如下的教学建议:就数学概念的教学而言,除去所谓的“概念变式”与“标准形式”以外,我们还应有意识地引入“非概念变式”和“非标准形式”,从而就可通过对照比较帮助学生更好掌握相关概念的本质。

另外,在充分肯定“变式教学”对于数学教学积极意义的同时,我们也应十分重视如何能对这一传统做出新的发展。例如,在笔者看来,近年来得到迅速发展的“多元表征理论”(3.7节)就在这方面为我们提供了重要启示。

具体地说,这正是学习心理学在当前的发展趋势,即是更加强调了数学概念心理表征的多元性,这也就是指,如果说对于数学概念本质的突出强调即可被看成所谓的“单一表征理论”的主要特征,前者并就常常被等同于概念的严格定义,那么,“多元表征理论”就更加强调了这样一个事实:数学概念的心理表征常常包含有多个不同的方面或成分,而且,这些方面或成分对于概念的正确理解都有重要的作用,也正因此,与片面强调其中的某一成分相对照,我们就应更加重视不同方面的联系与必要整合。

由此可见,就变式教学的具体实践而言,我们就不应唯一强调概念的严格定义,特别是,除去“非概念变式”和“非标准变式”以外,我们也应十分重视图像、隐喻、手势等多种教学形式的应用。更一般地说,这也就是指,我们应从更广泛的角度去理解所谓的“变式”。

当然,上述分析并非是指我们在教学中完全不用注意对于数学概念本质的理解与准确把握;恰恰相反,在笔者看来,这正是“多元表征理论”给予我们的重要启示:如果说传统的“变式教学”所强调的是变化中的不变因素,以及我们如何能由“多”逐步深入到“一(本质)”,那么,在明确肯定上述发展合理性的同时,我们又应清楚地看到:这里所说的“一”不应是一种绝对的“一”、僵化的(割断了历史与发展的)“一”,而应是具有丰富多样性的“一”、整合意义上的“一”,后者有很大的可变性与灵活性,即是处于不停的流动或变化之中。[①]

应当强调的是,上述论述实非咬文嚼字,而是希望清楚地表明这样一点:“多元表征理论”确可看成从一个角度为我们在教学实践中如何更好地应用与发展“变式教学”指明了努力方向!

三、 转向实践性智慧

相对于一般意义上的数学教育传统而言,当前较流行的一些教学模式(方法)不仅更加具体,也很好地体现了一线教师的这样一种努力,即是希望通过积极的教学实践总结出普遍性的教学模式(方法),从而就可对改进教学发挥一定的促进作用;又由于这正是以下所提及的“自学・议论・引导”与“后‘茶馆式’教学”的共同特点,即其都经历了 30 多年的发展,教师都明确地强调了应当随着时代的进步对自己的模式做出新的发展,因此,以此为例进行分析我们也就可以获得关于“如何发展自己的传统与教学经验”的有益启示。

具体地说,所谓的“自学・议论・引导”是江苏省南通市著名数学特级教师李庾南老师从 20 世纪 70 年代末起一直倡导的一个教学模式;李庾南老师曾对自己的这一工作做了如下概括:“虽然‘自学・议论・引导’教学法名称没变,但内涵已有很大的变化,这也表明,任何教学模式都有其时代合理性,但如果固守这一合理性,自我封闭,而无视时代的变化,不对模式进行深入研究和改进,那么其生命力是不会长久的。”(余慧娟,“我怎么看当下流行的教学模式——特级教师李庾南访谈录”,《人民教育》,2011 年第 7 期)另外,如果说“读读、议议、练练、讲讲”集中表明了上海的段力佩老师在上世纪 80 年代提出的“茶馆式教学”的主要特征,那么,现今所说的“后‘茶馆式’教学”就已发展成了“读读、议议、练练、讲讲、做做”,也即由单纯的“书中学”发展成为“‘书中学’和‘做中学’两种方

① 考虑到教学中普遍存在的“教学的规范性”与“学生的个体特殊性”之间的矛盾,对于这里所说的“一”我们还可做出如下的进一步诠释:数学概念教学所追求的不应是绝对的同一、强制的统一,而应是具有较大开放性的“一”,包含一定差异的“一”。

式并存。”(张人利,“后‘茶馆式’教学”,《人民教育》,2011年第5期)

还应强调的是,尽管这两种教学模式的内涵不尽相同,它们都形成于新一轮课程改革实施之前,但这又是两者的又一共同之处,即都突出地强调了学生的自主学习,从而也就在很大程度上表现出了与新一轮课程改革基本理念的一致性,尽管人们普遍地认为新一轮课改的基本理念主要体现了西方的影响。例如,这也就如马飞龙教授在接受访问时所指出的:“中国大陆、中国香港地区、中国台湾地区及日本……的课程改革倡导建构主义、学生中心、创造性、批判性、一般能力等。这些是来自西方的影响。”(余慧娟,“什么是好的教学——就中国教师关心的问题访马飞龙教授”,同前)

在笔者看来,又正是上述的“一致性”为新一轮课程改革的成功实施提供了必要基础,因为,如果没有这种“内在的生长点”,一种纯粹由外部引入的理念或做法就不可能在真正扎根于中国大地,并得到健康的成长。

进而,作为积极的反思,我们似乎又应引出这样一个结论:与纯粹的“外部输入”相比较,更加重视“内在成分”的生成与推广可能是更好的一种改革方式,包括如何能够通过“内外成分”的比较清楚地认识我们应当如何对已有的传统和经验做出必要的发展。

其次,这也是这两种教学模式或教学方法的共同发展轨迹,即由主要集中于学生的(有意义的)“接受性学习”转而认识到了应当更加重视学生的“研究性学习”。例如,这事实上就可被看成所谓的“书中学”与“做中学”的主要区别所在:“我们把学生掌握间接知识的有意义接受性学习称作‘书中学’,把学生掌握直接知识的研究性学习、实践性学习称作‘做中学’。”(张人利,“后‘茶馆式’教学”,同前)另外,由李庾南老师关于学生自学活动三个水平的以下区分我们也可清楚地看出这样一点。“在‘自学·议论·引导’教学法的课堂中,一般有三种水平的自学活动:一是‘接受性’的自学活动,即自学演绎性材料……习得知识;二是‘生成性’的自学活动,即在新知识的背景,或凸显知识本质特点的情境中,自主建构知识;三是‘创新性’的自学活动,即由思维的拓展延伸、知识的迁移形成新知识。”(余慧娟,“我怎么看当下流行的教学模式——特级教师李庾南访谈录”,同前)

应当强调的是,上述共同点事实上也很好地体现了数学教育的整体性发展,特别是新一轮课程改革对于一线教学的重要影响。更一般地说,这也就是指,我们应当始终坚持"放眼世界、立足本土"这样一个基本立场,特别是,即应认真学习与吸取国外的有益思想和经验,从而就可做到更大的先进性和前沿性。

另外,从更深的层次进行分析,笔者以为,我们在此又可看到这样一条发展线索,即是由先前主要集中于教法的研究转而认识到了应当更加重视对学生的研究。这也就如李庚南老师所指出的:"我们由首先研究'教'到首先研究'学',研究'主体性学程'的导进技艺。"(余慧娟,"我怎么看当下流行的教学模式——特级教师李庚南访谈录",同前)

上述发展显然也有很大的合理性,因为,对于学生数学学习活动,特别是内在思维过程的很好了解正是教学工作的重要前提:这不仅直接关系到了教师应当如何去教,也关系到了我们应当教什么样的数学,直至数学教育的基本目标。然而,也正是以国际上的相关发展为背景进行分析,我们就可发现这方面工作的一个不足之处。具体地说,如果说国际数学教育理论研究在2000年以前主要集中于学生的学习活动,那么,对于教师与教学实践的高度关注现就已经成为了研究工作的焦点。例如,调查表明:在现有的数学教育理论研究中有2/3集中于后一主题,关于学生数学学习活动的研究则只占1/4左右,从而相对于前些年人们主要集中于学生数学学习的情况就已有了很大的变化。另外,按照著名数学教育家斯法德(A. Sfard,她也是国际数学教育界2007年弗赖登塔尔奖的得主)的观点,对于数学教育理论研究的历史我们可做出如下的概括:20世纪的六七十年代可称为"课程的时代",因为,当时人们主要集中于课程与教材的开发;其次,如果说20世纪的最后20年可以形容为"学习者的时代",那么,在过去几年中我们就已进入到了"教师的时代",这也就是指,研究者们现在更多地聚焦于教师的教学行为。(What can be More Practical than Good Research? —— On the Relations between Research and Practice of Mathematics Education, *Educational Studies in Mathematics*, 2005(3):393-413)综上可见,我们的工作就不应停留于"了解学生",而应深入地去研究如何能够通过自己的教学更有效地促进学生的发展。

当然,就后一方面的具体工作而言,我们还应特别强调这样一点,即是应当明确反对对于时髦潮流的盲目追随,以及认识上的绝对化与作法上的片面性。例如,在笔者看来,以下论述就多少表现出了这样的迹象,即是对于由"教师提出问题”转向“由学生自己提出问题”的突出强调:我们应当“努力改变教师提出问题让学生自学钻研的局面,营造激发学生自己提出问题的情境,运用评价机制激励学生自己提出问题、自己研究问题,并引导学生自我改进。”(余慧娟,“我怎么看当下流行的教学模式——特级教师李庾南访谈录”,同前)

就教学模式和方法的研究而言,笔者愿提出这样几条基本看法:

第一,明确肯定发展的重要性,包括积极引入各种新的教学方法。如“‘书中学’与‘做中学’并存,以‘书中学’为主,但‘做中学’必不可少。这样的教学,更符合学生的学习和认知规律。”(张人利,“后‘茶馆式’教学”,同前)

第二,坚持辩证观点的指导。例如,除去所已提到的“接受性学习与研究性学习并存”这样一个思想以外,我们在教学中显然也应明确提倡学生与教师的“双中心”,也即应当同时肯定学生的主体地位与教师的主导作用。

第三,加强问题意识,并能通过积极的教学实践与认真的总结和反思实现认识的不断深化。例如,在笔者看来,无论就上述关于“学生自学活动”三个水平的区分,还是同一文章中提到的关于“学生议论活动”三个培养阶段的区分而言,我们就都应当更深入地去思考这样一些问题:所说的不同水平究竟是一种单向的、线性的发展,还是应当被看成“情境相关的”,也即与学习内容、学习情境等具有密切的关系?另外,教师在各个水平上又应如何发挥应有的引导作用,特别是,不同的水平或阶段是否可以被看成对于教师具有不同的要求?

第四,坚持教学工作的创造性。特别是,在充分肯定创建一定的教学模式与方法的积极意义的同时,我们又应始终坚持这样一个立场:“教学有法,教无定法。”值得指出的是,后者事实上也可被看成“自学·议论·引导”教学模式与“后‘茶馆式’教学”方法的又一共同点。如“后‘茶馆式’教学不强调教学模式的统一性,不规定‘读’‘议’‘练’‘讲’‘做’的教学用时……也不规定‘读’‘议’‘练’‘讲’‘做’的教学顺序……更不要求教师在课堂教学中拘泥‘读’‘议’‘练’‘讲’‘做’的完整性。”(张人利,“后‘茶馆式’教学”,同前)又,“学习的关键在于学习者自己教学,所以既可以先学后教,也可以先教后学,没有硬性的规定。”(余慧娟,“我怎么看当下流行的教学模式——特级教师李庾南访谈录”,同前)

显然,上述几点在很大程度上也可被看成我们在“传统与经验的继承及发展”这一问题上应当坚持的基本立场。

4.3 中国数学教育的“问题特色”①

“中国数学教育的‘问题特色’”，是《小学数学教师》编辑部主办、江苏省太仓市教育局承办的一次以小学教师为主体的专题研讨会(2017 年 11 月)。这次会议没有安排任何教学观摩，而是完全集中于主题报告与研讨，应当说不很寻常，会议更以诸多优秀小学数学教师的相关研究作为研讨的直接基础，从而就较好地体现了理论研究者与一线教师的积极互动与合作；另外，会议的主题还涉及了“中国数学教学传统”十分重要的一个方面，或者说，即是为我们很好继承与发展相关传统指明了努力方向，从而也就应引起我们的高度重视。以下就从上述角度对此做出综合介绍与分析。

一、从“中国数学教育的‘崛起’”谈起

在张奠宙先生新近发表的一篇文章中，他思考了这样一个问题：“可以说‘中国数学教育崛起’吗？”(《中学数学月刊》，2017 年第 1 期)。引发这一思考的直接原因是上海学生在 PISA 数学考试中取得了优异成绩，从而在国际上引起了较强反应：“美国前总统奥巴马认为，上海学生的 PISA 数学考试成绩堪比 1957 年的苏联卫星率先上天……英国教育大臣访问上海，启动中英数学教师交流，BBC 电视台播出数学教育中英对比的专题节目。”

现在的问题是：我们究竟应当如何看待中国数学教育的整体情况？以下就是一些相关的事实。

第一，中国学生在国际测试中的优异表现并非始于 PISA，恰恰相反，从 1989 年我国正式参加各种大规模的国际教育成就测试起，数学就一直处于领先地位。如 1989 年 2 月我国学生首次参加由美国教育测试中心组织的第二次国际教育成就评价研究(IAEP)，数学成绩就在 21 个参与国与地区中占据首位。

① 原文发表于《数学教育学报》，2018 年第 1 期。

（刘远图，《初中数学和科学教育水平测试及其分析》，新世纪出版社，1992）除此以外，我们当然还应提及中国学生在历次国际数学奥林匹克竞赛中的优异成绩，从而就常常被誉为“中国数学教育的‘双第一’”。但是，尽管上述成绩曾在一定范围和时间内引起国际同行的注意，但这又应说是国际数学教育界中长期占据主导地位的一个观点，即是认为中国数学教育与西方相比较为落后，也正因此，有不少国际同行就有意或无意地对中国数学教育的优异成绩采取了“淡化”，甚至是“视而不见”的态度，即使有学者表现出一定关注，也主要是一种不解与疑惑的态度，对此例如由所谓的“中国学习者悖论”就可清楚地看出：“一种较差的数学教学怎么可能产生较好的学习结果?”（D. Watkins & J. Biggs, [ed.] *The Chinese Learner: Cultural, Psychological and Contextual Influence*, The University of Hong Kong, 1996）

在此还可提及一些年前在中国数学教育界占据主导地位的这样一个观点，而其直接论据往往也是一些外国专家的相关评论，即如“我们的基础教育是过时的、落后的，需要做重大改革”；“这是我们行之已久的认为很高水平的课，但就是这样的课，是需要根本上变革的”；“全国1300万教师需要改变教育方式，3亿学生需要改变学习方法，6亿以上的家长需要改变帮助孩子们学习的做法。”（王宏甲，《新教育风暴》，北京出版社，2004）

由此可见，现今对于中国数学教育的认同，主要体现了西方社会主流态度的转变，以及我们自身文化自信的提升。

那么，我们是否可以认为过去十多年中中国数学教育发生了根本性的变化，从而改变了人们对于中国数学教育的整体评价？为此不妨具体地关注一下什么是国际同行对我们的主要兴趣。

第二，以下就是“中英交流项目”英方领队黛比·摩根女士的相关论述：“英国从与上海的交流项目中学习到的有益经验，可以用‘掌握’一词来加以描绘和概括。……在观察上海的数学课堂时，让我们印象特别深刻的是：似乎所有的学生对数学学习各个阶段的不同要求都有很好的掌握。没有学生被落下。这和英国的情况截然相反。”以下则是英方对于构成“‘为了掌握而教’的有效支持策略”的具体分析：“精心的教学设计、增强课程连贯性、优化教材使用、变式教学、开发‘动脑筋’（指‘拓展练习’）栏目、发展学生对数字事实的熟练程度等。”（“英中交流项目——一项旨在提升英国成就的策略”，《小学数学教师》，2017年

第7—8期）

由此可见，西方由中国数学教育获得的启示主要都可被归属于“中国数学教学传统”的范围，这也就是指，这些“有益经验”对于中国数学教师几乎都可说是司空见惯、十分寻常，从而往往也就未能给予足够的重视，尽管我们天天都在这样做。

还应提及的是，这事实上也是国际数学教育界在这方面的一项共识，即是认为教育国际比较的主要作用并非为各国改进教育提供一个普遍适用的蓝本，而是提供了一面镜子：借此我们可以更好地认识自己，包括以此为基础做出深入反思，从而不仅可以更好发挥自己的长处，也可通过向其他国家学习纠正或改进自己的缺点与薄弱环节。（郑毓信，“数学教育国际比较研究的合理定位与方法论”，《上海师范大学学报》，2004年第3期）

由此可见，简单认定中国数学教育在过去十多年中已经发生了天翻地覆的变化，乃至现今已不存在任何严重的弊病或不足问题，是一种过于简单的看法。相信读者由以下分析即可更好地认识到这样一点。

第三，事实上，除去极少数刻意的“评功摆好”以外，中国数学教育、乃至一般教育的问题或不足之处应当说十分明显，特别是，尽管“全面推进素质教育”早已成为我们的既定国策，包括实施了如此大规模和长时间的课程改革，但就“应试教育”的纠正而言，却很难说已经取得了多大成绩！例如，面对以下事实相信任一稍有责任心的教育工作者都会感到深深的自责和悲哀：在21世纪的中国居然会出现像衡水中学、毛坦厂中学这样的以“应试”为唯一宗旨的“另类学校”，并且生源滚滚，经久不衰；再例如，如果说先前的“补课潮”主要限于部分高中生，现在已扩展到了小学甚至是幼儿园，更有越演越烈、愈加不可阻挡之势：我们的下一代从幼儿园起就已深深地被卷入到了“补课文化”中，既没有课外娱乐，也没有放松的周末，有的只是奥数与外语辅导班等，难道快乐的童年真的会在我们这一代永远消失？再者，面对如下的“豪言壮语”，作为一名教育工作者，特别是教育的主管部门我们难道不应认真地做点什么吗？2016年1月，在“好未来”的年会上，“学而思”创始人张邦鑫说：“未来十年，我们会在超过100个城市开线下学校，线上线下服务超过1亿人次学员，每年会给学生上10亿次课，提供超过100亿课时服务，整个集团收入会达到100亿。”（“疯狂学而思”，《都市快报》，2016年11月9日）

第四，除去所提及的国际测试，我们显然还应从各个方面对中国数学教育(乃至一般教育)的整体情况做出更全面的分析。尽管缺乏具体研究，包括必要的数据支持，笔者仍然愿意提及个人的这样一个感受：与美国相比，中国的小学教育肯定要比他们好，初中阶段或许可以说大致相当，但从高中开始情况就完全颠倒过来了，出现后一变化的主要原因还是“应试教育”。以下就是几位曾先后在中美两国任教的数学教师的具体体会：“人到16岁开始成人，知道自己要有人生目标，优秀生开始思考未来，这是一个人成长、成型的关键时期。中国学生却在这两年天天复习高考”；“美国的优秀学生不断向上攀升，中国学生天天做高考题。中国高中的‘空转’，在最容易吸收知识、开始思考人生的年龄段，束缚于考试。更令人心焦的是，许多顶尖的中学，对‘空转’现象不觉得是问题。自我感觉良好。”(“中国数学教育的软肋：高中空转——美国奥赛教练冯祖鸣等访谈录”，《数学教学》，2007年第10期)

由此可见，如果我们完全无视相关事实，而只是一味地畅谈“教育的巨大进步”“课程改革的巨大成绩”等，乃至认为只需通过提倡“核心素养”就可实现课程改革的深入发展，包括彻底解决“应试教育”的问题，那么，即使不说是纯粹的“自欺欺人”，恐怕也只是一个美丽的幻想！与此相对照，只有坚持教育的“问题导向”，我们才能通过发现问题、解决问题取得切实的进步。

总之，我们在任何时候都应坚持这样一个立场，即是我们对于中国数学教育既不应妄自菲薄，也不应盲目自大，而应切实增强自身在这一方面的自觉性，特别是，即应通过认真总结与反思、包括对照比较，很好弄清什么是中国数学教育的主要优点，我们又如何能够更好地对此予以继承与发展，从而不仅将自己的工作做得更好，也能对数学教育这一人类的共同事业做出我们的应有贡献，包括进一步增强我们的文化自信。

二、为什么应当特别重视“问题引领”与“问题驱动”？

但这不也正是过去十多年中诸多改革措施的基本诉求吗，即是通过积极倡导一些新的理论思想促进我国数学教育，乃至整个教育事业的深入发展？以下更可被看成相关发展的一条主线：

“双基”→“三维目标”→“四基”→“核心素养”……

确实，这些都可被看成这方面的积极努力，但在笔者看来，我们又应更加关注这些工作对于广大一线教师（进而，对于实际教学工作）究竟产生了怎样的影响？以下就是一位教师的相关体会（俞正强，“比小学数学课堂教学目标更重要的是什么”，《人民教育》，2017 年第 10 期）：

“我是 1986 年参加工作的，教小学数学。当时的教学目标称为‘双基’，即基础知识，基本技能……

“到了 2000 年左右，新课程改革了……改革的显著之处在于将‘双基’目标改为‘三维目标’。……于是，我努力将自己的教学目标调整为‘三维目标’。可是，从此我发现，写教案的时候，我已经不会写教学目标了。因为我发现每节课都有特定的基础知识、基本技能，却很难区分出每节课的思想方法。

“当思想方法成为教学目标的时候，发现上节课也这样，下节课也这样。更痛苦的是，实在不知道这节课的情感态度价值观与上节课有何不同。……就这样迷茫了，在迷茫中努力地教学。……

“到 2010 年，好像又修改了，‘三维目标’还是不对。作为一个一线数学教师，很认真地接受新的‘四基’目标……让我抓狂的是‘基本经验’，不知道如何去落实……教师们看我一脸困惑的样子，告诉我：教书啊，别想那么多……

“从 2016 年开始，‘四基’目标好像又不大重要了，代之以‘小学数学核心素养’。因此，讨论环节有位专家问我：‘你这节课，培养了什么核心素养？’我当时就被问蒙了……尽管课上成功了，大家也认为上得挺成功的，但面对这个问题，我真的不知从何说起。”

当然，除去从教学实践的角度进行分析以外，我们也应从理论高度对上述各个主张做出深入分析；但在笔者看来，这确又十分清楚地表明了这样一点：任何单纯强调“由理论到实践”的单向运动、并因此采取了“由上而下”这一运作方式的改革都很难取得真正的成功，甚至很容易导致形式主义泛滥等严重弊病（当然，这也是相关工作应当重视的一个问题，即是指导思想的相对稳定，而不应朝令夕改）。

与此相对照，我们应当更加重视理论与实践的积极互动，特别是，不仅应当认真做好“理论的实践性解读”，也应切实做好“教学实践的理论性反思”，即应立足实际教学积极地开展研究，从而总结出普遍性的经验与理论，更应努力实现这样一个要求，即是让广大一线教师都能学得懂，用得上。

正是从上述角度进行分析，以下一些来自一线教师的研究就应引起我们的高度重视:"'大问题'教学"(黄爱华),"用'核心问题'引领探究学习"(潘小明),"'问题驱动式'教学"(储冬生),"核心问题教学"(王文英),"'真问题'教学"(陈培群),"问题引领儿童学习"(张丹)等。因为,就整体而言,这清楚地表明了"问题引领"与"问题驱动"对于数学教学的特殊重要性,或者说,后者在很大程度上应被看成"中国数学教学传统"十分重要的一个方面。另外,对于广大一线教师而言,这显然也有这样一个优点,即是容易学,更可被用于教学工作的每一天、每一节课。

但是,从理论的角度看,"问题引领"与"问题驱动"对于数学教育是否真的特别重要?以下就是几个应当深入思考的问题:(1)学生的数学学习为什么需要引领?(2)我们应当如何进行引领?(3)什么又是"问题引领"的主要方向?

以下就依据数学学习活动的本质、基本的教学思想与数学教育的主要目标对此做出具体分析。

首先,学生数学水平的提高应当说主要依靠后天的学习,并主要是一个文化继承的过程,教师更应在这方面发挥重要的指导作用。显然,这就清楚地表明了对学生的数学学习进行引领的必要性。

其次,除去教师的主导作用以外,我们当然也应明确肯定学生在学习活动中的主体地位。但是,我们究竟如何才能实现所说的"双主体"呢?由以下实例可以看出,这也直接关系到了"问题"在教学活动中的重要作用:

这是2005年走马上任的校长孙石锁在河南省濮阳市第四中学开展的一项教改实验,他在这方面的基本认识是:"只强调学生的主体性,课堂太'活';只强调教师的主导性,又太'死'。""我们就搞一个'半死不活'的。"("一场改变学校命运的课堂教学革命——河南省濮阳市第四中学教学改革纪实",《人民教育》,2009年第6期)

当然,改革的道路并非一帆风顺。具体地说,他们曾先后尝试过"生生互动—师生互动—反馈检测"的"三段式教学改革",后来又"在'生生互动'前加上一个'学生自学'环节:一上课,先让学生自己看几分钟课本。看完了,让他们提问题,老师围绕这些问题展开教学"等,但结果都不理想;而又正是通过不断的总结与反思,产生了以下做法:

"学校想了个办法:让教师写'教学内容问题化教案'。""2008年寒假,孙石锁强迫教师做了一件很'不人道'的事,让教师利用寒假写完一个学期的问题化教案。每节课只写一个问题。"

"'教学内容问题化教案'是让老师知道自己该教什么,让学生知道自己想学什么。这是三段式教学法的主线。……老师和学生都应以问题为中心进行双向的互动,实现双主体的双互动。"

由此可见,"问题引领"正是教学实现"双主体"最有效的一个手段;另外,这显然也是现实中人们何以往往同时强调"问题引领"和"问题驱动"的主要原因。

最后,笔者以为,数学教育的主要任务应是促进学生思维的发展,特别是,即应通过我们的教学帮助学生逐步学会更清晰、更深入、更全面、更合理地进行思考,并能由"理性思维"逐步走向"理性精神",也即真正成为一个高度自觉的理性人。

这也正是"问题引领"与"问题驱动"的主要方向。

更一般地说,如果说在先前人们往往比较注重教学的"实""活""新"(周玉仁语),那么,我们在当前就应更加重视教学的"深度"。当然,我们也应清楚地认识"深度"与"广度"之间的辩证关系:只有从更广泛的角度,也即用联系的观点进行分析思考,我们才能达到更大的认识深度;反之,也只有达到了更大的认识深度,我们才能更好发现不同对象之间的联系。

综上可见,我们就应十分重视数学教学中的"问题引领"与"问题驱动",这可被看成我们继承与发展"中国数学教学传统"的一个很好切入点。

以下就是这方面最紧迫的两项任务:

第一,实践经验的理论梳理与总结,包括概念的必要澄清。对此例如由以下诸多相关概念的同时存在就可清楚地看出:"大问题""核心问题""顶层问题""重要问题""基本问题""本原性问题""问题串""问题链""问题引领""问题驱动""问题导向""问题意识"……

以下就是一个可能的理论框架(图 4-1):

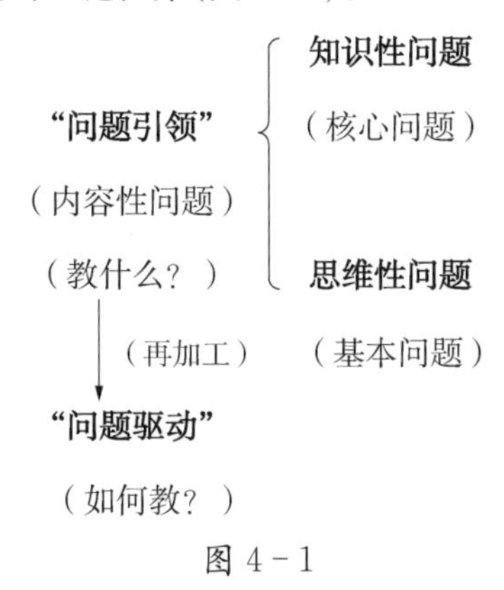

图 4-1

第二，理论的实践性解读，特别是，教学中我们应当如何提炼相关的“核心问题”？对于后者我们并应做广义的理解：这不仅同时包括“知识性问题”和“思维性问题”，也应很好地发挥“引领”与“驱动”的双重作用。

以下就主要围绕这一问题做出进一步的分析。

三、“核心问题”的提炼

1. 这方面的一个首要工作是：我们应当通过教学内容的整体分析，特别是研读教材提炼出相应的“知识性问题”。

进而，这又是相关工作的关键：我们应当采取宏观的视角，也即应当从较大范围去分析什么是相应的“核心问题”，并以此统领相关内容的教学。

因为，只有对象多、乱、杂，才有必要做出整体分析，即是希望通过整体分析和理清脉络找出其中的核心，从而起到提纲挈领的作用。当然，又如前面所指出的，之所以要采取“问题”这样一个形式，则是希望学习者能够成为认识的主体，而不只是被动地接受现成的结论。

也正因此，上述问题就已获得教材编写者的普遍关注。如“《新数学读本》主要是通过知识问题化和问题知识化的设置，促使学生完成对数学知识、数学思维、方法的主动建构”。（杭州现代小学数学教育研究中心，“学习方式的转变与知识在教材中的存在方式——《现代小学数学》新读本编写思路”，《小学数学教师》，2005 年第 11 期）又，“由‘情境串’引出‘问题串’。选取密切联系学生生活、生动有趣的素材，构成情境串，引发出一系列的问题，形成问题串，将整个单元的内容串联在一些……”（山东省教学研究室，“义务教育课程标准实验教科书（数学）”，青岛出版社，2003，“后记”）由此可见，这就是我们在研读教材时应当特别重视的一个问题：相关内容是围绕哪些问题展开的；我们还应帮助学习者对此也有清楚的认识，或者说，就只有在后一种情况下后者才可被认为较好地掌握了相关的知识与技能。

以下就是这一方面的一个实例。

“教学要有‘长程的眼光’，应该把教学过程的每个环节看作是这节课的一个局部，把每节课看作是整个单元或者教学阶段的一个局部，把每个教学单元或者教学阶段看作是整个小学阶段的一个局部。”“我们给教师发整套教材，让每个教师首先把整套教材的逻辑编排体系和编者的意图弄清楚，比如语文学科要给学生哪些素养、数学学科要培养学生哪些思维方法”；“然后以章节为单位进行备课，逐步树立教师的整体观念。最后具体到每一节的备课。”（“重建课堂——广东省佛山市第九小学教学变革侧记”，《人民教育》，2011年第20期）

进而，这显然也是我们在教学中应当特别重视的一个问题，即是不应过分集中一节课的内容却忽视了整体的把握，我们应将后一方面的认识贯穿于全部的教学活动，也即不仅应当在各个阶段的开始之时清楚地点明相应的“核心问题”，也应在这一阶段的全部过程中不断地重复这些问题，从而真正起到提纲挈领的作用，包括对于核心问题的“再认识”，在复习时则应引导学生围绕这些问题对全部学习过程做出回顾与梳理，从而很好地实现“知识的问题化”与“问题的知识化”。

其次，我们当然也可就每一节课或是相关的几节课去提炼相应的“核心问题”。这也就是所谓的“课眼”。应当强调的是，尽管这里所说的“核心问题”涉及面较小，我们仍应明确肯定相关工作的创造性质，这也就是指，教师应当针对具体的教学对象与环境对教材进行再加工，从而真正适应教学的需要。

就这方面的具体工作而言，当然也应十分重视教学的方法，特别是，如何能将“内容知识”与一般的“教学法知识”很好地结合起来。容易想到，后者事实上也正是美国著名教育学家舒尔曼（L. Shulman）所倡导的“学科内容教学法知识（PCK）”的主要涵义。

笔者在此愿特别强调这样两点。

（1）学科教学是否仅仅涉及了“学科内容知识”与“一般教学法知识”，以及作为两者融合的“学科内容教学法知识”？显然，除去上述两点以外，教师还应对学生的情况有很好了解。对此舒尔曼也有明确论述：“教师需要考虑：学生的能力、性别、语言、文化、动机、先前知识和技能的哪些相关方面会影响学生对于不同形式教学呈现和展示的反应？学生的概念、错误想法、预期、动机、困难或策略会如何影响学生对教学材料的处理、解释、理解或误解？”更一般地说，这也就是舒尔曼何以认为“教师知识”应当包含多项内容的主要原因，即除去“内容知识”“一般教学法知识”与“学科内容教学法知识”以外，至少还应包括“有关学习者及其特性的知识”“教育情境的知识”“有关教育目标、价值、哲学和历史基础的知识”。（《实践智慧——论教学、学习与学会教学》，华东师范大学出版社，

2014,第155页)

由此可见,与唯一强调"学科内容知识"相比,我们应当更加重视"教师知识"的多元化。

(2) 上述的各项知识是否又可被看成纯粹的理论,乃至只要掌握了这些知识,特别是所谓的"学科内容教学法知识",我们就可很好地承担相关学科的教学任务? 对于这一结论我们也应持否定的态度,因为,尽管此时不同学科的差异已不再是唯一的问题,但我们仍应高度重视同一学科内不同分支之间的差异;更重要的是,这还直接涉及了理论与实际教学工作之间的巨大差异。这也就如舒尔曼所指出的:"真正普遍的知识都是一般性的……然而,实践世界则充斥了特殊性和偶然因素的运作。"(《实践智慧——论教学、学习与学会教学》,同前,第384页)应当强调的是,后者并可被看成专业性工作的普遍性特征:尽管我们应当充分肯定专业知识的重要性,但不可能通过某一或某些理论的简单应用就能顺利地解决所面临的各种问题,这在很大程度上并可被看成是由专业工作的复杂性和不确定性直接决定的。

由此可见,相对于单纯的知识学习而言,我们就应更加重视自身能力的发展。显然,就目前的论题而言,这也更清楚地表明了教学工作的创造性质,特别是,我们即应依据具体情境提炼出相应的"核心问题"。

例如,这显然就是上述分析的一个直接结论,即是除去从纯知识的角度进行分析(也即什么可以被看成真正的"重点")以外,我们还应将学生容易混淆的内容、学生中普遍存在的疑惑等(这就是通常所谓的"难点")同样看成"核心问题"的又一重要来源。

再者,尽管我们应当充分肯定创建专门性理论("数学学习论"与"数学教学论")的重要,但教师又应依据具体情况灵活地对此加以运用。例如,如果说这正是数学概念教学应当特别重视的三个问题:(1)是什么? (2)为什么要引入这一概念? (3)什么又是这一概念与其他概念的联系及区别? 那么,就各个具体概念的教学而言,我们又应进一步去思考教学中究竟应当以何者作为真正的重点。例如,就"射线与直线"的教学而言,我们就应以概念的建立作为教学重点,也即应当围绕"什么是射线和直线?"去进行教学,特别是,我们不应期望单纯依靠直观经验就能帮助学生很好建立这样两个概念,而应鼓励学生充分发挥自己的想象。另外,就"百分数"的认识而言,我们则就应当突出"为什么要引入这样一个概念”这样一个问题,也即应当以“为什么要引入百分数”作为“核心问题”,当然,后者事实上也涉及了百分数与一般分数的比较与区分。

2. 就“核心问题”的提炼而言,我们还应特别强调这样一点,即是如何能够通过所说的“问题”引导学生更深入地进行思考? 这也就是指,我们应将所谓的“思维性问题”看成“核心问题”的又一重要涵义。

例如,依据这一立场,我们在教学中显然就应特别重视如何能够通过适当提问将学生的注意力由单纯“动手”转向“动脑”;再者,我们也可从同一角度更好地理解问题的生成性质:这不只是指由原先的问题不断生出新的问题,而主要是指通过“问题链”将学生的思维不断引向深入。

另外,由于在“深度”与“广度”之间存在重要的辩证关系,因此,我们也就应当十分重视从“联系”的角度去提出问题,也即应当将此看成“思维性问题”的又一重要组成成分。

在此还应特别提及这样一个认识:我们应当努力做到以思维方法的分析带动具体知识内容的教学。因为,这不仅可以帮助我们将数学课“教活”“教懂”,也能真正做到“教深”,即在帮助学生很好掌握相应的数学知识和技能的同时也能较好地领会内在的思想方法。当然,这也更清楚地表明了教学工作的创造性质:我们即应通过“方法论的重建”使得相关发现对于学生真正成为“可以理解的、可以学到手和加以推广应用的”。

由于所说的“知识性问题”和“思维性问题”都与学习内容密切相关,对此可以统称为“内容性问题(本原性问题)”;以下则是这方面工作的关键:“考量‘本原问题’更多的是需要思考‘教什么’,需要多关注‘如何走向深刻’。”(储冬生,“问题驱动教学,探究生成智慧”,《小学数学教师》,2017 年第 3 期)

3. 我们还应进一步去思考如何能够通过适当的“问题”很好调动学生的学习积极性,从而主动地进行学习。这也就是指,我们应由单纯的“教什么”进而思考“怎么教”,也即应由单纯的“问题引领”转而同时思考“问题引领”和“问题驱动”。

显然,如果说先前的分析主要涉及了“核心问题”的具体涵义,那么,当前的思考就是指我们应当如何对“内容性问题”做出必要的再加工。

以下就是这方面应当特别重视的一些问题。

(1) 这里的重点并不在于所说的“核心问题”究竟来自何处,而是其最终能否真正成为全体学生的共同关注;实现后一目标的关键则又在于相关问题能否真正激发学生的好奇心和探究欲望(当然,这又应是他们力所能及的),因为,归根结底地说,这正是数学学习的根本:“在人的心灵深处都有一种根深蒂固的需要,就是希望感到自己是一个发现者、研究者、探索者,而儿童的精神世界里,这种需要特别强烈。”

(2) 教学中我们并应依据具体情况灵活应用各种教学方法。例如,我们既可通过适当的情境创设引发学生自己提出问题,也可通过精心设计将学生由“辅助问题”逐步引向相应的“核心问题”;我们既可以放手让学生进行探究,也可通过适当的问题串“浅入深出”地将学生的思维逐步引向深入,等等。

从上述角度我们也可更好地理解诸多相关的研究。如“我们就想找到一种真正是以学为核心的教学,是关注学生的学习,强调给予学生大空间,呈现教育大格局的模式,于是就提出了‘大问题’教学。……大问题强调的是问题的‘质’,有一定的开放性或自由度,能够给学生的独立思考与主动探究留下充分的和探究空间。”(王维花,“‘大问题’教学——一种有生命力的新型课堂”,《中小学教材教学》,2016 年第 1 期)又,“我的做法是:情境中尽可能让学生发现并提出核心问题;学生有足够的时间进行独立思考,形成自己对问题的想法;学生充分表达自己的想法;倾听、捕捉冲突点,引发思维碰撞。……我想:教师就是那个‘挑起事端’,让学生产生想法、产生认知矛盾、产生思维碰撞的人。”(潘小明,“用核心问题引领探究学习,培育小学生数学核心素养”,《小学数学教师》,2016 年增刊)

(3) 就总体而言这又是最重要的一点:教学中我们应当很好处理“预设”与“生成”之间的关系;进而,这又应被看成这方面工作的一个更高追求,即是我们不应满足于由教师提出问题,而也应当十分重视提升学生在这一方面的自觉性,并能逐步养成“提出问题”的习惯与能力,包括使以下情境成为数学教学的常态:这时不仅原先设计的问题已经成了学生自己的问题,学生的关注也不再局限于原先的问题,他们所追求的已超出了单纯意义上的“问题解答”。(对此并可见 M. Lampert, When the Problem is Not the Question and the Solution is Not The Answer: Mathematical Knowledge and Teaching, *Classics in Mathematics Education Research*, ed. by T. Carpenter et al., NCTM, 2004)

显然,这时的学生就已真正成为了学习的主人。

四、进一步的分析

1. 以下再从总体上指明“核心问题”应当满足的一些条件，即什么可以被看是“核心问题”的主要特征。

(1) 内容相关性。上述分析显然表明，与内容密切相关是“核心问题”最重要的一个特征，尽管这种关系有时未必十分明显，在很多场合下我们还必须依据具体情境对此做出进一步的加工，即如我们应将学生在学习过程中容易出现的各种普遍性错误也考虑在内。

另外，“问题引领”与“问题驱动”又可被看成是与各种教学法完全相容的，因为，它们的共同目的都是促进学生的学习；另外，从同一角度我们也可清楚地看出所说的“问题引领”和“问题驱动”与20世纪80年代在世界范围内盛行的“问题解决”这一改革运动有着重要的区别。

(2)“核心问题”应当少而精，并有一定的思维含金量，也即应当给学生的积极思考提供充分的空间和时间。

从而，这也就是对于以下现象的一种自觉纠正：“目前的很多课堂上，满堂提问的现象还是存在。琐碎的问题，留给学生的只有狭窄的思维空间，学生往往轻而易举就可以获得答案。因此，这样的提问非但不能促进学生的思维，反而容易让学生产生思维的懈怠。”(王文英，“以核心问题统领教学”，《小学数学教师》，2015年第5期)

当然，这又是教学工作艺术性的一个重要表现，即教学中我们如何能够很好地处理教学的“开放性”与必要的“启发性”之间的关系。

(3)“核心问题”并应与学生的智力发展水平相适应，并能有效地激发学生的学习积极性。

应当强调的是，这一要求不仅涉及了问题的表述，更依赖于教师的创造性工作，也即我们如何能够依据这一要求对“内容性问题”进行再加工，即由“教什么”转向“如何教”。

再者，这也可被看成教学工作艺术性的又一表现：我们既应坚持教学的规范性，也即应当帮助学生很好实现必要的优化，同时又应使之成为学生的自觉要求，而非必须遵守的外部规定。

(4) 核心问题并应有一定的“生长性”,而这又不仅是指我们应当通过“问题串”引导学生更深入地进行思考,也是指我们应当通过自己的教学努力提升学生提出问题的能力。

这事实上也可被看成中国数学教学的一个重要特点:中国的数学教师“在课堂上不仅对同一个问题的解答采取层层递进的方法,从复杂程度来说,也是层层递进的。而在美国的课堂中,即便教材设计的问题是层层递进的,不少教师也常常把这些问题处理成简单的使用同一过程的问题,从而降低了问题的认知难度。”(江春莲等,“数学教育的国际比较研究——ICME-13 的第一个大会报告及其对我国小学数学教学的启示”,《小学教学》,2016 年第 12 期)

2. 以下则是相关教学在整体上应当注意的一些问题。

(1) “问题引领”与“问题驱动”应当说对学生的数学学习提出了更高要求,特别是,我们应当帮助学生逐步学会想得更清晰、更深入、更全面、更合理;当然,就这方面的具体工作而言,我们又应很好地掌握恰当的“度”。

以下或许就可被看成这方面的一个重要标准,即是我们应当十分注意所提问题的“自然性”:“大问题的一个核心追求是让学生不教而自会学、不提而自会问。要做到这一点,一个很关键的因素就是教师必须让学生感到问题的提出是自然的,而不是神秘的,是有迹可循的,而不是无章可依的。”(黄爱华、刘全祥,“研究大问题,构建大空间——以‘圆柱体的表面积’为例谈谈大问题的教学”,《小学教学》,2013 年第 3 期)

以下则是这方面更一般的一个建议:我们应当依据以下路径具体地去确定义务教育各个阶段数学教育应当实现的目标:

习惯→兴趣→品格→精神。

例如,我们在小学阶段就不应因为片面强调所谓的“高标准”而使学生完全丧失了对于数学的兴趣。另外,这显然也是我们在面对学生间必然存在的个体差异,以及不同地区、不同学校之间的实际差距,所应采取的立场。

(2) 我们并应为学生的积极思维提供良好的外部环境与整体氛围。

以下就是这方面特别重要的一些环节:

其一,多种形式拉长学生思考的时间,特别是,教师应当学会等待,包括帮助学生在这方面养成良好的习惯。以下就是这方面的一个具体做法:“教师鼓励每位学生建立一个问题本,将自己的困惑、发现和想进一步研究的问题记录下来”,班级也为此建立了“问题角”供全班交流共享。(张丹,“问题引领儿童数学学习”,《小学数学教师》,2016 年第 12 期)

其二,努力创造这样一种课堂氛围:“思维的课堂,安静的课堂,开放的课堂”。以下的论述更可被看成指明了其中的关键:“班级要宁静,教师必须先静下来。秩序紊乱的班级通常都会有一位喋喋不休的教师。教师说话太急促,声调不断提高,带着强烈的情绪与人交流,等等。”(林文生,“相互学习的课堂风景”,《福建教育》,2016 年第 3 期)

其三,教师不应在不知不觉之中,特别是由于自己的不恰当“理答”挫伤了学生提出问题的积极性,而应帮助学生做到“敢问、爱问、会问”。

例如,正如俞正强老师在“孩子为什么不再问问题了”一文中所指出的,这是日常教学中经常可以看到的三种“理答”方式:(1)“小朋友,这是规定。知道吗? 规定是不讲为什么的。”(2)“你真会动脑子,我们下课以后再研究好不好? 你去请教一下,我也去请教一下。”(3)“你现在还不能理解,将来学多了就知道其中的道理了。”但是,“这三种理答方式经历多了,学生也就明白了:他们问了也白问;这样的经历久了,学生也就不再问问题了,甚至也根本不去思考了!”

其四,我们并应帮助学生逐步学会反思。因为,就只有这样,他们才能真正地学会学习,即不再满足于按照别人的指引进行学习,而是主要通过自己的总结和反思不断实现新的发展,包括逐步学会更清晰、更深入、更全面、更合理地进行思考。

也正因此,“善于反思”就应被看成一种特别重要的思维品格,数学教学更应在这方面发挥特别重要的作用。

(3) 强调“问题引领”与“问题驱动”显然也对教师提出了更高要求,特别是,如果说“善于举例”“善于比较和优化”等对于数学教师都有很大的重要性,那么,就当前而言,我们就应更加重视自身提出问题能力的提高,也即应当真正做到“善于提问”。

更一般地说,我们又应切实增强自身的“问题意识”。因为,就只有通过“发现问题、解决问题”我们才能不断取得新的进步,特别是更好地实现自己的专业成长,从而将教学工作做得更好,包括在教学中切实做好“问题引领”与“问题驱动”。(对此并可见另文“‘问题意识’与数学教师的专业成长”,《数学教育学报》,2017 年第 5 期)

最后，笔者以为，以上论述也已清楚地表明：优秀教师的特色不应局限于某种特定的教学方法或模式，也应体现他对于教学内容的深刻理解，反映他对于学习和教学活动本质的深入思考，以及对于理想课堂与教师自身价值的深入理解与执着追求。

愿大家都能在上述方向做出切实的努力！

第五章　课程改革的理论审视

课程改革是过去20年中教育领域中最重要的事情。以下则是笔者在2002年召开的一次数学教育国际会议上提出的一个具体主张："放眼全球，立足本土；注重理念，聚焦改革"。

这首先是指，我们应当保持对于国际上新一轮数学课程改革相关情况的高度关注，从而吸取有益的启示和教训。以下可能就是国内最早对美国新一轮数学课程改革（"课标运动"）进行全面介绍的两篇文章："时代的挑战——美国数学教育研究之一""加强学习，深化研究，加速发展我国的数学教育事业——美国数学教育研究之二"（《数学教育学报》，1992年第1期，1993年第1期）；5.1节则是依据新的发展所做的进一步分析，更以此为背景指明了我国课程改革应当吸取的若干教训（相关内容并可见另文"关于'大众数学'的反思"，《数学教育学报》，1994年第2期）。

其次，我们又应特别关注中国数学课程改革的现实情况，这就是笔者在这方面的一个自觉定位，即是希望从理论角度对促进课程改革的顺利发展发挥一定作用，特别是，即能通过深入分析与必要批评防止并纠正各种可能的片面性。本章所收入的相关文章可大致分为这样两个阶段：(1)2001—2009年：5.2—5.3节（相关文章还可见："中国数学教育深入发展的六件要事"，《数学教学通讯》，2001年第4期；"试析新一轮课程改革中小学数学课堂教学"，《课程・教材・教法》，2003年第4期；"简论数学课程改革的活动化、个性化、生活化取向"，《教育研究》,2003 年第 6 期;“数学教学方法改革之实践与理论思考”,《中学教研(数学)》,2004 年第 7、8 期;“数学课程改革:何去何从?”《中学数学教学参考》,2005 年第 5 期;“数学课程改革:路在何方?”,《中学数学教学参考》,2006 年第 1－2、3 期;“数学教学的有效性和开放性”,《课程·教材·教法》,2007 年第 7 期)。(2) 2010—2020 年:5.4—5.7 节(对此并可见另文:“‘高潮’之后的必要反思”,《数学教育学报》,2010 年第 1 期;“立足专业成长,关注基本问题”,《小学数学》(人教社),2010 年第 3、4 期;“莫让理论研究拖了实际工作的后腿——聚焦数学思想的教学”,《湖南教育》,2015 年第 3、4 期;“中国数学课程改革 20 年”,《小学教学》,2019 年第 11 期—2020 年第 4 期)。

最后,上述内容并可说具有超出课程改革更普遍的意义,对此由“立足专业成长,关注基本问题”这一主张就可清楚地看出。对于相关问题我们将在第六章和第七章中做出进一步的论述。

5.1　千年之交的美国数学教育[①]

几个月来，由美国南伊利诺伊大学贝克(Jerry Becker)教授源源不断送来的一些材料在我桌上堆成了厚厚的一叠。如何依据这些材料对美国数学教育的现状做出适当介绍更成了我牵肠挂肚的一件大事。自己之所以有这样的感觉，一个原因当然是因为美国数学教育的最新发展对于我国数学教育的研究和实践具有重要的借鉴作用；另外，由于自己在1992年结束了对美国的学术访问后曾专门撰文对美国新一轮数学教育改革运动进行过介绍，又由于新的发展在相当程度上表现出了对于先前改革实践的批判或修正，因此，自己也就感到有责任对这一后续发展作出介绍和分析，从而促进我国数学教育事业更好地发展。

一、从“加州数学战争”谈起

如众所知，美国的数学教育历来风云多变，口号叠起，最近的一次改革主要源自由美国数学教师全国委员会(NCTM)1989年颁发的《学校数学课程和评估的标准》(以下简称《课程标准》)。然而，如果说这一文件在颁布之初曾受到普遍欢迎与好评，甚至被誉为“开创了数学教育改革的一个新阶段”“美国数学教育史上的一个里程碑”；那么，人们现今对此就采取了更多的批评态度。例如，1998年4月刚刚当选NCTM新任主席的G. Lappen女士(她曾负责《课程标准》的五年级工作小组和这一文件的姐妹篇《数学教师的职业规范》的撰写)就曾谈及，十年前《课程标准》刚刚颁布时，她曾为这一文件受到的普遍重视感到兴奋；然而近年来，这种满意的情绪已经逐渐转变成了一种失望的心态，而这主要是因为感到在公众关于数学教育，特别是关于什么是《课程标准》根本宗旨的讨论中发生了一些令人遗憾的转变，她尤其对数学教育讨论的激烈程度和极端化趋势感到吃惊。(NCTM, *News Bulletin*, April, 1998)

---

① 原文刊载于《数学教育的现代发展》，江苏教育出版社，1999。

事实上,对《课程标准》的批评可以追溯到更早的时候,这种早期批评就来自改革的发源地之一加利福尼亚州。

例如,正如笔者在先前的"关于'大众数学'的反思"(《数学教育学报》,1994年第2期)中所提及的,加州大学伯克利分校的知名华裔数学家伍鸿熙教授(H. Wu)就曾围绕"开放性问题在数学教育中的应用"和"欧氏几何在中学的作用"等对新的改革运动提出了激烈批评:"尽管这一讨论仅限于开放性问题,但对于新的改革的某些方面的大致了解已经使数学家对数学教育的前进方向产生了疑虑"。应当强调的是,伍的立场代表了相当一部分人士的意见,后者并因此成立了一些专门组织(其中,"数学正确"(Mathematically Correct)和"停止"[Hold]是最重要的两个)。又因为数学家在这种早期批评中扮演了最重要的角色,因此,一些人就把所说的争论形容为以数学家为一方、以数学教育工作者为另一方的一场"数学战争"。

应当明确的是,我们不应认为数学教育工作者(更恰当地说,就是"数学教育改革的倡导者")在所说的"数学战争"中处于纯粹的防卫地位,因为,这种攻守的地位在现实中也会发生戏剧性的转变。例如,1997年发生的以下事件就在很大程度上造成了攻守双方的逆转,更极大地加剧了"数学战争"的激烈程度。

具体地说,加州曾指定了一个专门委员会负责起草加州的数学(与其他学科的)课程标准。近一年后,后者于1997年9月向加州教育管理委员会(the State Board of Education)提交了"加州数学课程标准"的草案;然而,这一草案没有获得通过,管理委员会并在12月通过了另一份主要是在斯坦福大学四位数学家帮助下制定的修正稿(以下简称为《加州课程标准》)。由于原先的草案基本上是按照《课程标准》的精神完成的,后者则以追求"数学上的精确性"和反对"对教学法的不当规范"为由对此做了实质性的修改,因此,这一文件一经发表就引起了数学教育工作者的激烈批评,从而使得上述的"加州数学战争"进一步升级。

例如,加州学术标准委员会和国立教育中心的成员J. Codding指出:"当州管理委员会向课程标准草案举刀的时候,它几乎砍掉了与计算和机械记忆无关的一切内容……"加州公共教学的高级督学D. Eastin也批评道:"《加州课程标准》所采纳的仅仅是基本知识和技能",因此,"这一文件不可能使加州的550万学生发展出较高的思维水平。"加州州立大学学术评议会主席J. Highsmith同样认为:“在强调重要的基本知识和机械记忆的同时,(《加州课程标准》)扼杀了学生理解能力、应用能力和批判性思维能力的发展,而这些对于他们在21世纪的生活是十分必要的。”从而,总的来说,在相关人士看来,《加州课程标准》就是对于改革的一个反动,这种“回到基础”(back to basics)的做法并可被看成“返回到了黑暗的年代”,因为,正如20世纪70年代的相关实践所已表明的,这种做法注定是要失败的。这也就如美国国家科学基金会的L. William所指出的:“这种体现了《加州课程标准》主要特征的‘回到基础’的作法忽视了这样的事实:这种作法已经过时并已完全失败。它使学生不能从事真正的数学思维,从而也就不可能从事真正的数学学习。”

当然,《加州课程标准》也有不少支持者。例如,上面提到的伍鸿熙教授就曾撰写了很长一篇文章并通过对于《加州课程标准》及其草案的仔细对照来为前者辩护。(H. Wu, Some Observation on the 1997 Battle of the two Standards in the California: An Expanded Version of a Colloquium Lecture at the California State University at War, Sacramento, Feb. 12,1998)另外,作为这方面的最新发展,我们又应特别提及Fordham基金会近期发表的一项专题报告:其中,研究者对美国46个州、哥伦比亚特区和日本的数学课程标准进行了评估,结果《加州课程标准》被列为首位,其得分甚至超出了日本的数学课程标准。由于Fordham报告具有很大的权威性,因此,这无疑就为《加州课程标准》的支持者提供了一发重磅炮弹,并因此引发了不少关于改革运动的新批评。

尽管加州可以被看成上述“数学战争”的主战场;但由上面的介绍可以看出,其影响并不只限于加州范围,又由于其中涉及了数学教育的各个基本问题,因此,这事实上就已成为全美关心数学教育人士的共同关注。又由于这些年来《课程标准》对全美的数学教育发挥了特别重要的指导作用,因此,核心的问题就在于:我们应当如何看待《课程标准》? 或者更广义地说,即是应当如何看待《课程标准》所体现的改革方向?

二、数学教育何去何从?

就现状而言,美国学生在国际测试中的拙劣表现无疑进一步强化了对于《课程标准》的批评,并使批评者的队伍得到了很大扩展,特别是将很多普通民众也卷入到了“数学战争”之中。因为,即使是对于数学教育不那么内行的人来说,以下事实也是一个难咽的苦果:按照近期发表的“第三届国际数学和科学研究”(TIMSS)的测试结果(第 12 年级),美国学生在所有参赛的 21 个国家中名列第 19 位,得分仅高于塞浦路斯和南非。

当然,对于 TIMSS 的结果可以从多个不同角度进行分析和解释。例如,一些支持改革的学者就对这一测试的公正性和可靠性(相关性)提出了不同看法(对此例如可参见 P. Forgione, Responses to Recently-raised Issues Regarding 12th-grade TIMSS, *the TIMSS-Forum*, May 1998)。但无论是争论的哪一方又都承认这样一个基本事实,即美国数学教育的现状不能令人满意,他们具有这样一个共同的目标,即是希望有效改善美国的数学教育。也正因此,即使是改革运动最激进的支持者,也清楚地认识到了目前出现的“数学战争”对于数学教育的深入发展并非纯粹的坏事,他们更希望能够通过克服或纠正不足之处使改革运动更加健康地发展。

后者事实上也是 NCTM 在当前采取的基本立场,特别是,NCTM 更把以下工作看成当前的一项中心任务,即是要在 2000 年制订出新的课程标准,从而进一步推进已有的工作。

事实上,在笔者看来,这的确是数学教育改革运动深入发展的一条必然途径,特别是,由于新的改革已有了近十年的实践,因此,当前的一个紧迫任务就是对已有工作做出认真总结和冷静的理性分析,从而清楚地认识存在的弊病和不足之处,并予以彻底纠正和改进。

就笔者接触到的材料看,人们对过去十年中以《课程标准》为主要指导的数学教育改革运动主要提出了这样一些批评意见(这方面的一个很好综述可见 MAA, *Report from the MAA Task Force on the NCTM Standards*, June 17, 1997; Jan. 27,1998; Jan. 28,1998):

(1) 对基本知识和技能的忽视;特别是,计算器的过早使用极大地削弱了学生对于基本计算技能的掌握,而后者构成了理解数学概念的必要基础。

(2) 不恰当的教学形式,即如对于合作学习的过分强调等,却未能很好发挥教师应有的作用。特别是,由于“建构主义”的盛行,人们认为学生只能掌握(或理解)其自身或通过同伴间合作得到“建构”的知识,这事实上就从根本上取消了教师在教学中所应发挥的主导作用。

(3) 数学不只是一种有趣的活动,尤其是,仅仅使数学变得有趣并不能保证数学学习一定能够获得成功,因为,数学上的成功还需艰苦的工作。事实是,在实践中我们可以经常看到这样的现象,即是为了吸引学生的兴趣,教师或教材把注意力和大量时间放到了相应的活动或情境之上,却没有集中于其中的数学内容,这当然是一种本末倒置。

(4) 课程组织过分强调情境学习,却忽视了知识的内在联系。例如,在按照这种思想编制的一些中学数学教材(如“core-plus”)中,传统的关于几何、代数和三角的区分被取消了,取而代之则是所谓的“整合数学”(integrated math),也即主要围绕实际生活去组织有关的数学内容。然而,尽管后者具有综合性的特点,并较好地体现了数学的实际意义,但却未能使学生较好地掌握相应的数学知识。(见本文附录一)

(5) 未能给予数学推理足够的重视。尽管《课程标准》明确指出应当培养学生数学推理的能力,但就实践而言,唯一得到强调的只是实验与猜测在数学发现中的重要作用,而逻辑与证明则被完全抛弃了。

(6) 广而浅薄。由于未能很好地区分什么是最重要的和不那么重要的,现行的数学教育表现出了“广而浅”的弊病。特殊地,“大众数学”看来忽视了不同的学生有着不同的需要,一种更应避免的弊病则是将为一切人的数学变成了“最小公分母”式的教育。

人们对《课程标准》与 NCTM 的导向作用提出了直接的质疑。例如,NCTM 的前主席 F. Allen 批评道,NCTM 在过去十余年中事实上是把“美国的学校变成了一些尚未经过很好检验的方法的实验室”,而这无疑会造成十分严重的后果,即是“系统性的错误”。(Standards to Blame for Rise of “Fussy Math”, *Investors Business Daily*, April 3,1998)以下也是人们普遍强调的一个观点:“一个好的教师应当了解多种不同的教学方法,并应善于根据特定的教学环境选用合适的方法”,这也就是指,我们应给教师更大的自主权,而不应像 NCTM 所做的那样片面强调其中的某些方法(或者说,某些教育理论)(对此例如可见 Mathematically Correct, Towards a Cease-Fire in the Math War, *Office Memo*, April 3,1998)。人们并对《课程标准》的含糊性提出了尖锐批评。例如,由于未能清楚地指明学生在各个年级与各门数学分支的学习中应当达到的目标,因此,新的数学就被一些人士戏称为“雨林数学”(rainforest math)或“模糊数学”(fuzzy math)。

由于上述各个批评都非毫无事实根据的恶意中伤，而在很大程度上反映了对于过去十余年课改实践的理论总结或反思，因此，人们在此也就不得不认真地思考这样一个问题：数学教育何去何从？特别是，在经历了过去十余年的改革之后，我们是否又面临着新一轮的“回到基础”？

三、前景：对立两极的适当平衡

面对严厉和尖锐的批评，如果NCTM(更广义地说，就是改革运动的促进者)因此而放弃了自己的领导责任与创造更好数学教育的决心，这无疑是十分错误的。也正是从这一角度进行分析，笔者以为，NCTM所采取的以下立场就很值得称道，即是积极聆听各方面的意见，并希望能在2000年制订出新的、更好的《课程标准》。

具体地说，早在1996年的秋天，NCTM就向美国一些主要的数学组织提出了这样的请求，即是希望它们能够成立工作小组对《课程标准》的有关问题作出分析和评论(这些小组统称为ARG，即Association Review Groups for the NCTM Standards)。以下就是NCTM的专门委员会向各个ARG小组提出的一些问题：

(1) 数学观。就数学的性质——它的内容、过程和程序——而言，你认为哪些对从学龄前到12年级(中学毕业)的学生来说是最重要的？你认为现行的《课程标准》是否较好地反映了你的意见？

(2) 一致性和发展性。相对于学生逐年升入更高的年级，你认为现行的《课程标准》是否体现了某种一致性和发展性？

(3) 期望。现行的《课程标准》是否充分地反映了对于21世纪毕业生在数学理解方面的期望？特别是，它是否反映了那些希望在中学毕业后进一步学习数学或相关学科的学生的要求？(见本文附录二)

NCTM的上述行动得到了积极反响。例如，美国数学联合会(MAA)就为此成立了专门的工作小组(President Task Force on the NCTM Standards)，后者针对NCTM专门委员会提出的问题举行了多次会议并给出了相应报告，提出了很多建设性的意见。

上述现象的出现并应说十分正常，因为，归根结底地说，有关各方有着共同的目标，即都希望有效地改善美国的数学教育——显然，从这一角度去认识，所谓的“数学家与数学教育工作者的对立”也就不那么重要，或者说，这里的主要问题并不在于谁是谁非，而应采取一种更具建设性的立场，也即应当对如何才能更好地实现上述目标提出建设性的意见。

在笔者看来，就美国的现实而言，这似乎也是正在出现的一个迹象，特别是，所说的“数学战争”更已露出了停火的苗头。例如，依据 Focus(这是 MAA 的通讯)1998 年第 5 期的报道，这种“停火”的气氛在最近于巴尔的摩召开的关于《课程标准》的一次会议上就占据了主导地位，特别是，美国教育部长 R. Riley 在会上所作的发言更可说集中地体现了会议的主导倾向：“任何人在论及教育时用一种非建设性的方式去攻击他人都是错误的。对于教学方法或课程内容有不同意见是很正常的，但我们在此所需要的是一种诚恳和建设性的态度。”(K. Ross, Reality Check: At Baltimore Standards Forum, All Quiet along ‘Math War’ Front, *Focus*, 1998,18(5))

另外，从更深入的角度看，以下现象则可说更加重要，即对立双方都已开始认识到了对对立观点进行整合的必要性，或者说，重要的问题就在于如何在两个极端之间做到适当的平衡。

例如，尽管以下一些意见主要是就“算法”而言的(引自 MAA 工作小组对 NCTM 专门委员会提出的第二批问题的答复)，但却明显地表达出了对于“认识活动的个体建构性与教学的规范性”与“探索与基本知识和技能的学习”这样一些对立环节的辩证分析：

“用建构主义的话来说，个体用自己特定的方式可以很好理解有关的概念并使之具体化；但是，我们同时也应学会用大众一致接受的语言对自己的思想进行交流。”

“为了鼓励学生的探索精神和好奇心，儿童无疑应当被允许对不同于已有算法的各种做法进行研究；但是，这种研究应当被看成对于标准算法的一种促进、丰富和补充。数学上的成功依赖于对概念的理解和对算法的很好掌握。”

另外，尽管工作小组突出地强调了“练习”对于牢固掌握算法的重要性；但他们同时也清楚地指明了对此不应与“机械练习”简单地等同起来：“教师应注意防止对算法的滥用以变成‘机械的练习’”。

“一般地说,我们认为,与那种‘淡化(de-emphasize)’的提法相比,这是一种更好的说法,即是对于数学的某些方面,如这里所说的算法,不应过分强调,因为,前一种说法常常被理解成‘取消’……正如通常的情况,这里的关键仍在于适当的平衡。”

另外,在 NCTM 新近发表的“政策声明”(An NCTM Statement of Beliefs)中,我们也可清楚地看到这种整合的倾向。具体地说,NCTM 指出,以下各个关于学生、教、学和数学的信念构成了其制定新的《标准》的最终基础:

每个学生都应受到很好的数学教育以使他们发展起作为具有创造性的公民和劳动力必需的较高水准;

每个数学教师在数学和学生如何学习数学这样两个方面都应具备很好的知识,并对自身和学生有较高的期望;

每个学区都应发展起一个完备和系统的数学课程体系,在每一年级,这一课程体系都应集中于数、代数、几何和统计的概念和技能的发展以使学生能有效地表述、分析和解决问题,各个年级的教师并应对其所教的数学在整个发展中的地位有很好的理解;

计算技能与数的概念是数学课程的核心成分,估算的知识和心算的能力比以往任何时候都更加重要,学生到中年级时就应在数、代数、几何、度量和统计这些方面打下扎实的基础;

教师应根据数学内容和学生的需要,借助各种教学方法在学习过程中发挥主导的作用,并创造出适当的教学环境;

当教师集中于数学思维和推理时数学学习可以产生最大的效果,随着学生不断升入更高的年级,程度不断加深的形式推理和数学证明应当成为整个数学课程的一个有机成分;

将内容置于情境之中或是与其他学科领域相联系可以使数学学习得到强化,在教学中给学生多种机会以使其能够有意义地应用数学也会产生同样的效果;

技术对我们生活几乎每个方面的广泛影响要求学校数学课程的内容和性质作出相应的改变,与这种变化相适应,学生应当学会利用计算器和计算机对数学概念进行研究并增加自己的数学理解;

不同的学生会利用不同的策略和算法去解决问题,教师对此应有清楚的认识，并应善于利用不同的途径达到对数学的更好理解；

对于数学理解的评价应与教学内容密切相关，并应综合来自多种渠道的信息，包括标准考核、答疑、观察、操作性任务和数学探索等；

数学教学与学习的改进应以持续的研究和对学校数学课程计划的持续评估作为指导。

尽管美国的教育具有高度的自主性和多元性，但是，正如NCTM在其“政策声明”中所指出的，NCTM作为中小学数学教师主要的职业团体对全美的数学教育仍然具有十分重要的影响，其制订的一系列《标准》更对教师、学校、学区与各个州数学课程的设计、实施和评估具有直接的指导作用。从而，在这样的意义上，我们也就可以说，对立两极的适当平衡正是美国数学教育一个可以预见的发展前景。

四、几点启示

尽管美国的数学教育不能说达到了很高水准，相应的数学教育研究也有不少问题或不足之处，但在笔者看来，上面所论及的美国数学教育的新近发展对于我国的数学教育事业仍有重要的启示和借鉴意义。鉴于篇幅的限制，在此仅指出这样几点。

第一，对于数学教育的普遍关注正是数学教育深入发展的一个必要条件，特别是，就美国而言，这种对于数学教育的普遍关注更表现出了强烈的时代精神和国际竞争意识，这是美国数学教育十分可贵的一个特点。（对此并可参见另文“时代的挑战——美国数学教育研究之一”，《数学教育学报》，1992年第1期）进而，由于我国的数学教育现正经历着由“应试教育”向素质教育的重要转变，因此，这也可被看成决定这一转变成功与否的一个重要因素，即这能否真正成为全民的共同呼声，特别是数学教师的自觉行动。在此我们可做出这样的断言：如果这仅仅是一次“由上而下”的运动，那么，尽管有各种各样的文件与口号，广大教师和学生仍将陷于考试的怪圈而无法自拔！

再者，由美国的实践我们也可引出这样一个结论：在深入开展素质教育的过程中，我们必须十分重视“素质教育”内涵的具体化和精确化，这样才能有效地防止对于这一“口号”的误解和滥用。

第二,专业化是数学教育现代发展的一个重要标志(3.1 节),由美国数学教育的实践我们并可看出,数学教育工作者能否成为一支相对独立的重要力量也是改革运动能否顺利实施的一个重要条件。例如,即使其批评者也明确地承认,这是 NCTM 及其制订的《课程标准》的一个重要贡献,即不仅使得整个数学共同体(包括数学家和广大数学教师)集中于数学教育的基本问题,也使数学教育成为一般民众共同关注的一个热点。

就我国的现实而言,笔者愿重申这样一个观点:由于数学教育已经成为一门专门学问,数学家无须对数学教育的问题做任何较深入的研究就可随意地发表指示性意见的时代已经过去!在此我们还应清楚地看到这样一点:正如纯粹数学家与应用数学家在动机、态度、方法以及满意的标准等方面都有很大不同,数学教育家与数学家也有不同的传统,包括不同的语言、研究方法和评价标准等,从而,在对数学教育的问题作出判断时,我们就不应唯一采用数学的标准。当然,笔者所主张的又不是我们应对数学家的意见采取排斥的态度;恰恰相反,我们不仅应当高度重视数学家关于如何搞好数学教育的真知灼见,更应热烈欢迎,并积极吸引数学家参与数学教育的研究和实践;当然,又如美国的相关实践所已表明的,在此更加需要数学家与数学教育工作者(以及专家与普通教师)的密切合作与必要互补。

第三,高度重视理论思维的指导作用,特别是,我们应当自觉地以唯物辩证法为指导去认识和分析问题,从而有效地避免和克服种种可能的片面性和极端化立场。

例如,这就是所谓的"极端建构主义"的主要弊病,即是极度地夸大了认识活动的个体性质,从而也就为"社会建构主义"在 20 世纪 90 年代的兴起提供了直接基础;然而,尽管我们应当明确肯定认识活动的社会性质,但又不能因此由一个极端走向另一个极端,即是因为确认认识活动的社会性(相应地,规范性与普遍性)而完全否认认识活动的个体性(自主性与特殊性);毋宁说,在此需要的是辩证的认识,也即我们应当清楚地看到上述各个对立环节之间的辩证关系。(对于建构主义可见 1.3 节和 1.4 节。)

更一般地说,这就是搞好数学教育的关键所在,即是我们必须清楚地认识,并很好处理诸多对立环节之间的辩证关系。例如,除去上面所已提到的一些方面以外,在此还有:具体与抽象,形式与非形式,基本练习与概念理解,基础知识与数学能力，理论与实践（应用），算法的学习与创造性思维，各个分支的相对独立性与数学的统一性等。

由于辩证思维正是中国传统哲学的固有成分，因此，在这样的意义上，笔者以为，这就是中国数学教育工作者可以对数学教育这一人类共同事业作出贡献的地方。愿我国的数学教育工作者共勉之！

【附录一】

这事实上也是加州教育管理委员会拒绝“加州数学课程标准”草案的主要原因之一：与“整合数学”（whole math）相类似，在语文教学中也有所谓的“全语”（whole language）教学，即是希望通过创设适当的学习环境，即能帮助学生相对独立地学会阅读和书写；加州曾在后一方向进行了广泛实践，但却未能获得成功，从而，在经历了近十年的改革以后，又重新回到了传统的语文教学法。（对于“整合数学”和“全语教学”并可见 H. Gardner，《超越教化的心灵》，台湾远流出版公司，1995，第 262—264 页）

【附录二】

以下是 NCTM 的专门委员会向 ARG 小组提出的其他一些问题：

数学领域中的哪些发展可能（或者说，应当）影响《标准》的修订？

对于 21 世纪的最初几十年来说，哪些数学分支最重要？特殊地，修订后的《标准》应当如何处理离散数学？

高等教育，无论就数学专业或是一般专业而言，经历了并将继续经历各种变化，这些变化对于《标准》的修订有怎样的影响？

现今的《课程标准》集中于“大众数学”，传统的学校数学则具有“筛选”出具有数学才能的学生并将其输送到更高的数学课程的功能，修订后的《标准》应当如何在学校数学的这两种目的之间作出平衡？就社会不断增进的数学上的要求而言，提供不同的教程（分流）其得失如何？

假设“使学生学会分析地思维并具有灵活性”是应当达到的一个目标，那么，在各个年级中应当引进怎样的活动才能更好地实现这一目标？使学生从事探索和研究从而在一个较低的水平上体现数学家的真实活动，这是否十分重要？

在低年级引入初步的代数概念是否合适？哪些概念最重要？又有哪些活动有助于学生发展初步的代数概念？

什么是“算法思维”(algorithm thinking)？

《标准》应当如何在一般性教学内容中指明算法的性质？

《标准》怎当如何处理与算术计算有关的现成的标准算法？

算法性质中的哪些方面对学生的学习来说是特别重要的？

5.2　改革热潮中的冷思考[①]

“跨入21世纪,中国迎来教育大变革的时代,百年难遇。……能够亲历大的变革,是我们的一种幸运。‘人生能有几回搏?’……愿我们在改革的风浪中搏击,在改革的潮头上冲浪……20年后,历史将会记得你在大变革中的英勇搏击。”(张奠宙,“在改革的潮头上”,《小学青年教师》,2002年第5期,卷首语)读到这样的语句,怎不令人心情激奋,跃跃欲试!目前正处在积极实施中的新一轮数学课程改革确为我们数学教育工作者真正实现自己的人生价值、充分展现自己的聪明才智提供了良好机遇。但是,课程改革显然又不是只凭热情和勇气就能一蹴而就的冒险之旅,历史的回顾更提醒我们应当很好认识改革的长期性和艰巨性,从而,在积极参与课程改革的同时,我们也应保持清醒的头脑,做好“热潮中的冷思考”。

对香港大学为期三个月的再次访问为笔者提供了从事“冷思考”的良好机会:“置身事外”或许可以避免“当局者迷”的常见弊病,“远距离的观察”也能解决“只见树木、不见森林”的局限性。笔者尤为关注的是:究竟什么是新一轮数学课程改革的主要特征和基本理念?从理论的角度看又有哪些应当注意的事宜,或者说,即是可以提出哪些建设性的意见从而帮助课程改革顺利地进行?正是基于这样的立场,以下的论述就不“求全”“求准”,而是希望“言之有物”,“言有所用”。

一、若干基本理论和主要特征的分析

以下先对新一轮数学课程改革的若干基本理念和主要特征做出分析。这也是本文的主要内容。

---

① 原文发表于《中学数学教学参考》,2002年第9期。

1. “大众数学”的教育思想

新一轮课程改革(就义务教育阶段而言)的一个明显特征就是突出地强调:“义务教育阶段的数学课程应突出体现基础性、普及性和发展性,使数学教育面向全体学生”。(《全日制义务教育数学课程标准(实验稿)》(以下简称《标准》),北京师范大学出版社,2002)这也就如《标准》主要负责人所指出的:“义务教育的基本精神要求每个适龄儿童拥有平等的接受作为一个公民所必需的数学教育的权利。这种意义下的数学课程应当是对每一个人所必需的终身发展有价值的,并且是人人都能够实现的。”(刘兼,“建立旨在促进人的发展的数学课程体系”,《广东教育》,1999 年第 4 期)

容易看出,就数学教育的基本目标而言,上述指导思想并是与 20 世纪 80 年代以来在国际数学教育界有广泛影响的“大众数学”这一改革运动的基本理念一致的。也正因此,我们就可由国际上的相关研究和实践获得一定启示,特别是,我们即应认真地去思考:《标准》所提倡的究竟是数学上的低标准还是普遍的高标准?还应强调的是,这又不是一个纯粹的理论问题,而是对于实际工作具有重要的指导意义。例如,在笔者看来,我们或许就应从这一高度去认识以下的“问题”:“比如说小学数学里的简便运算,有些地方的教研员说 40%的学生掌握不好。既然 40%的学生都掌握不好,为什么还要求所有的学生都去学,我想这本身就是一个问题。”(刘兼,“如何处理好数学课程改革中的几个重要问题”,《小学青年教师》,2002 年第 1 期)

更一般地说,这事实上也是国际数学教育界经由这些年的改革实践普遍认识到了的一个重要问题,即是如何解决“大众数学”与“最好的 20%的学生的数学发展”之间的关系?或者说,“大众数学”应当如何与“数学上的高水平发展”相协调?

当然,解决上述问题的一个可能渠道就是强调学生的特殊性,或如《标准》所说,“不同的人在数学上得到不同的发展”。但是,后一提法仍有很多重要的理论问题和实践问题,即如我们究竟应当如何去理解所说的“不同的人”——这是指先天智力水平的不同,还是应当依据当前的学习成绩去进行判断,或是取决于将来的就业考虑?我们又应如何去理解“数学上的不同发展”——这种差异是否仅仅局限于所学习的知识内容,还是应当从“数学素养”这一更高的层面去理解,乃至将“情感、态度、价值观”也包括在内?再例如,从实践的角度看,这也是一个密切相关的问题，即是我们应当如何解决“个体化教学”与“大班教学”的矛盾？

笔者在此并愿简单提及由“义务教育数学课程标准研制组”和“北京师范大学基础课程研究中心”设计的“数学课堂教学过程的评价建议”（《小学青年教师》，2002年第5期）。具体地说，将“因材施教”作为“评价维度”之一（另外两个维度分别是“情意过程”和“认知过程”）是十分合理的；但从理论的角度看，我们还是要首先解决“所希望的究竟是数学上的低标准还是普遍的高标准”这样一个问题。笔者相信，由以下事实我们也可得到有益的启示：“新加坡在第三次国际数学与科学研究（TIMSS）中名列第一。然而，令新加坡人感到高兴的却不是成绩好的学生怎么样，而是所谓的差学生也超过了平均水平！”详见黄翔，“关于数学教育研究的若干问题——与李秉彝教授的讨论”，《数学教育学报》，2002年第2期）

2. 人本主义的教育思想

这就是指，《标准》突出强调了人的发展，强调了情感方面的考虑。如“建立旨在促进人的健康发展的新数学课程体系，这是一项十分重要而紧迫的任务。数学教育要从以获取知识为首要目标转变为首先关注人的发展，创造一个有利于学生生动活泼、主动发展的教育环境，提供给学生充分发展的时间和空间。”（“国家数学课程标准研制工作研讨会纪要”，《中学数学月刊》，1999年第12期）又，“情感态度价值观是所有目标中最为重要的、最为核心的。”“判断什么样的知识最有价值，其中的一个重要标志就是学生能不能通过这方面知识的学习形成正确的数学观，形成良好的、积极的情感因素。”（刘兼，“如何处理好数学课程改革中的几个重要问题”，《小学青年教师》，2002年第1期）

以学生的发展为本无疑可以被看成人本主义教育思想的直接体现；而且，从全球的范围看，人本主义应当说也已取代“实用主义”在教育领域中占据了主导地位。但是，由于人本主义只是一般性的教育思想，因此，这里的关键就在于我们如何能够做好由这种“大教育观”向数学教育思想的具体转化，或者说，即是如何能够通过数学教育很好地体现、落实相应的一般性教育思想。（当然，从更深入的层次看，我们又应对“人本主义的教育思想”作出独立分析和判断。例如，这就是这方面特别重要的一个问题：应当如何处理社会需要与个人发展的关系？另外，我们显然也应注意人本主义教育思想的现代发展或演变。对此并可见另

文“关于数学课程改革的再思考”,《中学数学杂志》(初中版),2001年第5期)

也正是从上述角度进行分析,笔者以为,以下的范例就不具有很强的说服力:“讲到促进学生知识与技能的发展,老师们感到很容易理解,而讲到促进学生的情感、态度和价值观的发展,很多老师却认为是很空泛的。有这样一个例子,我在徐州听了一节课,讲的是去花店买花的问题:我要给妈妈买一束花,该怎么买? 从表面上看,这里是教学加减运算的问题,这是一种知识和技能。但这里面还隐含着另一层含义:给妈妈买一束花,送她作生日礼物,通过学生的讨论交流,引发了对母亲的一种敬爱的感情,这就是课程标准所倡导的情感、态度和价值观。”(孔企平“新教材新在哪里?”,《小学青年教师》,2002年第5期)

应当赶紧说明的是:笔者不反对通过数学教学从一般角度促进学生“情感、态度和价值观”的发展,包括对母亲的敬爱之情;但与这种“即兴式的”发挥相比较,笔者以为,数学教育就关注人的发展、促进学生情感方面的发展而言应有更明确的目标,后者主要地又应是数学教育本身固有的,这也就是说,数学教育中学生“情感、态度和价值观”的发展应当与其在数学知识和技能方面的学习有内在的、必然的联系,而不是一种“外在的”、偶然性的成分。

例如,正是从同一角度进行分析,笔者以为,我们无疑应当强调通过数学教学帮助学生建立(数学学习上的)自信心,但这又不是指将数学学习变成为一种毫不费力的“愉快学习”,毋宁说,我们应当切实增强学生对数学学习过程中艰苦困难的承受能力,从而也可通过数学学习体会到更高层次上的一种快乐。(3.4节)

3. 强调与实际生活的联系

首先,“新课程特别倡导用具体的、有趣味的、富有挑战性的素材引导学生投入数学活动。”其次,更重要的是,这也直接关系到了数学教育的基本目标:“数学修养不等于数学知识的难与深,也不等于技巧的高和低,数学修养更多地表现为数学眼光,即能够运用数学知识去分析生活现象、解决实际问题、思考数学的发生发展过程。”又,“我们特别强调学生主动地运用数学知识解决问题,强调学生用数学眼光从生活中捕捉数学问题。”(刘兼,“如何处理好数学课程改革中的几个重要问题”,同前)

上述思想应当说有很大的合理性。事实是:这不仅是国际数学教育改革的一个共同方向,而且也是我国历次数学教育改革一直希望解决的一个老问题。

当然,这一事实本身也就表明这不是一个轻而易举地就能得到完成的简单任务,毋宁说,在此所需要的即是立足教学实践做出更加深入和细致的研究。

例如,“用具体的、有趣味的、富有挑战性的素材引导学生投入数学活动”无疑有一定积极意义,但这是否就是数学课程唯一的引入方式?另外,“数学化的思想”又是否可以被看成“数学眼光”的唯一内涵?或者说,“数学素养”是否还应包括更多的涵义,特别是“学会数学地思维”?应当指明,在这一方面国际上的相关实践也已提供了一些重要的经验或教训。例如,“这一方面(指过分强调问题的‘真实意义’)的绝对化必然会导致勉强做作,从而产生适得其反的结果,也即不能真正调动学生学习数学的积极性,反而使学生感到数学是无意义和毫无用处的。”(详可见另文“关于‘大众数学’的反思”,《数学教育学报》,1994年第2期)另外,这也不能不说是“问题解决”这一国际性改革运动的一个不足之处,即在相应的教学实践中学生们(甚至包括教师)往往满足于用某种方法求得了问题的解答,但却不再进行进一步的思考和研究;然而,“这正是数学家(或者说,数学思维)的一个重要特点,即数学家总是不满足于某些具体结果或结论的获得,并总是希望能获得更深入的理解……”(2.4节)

最后,还应提及的是,国际上的相关实践已表明“强调与实际生活的联系”是一个十分复杂的过程,特别是,对于这一作法的可能后果我们不能采取想当然的态度。例如,研究表明,“在这一问题上的种种观念(如‘数学是无意义的,是与日常生活毫无联系的’)并不能单纯依靠在数学教学中引入更多的‘应用问题’(现实问题)得到纠正”。因为,同样的问题在不同的情境之中完全可能具有不同的意义,特别是,在学校这样一个特殊的情境中,学生们往往会(有意识或无意识地)忽视各种现实的考虑,从而,“现实问题”的引入也就未必能达到使“学校数学”更加接近实际生活动的目标。另外,一些最新研究也已表明:“并非所有的学生都可由‘加强数学与日常生活的联系’而受益”;恰恰相反,这事实上进一步加强了数学教育中已存在的不平等现象。(3.5节)

4. 注重学生创新意识的培养

与“人本主义”的教育思想一样,强调学生创新意识的培养也是一个一般性的教育思想,更构成了素质教育的核心,从而就从整体上为新一轮数学课程改革指明了努力方向。

然而,与“人本主义”的教育思想在数学教育中的落实情况不同,创新意识在数学教育中似乎已经找到了一个很好的突破口,就是"开放题"的引入以及大力提倡解法(算法等)和解答的多样化。

当然,又如笔者在先前的一些文章("创新与数学教育",《小学青年教师》,2001 年第 1 期;"开放题与开放式教学""再论开放题与开放式教学",《中学数学教学参考》,2001 年第 3 期、2002 年第 6 期)中所指出的,题型的改变(由封闭题转向开放题)并不能被看成决定的因素,因为,更重要的是数学思想;另外,我们显然也应进一步去思考:"为什么要鼓励学生尽可能地找出多种不同的解题方法和答案?"

"数学课程标准研制组"的同仁在后一方面应当说也已做了不少思考。例如,"我们……为什么要提倡算法多样化? 这是为了给学生留下思考的空间。……提倡算法多样化,给学生更多的独立思考的机会,才会有利于培养学生的创新意识,真正让学生成为课堂中的主人。"(孔企平,"新教材新在哪里?"同前)上述提法有一定道理;但在笔者看来,"给学生留下思考的空间"又只是为学生的独立思考创造了更大的可能性,也即只是提供了一定的"机会",而为了使可能性真正成为现实,还有大量的工作要作,特别是,在此更需要教师的适当引导和具体指导。

也正是基于这一认识,笔者以为,教学实践中出现以下现象就无足为奇了:"在计算教学中,我坚决地贯彻标准的理念,提倡算法多样化,通过一个阶段的教学,我感觉学生在情感、态度、价值感方面确实有了积极的发展,但也发现学生在计算方面的差异越来越大了。一些思维比较活跃的学生发展得更好了,但是有一些学生对于多种多样的方法没有自己的判断能力,他们无所适从,每一种方法都没有掌握好。""我对上课的学生做了调查:上了这节课后,你觉得用什么方法计算更好? 很多学生都坚持用自己的算法。为什么呢? 学生大多回答:我只注意自己的方法,根本就没注意其他同学的方法。因为我的方法得到了老师的鼓励,我就很乐意用这种方法……"("关于计算教学改革的讨论",《小学青年教师》,2002 年第 5 期)当然,对此我们或许都可归结为"前进中的问题";或者说,"只需对教学方法作出必要改进就都可以得到解决";但在笔者看来,这事实上还涉及了一些十分重大的理论问题,也即我们究竟应当如何把握"创新"的涵义,并很好处理"创新"与"继承"之间的关系。例如,"创新"显然就包含有"优化"这样一个涵义,从而也就不应被等同于"标新立异";再者,学生的学习主要又是一种文化继承的行为,从而,"给学生留下更多的思考空间"也就不应被理解成"听之任之""放任自流"(甚至更给这些做法戴上"尊重学生自己的选择"这样一个桂冠)。另外,这还直接涉及了思维活动的个体特殊性与普遍性之间的关系。例如,在笔者看来,我们就应从这一角度对以下提法做出进一步的思考:"在提倡算法多样化的同时,老师要不要提出一种最优的解法?对这一问题课程标准研制组曾经组织过一次讨论,大家的意见是:所谓最优解法,要和学生的个性结合起来,没有适合全体学生的最优方法。每个学生的学习方式、思维方式都是独特的,我们要尊重学生自己的选择,不能以一个学生或一批学生的思维为基准来规定全体学生必须掌握的所谓的最优解法。"(同上)笔者的看法是:"没有适合全体学生的最优方法"是对的;但这不等于"没有适合大多数学生的最优方法",或者说"在不同的方法之间不存在优劣的区分(尽管这种区分不能被看成绝对的)"。另外,尽管认识活动必然会有一定的"路径差"和"时间差",但从教育(特别是,义务教育)的基本目标这一角度去分析,我们显然又应认真地思考"教育应当努力缩小这种差别还是听之任之,乃至自觉或不自觉地使之进一步扩大"?(应当申明:笔者在后一问题上并无任何定见,只是觉得这些问题应当引起我们的高度重视与深入思考。另外,这事实上也关系到了应当如何认识东西方教育思想的重大差别,以及应当如何抵制诸如"个人建构主义"此类的极端化思想。对此并可见以下的讨论)

5. 积极倡导新的教学形式

《标准》中多次指出,"数学教学是数学活动的教学,是师生之间,学生之间交往互动与共同发展的过程。"具体地说,就学习方式而言,新的课程标准明确提倡学生的"动手实践、自主探索和合作交流",从而也就在很大程度上不同于传统的"听讲—记忆—练习—再现教师传授的知识"这样一个模式;另外,就教学形式而言,新标准还突出地强调了"师生间的平等和互动",也即我们应当努力改变传统的"灌输—接受"这样一种模式。

但是,我们究竟如何去进行所说的"互动式教学"呢?与纯粹的理论性分析相比,以下的论述也许更加容易把握:"与现行教材中主要采取的'定义、公理—定理、公式—例题—习题'的形式不同,《标准》提倡以'问题情境—建立模型—解释、应用与拓展(反思)'的基本模式展开内容。"("《义务教育阶段国家数学课程标准》特点",《数学教育学报》,2000 年第 4 期)又,"在新教材中,有一个特点,就是没有例题,上课的起始阶段,不是老师拿出一个题目讲一遍,而是让学生自己去探索。新教材(指小学数学教科书第2册——注)给出了大量的图画,要求老师创设情境,引导学生开展数学活动……。""我们为什么要提出应用题的改革……这是为了给学生留下思考的空间。因为传统意义上的应用题教学,采取一题一练的方式,在一定程度上缩小了学生主动思考的空间。"(孔企平,"新教材新在哪里?",同前)

多种不同教学模式的存在是一个客观事实,我们也不能否认在教学模式与教学思想之间有重要的联系;但是,笔者以为,即如我们不能仅仅依据教师在课堂上使用的是开放题或封闭题就断言这是一种先进的,还是落后的教学方式,我们也不应将教学模式与教学思想简单地等同起来,特别是不应对各种具体的教学形式(除非其就直接定义为"灌输—接受"型)采取简单"对号入座"的方式加以"定性",这也就是说,我们既不能仅仅因为一堂数学课采取了"学生自主探索"就认定这是以学生为主,从而就是先进的,也不能单纯依据一堂课采取了教师讲授为主的方式就判定这是以教师为中心,从而就是落后的;同样地,我们既不能仅仅因为一堂课上频频组织小组讨论就认为其较好地实现了学生的互动,从而就是先进的,也不能因为教师在某堂课上使用了"你说给我听听"这样一个短语就断言这位教师未能很好摆正自己与学生的关系。[①] 更一般地说,笔者以为,与唯一提倡某一(些)具体的学习方式或教学模式相比,我们应当明确肯定学习方式与教学方式的多样性,并应帮助广大教师清楚地认识各种方式的优点与局限性。最后,正如我们经常提到"学生是学习的主人",我们也应明确承认教师在教学活动中的主导地位,也即应当给教师的创造性活动留下充分的空间,并充分"尊重教师自己的选择",也即明确承认教师有权依据具体的教学环境、内容与对象(以及本人的特点)决定在课上采取什么样的教学方法,包括在不同场合采取不同的教学方式,我们还应承认不同教师之间也会有一定的"路径差"和"时间差"!特殊地,笔者由衷地希望新的改革中不会出现如下的不正常现象,即是仅仅因为一堂课没有采用某种具体的教学方式(或者说,即是因为

---

① 十分遗憾的是,这种简单化的作法又是经常可以看到的。如笔者在香港期间就有一位教师问及:学生主动探究是否就是建构主义教育思想的体现,以教授为主则是否就是传统教育思想的体现?另外,在笔者看来,以下提法也多少有点简单化的味道:"记忆层次的学习反映了行为主义的学习观,理解层次的学习是认知心理流派的学习观,探索层次的学习反映了建构主义的学习观。"

采取了某种教学方式)就将其完全排斥在优秀课评比的范围之外,或是单纯依据教师在课堂上采取了什么样的教学方式就对这堂课、乃至这位教师的全部教学工作作出全盘的肯定或否定。

二、几点想法

以下再从更一般的角度对如何搞好教育改革提出几点想法。

6. 西方现代数学教育思想的深入分析

上述分析显然表明,我国新一轮数学课程改革受到了西方现代数学教育、包括一般教育思想的很大影响。紧紧追随国际上的相关发展无可非议;但这显然又不应成为对于时髦潮流的盲目追随,而关键则就在于加强自觉性,认真做好各种教育教学思想的具体分析。

我们在此应注意避免从一个极端走向另一极端,且应努力做好诸多对立面之间的适度平衡。就本文所论及的问题而言,这主要是指(对此并可见 1.2 节):

知识的建构性质与客观性;

认识活动的个体特殊性与普遍规律性;

学习活动的自主性(创造性)与规范性(文化继承性质);

数学知识和技能的学习与情感态度的培养;

义务教育的普及性与数学上普遍的高标准;

数学的现实意义与形式特性;

"问题解决"与数学知识的内在逻辑。

7. 批判与继承

由相关文件和文章可以看出,强烈的批判性和革命性正是新一轮数学课程改革的一个重要特点。

作为一次改革运动,批判的态度或许必不可少;但是,正如以上对于西方现代数学教育思想的分析,在此所需要的也是更高层次的自觉性,特别是,我们应对我国已有的数学教育教学传统作出冷静的分析。事实上,正如笔者在先前的另一文章("数学课程改革深入发展的两个问题",《中学数学》,2001 年第 1 期)中所指出的,我们至今尚未能对"中国数学教育传统"作出清楚界定,而后者却正得到国际数学教育界越来越多的关注!从而,对于中国数学教育传统、特别是中国数学教学法的自觉继承和发展就不仅应当被看成中国数学课程改革顺利发展的一个必要条件,而且也应被看成我国数学教育工作者对于国际数学教育事业的重要贡献!(4.1节和4.2节)

笔者在此愿再次提及这样一个事实,这是国外相关研究的一个明确结论:“教学的文化性质决定了教育改革必然是一个渐进的、积累的过程,而不能期望一下子就能取得突破。”从而,我们也就应当对于数学教育改革的长期性有充分的思想准备,而不应期望按照某个事先排定的日程就能实现数学教育的革命性转变。事实上,后一论点也可被看成新中国成立以来历次改革运动留给我们的一个重要启示或教训,更清楚地表明了处理好批判和继承之间辩证关系的重要性。

8. “由上而下”与“由下而上”

毋庸讳言,“由上而下”也是这次数学课程改革的一个明显特点,对此例如由诸多“国家数学课程标准专题介绍会”“数学新教材培训会”此类“由上层传递到下层”的推广方式就可清楚地看出。另外,从更深的层次看,笔者以为,这也可被看成我国传统的教育思想,也即教育规范性的具体体现。(4.1节)

当然,这一做法也有明显的局限性,特别是,我们必须认真看待如何调动广大教师的改革积极性这样一个问题。笔者在此愿从另一角度,也即从联系理论与教学实践之间的关系对此做出进一步的分析。

具体地说,这正是国际数学教育界从事课程开发的研究者逐步形成的一项共识:课程研制不应因循“由理论到教学实践再回到理论”这样一个老路(可称为“大循环”,后者并就主要表现为理论到教学实践的单向运动,反方向上的运动则仅仅表现为事后的反思),而应将课程设计与分析评价工作更紧密地联系起来,也即应当将研究工作立足于实际的教学实践(从而,与上述的“大循环”相对立,在此所出现的就是经常性的“小循环”(minicycle),或者说,即是小循环与大循环的互补),这样,最终所获得的也就不只是较理想的数学课程,而是理论与教法设计的同时成长。(详可见3.1节)另外,在笔者看来,我们也就应当从这一角度去理解安淑华女士所提到的国际数学教育界在研究方面的如下变化:“(人们)不再把教学大纲作为不变的纲要,而是用科学和系统的方法重新评估、认识大纲。”(“数学教育中的行动研究”,《数学教育学报》,2002年第2期)

综上可见,我们既应积极投入数学课程改革的新高潮,同时又应保持清醒的头脑,坚持科学的态度。

5.3　关于数学课程改革的若干深层次思考[①]

一、引入：中国是否正在出现“数学战争”？

2000年1月笔者曾应邀参加全国高等师范院校数学教育研究会的一次常务理事会。当时美国的“数学战争”正如火如荼，针对我国即将开展的数学课程改革，笔者在会上做了这样的发言，即是希望中国也能出现“数学战争”，因为，后者对于课程改革无疑是一件好事，绝非一件坏事！

自那时以来已有五年多时间过去了，现在显然又是重提这样一个问题的适当时机：由于在数学课程改革的评价问题上已出现了两种完全不同的意见（详可见另文“数学课程改革：何去何从？”，《中学数学教学参考》，2005年第5期），是否可以认为在中国也已出现了“数学战争”？

相对于简单的肯定而言，笔者以为，在下述的意义上我们或许应当作出否定的解答。

第一，民众的参与程度严重不足。事实上，这正是人们何以将当年美国围绕数学课程改革展开的剧烈争论称为“数学战争”的一个重要原因，即有很多普通民众也直接卷入到了相应的论争之中。

也正是基于这样的考虑，笔者提出：“我国的数学教育现正经历着由应试教育向素质教育的重要转变，决定这一转变能否成功的一个主要因素就在于：这能否真正成为全民的共同呼声！……可以断言的是，如果这仅仅是一次‘自上而下’的运动，那么，尽管有各种各样的文件与口号，广大的教师和学生仍将陷于考试的怪圈而无法自拔。”（5.1节）显然，这一意见即使在今天仍值得我们高度重视。

第二，尽管在新一轮数学课程改革的评价等问题上存在严重的观点对立，但就教育是否需要改革、现行的改革是否又存在明显的不足等问题上争论双方

① 原文发表于《开放教育研究》，2006年第4期。

又应说具有着较一致的意见,特别是,双方都认为教育必须改革,而不存在真正的保守派。例如,在中国数学会于2005年召开的“全国中小学数学教育论坛”上,笔者就曾直接聆听过姜伯驹院士的报告,并在总体上留下了这样一个印象,即是强烈的改革意识,尽管其对于新一轮数学课程改革持严厉的批评态度。例如,姜伯驹院士提出,与知识的学习相比能力的培养更加重要,数学教育主要应当致力于提高人的素养;进而,以下又可被看成他在改革问题上的基本立场:应当大力提倡“健康的多元化”与“适度的包容性”。显然,这些思想与新一轮课程改革的基本理念也是一致的。再例如,新一轮数学课程改革的主要负责人现今应当说也已较清楚地认识到了对已有工作作出认真总结与反思的必要性,从而与先前相比也就有一定的变化。①

显然,上述分析事实上也更加突出了这样一个问题:新一轮数学课程改革究竟有哪些问题与不足?我们又应如何对此加以纠正或改进?对于这一问题的全面概括或分析应当说已经超出了本文的范围;与此相对照,本文则将集中于新一轮数学课程改革若干潜在、然而又是十分重要的影响。尽管后者在现时可能还只刚刚显露,但由于它们直接涉及数学教育的一些基本问题,我们对此就应对此予以高度重视,并采取必要措施加以纠正或适当的引导。还应指明的是,尽管本文主要是就数学课程改革进行分析的,但其主要结论事实上也适用于其他各科的改革。

二、“由上至下的单向运动”与形式主义的盛行

过去几年的课改实践清楚地表明:这是一次力度极大的政府行为,主要表现为“由上至下的单向运动”,更以高度的统一性与一元化作为基本追求。例如,与先前的各个《教学大纲》相比,新制订的《课程标准》显然更加面面俱到,不仅给出了相关的基本理念,也逐一列出了“教学建议”“评价建议”与“教材编写建议”,包括大量的案例。尽管这一做法可以被看成学习西方,特别是美国“数

---

① 与此相对照,笔者在2003年10月于沈阳召开的“义务教育阶段数学课程标准修订工作研讨会”上也曾提过这样一个意见,即是认为应将“发现问题、解决问题”看成课程改革深入发展的关键;但这在当时却未能获得课改主要负责人的足够重视。也正是从这一角度进行分析,笔者以为,我们就应充分肯定数学家群体的贡献,因为,正是通过后者的努力才促成了上述的变化。

学课程标准”(《学校数学课程和评价的标准》)的直接结果;但就我国的现实而言,这又不能不说是从各个方面为相关工作提供了严格的规范,即是表现出了对于高度统一性的刻意追求。再例如,就数学课程改革的具体实施而言,我们也可看到很多类似的做法,即如对于“先培训、后上岗”这一工作顺序的突出强调,从而就在很大程度上造成了“专家引领”与“观摩教学”等做法在教育圈的盛行。

这种“由上至下的单向运动”也许是一次彻底的改革所必需的,或许还可看成集中体现了“先立后破”这样一个指导思想;但我们显然又应十分关注这一做法在实践中是否也会造成一定的消极后果,并应及时采取适当措施加以防止或必要纠正。

具体地说,笔者以为,形式主义现今在教育界的盛行在很大程度上就可被看成“由上至下的单向运动”的一个直接后果,更清楚地表明了这样一点:即使我们暂时不去论及新一轮课程改革所倡导的各种理念和方法等是否正确、恰当,这相对于广大一线教师而言仍有较大的距离。这也就是指,如果我们只是单纯依靠行政力量去实施课程改革,“专家引领”与“观摩教学”等做法就不可避免;但是,如果所说的“专家引领”最终又演变成了“先进”教育理论或理念的简单“灌输”,所谓的“观摩教学”又蜕变成了简单的示范与模仿(详可见下一节的论述),课改的实施更就以按照某一事先设定的时间表去完成工作作为首要的目标,那么,必然的后果就是形式主义的盛行。

例如,所说的形式主义倾向在教学方法的改革上就有典型的表现,即如“为讨论而讨论”“为合作而合作”“为活动而活动”“小组合作学习流于形式”“过于追求教学的情境化”“只求表面热闹的教学”“片面理解教学手段现代化”等。更一般地说,就是以“新旧”代替“好坏”,也即对于某些新的教学方法的绝对肯定和对于传统教学方法的绝对否定。(详可见另文“数学教学方法改革之实践与理论思考”,《中学教研(数学)》,2004 年第 7、8 期)

应当指明,对于教学方法改革中的上述倾向人们现已有了一定认识;但是,笔者以为,如果我们同时又认为这只是“实验区在教学改革工作上存在的阶段性问题”(刘兼,“课程发展的中国案例——进程中的我国基础教育课程变革:回顾与反思”,载教育部北京师范大学基础教育课程研究中心数学课程工作室汇编,《“全国中小学数学教育论坛”会议资料》,2005 年 5 月,第 7 页),而未能深入地去分析造成这种现象的深层原因,并采取切实措施加以纠正,那么,所说的现象就不仅不可能随着课程改革的深入发展自然而然地得到解决,更可能随着课革的全面推开成为一种潮流,从而对于教育工作的方方面面,特别是教师与学生的成长产生严重的消极影响。(对此我们在以下还将做出进一步分析)

除去教学方法的改革,我们也可在其他方面看到形式主义的表现。即如在很长时间内人们往往就以"有无改革意识、有无教学创新"作为点评一堂课好坏的主要标准,课改以来各种新教材的编写和评审往往也集中于是否符合课程改革的基本理念:"教材……提供的素材要密切联系生活实际,让学生体会到数学在生活中的作用;……教材的编写应有利于激发学生的学习动机,引导学生从已有的经验和知识出发,通过独立思考和合作交流,体验知识的发生与发展过程。……"(《全日制义务教育数学课程标准(实验稿)》,北京师范大学出版社,2002,第59、74、92页)而这事实上就是发展起了关于教材编写的一种新模式,即是对于教材某些"显性"特征,如引入方式、表述方式等的特别关注,至于那些更加深刻的问题,如教材的科学性与严密性,整体性知识结构的合理性等,则在很大程度上被忽视了。

客观地说,如果只有部分教材采取了上述的编写模式,这或许还可被看成一种正常现象,对此我们甚至还应适当地加以鼓励,因为,这即可被看成"多元化"的具体表现;但如果所说的模式最终又演变成了一种硬性规范,以至不按照这样的模式去编写教材就不可能获得审查通过,就不能不说是一种倒退,更应被看成"由上至下的单向运动"的又一消极后果。进而,也正是基于这样的认识,笔者以为,将所有这些问题都归结为实践过程中必然会出现的一种"落差"就不很恰当:"虽然当初我们已经对标准、教材、实施、评价等每一个环节在实践过程中会存在落差有所估计,但是在实际的实施过程中,各个环节的良性互动仍然没有形成,如教材编写、审查与课程标准之间有的存在的落差还很大。"(刘兼,"课程发展的中国案例——进程中的我国基础教育课程变革:回顾与反思",同前,第15页)进而,如果相关人士更认为自己从一开始就对所有问题都有完全正确的认识,课改中出现的各种弊病则都是由于"下面"未能准确领会"上面"的思想或理念:"经是好经,只是被小和尚念歪了!"这样将板子打到一线教师身上就实在太不公平了。

以下我们还将分别联系教师与学生的成长更具体地谈及新一轮数学课程改革产生的隐性、然而又是十分重要的一些影响。

三、教师成长模式的重要变化：历史性的突破或倒退？

新一轮课程改革对于教师的成长，特别是教师培训产生了十分重大的影响，对此相关人士曾总结为“教师培训方式实现了历史性突破”：“以基于平等、对话、合作为特征的研修文化，全面重建培训制度。新课程通过组织课程实施者的研修，在传播新课程理念的过程中更多地赋予实施者以创造的空间和自我发挥、自主完善的空间，从而为新课程在区域经济、文化、环境等差异极大的不同地区的有效实施提供了可能性。”（刘兼，“课程发展的中国案例——进程中的我国基础教育课程变革：回顾与反思”，同前，第7页）

实际情况是否真的如此？作为具体分析，应当首先指明这样一个事实：课程改革所导致的教师培训方式的变化与“专家引领”和“教学观摩”的盛行具有不可分割的联系，并事实上形成了一种新的培训模式。对此例如由以下事实就可清楚地看出：“教学专业支持工作组”的成立，其成员“先后走遍所有国家级实验区”；“教材培训”的普遍化，特别是，每年数次大规模的教材培训，甚至渗透到了区县等基层单位；“观摩教学”的盛行，甚至出现了专业的“市场化运作”以及教育界中的“走穴一族”；等等。

应当承认，这种新的培训模式对于教师的成长有一定促进作用。更一般地说，这就是新一轮课程改革的一个重要贡献，即是极大地促进了一线教师对于诸多新的教育理念和教学方法的了解；但在作出这一肯定的同时，我们又应认真地去思考这样一个问题，教师培训方式的上述变化对于一线教师，特别是年轻教师的成长是否也有一定的消极影响？

正是从后一角度进行分析，笔者愿意特别推荐浙江温州方斐卿老师的一篇文章：“为什么小学语文教学总患‘多动症’‘浮肿症’？”（《教学月刊》，2005年第6期）以下就是文中关于教师成长模式的变化及其影响的具体分析：有不少年轻教师因此“热衷于学习模仿新的教学方法和教学形式，不断参加一些教学大赛或教学观摩活动，迅速成名”；对于更多的一线教师来说，则是“习惯于套用一些名师的课堂设计，教师本人缺乏独立理解教材和处理教材的能力。”

当然,我们也应肯定教学观摩的积极意义。例如,一个经常参加此类活动的青年教师其眼界显然与始终囿于某一基层学校的教师大不相同,特别是,有更多机会接触到各种不同的教学思想与教学方法显然也十分有利于他们业务上的提高;另外,这无疑也是一线教师积极参加教学观摩活动的又一重要原因:相对于其他的培训形式,特别是理论报告而言,教学观摩无疑具有"看得见、学得会、用得上"的优点。

但是,现在的问题是:如果缺乏足够自觉性的话,教学观摩的盛行也会对一线教师产生一定的误导:教师的成长似乎就可被归结为教学方法或教学形式的简单模仿,传统上对于教材的深入钻研以及对于学生的很好把握这些方面则被大大地削弱了;部分教师更热衷于"走捷径、快成名",而忘记了一个名师应当首先具有高尚的人格和丰富的学识,并应牢牢地扎根于长期的教学实践……

应当强调的是,上述担忧实非杞人忧天,对此例如由以下现象就可清楚地看出:"这样的公开课、示范课有很大部分已异化为表演课、作秀课、时尚课。公开课上的教师试图通过课堂教学来表现各种新课程理念,每个教学环节都仿佛是在证明某种课程理念的存在;公开课上的教师更多是在表现自我,而不是关注学生,更多是在满足听课教师的需要,而不是关注学生的感受。"(同上,第55页)更严重的是,正如上面所指出的,我们可在更大范围看到形式主义的盛行,即是"为讨论而讨论""为合作而合作""为活动而活动"等。

除去"教学观摩"以外,在此还可对所谓的"专家引领"(包括"教材辅导")作一分析。具体地说,尽管后一做法也有一定积极作用;但是,如果缺乏必要的组织与管理,即如听任各个专家自由地去"鼓吹"各种时髦的理论(如对于所谓的"后现代教育观或教学观"的盲目推荐),或是将教材辅导由原来的"逐级(省、市、县、区)加工"演变为"面对面的培训"(也即要求教材编写者直接深入基础单位进行辅导),就必然会造成十分严重的后果。具体地说,与所期望的"更大的创造空间"和"教师的自我发挥和自主完善"相对立,上述变化的一个直接结果就是极大地削弱了我国在这一方面的诸多优良传统。例如,所说的"面对面的培训"就在很大程度上削弱了"钻研教材应被看成教师的一个基本功"这样一个优良传统;所谓的"专家引领"则更对传统上十分有效的教研体系构成了直接冲击,即是极大地助长了各个中间环节的惰性和依赖性。[①] 当然,这种由专家“包打天下”的做法是不可能成功的,因为,经济、文化、环境等方面的重大差异决定了课程改革的实施必然有一个不断充实、不断重建、不断调整的过程,更离不开各级教研部门,以及一线教师的创造性劳动,而不可能简单地被纳入任何一个固定的模式或框架。

最后,应当提及的是,如果说一定程度上的“标新立异”作为理论探索还是可以接受的,但如果我们以各种很不成熟的想法去指导实际教学活动就必然会造成严重的后果。这事实上也可被看成美国的“数学战争”给予我们的一个重要启示。例如,这就正如美国数学教师全国委员会(NCTM)的前主席 F. Allen 所指出的,NCTM 在过去十余年中事实上是把“美国的学校变成了一些尚未经过很好检验的方法的实验室”。(5.1 节)

为了清楚地说明问题,在此还可对从“校本教研”经由“校本课程”到“校本课程规划”的极度扩展作一简要分析。

具体地说,这常常被说成“校本教研”的一个重要方面,即是各个学校都应根据自己的情况积极从事“校本课程”的开发与建设;进而,一些学者又以此为基础提出了关于“校本课程规划”的如下主张:“后者面向的不仅仅是校本课程,而是学校所有的课程,要对学校中实施的国家课程、地方课程和校本课程作整体的设计、安排。……学校课程规划除了课程方案之外,还包括课程实施和评价、校本课程的开发、课程管理机构的运行、教师的专业发展等方面的内容。”(“让课程成就学生——就新课程背景下学校的课程规划访崔允漷教授”,《教学月刊》,2005 年第 4 期)

尽管后一主张也有一定的合理成分,特别是,学校的一切工作显然都应充分考虑到学校的实际情况,另外,充分发挥基层学校在教学研究、课程建设、教师专业化发展等方面的主动性和积极作用,无疑也可被看成切实改变我国教育界中长期存在的“过度规范化”现象的一个有效措施;但是,如果我们只是一味地从理论上去进行“鼓吹”却完全不去顾及这些主张的现实可行性及其可能的负面影响,对于相关实践又只是一味地加以肯定而忽视了必要的引导(包括一

① 上述情况的出现并应说具有一定的必然性,因为,各级教研员与优秀教师都曾一度被认为是课程改革的阻力,从而就在很大程度上遭到了排斥。

定的限制),特别是,未能清醒地认识到应当依据学校的不同情况提出不同的要求,那么,尽管我们仍可随意地去声称“只要给点时间,只要有机会,广大学校一定有能力开发自己的课程规划”,最终结果却很可能与前些年对于“课件开发”的普遍提倡一样,即只是“大量的低水平重复”,从而造成人力和物力的极大浪费。另外,从根本上说,这显然也应被看成正确处理“校本课程”等问题的基本立场,即是我们应当清楚地认识普遍性与特殊性之间的辩证关系,与此相对照,因突出强调学校的特殊性而完全否认教学活动的普遍性和规律性显然是完全错误的。

综上可见,关于“教师培训方式的历史性突破”这一结论实在是过于乐观了;与此相对照,我们应当更加重视现状的分析,特别是应当深入研究这些变化的长期影响,包括如何能够很好继承我国在这方面的优良传统并对此做出必要的发展(4.2 节)。进而,就当前而言,我们又应特别注意纠正或防止对于时髦潮流的盲目追随,并应大力提倡切实立足日常教学工作这样一种素朴的追求;我们更不应刻意地去追求某些短暂的轰动效应,而应对学生的成长切实地负起责任。最后,从长远的角度看,我们又应积极提倡教师的专业化发展,特别是,对教材的认真钻研与深入的理论学习,包括切实加强各级的教研活动,充分调动各级教研部门的积极性与促进作用。

四、 什么是中国未来社会合格公民的适当定位?

对于未来社会合格公民的定位问题显然可以从多个不同角度进行分析。例如,从数学教育的角度看,以下一些问题就具有特别的重要性:新一轮数学课程改革追求的究竟是普遍的高标准还是普遍的低标准?这是否会影响到“数学精英”的培养?又是否会在数学上造成新的“两极分化”?等等。

由于数学教育归根结底地说应当服务于总体性的培养目标,因此,除去上述方面的具体思考以外,我们又应超出数学,并从更一般的角度进行分析。例如,在笔者看来,后者很可能也就是相关人员在做出以下总结时所采取的基本立场:“多项调查研究表明,近 4 年来的新课程实验进程总体上是积极健康的。……基础教育工作者普遍反映:真正实施新课程的地区,学生学习的主动性、积极性增强了;好奇心、兴趣爱好得到了保护和发展;学生的质疑意识、批判与反思的精神得到鼓励;责任感和合作意识也有了较明确的提高。”相关人士对课程改革的前景充满了信心:“我们有理由相信,在这样一种集东西方优秀文化元素于一体的环境中成长的人,自尊心将得到保护,自信心会进一步增强,民主意识、责任感、合作意识、创造精神都将得到发展;孩子们的学校生活会更幸福,人格更健全,心胸更开阔,一个创造力不断涌现的社会将指日可待。”(刘兼,“课程发展的中国案例——进程中的我国基础教育课程变革:回顾与反思”,同前,第9—10页)

但是,新一轮数学课程改革对于学生的成长是否也有某些消极的影响?以下就是关于来自课改实验区和非实验区的学生的一项对比调查:(邝国宁,“2004年南宁市实践课程改革实验区毕业生进入高中阶段学习状况分析与思考”,2004)

“来自实验区学校的学生自主学习、参与学习的主动性较强,善于发表意见,讨论发言积极,遇到问题喜欢与同学交流、探讨、见多识广、视野开阔、思维活跃、动手能力、活动能力强……在参与度、课堂上所表现出来的自信程度方面比来自非实验区的学生都更胜一筹,当然,这些学生能提出有深度问题的人还不多。此外,来自实验区的学生在学习上两极分化更为突出。”

“有不少学校认为来自实验区的学生学习习惯不好,表现在课前准备不足,不做笔记,较怕吃苦,玩心太重,不愿意也不善于记忆……比较而言,来自非实验区的学生学习态度比较端正,学习比较刻苦。”

“普遍反映来自非实验区学校的学生基础知识较为扎实。多数学科认为非实验区学生学习相对比较认真,能独立思考,对问题的理解比较深刻。来自实验区的学生对基础知识的掌握显得有点薄弱。”

“来自实验区学校的学生承受挫折的心理能力比较弱,刚入校时自信心很足,段考考试成绩没有达到预期目标后情绪比较低落……而来自非实验区学校的学生承受挫折的心理能力较强。”

当然,上述结论未必有很大的普遍性;但是,相对于单纯的乐观情绪而言,笔者以为,我们确又应当更深入地去思考这样一个问题:究竟什么是中国未来社会合格公民的适当定位?新一轮的课程改革在这方面究竟又造成了什么样的变化?

具体地说,这正是笔者由相关调查引发的一个忧虑:课改后成长起来的年轻一代是否正在形成这样一些特征:他们既好表现,但又往往十分肤浅或是满足于标新立异;既充满自信并表现出了强烈的参与意识,但又往往具有很大的盲目性,包括缺乏必要的自我批判并就常常以个人喜好作为判断的标准;他们既渴望成功,但又不愿付出艰巨的劳动,并常常表现得十分脆弱,不能承受任何的失败或挫折……①

应当强调的是,数学教育事实上不仅可以,而且也应对于纠正所说的这些偏差发挥重要的作用(从而,将“数学方面的考虑”与“一般的考虑”绝对地对立起来就是不妥当的;毋宁说,后者即应被看成“数学的文化价值”的具体体现)。例如,与所说的“肤浅性”相对照,数学学习对于促进学生思维的深刻性就有十分重要的作用,以下更应被看成实现后一目标的一个重要渠道:我们不应停留于数学在日常生活中的应用,而应清楚地认识超越具体情境过渡到“模式的建构与研究”的重要性——也正是在这样的意义上,数学就可被说成“模式的科学”。

进而,这也是数学学习给予人们的一个重要教益:我们不应满足于随意的猜测,也不应盲目地听从任何一种权威,而应对结论的真理性做出严格的检验和必要的论证,包括对自身原有的想法做出必要的批判和改进。从而,数学学习事实上也可被看成切实纠正信口开河、盲目自信等弊病的一个有效途径。更一般地说,这也就是指,数学学习十分有利于人们理性精神的培养,包括积极的批判与自我批判。

再者,数学学习对于培养人们踏实苦干的工作作风显然也有重要的作用。特殊地,也正是从这一角度去分析,笔者以为,所谓的“快乐学习”在很大程度上只会起到误导的作用,因为,正如旅美青年数学家葛力明所指出的,一定的“痛苦经历”应当被看成任何真正的成功的一个必然过程,但这又不能不说是我国年轻一代的一个明显不足,即是“不会失败,不会痛苦”。

为了更清楚地说明问题,在此还可从国际比较研究的角度对上述论题做出进一步的分析。应当指明的是,东西方教育的比较事实上也可被看成新一轮数学课程改革的一个直接出发点。例如,有关人士在“回顾与反思”中就曾将相关

① 从而,我们是否就是将我们的年轻一代培养成了美国式的“人才”:一个永远长不大的“大孩子”,一个始终充塞着“莫明其妙的自豪感”的民族……当然,这只是一个很不恰当的比喻,但应当引起我们的深思。

研究称为“有震撼力的研究报告”,即是认为从一个侧面清楚地表明了“现行课程实践体系存在一系列重要问题”。(刘兼,“课程发展的中国案例——进程中的我国基础教育课程变革:回顾与反思”,同前,第1页)以下就是文中给出的关于东西方学生与课程的对照比较:

东西方学生发展生态	
东方	西方
知识与技能	实践能力与创造性
以记忆、接受、模仿为主	以体验、独立思考、探究为主
题型训练	问题解决
认真与刻苦	好奇心与兴趣爱好
勤奋与踏实	自尊自信与个性
……	……

东西方学校课程生态	
东方	西方
内容单一	结构多元
崇尚书本	关注经验
尊重经典	强调实践
以必修为主,强调统一要求	鼓励选修和学生走班学习
严格要求	自由宽松
注重纸笔测试	重视实际表现
……	……

但是,难道东西方教育的区别真的就可被归结为如此截然相对的两极吗?我们又应因此而唯一强调学习西方,乃至对中国教育传统采取绝对否定的态度吗?

事实上,在笔者看来,上述总结也是停留于表面现象的一种表现,从而,尽管其确实能在一时起到“震撼”的效果,但如果我们就以此作为课程改革的基本依据就会造成十分严重的后果:我们所学习的可能恰恰是别人的短处,所放弃的则又可能是自己的长处或优点。还是让我们先来看一些相关的论述吧。

具体地说,对于东方教育(包括中国数学教育)的绝对否定在很长时期内确可被看成国际教育界的主导观点;但这种观点现已发生了很大变化,而这事实上也就是国际比较教育研究何以在现今得到普遍重视的一个重要原因,即有不少西方学者现已认识到了西方的传统观点在很大程度上只是一种误解,恰恰相反,东方的数学教育也包括很多合理的成分,并就是这些成分直接导致了东方各国的学生在各种国际测试(IAEP、TIMSS、PISA)中相对于西方而言取得了更好的成绩。(4.1 节)

以下则是一些截然相反的意见:"中国千万不要学习美国的数学教育。中国的数学教育在实践上肯定比美国好。事实胜于雄辩。中国好不容易有一项比美国好的数学教育成绩,为什么自己不珍惜、不总结呢?"("陈省身谈数学教育:我们要有自信",《文汇报》,2004 年 11 月 29 日)[①]

从而,香港大学梁贯成博士的以下提醒也就应引起我们的高度重视:"面对国际课程改革的趋势,我们面对的一种危险是落后于其他国家,进而在越来越激烈的全球经济竞争中落败。但是,另一种危险是我们简单地跟随国际潮流,结果丢掉了我们自己的优点。在我们的文化中,长期存在的弱点需要巨大的勇气来改变。但是我们需要更大的勇气来抵制那些在'发达'国家中正在发生的变化,并且坚持一些传统价值来保持我们的优点。"("第三届国际数学及科学研究结果对华人地区数学课程改革的启示",《数学教育学报》,2005 年第 1 期,第 11 页)更一般地说,这也正是我们在从事教育国际比较研究时应当采取的基本立场:与简单的"两极区分"(以及关于"好与坏"的绝对化断言)相对立,比较研究所提供的主要是一面镜子,而非某种现成的蓝本,这也就是说,我们不应盲目地去追随国外的时髦潮流或时新理论,毋宁说,国际上的相关发展主要是为我们对自己工作做出更深入的总结与反思提供了适当的背景。(4.1 节)

总之,我们决不应对西方数学教育持绝对肯定的态度,并就以此为蓝本去从事课程改革,恰恰相反,我们应当更加重视对于"什么是中国未来社会合格公

---

① 应当指出,美国的"数学战争"也为我们深入了解美国的数学教育、特别是新一轮的课程改革提供了良好契机。详可见 5.1 节。

民的合理定位”的深入分析,并应注意研究新一轮课程改革在这一方面究竟造成了什么样的变化。

五、结语:数学课程改革深入发展的九件要事

如何能对上面所提及的各个问题做出及时、必要的纠正?除去已提到的各项建议、特别是“传统的继承与发展”这样一点以外,笔者并愿再次强调先前所提出的关于数学教育深入发展的如下六件要事(“中国数学教育深入发展的六件要事”,《数学教学通讯》,2001 年第 4 期):

(1)政府行为与学术研究导向作用的必要互补;

(2)数学教育的专业化;

(3)建立课程改革持续发展的良好机制;

(4)认真做好教师的培养工作;

(5)办好数学教育的各级刊物;

(6)健康的学术氛围与合作传统的养成。

进而,笔者以为,这又可被看成这些年的课改实践给予我们的一个重要启示或教训:由于教育的文化相关性,课程改革必定是一个渐进的过程,任何革命或跳跃性的变革都不可能成功——显然,这也就更为清楚地表明了建立课程改革可持续发展的良好机制的重要性。另外,就当前而言,我们又应对教材建设予以特别的重视,而不应期望只需组建一个临时班子就能很好地完成这样一个任务,或是只需通过单纯的数量增长与“自由竞争”就可最终创造出高水平的数学教材;恰恰相反,教材编写中的粗制滥造、急于求成,包括单纯的“利益驱动”必然会造成十分严重的后果,从而,有关部门就应在这方面切实发挥应有的组织、引导与监管作用,而不要等问题成了灾才进行补救。再者,作为政府行为的必要补充,我们又不仅应当充分肯定学术组织的理论导向作用,也应认真听取各种不同的意见,包括直接的批评——也正是从这一角度进行分析,笔者以为,与单纯强调所谓的“舆论导向”相对照,我们在当前就应更加鼓励不同意见的自由表达与充分交流,因为,如果没有“适度的包容”,就不可能有“健康的多样性”,从而也就不可能有效地防止或纠正由于单纯依靠行政力量所容易导致的过度的统一性与一元化。最后,就当前而言,我们还应特别强调各方面的通力

合作，特别是，应当热情欢迎数学家直接参与到课程改革之中。值得指出的是，后者事实上也可被看成美国的相关实践给予我们的又一重要启示(5.1 节)[①]。

另外，作为必要的发展，笔者又愿补充以下三点，这并可被看成前一阶段的课改实践给予我们的直接教益。

(7) 应当重视由国际上的相关实践吸取有益的启示和教训，特别是，即应切实避免重复别人所犯过的错误。

例如，在笔者看来，即使在今天，我们仍可由以下关于美国新一轮课程改革的批评意见获得诸多有益的启示和教训，而如果相关人员在五六年前就能对此予以足够的重视，就可极大地减少，乃至避免很多不必要的错误或曲折：

“第一，对基本知识和技能的忽视。”

“第二，不恰当的教学形式，即如对于合作学习的过分强调等，却未能很好地发挥教师应有的作用。”

“第三，数学不只是一种有趣的活动，尤其是，仅仅使数学变得有趣起来并不能保证数学学习一定能够获得成功，因为，数学上的成功还需要艰苦的工作。”

“第四，课程组织过分强调情境学习，却忽视了知识的内在联系。”

“第五，未能给予数学推理足够的重视。”

“第六，广而浅薄，这即是指，由于未能很好地区分什么是最重要的和不那么重要的，现行的数学教育表现出了‘广而浅’的弊病。”(5.1 节)

(8) 注意纠正两极化思维方法，切实避免做法上的极端化与片面性。

例如，在笔者看来，除去前面所已提及的东西方教育的不同“生态”以外，以下也可被看成这一方面的更多实例：关于“经验课程”与“科学课程”的绝对对立(“关于数学新课程的几个为什么——孙晓天教授访谈”，载教育部北京师范大学基础教育课程研究中心数学课程工作室汇编，《“全国中小学数学教育论坛”会议资料》，同前)；“(数学教材编写中的)选择的艺术”(马复，“选择的艺术——谈基于《标准》的数学教材之编写”，同前)。因为，相关论述都有这样一个特点，

① 也正是从这一角度进行分析，笔者以为，以下的态度就应说不够妥当，即是认为当前围绕新一轮课程改革所展开的争论并无任何真正的意义，倒不如“腾出时间做更多对基层教师有实实在在帮助的事情。”(刘兼，“课程发展的中国案例——进程中的我国基础教育课程变革：回顾与反思”，第11、16 页)

即是认为除去从两个极端中选择一个以外,不存在任何其他的可能性。

与所说的"两极化思维方式"相对立,这并应被看成课程改革(乃至一般教育工作)健康发展的关键,即是我们应当努力做好"对立面的必要平衡"。就数学课程改革而言,这就是指:

"人的情感、态度、价值观和一般能力的培养"与"数学基础知识与技能的教学";

"义务教育的普及性、基础性和发展性"与"数学上普遍的高标准";

"数学与日常生活和社会发展的联系"与"数学的形式特性";

"儿童主动的建构"与"教师的规范作用";

"创新精神"与"文化继承";

"以问题解决为主线的教学模式"与"数学知识的内在逻辑";

"学生的个体差异"与"大班教学的现实";等等。

(9) 确认教师在教学中的主导地位与课程改革中的主体地位。

随着课程改革的深入,教师在教学中的主导地位应当说已获得了越来越多的重视;与此相对照,对于教师在课改中的主体地位则仍有进一步强化的必要,特别是,我们不应简单地去告诉(更不应通过某种"国家标准"硬性地去规定)教师应当如何做,而应主要引导一线教师积极地进行思考,并能通过自身的努力、包括认真的总结、反思与自我批判,不断改进自己的工作——显然,后者事实上也可被看成教学工作创造性质的又一重要涵义。

最后,笔者十分赞同姜伯驹先生的这样一个意见:新一轮课程改革的已有实践清楚地表明我国的教师队伍是多么的脆弱!从而,这就是摆在广大教师面前的一个紧迫任务,即是应当不断提高自己的专业水准,包括努力增强独立思考与批判精神,从而才有可能更好发挥所说的主导作用与主体作用。

5.4 展望“后课标时代”①

如所周知,《义务教育数学课程标准》(以下简称《课标》)现在处于新的修订与审查之中,本文无意对修订后的《课标》作出评价,而只是希望表明这样一点:现状分析,特别是过去8年课改实践的总结与反思,应当成为这一工作的直接基础;进而,“发现问题、正视问题、解决问题、不断前进”又应成为这方面工作的基本立场。显然,后者事实上也适用于一般的教学研究,但就《课标》的修订与审查而言,我们又应特别重视已有工作的总结与反思,因为,对过去8年课改实践的总结与反思达到了什么样的程度,我们又能否以此为基础做出新的思考与研究,在很大程度上决定了《课标》的修订与新的教学实践能达到什么样的水准。

文章的第一部分将首先围绕教学方法的改革、数学教学与教育思想的发展,以及新出现的一些重要问题对此做出具体分析。应当肯定的是:在过去8年中我们取得了不少成绩,但关键恰又在于:我们应当如何看待所说的成绩?又如何能够取得新的发展?显然,如果对于这些问题缺乏清醒的认识,相关工作就不可能有很强的针对性,从而也就不可能对于实践工作发挥切实的指导与促进作用。文章的第二部分中则将对什么是数学教育实践活动(包括数学教学与研究工作)的合理定位这一问题做出进一步的分析。

一、 教学方法、数学教学与教育思想

1. 对于广大数学教师而言,教学方法的改革无疑是他们最为关注的一个方面。对此例如由课改初期一线教师参与教学观摩的极大热情就可看出,因为,作为教师人们自然特别关心这样一个问题:课改以后的数学课究竟应当怎么去上?特别是,什么是数学教师在今后应当采用的教学方法?

---

① 原文发表于《小学教学(数学版)》,2009年第11、12期。

就上述问题的认识而言,当然也有一个逐步深入的过程;但就总体而言,笔者以为,主要又可形容为“低层次的摸索”,因为,如果说这方面有所变化的话,主要就表现为对于片面性与绝对化观点的纠正,而其直接结果则是“常识的回归”——从而,在严格的意义上,就很难说有真正的进步。

具体地说,教学方法改革问题上的片面性与绝对化观点主要表现于这样一种认识,即是以“新旧”代替“好坏”,也即对于一些新的教学方法或模式采取绝对肯定的态度,对于旧的教学方法或模式则持绝对否定的立场。

由于“情境设置”“学生主动探究”“合作学习”与“动手实践”是新一轮数学课程改革所特别倡导的一些教学方法,因此,由相应的观念转变我们就可清楚地看出什么是这里所说的“常识的回归”的主要涵义:第一,由片面强调“数学的生活化”转而认识到了数学教学不应停留于学生的日常生活,我们更不能以“生活味”取代数学课应当具有的“数学味”。第二,由片面强调“学生主动探究”转而认识到了人们认识的发展不可能事事都靠自己相对独立地去进行探究,恰恰相反,学习主要是一个文化继承的过程,更离不开教师的帮助与指导。第三,由片面推崇“合作学习”转而认识到了教学活动不应满足于表面上的热闹,而应更加重视实质的效果。第四,由片面强调“动手实践”转而认识到了不应“为动手而动手”,并应注意对于操作层面的必要超越。

应当再次强调的是:尽管上述的认识都没有错,但又很难被看成真正的进步,因为,这在很大程度上只是回到了人们原先普遍持有的一些认识,也即只是“常识”的回归。当然,后者并不应被看成一种完全自觉的认识,正因为此,也就容易为各种时髦的口号、主张所取代或颠覆。进而,我们在当前自然也不应因所说的转变而沾沾自喜,乃至完全看不到所说的片面性和绝对化观点与课改初期的指导思想,特别是某些具体做法有直接的联系,并应切实加强《课标》修订工作的针对性:就数学教学方法的改革而言,这也就是指,我们如何才能真正做到对于“常识”的超越,从而就不仅能够防止上述错误的反复出现,更能对于实际教学工作发挥重要的指导与促进作用。

具体地说,就上述四个方面而言,以下一些问题显然具有特别的重要性:第一,我们应当如何处理“情境设置”与数学化的关系?什么又是数学教学中实现“去情境化”的有效手段?第二,除去积极鼓励学生的主动探究以外,教师又应如何发挥应有的指导作用?特别是,什么更可看成数学教师在这一方面的必备能力？第三，什么是好的“合作学习”应当满足的基本要求？从数学教学的角度看我们又应如何去实现这些要求，包括数学教学在这方面是否也有一定的特殊性？第四，我们又应如何认识“动手实践”与数学认识发展之间的关系？什么又是“活动的内化”的真正涵义？（对此并可见另文“数学教学方法改革之实践与理论思考”，《中学教研（数学）》，2004 年第 7、8 期）

2. 以下再针对数学教学思想做出具体分析。

首先，这正是我国新一轮数学课程改革的一个重要特征，即就基本的教学思想而言受到了建构主义的很大影响。由于后者也可被看成世界范围内自 20 世纪 90 年代起先后开展的新一轮数学课程改革的普遍特征，因此，上述现象的出现就是完全可以理解的；但从现今的角度看，我们显然又应依据这些年的教学实践对此做出新的思考，特别是，究竟什么是建构主义教学思想的合理成分，什么又是其不足之处或固有的局限性？更一般地说，这也是我们面对教育领域内任一新的理论主张或时髦潮流所应采取的基本立场，即是应当认真思考这样三个问题：(1)什么是这一新的主张或口号的主要涵义？(2)这一主张或口号究竟能为我们改进教学提供哪些新的启示和教益？(3)什么又是其固有的局限性或可能的消极影响？显然，就只有通过这样的深入思考，我们才能较好实现由盲目性向自觉性的重要转变（无论这是就建构主义，还是别的什么理论主张而言），并能切实防止以下现象的出现，即是“将中国这样一个大国，变成了某种尚且缺乏理论依据，而只是依靠一定的强制手段获得‘统一’的教学思想的‘特大实验室’。”（郑毓信，“关于编写数学课程标准与教材的意见”，《课程·教材·教法》，1999 年第 11 期）

由于对于已有教学传统的忽视也是新一轮数学课程改革的一个明显不足，因此，就课程改革的深入发展而言，我们就应深入地去研究：什么是中国数学教学传统的主要内容，我们又应如何很好地去继承这一传统，包括做出必要的发展？

在此我们还应特别强调依据数学教育的现代研究成果对中国数学教学传统做出深入分析的重要性，特别是，就当前而言，我们更应注意吸取数学学习心理学，特别是认知心理学研究的现代成果。

例如，如果说“双基教学”与“变式理论”即可被看成中国数学教学传统的重要组成成分，那么，这就是上述方向的一些具体成果：作为“双基教学”的必要发展,我们应当明确地强调:“基础知识的教学,不应求全,而应求联;基本技能的教学,不应求全,而应求变”;另外,我们也应十分重视从认知发展的角度去研究“变式理论”的可行性,也即应当将后一方面的工作与认知心理学的研究更好地结合起来,从而有效地防止由于唯一强调方法论的研究而忽视了对象与环境的特殊性,特别是与学生的认知发展水平相脱节。(4.2 节)

再者,尽管我们也可从传统的发展这一角度对由“双基”向所谓的“四基”的转变做出具体论证,但这又应被看成这方面的一项首要工作,即是我们应当首先对所说的“数学思想”与“数学活动”做出清楚界定,并具体指明相应的教学原则。对此我们将在以下联系数学教育思想做出进一步的分析。

最后,从更深入的角度看,以下问题显然也应引起我们的高度重视,即是如何看待“打好基础”与“发展和创新”之间的关系?具体地说,这直接涉及东西方数学教学思想的一个重要区别:“在西方,我们相信探索是第一位的,然后再发展相关的技能;但中国人则认为技能的发展是第一位的,后者通常又包括了反复练习,然后才能谈得上创造。”(D. Watkins & J. Biggs, [ed.] *The Chinese Learner*:*Cultural*, *Psychological and Contextual Influence*, CERC & ACER, 1996)由此可见,为了防止可能的极端化,我们也应对这两种教学思想的主要特征及其各自的优缺点做出深入研究。

3. 以下再转向基本的数学教育思想,特别是数学教育的基本目标。

笔者以为,这正是新一轮数学课程改革的一个重要贡献,即是由唯一强调具体数学知识内容的学习过渡到了“三维目标”,也即认为数学教育不仅应当帮助学生很好掌握数学的基础知识与基本技能,也应帮助学生初步地学会数学地思维,并逐步养成相关的情感、态度与价值观。

我们并应清楚地认识上述转变对于中国数学教育的特殊意义,因为,这正是传统数学教育的一个明显不足,即是主要集中于具体数学知识与技能的学习这样的短期目标,却忽视了数学教育的长期目标,包括思维方法的学习,以及情感、态度和价值观的培养。(4.1 节)

当然,为了落实“三维目标”,仍有大量的工作要作。例如,正如上面所提及的,我们首先就应对什么是所说的“数学思维”与“情感、态度与价值观”做出清楚说明;另外,同样重要的是,我们显然也应很好地认识与处理这样三个方面教学之间的关系。

事实上，对于上述问题缺乏深入研究正是造成现实中出现诸多问题的一个重要原因，即如将作为数学教育“三维目标”之一的“情感、态度与价值观”简单地等于一般意义上的情感、态度与价值观，从而造成了明显的泛化；以及数学思维教学中的“简单移植”，即如将“极限思想”“无限思想”等随意地引入到小学数学教学之中。

另外，从同一角度进行分析，笔者以为，与“充分发展相应的情感、态度与价值观”相比，“充分发挥数学的文化价值”就是一个更好的提法，当然，我们在此又应对“数学文化”的具体内涵做出清楚说明。另外，除去“数学思想”（相对于基础教育各个学段）的“清楚界定、合理定位”以外，我们又应明确提倡用数学思维方法的分析带动、促进具体数学知识内容的学习——更一般地说，这也就是指，我们应当很好处理“三维目标”之间所存在的相互渗透、互相促进的辩证关系。

例如，这就是以数学思维方法的分析促进具体数学知识内容教学的一个具体途径，即是我们应当努力实现相关内容的“方法论重建”，也即应当通过思维方法的分析使之真正成为可以理解的、可以学到手和加以推广应用的；另外，尽管在教学中适当引入数学史上的“小故事”可以被看成发挥数学文化价值的一个重要途径，但这显然又不应被看成唯一的途径，毋宁说，这只是代表了这方面比较初级的一个水平。

最后，还应强调的是，只有跳出数学并从更广泛的角度进行分析，我们才能更好理解与把握数学教育的“三维目标”。例如，就只有从东西方文化比较的角度进行分析，我们才能清楚地认识充分发挥数学的文化价值正是我国数学教师应当自觉承担的一项社会责任和历史责任。另外，也只有保持头脑的开放性，我们才能清醒地认识到数学思维不仅有一定的积极作用，也有一定的局限性，更可能造成严重的消极影响，从而，我们在教学中就不应唯一强调“数学的善”，而且也应注意防止或避免“数学的恶”。（3.4 节）

更一般地说，这也正是我们为什么应当用“通过数学学会思维”去取代“学会数学地思维”的重要原因，特别是，这更可被看成对于以下事实的必要反思与合理对策：大多数学生将来都未必会从事与数学直接或间接相关的工作。

4. 除去上述方面的总结与反思以外，我们还应十分重视现状的分析与对策研究。

例如,这显然就是“教学的有效性”近年来何以在数学教育界获得普遍重视的主要原因,因为,正如前面所指出的,由于认识的片面性与绝对化从而在一段时期内造成了数学教学方法改革问题上形式主义的盛行,而强调教学的有效性就是对于这种倾向的必要纠正。(对此并可见另文“数学教学的有效性和开放性”,《课程·教材·教法》,2007年第7期)

除此以外,以下一些问题也应引起我们的高度重视。

第一,一线教师普遍反映:自课程改革以来优秀生与后进生的差距变得更大了,而其重要原因之一就在于:课程改革在很大程度上可以被看成为学生的自由发展提供了更大的空间,但同时也对学生提出了更高的要求,从而,如果我们在教学中未能采取适当措施,即如强调参与者对于合作学习成果的共享,给予后进生更多的关照等,以下现象的出现就不可避免,即“好的学生比以前更好了,差的学生也比以前更差了”。(5.2节)

对于所说的“差距变大”还可从更广泛的角度进行分析。例如,这正是信息社会的一个重要特征,即人们在当前可以通过各种渠道获得相关的信息与知识,从而,作为一个直接的结果,在具体进行相关内容的教学前,往往就有不少小学生已经知道了如何计算平行四边形的面积,也已较好地掌握了分数的除法,等等。由此可见,对于这里所说的“学生之间的差异”我们就不应简单等同于先前所说的“两极分化”,而应清楚地认识它的真正含义与成因,从而才能采取恰当的方法予以解决。

另外,应当强调的是,上述问题事实上也涉及了深层次的教育思想,特别是,这更可被看成东西方数学教育思想的一个重要差异:就东方而言,人们往往特别强调教育的社会性质,特别是,教育应当给人提供平等的机会,从而也就应当努力缩小不同个体之间的差异;与此相对照,西方则更加强调学习者的个性发展,从而就表现出了明显的个体取向(对此例如由所谓的“分流教学”就可清楚地看出)。

显然,对于这两种完全不同的“教育哲学”我们也不应采取绝对肯定或绝对否定的态度;毋宁说,在此所需要的仍是高度的自觉性,从而就能切实避免或减少由于指导思想的盲目性而造成严重的后果。

第二,随着课程改革的开展,已有越来越多经过“新课程”培养出来的小学生进入了中学,关于中小学数学教学严重脱节的批评也因此不绝于耳。当然,对于中小学数学教学的衔接问题我们也可从不同的角度去进行分析。

(1) 在这次课程改革中,有不少原先属于中学的教学内容被下放到了小学,如平移、旋转,投影图,负数、方程等(另外,也有一些常识性的内容,如"左右""上下""前后""时钟的认识"等,被纳入到了小学数学的内容之中),从而,如何进行这些内容的教学就成了课改以来小学教学研究的一项重要内容。对于后一方面的工作我们当然应当予以充分肯定,但是,作为必要的总结与反思,我们又应更深入地去思考这样一些问题:究竟什么是将这些内容下放到(或纳入)小学数学的主要原因?这样做了以后学生到底又有哪些收获或提高?什么又是相关的教学活动或学生学习活动的主要困难与解决方法?(对此并可见另文"小学数学教学研究热点问题透视",《人民教育》,2006年第18期)

(2) 小学数学教学应当如何为学生进入中学作好准备?特别是,什么又是造成所说的"中小学数学教学严重脱节"的主要原因?例如,一些相关内容已经下放到了小学,但所说的情况为什么未能有所改善?另外,从理论的角度看,我们显然也应更深入地去思考:究竟什么是中小学数学的主要区别?

5. 以上主要围绕数学教学方法的改革等论题指明了我国数学教育在当前所面临的一些重要问题,尽管相关论述并不全面,分析也可能有失偏颇,但在笔者看来,问题的诊断与分析确应被看成《课标》的修订与审查的重要背景。另外,由过去8年课改实践的认真总结与深入反思我们也可获得解决这些问题的重要启示,而关键则仍然在于我们所采取的究竟是怎样一种立场。以下就从更深入的角度对此做出进一步的分析。

二、 数学教育实践活动

1. 笔者以为,这也是过去8年的课改实践给予我们的又一重要启示:那种唯一强调剧烈变革、并主要依靠行政力量与"由上至下"(包括由专家到一线教师、由理论到实践)的模式去进行运作的课改方式,并不适合数学教育的深入发展,从而,作为总结,我们也就应当对以《课标》为中心去开展数学教育的全部活动(包括教学与研究)这样一种做法做出深入反思。

作为对照,在此还可特别提及这样一点:转向"反思性实践"正是教育界乃至一般性专业实践在当前的普遍趋势,后者即是指,相对于"理论指导下的自觉实践”这一传统定位而言,人们现今更加倾向于“反思性实践”这样一个定位。

具体地说,这正是后一主张最基本的一个论点:任何较复杂的实践活动都不可能通过简单套用某种现成的理论就能得到成功;恰恰相反,由于对象与情境的特殊性及复杂性,所说的实践不可能被完全纳入任何一个固定的理论框架,也正因此,与单纯强调理论的指导作用相比较,我们就应更加重视立足实践活动,并能通过及时总结与深入反思不断取得新的进展,特别是,我们即应高度重视“实践性智慧”对于新的工作的启示意义。

以下就是“实践性智慧”的主要特征:这不应被理解成普遍性的理论,而主要是指“借助于案例进行思维”,这也就是指,作为反思性实践者,我们应当高度重视案例(包括正例与反例)的分析与积累,并能通过与案例的比较获得关于如何从事新的实践活动的重要启示。(详可见 7.3 节)

当然,强调“实践性智慧”并非不要理论,或是完全否定了理论对于实际教学工作的促进作用,而主要是对于“理论至上”这一传统定位的反对。例如,从这一立场出发,我们在实践中所应关注的就非“是否与理论相符?”,而是应当坚持“情境中的需要高于规则、模式甚至标准价值观的规定。”(威尔逊等,“理论与实践境脉中的情境认知”,载乔纳森、兰德主编,《学习环境的理论基础》,华东师范大学出版社,2002)另外,与单纯强调理论的指导相对照,这里所说的实践也包含有“理论的检验与修正”这样一个涵义,这就是指,相关实践并应坚持“尝试—检验—调整、补救、甚至是打破”这样一个立场,积极的总结与反思则应被看成实现这一目标的主要途径。

也正因此,“反思性实践”又应说具有这样一个特征,即是实践与研究工作的高度一致性,从而也就与理论及实践的传统对立构成了直接对照,特别是,注重总结与反思的实践本身就应被看成真正的研究工作,后者就是人们获得“实践性智慧”的主要渠道。

综上可见,这正是“反思性实践”的主要特征:立足实践,强调反思;重视“实践性智慧”;坚持实践与研究工作的一致性。还应强调的是,尽管上述分析主要是针对一般性实践活动而言的,但这显然也适用于数学教育实践。以下就联系课程改革对此做出进一步的分析。

2. “立足实践,强调反思”显然也是本文的基本立场,特别是,我们即应清楚地认识总结与反思的重要性,因为,如果忽视了这样一个环节,所出现的就很可能只是“低水平的反复”,乃至不断重复同样的错误。

这事实上可被看成数学教育的历史发展,特别是历次改革运动给予我们的一个重要教训。这也就如香港中文大学黄毅英等先生所指出的:漫漫数学路,“期盼、失落、冲突、化解和再上路……”;“当然我们可以抱怨,这些问题何以反复的出现……我们也可反过来看,教育本来就是一种感染和潜移默化。如果明白这点,也许我们走了近半世纪的温温数教路,一点也没有白费,业界就正要这种历练,一次又一次的反思、深化、在深层中成长……问题就是有否吸取历史教训,避免重蹈覆辙。”(邓国俊、黄毅英等,《香港近半世纪漫漫“小学数改路”》,香港数学教育学会,2006)

进而,尽管对于新一轮数学课程改革我们或许可以区分出几个不同的阶段,如“激情时代”“感受困惑”……包括对于《课标》不断做出新的修订与改进,但如果我们始终未能做好总结与反思的工作,那么,曾经如此激动人心的新一轮数学课程改革最终也就很可能只是在数学教育史上诸多改革运动中增加了新的一页,但却未能对数学教育的深入发展作出实质性的贡献。

最后,在此还可简单提及笔者新近接触到的这样一个论题:“60 年数学教育的重大论争”(《人民教育》,2009 年第 18 期)。对于不同意见的充分表达,包括对立意见的直接交锋笔者持肯定的态度;但就所说的论题而言,笔者则存在这样一个疑问,即中国数学教育是否真的有过“重大论争”? 进而,即使有过重大论争,但如果没有后继的总结与反思,而只是不了了之(这就是所谓的“淡化”),或是以行政决策作为定论,那么,这种争论再多也没有意义,我们并仍然很难避免“翻烧饼式的折腾”。例如,近期围绕“奥数”所出现的论争或许就可被看成这样的一个例子。

3. 强调立足实践,反对“理论至上”,我们自然也就应当对理论(无论这是以何种面貌出现的)做出自觉反思,包括积极的批评与自我批评。就这方面的具体工作而言,还应特别强调这样几点。

第一,坚持理论的多样性与必要的比较。

因为,“当两个隐喻相互竞争并不断相印证可能的缺陷,这样就更有可能为学习者与教师提供更自由的和坚实的效果。”与此相对照,“当一个理论转换成教学上的规定,唯我独尊就会成为成功的最大敌人。教育实践有一个过分的偏好,希望得到极端的、普适的秘诀。……理论上的唯我独尊和对教学的简单思维,肯定会把哪怕是最好的教育理念搞糟。”(A. Sfard, On two Metaphors for Learning and the Dangers of Choosing Just One, *Educational Researcher*, 1998)

容易想到,理论的多样性与必要的比较也为实践的综合性及其对于理论的检验作用提供了重要背景。

第二,坚持独立思考,不要迷信专家。

由以下言论可以看出,这也可被看成新一轮数学课程改革的一个重要教训:

“作为一名教研员,我常常体会到一线教师在课堂教学中确实遇到了不少困惑。目前,教师要上出一堂大家都认为好的课,真难!如果课上不注重情境设置、与生活联系、运用小组合作学习,评课者就会说上课教师‘教育观念未转变’,‘因循守旧’;如果课上注意了这些,评课者又很可能说‘课上得有点浮’,‘追求形式’。教师往往处于两难的境地。”(谢惠良,“把握实质,用心选择”,《小学数学教学》,2006 年第 5 期)

“新课程改革进行到现在,专家们众说纷纭,我们也莫衷一是。还好,真正每天在教室里和新课程打交道的,站在讲台上能够决定点什么的,和孩子们朝夕相处的,还是我们一线教师,而教育变革的最终力量可能还是我们这些‘草根’。”(潘小明,“‘数学生成教学’的思考与实践”,《小学青年教师》,2006 年第 10 期)

作为一个理论工作者笔者为上述现象的出现感到羞愧;然而,一线教师挺身而出、自觉充当课改的主力军又使人感到振奋,这并就是转向“反思性实践”的一个重要迹象。

4. 应当再次强调的是,转向“反思性实践”不应被理解成完全否定了理论对于实际教学工作的促进作用,从而我们也不应因此就否定理论研究的重要性;毋宁说,这正是从一个新的角度促使理论工作者更深入地去思考如何才能真正承担起所应承担的学术责任。就当前而言,笔者愿特别强调这样几点:

第一,加强学习,关注数学教育的整体发展趋势。

这是笔者在这方面的一个明确主张:“放眼世界,立足本土;注重理念,聚焦改革”。在笔者看来,我们又只需重读一下关于美国新一轮课程改革存在问题的相应概括(5.1 节),就一定可更好地理解放眼世界,特别是注意吸取国际上相关实践的经验与教训的重要性。

为了更清楚地说明问题,在此还可提及这样一点:相对于 20 世纪 90 年代的改革浪潮而言,国际数学教育界在当前应当说已经进入了“后课改时期”。当然,后者不应被理解成简单的倒退,因为,其中也有很多合理与积极的成分,更集中地体现了对于课改实践的认真总结与深入反思,从而就应引起我们的高度重视。

例如,这就是国际上新出现的一个普遍趋势,即是对于“联系”(connection)的突出强调。如美国数学教师全国委员会(NCTM)在 2000 年颁布的新的数学课程标准《学校数学的原则和标准》就将“联系”列为学校数学的“十项标准”之一。另外,这也正是我国台湾地区自 2000 年开始推行的“九年一贯课程”(这就是对于先前“课改教材”的直接取代)的核心所在。(详可见钟静,“论数学课程近十年之变革”,《教育研究月刊》(台湾),第 133 期)

第二,加强研究,关注重大理论问题。

这是笔者在这方面的一个基本想法:有很多问题必须依靠深入研究才能获得很好解决,相关实践中也才不至于出现多次反复,乃至每一次反复都被形容“真正的进步”。

在此仍可引用笔者 10 年前发表的另一文章“关于编写数学课程标准和教材的意见”(《课程·教材·教法》,1999 年第 11 期)中的一段话:

“(有)些问题尽管已经争论了多年却似乎始终不能得出完全确定的意见,即如就几何和代数的学习而言,我们究竟应当采取‘分割’的作法,还是应当采取‘整合’的路子?”

“当然,我们在此不应停留于纯粹的理论争论,而应积极开展相应的实践活动;但是,就现实而言,笔者以为,有些问题之所以始终长期‘悬而未决’,主要原因并不在于缺乏必要的实践,恰恰相反,这在很大程度上即是表明了相应的理论研究尚未达到应有的深度。”

“那么,在上述的‘分’与‘合’的问题上,我们究竟如何才能求得真正的科学解答呢? 更一般地说,这也就是指,教学活动如何才能有更大的科学性? 笔者以为,我们应当高度重视学习心理学的研究,因为,一切教学活动最终都需落实于学生的学习活动,从而,就只有对学生在学习过程中的思维活动有深入了解,各种教学活动,包括大纲和教材的编写才有可能在科学的基础上顺利地得到开展。”

“例如，从这一角度去分析，笔者以为，为了很好解决几何和代数的‘分’与‘合’的问题，我们就应对学生在几何学习和代数学习过程中的思维活动做出深入研究与分析，特别是，应当弄清‘几何思维’与‘代数思维’是否有一定的共同性，两者之间又是否存在重要的本质区别？显然，如果我们能在这一方面取得切实的进展，这就为我们最终解决上述问题提供了科学的依据。”

具体地说，数学思维的现代研究，特别是所谓的“高层次思维研究”已为我们很好解决上述问题提供了重要启示；另外，在笔者看来，这方面的研究也为我们深入认识中小学数学的差异（包括如何做好两者的衔接工作）提供了必要的理论基础。

进而，上面的论述显然也已表明：我们的理论研究不应闭门造车，特别是热衷于建构那种既无任何现实意义，又无任何理论价值的“宏大理论”，更不应为了个人名利不负责任地去鼓吹某些“虚假学说”或“御用理论”，而应切实立足实际的教学活动，并应以促进实际教学工作作为理论研究的主要目标。

第三，积极参与课改实践，发挥应有的学术监督与批判作用。

这也是笔者曾发表过的一个意见：“在我国目前的数学教育改革运动中，很少或几乎没有听到来自各个学术团体的声音……由于学术组织具有学术性、民间性、多元性这样一些特点，因此，它的作用就不可能为政府行为（包括由政府部门组织的专家咨询等）所完全取代，而应成为后者的必要补充，特别是，学术组织不仅可以为各个相关政策的制订提供重要的理论依据，而且，在政策的实施过程中，它也可以从一个较为‘中立’的立场为此提供必要的反馈乃至直接的批评。”（“中国数学教育深入发展的六件要事”，《数学教学通讯》，2001 年第 4 期）

在此还应特别强调群策群力的重要性，因为，就当前而言，恐怕没有任何一个人或少数几个人能够独立承担起指导数学教育深入发展这样一个重任。从而，我们就应高度重视积极的学术交流，包括必要的争论与批判。

5. 由于“实践性智慧”主要地即可被形容为“借助于案例进行思维”，从而也就清楚地表明了加强案例研究的重要性。

也正是从这一角度进行分析，笔者以为，这就是一个真正的进步：如果对于上面所提到的各个问题，我们不是刻意地去追求某种抽象的解答，特别是那种貌似面面俱到的“辩证理论”，而是能够借助具体事例（包括正例与反例）做出更深入的分析思考,并就以改进自身工作,包括教学实践与理论研究作为直接的目标。

还应强调的是,这就是“借助于案例进行思维”的关键:我们不应将相关实例看成普适性的理论,而应清楚地看到每一实例都有一定的特殊性,从而,在充分强调类比的同时,我们又应更加重视新的实践性工作的创造性质。

另外,强调“反思性实践”又不应被理解成重新回到了“纯经验型的实践”;毋宁说,我们在此所提倡的是一种“螺旋式的上升”,即由“经验型实践”上升到“理论指导下的自觉实践”,再由后者上升到“反思性实践”。

以下就是所说的“实践性研究”与“经验总结”的主要区别:(1)相关研究是否上升到了应有的理论高度——当然,正如前面所指出的,我们在此又应对理论与实践之间的关系做出新的理解,特别是,实践性研究也包括理论的检验与反思,乃至必要的调整与补救,以及不同理论的比较与整合。(2)相关研究是否具有普遍的意义。

最后,这也是笔者在这方面的一个基本观点:越来越多的实践型专家的出现正是我国数学教育事业的重要进步,更期望可以在各种事务中真正看到各方面的积极参与平等对话。

三、结语

过去的8年可以被看成一个以《课标》为中心的时代;与此相对照,这则是笔者的一个愿望,即是希望上述意义上的“后课标时代”早日到来。也正是基于这样的认识,笔者以为,与日夜盼望修订后的“数学课程标准”早日发表、并能真正做到尽善尽美相比,我们应当更加重视对于过去8年课改实践的认真总结与深入反思,包括清楚地认识我国数学教育所面临的主要问题,以及我们又如何能为未来发展作好准备;再者,我们还应彻底改变那种“由上而下”的思维习惯与工作模式,由传统的“理论指导下的实践”转向“反思性实践”,从而成为高度自觉的数学教育实践者。

5.5　《数学课程标准（2011）》的“另类解读”①

与《义务教育数学课程标准(2011年版)》(以下简称“新课标”)的颁布所引发的“解读热”不同,本文所说的“另类解读”主要反映了这样一种认识:不同声音的存在有益于人们的独立思考,从而避免各种片面性的理解或认识上的误区;相关分析并将集中于“四基”与“核心概念”等宏观的方面,希望能给读者、特别是一线教师一定的启示,从而促进我国数学教育事业的健康发展。

一、 研究的基本立场

这是众多关于“新课标”的解读文章或专门报告的共同特点,即是对于一些新的理论思想的突出强调,特别是由“双基”到“四基”、由“双能”到“四能”的发展,以及10个“核心概念”。我们更可听到很多肯定性的评价:“无疑,‘四基’是对‘双基’与时俱进的发展,是在数学教育目标认识上的一个进步。”(唐彩斌等,“‘四基’‘四能’给课程建设带来的影响——宋乃庆教授访谈录”,《小学教学(数学版)》,2012年第7/8期,第11页)又,“《标准》中将基本思想、基本活动经验与基础知识、基本技能并列为‘四基’,可以说是对课程目标全面认识的重大进展。”(张丹,白永潇,“新课标的课程目标及其变化”,《小学教学(数学版)》,2012年第5期,第5页)

这些论述也许有一定道理;但这又是过去十多年课改实践的一个重要教训,即是应当防止盲目的乐观情绪,特别是各种简单化的理解,乃至不自觉地形成了一个新的潮流;恰恰相反,我们应当不断增强自身在这一方面的自觉性。

就当前而言,应当首先思考的是:什么应是解读“新课标”的主要背景?这显然是一个十分现成的回答:新旧课标的对照;但是,我们究竟又应如何去从事新旧课标的对照比较?

① 原文发表于《数学教育学报》,2013年第1期。

在笔者看来,以下就是一些不应被忽视的方面。

第一,在突出强调新旧课标不同的同时,也应注意两者的共同点。例如,以下的论述就可被看成从一个角度表明了后一方面工作的重要性:“课程标准从《实验稿》到《2011 年版》,我们当然应该关注修订了什么,但更要关注课程标准坚持了什么……因为十年间对于数学课程标准的批评有很多是带有方向性、整体性的,在这种情况下关注课程标准中哪些没有变就显然更有意义。”(唐彩斌等,“数学课程改革这十年——教育部基础教育课程教材发展中心刘坚教授访谈录”,《小学教学(数学版)》,2012 年第 7 - 8 期,第 9 页)

更一般地说,这也直接关系到了教育工作的连续性,特别是,我们如何才能纠正如下的长期弊病:“中国数学教育积累得太少,否定得太多。一谈改革,就否定以前的一切,老是否定自己,没有积累。”(张奠宙语。引自赵雄辉,“中国数学教育:扬弃与借鉴”,《湖南教育》,2010 年第 5、6 期,第 27 页)

也正是从同一角度进行分析,我们就应高度重视深圳市南山区的以下经验:“只要对学生和教师有益处的改革,就一定要坚持做,做就一定做细做实做到底。”这也就是指,“对细节的关注……用细节来表达价值观。这或许也是中国课改的一个新的起点吧。”(余慧娟、施久铭,“课改改到深处是‘细节’”,《人民教育》,2012 年第 9 期)

第二,正因为“十年间对于数学课程标准的批评有很多是带有方向性、整体性的”,我们也应十分关注这些批评意见究竟有多少得到了采纳?或者说,“新课标”在这些方面究竟有什么改变或发展?

由以下一些论述即可获得这方面的直接启示:

“认真听讲、积极思考、动手实践、自主探索、合作交流等,都是学习数学的重要方法。

“学生获得知识,必须建立在自己思考的基础上,可以通过接受学习的方式,也可以通过自主探索等方式。

“课程内容的组织要重视过程,处理好过程与结果的关系;……要重视直接经验,处理好直接经验与间接经验的关系。

“教师要发挥主导作用,处理好讲授与学生自主学习的关系……”(中华人民共和国教育部,《义务教育数学课程标准(2011 年版)》,北京师范大学出版社,2011,第 2、3、44 页)

笔者以为,上述的分析事实上也为以下问题提供了直接解答:何者应当被看成课程改革深入发展,包括“课程标准”修订工作的主要依据?是过去十多年课改实践的总结与反思。我们更应认真抓好这样两个关键:(1)发现问题,正视问题,解决问题,不断前进;(2)发扬成绩,真正“做细做实做深”。

就一线教师而言,笔者并愿重申以下几点建议,因为,这同样可以被看成过去十多年的课改实践给予我们的重要启示:第一,“立足专业成长,关注基本问题”;第二,与唯一强调理论的指导作用相对照,我们应当更加提倡关于教学工作的这样一个新定位:“反思性实践”,也即应当更加重视积极的教学实践与认真的总结与反思。

最后,就“新课标”的学习与贯彻而言,笔者认为,我们又应特别重视“理论的实践性解读”和“教学实践的理论性反思”,因为,这即可被看成理论与教学实践之间辩证关系的具体体现。以下就围绕“数学基本思想”和“基本活动经验”,以及若干“核心概念”对此作出具体的分析论述。

二、聚焦“数学(基本)思想”

“新课标”在这方面有一些明显的问题:

第一,由于“《课标》没有展开阐述‘数学的基本思想’有哪些内涵和外延,这就给研究者留下了讨论的空间,而且由于它过去并没有被充分讨论过,所以可能仁者见仁,智者见智,不同的学者可能会有不完全一样的说法。”(顾沛,“数学基础教育中的‘双基’如何发展为‘四基’”,《数学教育学报》,2012 年第 1 期,第 14 页)

第二,除去“数学思想”以外,“新课标”中还多次提到了“数学思考”和“数学思维”,从而进一步增加了理解的困难。当然,在此还有这样一个密切相关的概念:“数学思想方法”。

第三,由于对于“数学(基本)思想”的强调与先前关于“三维目标”的提倡有很大的一致性,我们也就应当进一步去思考:什么是提倡“数学基本思想”的真正新意?

显然,对于后一问题似乎可以立即做出如下解答:这主要表现在对于“数学抽象的思想”“数学推理的思想”“数学模型的思想”的突出强调,以及关于“数学基本思想”“(一般)数学思想”与“数学思想方法”的层次区分。

“例如,由‘数学抽象的思想’派生出来的有:分类的思想,集合的思想,‘变中有不变’的思想,符号表示的思想,对应的思想,有限与无限的思想,等等。

“由‘数学推理的思想’派生出来的有:归纳的思想,演绎的思想,公理化思想,数形结合的思想,转换化归的思想,联想类比的思想,普遍联系的思想,逐步逼近的思想,代换的思想,特殊与一般的思想,等等。”

另外,“在用数学思想解决具体问题时,对某一类问题反复推敲,会逐渐形成某一类程序化的操作,就构成了‘数学方法’。数学方法也是具有层次的。”(顾沛,“数学基础教育中的‘双基’如何发展为‘四基’”,同前,第15页)

面对这样的论述,一线教师应当如何去做?

显然,这方面的传统立场是:认真学习,深刻领会,全面贯彻……。但是,这种立场是否也有一定的局限性?为了促进读者的深入思考,可以首先提及这样两个事实。

第一,作为“数学思想”的具体分析,存在多种不同的观点。

例如,以下就是这方面较有影响的一些著作:M.克莱因的《古今数学思想》(上海科学技术出版社,1978),张奠宙、朱成杰的《现代数学思想讲话》(江苏教育出版社,1991),袁小明的《数学思想史导论》(广西教育出版社,1991)。进而,由大致的浏览我们就可发现:尽管它们都集中于“重大数学思想”,但相关论述与上述关于“基本思想”的分析却有很大的不同;另外,尽管三者的具体观点并不完全一致,但它们又都突出地强调了数学思想的历史性、发展性和变化性。

在此还可特别提及日本著名数学家、数学教育家米山国藏的著作《数学的精神、思想和方法》(四川教育出版社,1986),因为,尽管后者似乎也突出地强调了数学思想的层次性:他称为数学的“精神”“思想”与“方法”,但由简单的比较即可看出,后者的具体内容也与上面所提到的观点有很大的不同。

如米山国藏所提到的“数学精神”就有这样7种:(1)应用化的精神;(2)扩张化、一般化的精神;(3)组织化、系统化的精神;(4)致力于发明发现的精神;(5)统一建设的精神;(6)严密化的精神;(7)“思维的经济化”的精神。

他所提到的“重要的数学思想”则包括:(1)数学的本质在于思考的充分自由;(2)传统思想与数学进步的关系;(3)极限思想;(4)“不定义的术语组”和“不证明的命题组”的思想;(5)集合及群的思想;(6)其他新思想;(7)高维空间的思

想;(8)超穷数的思想;(9)数学家头脑中的空间;(10)数学的神秘性和数学的美。

综上可见,面对多种不同的理论主张,我们就应认真去思考究竟应当如何去做?

第二,这也是过去十多年课改实践给予我们的又一重要教训,即应清楚地认识"理念先行,专家引领"这样一种"由上至下"的运作模式的局限性。因为,如果缺乏足够自觉性的话,就很可能造成严重的消极后果,对此例如由课改初期在教学方法改革上出现的形式主义倾向就可清楚地看出。

以下则是国际上的相关发展:"就研究工作而言,仅仅在一些年前仍然充满着居高临下这样一种基调,但现在已经发生了根本性的变化,即已转变成了对于教师的平等性立场这样一种自觉的定位。当前研究者常常强调他们的研究是与教师一起做出的,而不是关于教师的研究,强调走进教室倾听教师并与教师一起思考,而不是告诉教师去做什么,强调支持教师与学习者发展自己的能力、而不是力图去改变他们。"(A. Sfard, What can be More Practical than Good Research? —— On the Relations Between Research and Practice of Mathematics Education, *Educational Studies in Mathematics*, 2005:401)由此可见,我们就应从根本上对理论与实践(专家与教师)之间的关系做出新的认识。

具体地说,在明确倡导"反思性实践"这一关于教学工作的新定位的同时,我们也应清楚地看到,强调实践与反思并非是指完全不用重视理论(包括"新课标")的学习,而应积极提倡"理论的实践性解读"。

以下则就是"理论的实践性解读"的一个重要含义:我们应当注意分析理论的现实意义,也即应当深入地思考相关理论对于我们改进教学究竟有什么新的启示?

就目前的论题而言,这也就是指,强调"数学基本思想"对于我们改进教学究竟有什么新的启示?

另外,作为"理论的实践性解读",我们还应努力做到"学以致用",也即集中于这样一个问题:教学中应当如何做才能更好地促进学生的发展?

以下就从这一角度对一线教师提出一些具体建议。

(1) 求全或求用?

无论就数学思想的学习或是教学而言,重要的都并非无一遗漏地去列举出各个数学思想(包括基本思想、一般思想和思想方法),而应更加关注如何能够针对具体知识内容揭示出其所蕴涵的数学思想,并以此带动具体知识内容的教学。

进而,这又可被看成教学工作创造性质的重要表现:这应是一种"再创造"的工作,我们更应以思想方法的分析带动具体知识内容的教学,从而将数学课真正"教活""教懂""教深",也即不仅能让学生看到真正的数学活动,切实体现教学工作应有的"鲜活性和质感性",也能帮助学生很好掌握相应的数学知识,包括深层次的数学思想与方法。

(2) 层次区分或辩证运动?

相对于严格的层次区分,我们又应更加重视自己的独立思考,重视特殊与一般之间的辩证关系。这也就是指,我们不仅应当十分重视数学思想的应用,也应通过具体与抽象、特殊与一般之间的辩证运动不断深化自己的认识。

例如,如果我们采用的是"化归思想"这样一个词语,这主要就是指这样一个普遍性的思想:数学中往往可以通过将新的、较复杂和较困难的问题转化成已得到解决的、较简单和较容易的问题来得到解决。与此相对照,如果所强调的是"化归的方法",则就意味着我们已将关注点转移到了如何能够实现所说的转化,例如,所谓的"分割法""映射法"等就都是这样的实例。再者,所谓"化归法的核心思想"则代表了相反方向上的运动,也即由具体方法重新上升到了一般性思想,包括"联系的思想""变化的思想"等。

(3) 就当前而言,我们还应特别强调这样几点。

第一,清楚认识"广度"与"深度"之间的辩证关系。如果说"数学思想"主要反映了认识的深度,那么,就只有从更广泛的角度进行分析,也即十分重视视角的广度,我们才能真正达到较大的深度,也即准确地揭示出相关知识内容中蕴涵的数学思想。①

例如,就只有将自然数、小数与分数的运算联系起来加以考察,我们才能很好地理解到这样一点,即这些内容集中体现了以下一些数学思想:(1)逆运算的

---

① 这里所提到的"深度"与"广度"正是中国旅美学者马立平女士所提出的关于"数学知识的深刻理解"的两个主要内涵(另一相关的维度是"贯通度",详可见《小学数学的掌握和教学》,华东师范大学出版社,2011)。在马立平看来,这就是中国(小学)数学教师与美国同行相比的主要优点。由此可见,对于数学思想的很好掌握也直接关系到了中国数学教育传统的继承与发展。

思想;(2)不断扩展的思想;(3)类比与化归的思想;(4)算法化的思想。(5)客体化与结构化的思想。

第二,高度关注教学活动的可接受性。相对于具体的数学知识和技能而言,数学思想,特别是那些较抽象的数学思想的学习显然需要更长的时间,主要是一个潜移默化的过程,因此,教师就应充分尊重学生的认知发展水平,并能有针对性地采取恰当的方法,即如由"深藏不露"逐步过渡到"画龙点睛",由"点到为止"逐步过渡到"清楚表述",由"教师示范"逐步过渡到"主要促进学生的自我总结与自觉应用"等。

第三,这并是我们在当前所面临的一项紧迫任务,即是如何能够通过积极的教学实践与认真的总结及反思,切实做好数学思想的清楚界定与合理定位。

事实上,这即可被看成数学思想历史性、发展性和变化性的一个直接结论,又由于个体的发展往往重复种族发展的历史,因此,与笼统地去提倡所谓的"数学基本思想"相比,我们就应更加重视数学思想的清楚界定与合理定位,也即应当依据学生的认知发展水平,对基础教育各个阶段我们应当帮助学生掌握哪些数学思想做出更加具体和深入的分析。

显然,也只有这样,"数学基本思想"才不会蜕变成为空洞的教条,这方面的教育目标也才可能真正得到落实。

三、"数学基本活动经验":困惑与思考

对于"基本活动经验",《小学数学教与学》编辑部曾有过这样一个评论:"相对于原来的'双基'而言,基本活动经验显得更为'虚幻',无论是理论内涵还是实际的培养策略都不易把握。"

这一评论并无任何不当,因为,从理论的角度看,这一概念确有不少问题需要深入地进行分析思考。

第一,这里所说的"活动"究竟是指具体的操作性活动,还是应将思维活动也包括在内,乃至主要集中于思维活动?

在这方面并可看到一些不同的"解读":"数学活动经验,专指对具体、形象的事物进行具体操作所获得的经验,以区别于广义的数学思维所获得的经验。"(史宁中、马云鹏主编,《基础教育数学课程改革的设计、实施与展望》,广西教育

出版社,2009,第171页)又,“基本活动经验……其核心是如何思考的经验,最终帮助学生建立自己的数学现实和数学学习的现实,学会运用数学的思维方式进行思考。”(张丹,白永潇,“新课标的课程目标及其变化”,《小学教学(数学版)》,2012年第5期,第5页)

进而,按照后一解读,我们显然又可提出这样一个问题:数学教育是否真有必要专门引入“帮助学生获得基本活动经验”这样一个目标,还是可以将此直接归属于“帮助学生学会数学地思维”?

第二,对于数学教育中所说的“活动”我们是否应与真正的数学(研究)活动加以明确区分?

以下论述即可被看成为此提供了具体解答:“‘数学活动’……是数学教学的有机组成部分。教师的课堂讲授、学生的课堂学习,是最主要的‘数学活动’。”(顾沛,“数学基础教育中的‘双基’如何发展为‘四基’”,《数学教育学报》,2012年第1期,第15页)但是,按照这样的解读,所谓的“活动经验”与一般意义上的“学习经验”就不再有任何区别,那我们又为什么要专门引入“数学活动经验”这样一个数学教育目标呢?

总之,究竟什么是数学教育中所说的“数学活动”的基本涵义与主要特征?

第三,我们是否应当特别强调对于活动的直接参与,还是应将“间接参与”也包括在内?(如果突出“经验”这一字眼,这也就是指,我们在此所指的究竟是“直接经验”,还是应将“间接经验”同时包括在内?)

显然,当前的主流观点是将“间接参与”同时包括在内;但是,按照这样的理解,“过程性目标”的实现无疑就将大打折扣,或者说,这将是这方面教学工作所面临的一个重大挑战,即是我们如何能够帮助学生通过“间接参与”获得以“感受”“经历”和“体验”为主要特征的“活动经验”?

第四,由于(感性)经验具有明显的局限性,我们显然又应认真地去思考:在强调帮助学生获得“基本活动经验”的同时,教学中是否也应清楚地指明经验的局限性,从而帮助学生很好地认识超越经验的必要性?当然,如果将思维活动也包括在内,我们就应进一步去思考数学思维活动经验是否也有一定的局限性?

由于“经验的局限性”事实上已经成为一种常识:“我想,我们是否应更多地思考如何‘对经验的改造’,将经验改造为科学,而不是成为孩子们创新思维的绊脚石”,笔者以为,我们在当前也就应当注意防止这样一种倾向,即是由于盲目追随时髦而造成“常识的迷失”。

第五,我们是否又应特别强调“基本活动经验”与“一般活动经验”的区分,这究竟是一种绝对的区分,还是只有相对的意义?什么又是两者的具体涵义?

由以下的“平民解读”我们或许即可获得这方面的直接启示:“简单地说,‘基本’是相对的,如我们上楼梯,当你上到第二层时,第一层是基本的;你上到第二层,想上第三层时,这第二层便变成基本的了。”(任景业,“研究课标的建议——换个角度看课标”,《小学教学(数学版)》,2012年第7/8期,第39页)

进而,正如先前关于“数学思想”的分析,我们在此显然也面临着“清楚界定”与“合理定位”这样一个任务。

第六,最重要的是,数学教育为什么应当特别重视“帮助学生获得基本活动经验”,乃至将此列为数学教育的基本目标之一?

作为上述问题的具体解答,还可提及这样一个观点:“教学不仅要教给学生知识,更要帮助学生形成智慧。知识的主要载体是书本,智慧则形成于经验的过程中,形成于经历的活动中”;也正因此,为了帮助学生形成智慧,我们就应更加重视过程,更加重视学生对于活动的参与。(史宁中、马云鹏主编,《基础教育数学课程改革的设计、实施与展望》,同前)

但在笔者看来,我们又应更深入地去思考:数学教学中所希望学生形成的究竟是一种什么样的智慧,是简单的经验积累?还是别的什么智慧?

在此还可通过“数学思想”与“数学活动经验”的简单比较来进行分析,这也就是指,“数学活动经验”是否与“数学思想”一样具有超出数学本身的普遍意义,从而即使对于大多数将来未必会从事任何与数学直接相关工作的学生仍可起到积极的作用?容易想到,这事实上也是任一诸如“学数学、做数学”这样的主张应当认真思考的一个问题。

当然,与纯粹的理论分析相比较,我们在此也应更加重视“理论的实践性解读”,包括通过积极的教学实践与认真的总结和反思对相关理论做出必要的检验与改进。

另外,就认识的深化而言,我们又应高度重视“教学实践的理论性反思”,这也就是指,我们应当努力超越各个具体的教学活动,并从更一般的角度做出总结与反思,即如揭示出具有较大普遍性的问题,引出具有较大普遍意义的结论等。

以下就是这方面的一个实例,即是“关于获得数学活动经验的三点认识”:(1)经验在经历中获得;(2)经历了≠获得了;(3)经验,并非总是亲历所得。(贲友林,“关于获得数学活动经验的三点认识”,《江苏教育》,2011 年第 12 期)

从“教学实践的理论性反思”的角度进行分析,笔者又愿特别强调这样两点。

(1) 教学不仅应当让学生有所收获,更应注意分析学生获得的究竟是什么。

因为,这是这方面不应忽视的一个事实:人们经由(数学)活动获得的未必是数学的活动经验,也可能与数学完全无关。

以下就是国际上相关研究的一个直接结论:儿童完全可能“通过操作对概念进行运算,但却不知道自己在做什么”;这也就是指,尽管“旁观者确实可以将它解释为数学,因为他熟悉数学,也了解实验过程中儿童的活动是什么意思,可是儿童并不知道。”(弗赖登塔尔,《作为教育任务的数学》,上海教育出版社,1995,第 117 页)

由此可见,我们不应唯一强调学生对活动的参与,而应更加重视这些活动教学涵义的分析,也即应当从数学和数学学习的角度深入分析这些活动的意义,并应通过自己的教学使之对于学生而言也能成为十分清楚和明白的。

(2) 如何促进学生由“经历”向“获得”的重要转化。

更一般地说,这也关系到了这样一个问题:数学学习中不应“为动手而动手”,而应更加重视对于操作层面的必要超越,努力实现“活动的内化”。

但是,究竟什么又是这里所说的“活动的内化”的具体涵义?

以下就是瑞士著名心理学家、哲学家皮亚杰对自己所提出的这一概念的具体解释:这主要指这样一种思维活动,即是辨识出“动作的可以予以一般化的特征”。由此可见,“活动的内化”事实上就是一种建构的活动,也即如何能由具体活动抽象出相应的模式(图式化)。

由此可见,数学教学所应主要关注的就不是活动经验的简单积累,而应更加重视如何能够帮助学生实现相应的思维发展,后者并不可能通过反复实践简单地得到实现(“熟能生巧”),而主要是一种反思性的活动,也即是以已有的东西(活动或运演)作为直接对象,并就主要表现为由较低层次向更高层次的发展。(也正是在这样的意义上,我们即可谈及数学抽象与一般自然科学中抽象活动的重要区别，并称之为“自反抽象”。)

依据上述分析，我们显然也可更好理解以下一些论述：“只要儿童没能对自己的活动进行反思，他就达不到高一级的层次。”(弗赖登塔尔，《作为教育任务的数学》，同前，第119页)又，“数学化一个重要的方面就是反思自己的活动。从而促使改变看问题的角度。”“数学化和反思是互相紧密联系的。事实上我认为反思存在于数学化的各个方面。”(弗赖登塔尔，《数学教育再探——在中国的讲学》，上海教育出版社，1999，第50、139页)

总之，从数学教育的角度看，“智慧教育”决不应被等同于经验的简单积累，而应更加重视数学思维由较低层次向更高层次的发展，也即应当明确肯定“数学智慧”的反思性质。

四、关于“核心概念”的若干思考

就“新课标”中提到的10个“核心概念”(数感；符号意识；空间观念；几何直观；数据分析观念；运算能力；推理能力；模型思想；应用意识；创新意识)而言，应当说也存在一些明显的问题：

第一，这些概念明显地不属于同一层次。“的确，这些核心概念的分类，还没有非常严格的严谨性在里面。……也许我们数学教育的研究基础还不足以作一个很好的分类。”(唐彩斌等，“数学课程改革这十年——教育部基础教育课程教材发展中心刘坚教授访谈录”，同前，第10页)

第二，词语的意义也有待于说明或澄清，特别是，我们究竟应当如何理解“感(悟)”“意识”“观念”“直观”“能力”“思想”等词语的意义与区别？

例如，为了表述上的一致性，我们能否将“模型思想”改为“建模能力”，或是将“推理能力”改为“推理思想”？

第三，这10个概念并不能被看成已经很好地覆盖了基础教育各个阶段数学教学的主要内容。

例如，与所谓的“数学基本思想”相对应，除去“推理能力”和“模型思想”以外，我们是否还应增加“抽象能力”这样一个“核心概念”？再者，由于“策略思想”对于数学显然也有特别的重要性，我们是否又应增加“策略思想”这样一个核心概念？

第四，更重要的是，我们又应如何把握基础教育各个阶段数学学习的主要内容？

作为上述问题的具体分析，还可提及国际上这样一项相关的研究（马立平，“美国小学数学内容结构之批评”，《数学教育学报》，2012年第4期）：这正是世界范围内以“课程标准”为主要特征的新一轮数学课程改革的共同特征，即是普遍采用了“条目并列式”这样一种表述方式，也即平行地列举出数学课程应当努力实现的各项“标准”，从而也就与传统的“学科核心式”构成了鲜明对照；但是，这又是“条目并列式”的一个主要不足，即是不利于人们较好地掌握各个学段的主要内容。

另外，由美国“数学课程标准”历史演变过程的考察又可看出：“不稳定、不连贯、不统一正是‘条目并列式’最明显的特征”，从而也就无可避免地会对实际教学产生一定的消极影响。显然，这也为我们在这一方面的具体工作敲响了警钟，即是应当切实防止工作中的随意性。

那么，“数学课程标准”究竟又为什么要引入所谓的“核心概念”呢？以下就是一些相关的说明：

“核心概念的设计与课程目标的实现、课程内容实质的理解以及教学的重点难点的把握有密切关系。”又，“核心概念提出的目标之一，就是在具体的课程内容与课程的总体目标之间建立起联系。通过把握这些核心概念，实现数学课程目标。”“数学内容的四个方面都以10个核心概念中的一个或几个为统领，学生对这些核心概念的体验与把握，是对这些内容的真正理解和掌握的标志。”（马云鹏，“数学：‘四基’明确数学素养——《义务教育数学课程标准（2011年版）》热点问题访谈”，《人民教育》，2012年第6期）

但是，在此仍然存在这样一个问题，即是我们应当如何把握基础教育各个学段数学学习的核心内容？

另外，正如以上关于“数学基本思想”和“数学基本活动经验”的分析，就“核心概念”的学习与贯彻而言，我们显然也应特别重视“理论的实践性解读”与“实践的理论性反思”。以下就围绕“数感”与“符号意识”，并主要针对小学数学教学做出具体分析。

1. “数感”与学生“数感”的发展

“新课标”中关于“数感”的论述是：“数感主要是指关于数与数量、数量关系、运算结果估计等方面的感悟。建立数感有助于学生理解现实生活中数的意义，理解或表述具体情境中的数量关系。"

笔者在此则愿特别强调这样两点。

（1）数感有一个后天的发展过程。

具体地说，尽管人们在这方面有一定的先天能力，但后者又有明显的局限性，其发展则主要依靠后天的学习，我们并可依据"从无到有、从粗糙到精确""由简单到复杂、由单一到多元"这样一个认识去把握这一过程。

例如，就"数与数量"而言，首先就涉及了数的概念的不断扩展，特别是小数和分数的引入；另外，就每种数的认识而言，又都涉及了适当心理表征的建构，即如我们不仅应当让学生通过数数去认识各个具体的自然数，也应通过记数法的学习使学生有可能"接触"到现实生活中很难直接遇到的各种"大数"，乃至初步认识数的无限性，我们还应通过引入直观表示帮助学生建立概念的视觉形象，从而发展起更为丰富的心理表征。（3.7 节）

再例如，"数量关系"显然也具有明显的多样性，包括运算的多样性以及相等与不相等的关系等；另外，就各种运算的具体实施而言，也都有一个不断优化的过程。例如，对于"单位数的加法"我们就可区分出三种不同的水平，这反映了主体对于数量关系认识的不断扩展与深化。

（2）我们应十分重视与"数感"直接相关的"情感、态度与价值观"的培养。

例如，这就可被看成后者的一个基本涵义，即是对于事物数量方面的敏感性，特别是，乐于计算，乐于从事数量分析，而不是对此感到恐惧，甚至更以"数盲"感到自豪。

进而，作为"理论性反思"，我们又应特别强调由素朴的情感（感悟）向更自觉认识的过渡，后者即是指，我们应当超出单纯的工具观念，并从整体性文化的视角更深入地认识数量分析的意义。

事实上，这正是中西方文化的一个重要差异。西方文化在很大程度上即可被看成一种"数学文化"，对此例如由所谓的"毕达哥拉斯—柏拉图传统"就可清楚地看出，也即认为数量关系构成了一切事物和现象的本质，西方并因此形成了"由定量到定性"的研究传统，后者则就是导致现代意义上的自然科学在西方形成的一个重要原因；与此相对照，由于"儒家文化"的主导地位，我国的文化传统却始终未能清楚地认识并充分发挥数学的文化价值。

由此可见,充分发挥数学的文化价值即应成为中国数学教师自觉承担的一项重要社会责任。

2. “符号意识”与代数思想

就“符号意识”而言,笔者则愿强调这样几点。

(1) 与“数感”一样,“符号意识”也有一个后天的发展过程;又由于符号的认识和应用显然已经超出了单纯感悟的范围,也即主要表现为自觉的认识,因此,“新课标”中将原来的“符号感”改成“符号意识”就是比较合理的。(我们也应从同一角度去理解“代数思想”这一术语的使用,即是表明主体的自觉程度有了更大提高。)

(2) 尽管小学数学已包含有多种不同的符号,如数字符号、运算符号、关系符号等,但又只有联系“代数思想”进行分析思考,我们才能更好地理解与把握“符号意识”的内涵与作用,包括如何能在小学数学教学中很好渗透相关的数学思想,不仅真正做到居高临下,也能很好体现教学的整体性。

具体地说,文字符号的引入显然即可被看成区分小学与中学数学学习的一个重要标志,而其主要功能之一就是为数学抽象提供必要的工具。后者事实上也正是代数思想的一个基本内涵:“代数即概括”。(基兰,“关于代数的教和学研究”,载古铁雷斯、伯拉主编,《数学教育心理学研究手册:过去、现在与未来》,广西师范大学出版社,2009,第12页)

当然,由小学数学向中学数学的过渡还表现于方程方法的学习。但是,究竟什么又是方程方法与算术方法的主要区别所在?特别是,这是否就是指用字母表示(未知)数?

笔者以为,尽管用字母表示(未知)数确可被看成利用方程解决问题的必要前提,但着眼点的变化又应被看成由算术方法向方程方法过渡的真正要点,即是将着眼点由唯一集中于如何求取未知数,也即具体的运算过程转移到了等量关系的分析。进而,又由于在代数中我们已将方程的求解归结到了相应算法的直接应用,从而就不再需要任何特殊的技巧或方法,这样,解题的过程也就被极大地简化了。应当强调的是,主要地也正是在这样的意义上,我们就可断言:“等价是代数中的一个核心观念。”(基兰,“关于代数的教和学研究”,同上,第16页)

还应指出的是,算法的应用清楚地表明了数学符号的本质:与“缩写意义上的符号”不同,这主要应被看成“操作意义上的符号”。

例如,主要地也就是基于这样的思考,韦达常常被说成代数学的创造者,因为,尽管早在古希腊时代人们就已开始用字母代表数量,但又是韦达在历史上首先提出了这样一个思想(他称为“逼真算法”):我们可以用字母表示已知量和未知量,并对此进行纯形式的操作。

容易想到,符号性质的上述变化事实上也可被看成一个“客体化”的过程:我们在此已不再唯一关注符号的指称意义,而是将此看成了直接的对象。当然,从发展的角度看,我们又应提及“符号意识”的进一步变化,即是将字母看成变量。这样,“代数不仅仅成为关于方程和解方程的研究,也逐步发展成涵盖函数(及其表征形式)和变换的研究。”(基兰,“关于代数的教和学研究”,同上,第17页)

综上可见,就只有联系代数思想(概括的思想,等价的思想与算法的思想)进行分析,我们才能更好理解“符号意识”的涵义。当然,这又是教学工作创造性质的一个重要表现,即是我们如何能够很好地去把握相关的“度”,也即既能做到“居高临下”,很好渗透高层次的数学思想,同时也能符合学生的认知发展水平。

(3) 对于“符号意识”我们也应联系“三维目标”进行分析理解。

具体地说,由于“符号意识”的形成主要是一个后天的发展过程,因此,从“情感、态度与价值观”的角度看,我们在教学中就应积极促成这样一种变化,即是帮助学生由对于符号的陌生感、排斥感逐步转变成为认同感、亲切感,并乐于加以应用。

进而,这又是一般的语言学习,特别是外语学习给予我们的重要启示:学习一种语言就是进入了一种新的文化。显然,符号语言在这方面也有一定的特殊性,从而就为我们进一步改进教学指明了新的努力方向,即如我们应当通过数学学习帮助学生清楚地认识超越直接经验的重要性,乐于与抽象事物打交道,并能不断提高思维的精确性与简单性。

五、结语

综上可见,就“新课标”的学习和贯彻而言,我们应当大力提倡“理论的实践性解读”与“教学实践的理论性反思”,从而就不仅能够进一步改进教学,也能切实提高自己的专业水准,包括促进“课程标准”的进一步修改与完善。

5.6 从“先学后教”到“翻转课堂”①
——基于数学教育的视角

一、从“先学后教”谈起

这是数学教育、乃至一般教育领域内一个新的发展迹象,即是“模式潮”的涌现:“现在,教育教学都讲究个‘模式’。有模式,是学校改革成熟的标志,更是教师成名的旗帜。许多人对‘模式’顶礼膜拜,期盼‘把别人的玫瑰移栽到自己花园里’。”(李帆,“姜怀顺:做逆风而行的理想主义者”,《人民教育》,2012 年第 12 期,第 14 页)。

另外,“翻转课堂”的兴起则可被看成这方面的更新一波。例如,有学者就曾依据“教育的第三次革命”对此进行了论述,包括这方面工作主要开拓者萨克满・可汗的介绍:“第三次教育革命扑面而来,你准备好了吗?”(《中国教育报》,2014 年 5 月 7 日)

然而,笔者以为,这又应被看成过去这些年诸多教育改革给予我们的一个重要启示或教训,即是对于各种“宏大词语”或“华丽包装”的高度警惕,或者说,即是不应轻易地去相信各种相关的言论;毋宁说,以下的立场更加靠谱,尽管这看上去似乎有点目中无人:“其实,教育的真理就那么点儿,而且,‘那么点儿’几乎早被从孔夫子以来的中外教育家们说得差不多了……所以,当我听谁说自己‘率先提出’了什么理论,‘创立’了什么‘模式’,或者是什么‘学派’的‘领军人物’时,我就想,你也不怕孔夫子在天上笑话你!再过若干年,也许还要不了‘若干年’,你这些‘文字游戏’就会烟消云散,连回声都不会留下一些。”(李镇西,“‘深刻’不是教育的唯一尺度”,《新课程研究》,2103 年第 2 期)另外,在谈及国外教育的最新发展时我们也不应忘了西方社会的“民主传统”。例如,高度的

① 原文发表于《数学月刊》,2014 年第 9 期。

“自由性”就是美国社会十分重要的一个特征，也正因此，即使是“课标运动”这样一个具有广泛社会基础的改革运动事实上也很难形成像中国课程改革那样的“一统天下”，更不用说全国一致公认的“领军人物”了。（对此例如可见聂必凯等，《美国现代数学教育》，人民教育出版社，2010，第七章）

当然，历史的回顾与一般性的文化研究不能代替深入的理论分析，笔者所提倡的也是坚持独立思考，而不要盲目地去追随潮流。具体地说，面对任一新的时髦口号或潮流，我们都应冷静地去思考这样三个问题：什么是这一新的主张或口号的主要内涵？这一主张或口号为我们改进教学提供了哪些新的启示和教益？什么又是其固有的局限性或可能的错误？

又由于“先学后教”与“翻转课堂”相比在我国有更长的发展过程和更大的影响，因此，我们就将首先集中于前者的分析，包括由此引出若干普遍性的结论。

具体地说，突出强调“以学生学习为主进行数学教学”（简记为“先学后教”）即可被看成国内近年来诸多具有较高知名度的相关实验的共同特点，包括著名特级教师邱学华的“尝试教学法”，上海段力佩和张人利老师的“读读、议议、练练、讲讲、做做”，南通李庾南老师的“自学、议论、引导”教学法，山东杜朗口中学的“预习、展示、反馈”等。“一是增加了学生（自主）学习的环节；二是教学以学生的学习为基础（教与学的顺序发生变化）；三是增加了学生议论、讨论的环节。”（余慧娟，“科学・精致・理性——对‘尝试教学法’及中国教学改革的思考”，《人民教育》，2011年第13—14期）

由于对“先学后教”笔者并已专门撰文进行过分析（“关于‘以学为中心’的若干思考”，《中学数学月刊》，2014年第1期），在此就仅限于指明这样两点。

第一，在明确肯定这些新的教学方法或模式积极意义的同时，我们又应防止这样一种倾向，即只是注意了它们的外在形式，却忽视了内在思想的理解与分析。例如，在笔者看来，以下做法就多少表现出了这样的倾向：

(1) 应当特别重视“先学后教”这样一个顺序，这也就是指，教学中绝对不应违背这样一个时间顺序。

(2) 为了确保“以学为主”，应对每一堂课教师的讲课时间做出硬性规定，如不能超过10分钟或15分钟等。

(3) 为了切实强化“学生议论”这样一个环节，对教室中课桌的排列方式也应做出必要调整,即由常见的“一行行”变为“之字形”:座位摆在教室中间,教室四周都是黑板。

因为,只需通过简单回顾我们就可看出这些要求并非不可或缺,更不是绝对不能违背。

首先,就教室中课桌的排列方式而言,课改初期人们也曾持有类似的观点,即是认为只有将传统的“一行行”变成按小组为单位的“一圈圈”才能很好体现“合作学习”的思想。然后,由于后者仅仅强调了教学的外在形式,因此在实践中就很快得到了纠正,后者即是指,如果只是着眼于课桌的排列方式,却未能更加关注相应的实质性问题,也即教学中是否真正实现了学生之间与师生间的积极互动,那么,无论相关主张在形式上是否有所变化,也即是否由“一圈圈”转变成“之字形”,都只能说是一种较肤浅的认识。

其次,正如当年曾一度流行的这样一些观点:“不用多媒体就不能被看成好课”,“教学中没有‘合作学习’和‘动手实践’就不能被看成很好体现了课改的基本理念”……这也可被看成过去10多年的课改实践给予我们的又一教训:任何一种形式上的硬性规定都严重地违背了教学工作的创造性。特殊地,相对于教师在课堂中究竟讲了多少时间而言,我们显然应当更加关注教师讲了什么,后者对于学生的学习究竟又产生了怎样的影响?

最后,这无疑也应被看成教学工作创造性质的一个直接结论,即是我们应当依据具体的教学内容、教学对象与教学环境(以及教师的个性特征)创造性地去应用各种教学方法和教学模式。显然,从同一角度进行分析,对于“先学后教”这一时间顺序的片面强调也只是给教学加上了一个新的桎梏,而不能被看成一个真正的进步。值得指出的是,现今得到人们普遍重视的“导学案”事实上就可被看成对于上述片面性认识的直接反对,因为,后者即与“先学后教”这一顺序直接相对立。更一般地说,与任一严格的时间顺序相对照,我们显然应当更加重视“学生自主学习”与“教师必要指导”的相互渗透和互相促进。

第二,反对简单化的认识,特别是一些“口号式”的结论。例如,对于以下一些提法我们就应持十分慎重的态度:“凡是学生自己能学会的,教师就坚决不讲。”因为,学习并非绝对的“能”或“不能”,而主要是一个“程度”的问题,我们更不应单纯依据知识和技能的掌握对此作出判断。

由以下论述我们即可更好理解上面的主张,包括我们应当如何认识“学生自主学习”的局限性：

“数学课程内容包括三个方面。第一方面是数学活动的结果，定理、公式、法则、概念，这些结果很多可以让学生去看书，去练习……只要他的基础没有缺陷，他的智力没有缺陷……达成这个目标是没有问题的。第二方面是得到数学结果的过程。数学概念、公式是怎么来的，许多过程很重要……对许多学生来说，最好是教师带领他们一起推导。第三个方面是在结果和过程后面的，是推导出结果的过程蕴含的数学思维方法，归纳、推理、类比这些东西教材没明确写出，要学生在老师指导下慢慢地去悟。”

“有些内容，光从学生自学后的检测结果看，好像学生达标了。实际上，还是要老师讲多一点，因为有些东西光靠学生看书，达不到应有的高度……一定要老师把他拽一拽，你不拽他就上不去。”（赵雄辉，“数学课程改革中值得注意的几个方面”，《湖南教育》，2013 年第 9 期）

综上可见，这就是我们面对任一新的经验或教学模式应当坚持的立场：“的确，没有可以操作的模式，再好的思想、理论都无法实现，但模式不能成为束缚手脚的镣铐。”这也就是指，在认真学习各种先进经验与教学模式的同时，我们又应始终牢记这样一点：“模式！模式！是解放生命还是禁锢生命？”因为，如果缺乏自觉性的话，就必然会对实际工作产生严重的消极影响：“时下，各地课改轰轰烈烈，高效课堂、智慧课堂、卓越课堂、魅力课堂、和美课堂……绚丽追风，模式、范式眼花缭乱。一线教师困惑、苦闷，越发感觉自己不会上课。”（何绪铜，“品味全国大赛，悟辨课改方向”，《小学数学教育》，2014 年第 1 期）

二、聚焦“翻转课堂”

以下再对“翻转课堂”做出具体分析。

首先应当提及，由于“翻转课堂”的第一环节就是要求学生在家观看教师事先制作好的微视频，因此，从形式上说，“翻转课堂”也可被看成对于“先学后教”这一严格时间顺序的直接否定。

当然，我们在此又不应停留于这种简单的分析，而仍然应当围绕这样三个问题对“翻转课堂”做出进一步的分析，即究竟什么是“翻转课堂”？这对于我们改进教学有什么新的启示或教益？它又有什么样的局限性或不足之处？

按照通行的观点,以下就是"翻转课堂"的两个主要环节:(1)微视频,也即要求学生首先"在家通过对短小精悍的教学视频的观看、操作,完成知识的学习";(2)课堂教学:课堂应当真正成为"教师与学生之间和学生与学生之间互动的场所"。由于这一模式将传统的"课堂中讲课、学生回家练习"这一次序"翻转"了过来,因此,在不少人看来,这一模式就十分有益于"学生是学习的主体""以学定教""关注课堂生成"等现代教育理念的落实。如"'翻转课堂'将简单的记忆、理解、运用放在课下,而高层次的综合运用和创新则在课上发生"。(张正波,"'翻转课堂'在小学低年级数学课堂的应用",《教学月刊》,2014 年第 5 期)

由此可见,"翻转课堂"确有一定可取之处;但在笔者看来,这又是这一模式、乃至任何一个一般性教学模式最明显的一个局限性,即是离开了专业分析我们无法走得很远。

具体地说,由于对于一些新的普遍性教学方法或模式(情境设置、合作学习、学生自主探究、动手实践)的突出强调正是新一轮数学课程改革的重要特征,因此,这也应被看成过去十多年的课改实践给予我们的一个重要启示或教训,即在任何时候我们都应坚持从专业的角度进行分析思考——就数学教育而言,这也就是指,我们应当明确反对"去数学化"的倾向。

由张奠宙先生的以下论述我们即可清楚地看出"去数学化"这一倾向在当前的广泛影响及其危害性:"君不见,评论一堂课的优劣,只问教师是否创设了现实情境?学生是否自主探究?气氛是否活跃?是否分小组活动?用了多媒体没有?至于数学内容,反倒可有可无起来。"进而,尽管其中充满了美丽的词语,如"自主""探究""创新""联系实际""贴近生活""积极主动""愉快教育"等,"任凭'去数学化'的倾向泛滥,数学教育无异于自杀。"同样地,"仅靠教学理念和课堂模式的变更就能成为名师,就能培养出高水平的学生,乃是神话。"(《张奠宙数学教育随想录》,华东师范大学出版社,2013,第 50、214、215 页)

当然,以上论述并非是指对于任一一般性的教学方法或模式我们都应持完全否定的态度;毋宁说,这即是十分清楚地表明了这样一点:只有从专业角度进行分析思考我们才能更好地吸取其中的有益成分,并尽可能地减少可能的局限性。

以下就从数学教育的视角对"翻转课堂"做出进一步的分析。

首先,笔者以为,这是数学教育的基本目标,即是我们应当通过自己的教学帮助学生学会思维,特别是,学会深层次的思考与理性思考(就当前而言,我们或许还可提出这样一个更加通俗的表述:数学课上最重要的就是要让学生积极地动脑,而不只是动手)。其次,我们在此还应清楚地认识数学学习的这样一个特性:学生在数学上的发展主要依赖后天的学习,并表现为教师指导下的不断“优化”。

在笔者看来,上述两点也为我们深入认识“翻转课堂”,包括“先学后教”提供了基本立场。

具体地说,我们在此或许还可先行提及一些相关的认识。例如,正是基于这方面的长期实践,小学数学特级教师贲友林提出,“先学后教”有以下一些优点(详可见《现场与背后——“以学为中心”的数学课堂》,江苏教育出版社,2014):这可以让学生更有准备地学;让学生在深层互动中学;让学生在研究性练习中学习。但是,如果围绕数学教育基本目标进行分析,笔者以为,这又应被看成上述几条的核心,即是我们如何能让学生积极地进行思维,并能逐步学会想得更深、更细、更合理。

也正是从同一角度去分析,笔者以为,以下关于“翻转课堂”第一环节(“微视频”)的概括就更为恰当:视频比导学单更生动形象;前置的微视频学习为课堂腾出了更多的时间和空间;有备而来让课堂互动走得更深入,更有效。(高雅,“翻转课堂实践的体会和思考”,2014)进一步说,这更应被看成成功应用“翻转课堂”的关键,即是“微视频”应当发挥“问题引领”的作用,从而激发学生更积极、更深入地进行思考。

其次,这是数学教学中成功应用“翻转课堂”的又一关键,即是我们在课堂上如何能够真正做好“数学地交流和互动”?

为了清楚地说明问题,在此还可特别提及关于“合作学习”的三种不同解释:(1)分工合作;(2)“脑风暴”;(3)“强者”帮“弱者”。现在的问题是:在这三种解释中何者较好地体现了数学中“合作学习”的本质?

笔者的看法:这三者事实上都不能被看成很好地体现了数学中合作学习的本质,因为,正如上述关于数学学习活动本质的分析所已指明的,数学学习具有明确的目标,而不是毫无约束的“自由探究”(后者正是“脑风暴”的主要特征),而且,所说的任务也不可能单纯依靠“分工”或是学生之间的互动得到完成,而应明确肯定教师在这方面的引领作用,当然,后者又不是指强制的统一,恰恰相反,我们应当切实增强教学工作的“启发性”,从而使优化真正成为学生的自觉行为。

显然,从上述角度进行分析,以下关于“如何做好数学地交流和互动”的分析也就过于一般了,即是未能很好体现数学教学的特殊性:教师应当善于倾听,应当做到平等的交流…… 与此相对照,这应当被看成数学教学的一个真正难点:教师如何能够“不着痕迹地进行引导”?

进而,又如笔者在《数学教师的三项基本功》(江苏教育出版社,2011)一书中所提及的,这是这方面最重要的一些教学措施:多样化与必要比较;教师应通过适当的提问与举例促进学生的反思,特别是清楚地认识已有方法和结论的不足之处……显然,这事实上就从又一角度为数学教学应当如何用好“翻转课堂”这一模式指明了努力方向。当然,又如先前关于“先学后教”以及数学教育基本目标的分析所已表明的,我们在此还应特别强调这样一点:“数学地交流与互动”的重点也是促使学生更积极、更深入、更合理地进行思考。

最后,从更一般的角度进行分析,笔者以为,这也可被看成“先学后教”“翻转课堂”等教学模式的兴起给予我们的一个重要启示:无论这是否为大势所趋,无论它是否会有兴衰演变,作为一线教师,我们不妨将之作为一个契机,进一步深入思考自身的教学观念与教学方式。翻什么转什么坚守什么?让我们发挥自己的实践性智慧慢慢解读!

就教师的专业成长而言,我们还可提出这样一个具体建议:相对于各种教学方法和教学模式的学习与应用而言,我们应当更加重视自身教学能力的提高;另外,相对于“实、活、新”这一关于教师教学工作的传统要求而言,我们在当前又应更加突出一个“深”字:我们不仅应当在思考与理解上达到更大深度,教学中也应努力超出具体知识和技能的学习更好地落实数学教育的“三维目标”。

当然,为了实现上述目标,我们又应始终坚持自己的独立思考,更好处理理论与教学实践之间的辩证关系,真正做好“理论的实践性解读”与“教学实践的理论性反思”。

5.7　数学教育改革十五诫[①]

为了促进新一轮数学课程改革的深入发展，应当认真做好两件事：第一，发扬成绩，真正“做细做实做深”；第二，发现问题，正视问题，解决问题，不断进步。显然，这也清楚地表明了总结与反思的重要性。在后一方面我们可看到一些初步的工作，如张奠宙先生新近出版的几部著作就明显地具有这样的性质：《张奠宙数学教育随想录》（华东师范大学出版社，2013）；张奠宙、于波，《数学教育的“中国道路”》（上海教育出版社，2013）。

在此还可提及关于美国数学课程改革的这样一个研究：《美国现代数学教育改革》（聂必凯等，人民教育出版社，2010），特别是其中提到的“美国当前数学教育改革的一些困惑”，如“基于 NCTM（美国数学教师全国委员会）标准的数学课程对学生的数学学习（是否）非常有效”“数学教师（是否真的）乐于参与和使用基于标准的数学课程，并且知道如何使用它们”等。以下就是书中的相关结论：（1）既有研究表明，使用基于标准的课程的学生成绩显著高于使用传统课程的学生；也有研究表明，不同的课程可能有各自不同的“长处”，所以课程的有效性是相对的……对“改革型”数学课程的有效性还需作进一步的实证研究。（2）理解和掌握标准并在教学中贯彻标准对老师来说是一个不小的挑战……研究没有发现课程标准导致了数学教育大范围改变的证据，也就是说课程标准在全美范围内所产生的影响并不强。（第 193—202 页）由此可见，作为我国新一轮课程改革的总结与反思，我们也应注意防止绝对肯定或绝对否定的简单化观点，并应采取更加开放的立场，即是通过集思广益不断深化我们的认识。

新一轮课改的总结与反思还有更广泛和深远的意义，因为，这在很大程度上即可被看成新中国成立以来多次教育改革的共同弊端，即是一讲改革就否定一切，每次又都是从头开始，但却积累甚少！也正因此，教育领域中就很少能够看到持续的进步，甚至一再重犯过去的错误。（张奠宙语）

① 原文发表于《数学教育学报》，2014 年第 3 期。

这也正是笔者提出"数学教育改革十五诫"的基本立场:这不是要追究任何人的责任,而是希望由这些年的课改实践吸取应有的启示和教训,从而不仅可以促进课程改革的深入发展,也可为未来的数学教育改革提供有益的借鉴,特别是,切实防止再次出现类似的错误。

后者事实上也可被看成过去十多年的课改实践给予我们的一个重要启示或教训。例如,在笔者看来,即使在今天,我们仍可由关于美国新一轮课程改革的批评获得有益的启示和教训,而如果我们在课改启动时就能予以足够重视,无疑就可极大地减少,乃至完全避免很多不必要的错误或曲折。(5.1节)

以下就从同一角度对过去十多年的课改实践作出总结与反思。

一、 聚焦数学教学方法

对于广大教师而言,教学方法改革无疑是他们最为关注的一个方面,对此例如由改革初期教师参与教学观摩的极大热情就可清楚地看出。也正因此,教学方法的改革在很大程度上就可被看成课程改革的实际切入点;又由于对于"情境设置""动手实践""合作学习""学生自主探究"等新的教学方法的积极倡导正是我国新一轮数学课程改革十分明显的一个特征,以下就以此作为直接对象做出总结和反思。

[诫条之一] 数学教学不应只讲"情境设置",但却完全不提"去情境"。

这可以被看成是由数学的基本性质——抽象性——直接决定的:作为模式的科学,数学并非客观事物或现象的直接研究,而是通过相对独立的量化模式的建构,并就以此为直接对象从事研究的。

也正因此,我们在教学中就不应唯一地强调如何为相关内容的教学创设一个现实情境,而应同样重视(或者说,"更加重视")如何帮助学生以此为背景实现相应的数学抽象,也即建构起相应的数学对象,并以此为直接对象去开展研究。

与此相对照,如果我们始终未能帮助学生养成一定的数学抽象能力,这样的教学就应说是完全失败的。

[诫条之二] 数学教学不应只讲"动手实践",但却完全不提"活动的内化"。

这直接关系到了数学的这样一个性质:数学是"思维的体操",也就是说,数学中最重要的是动脑，而不是动手。

更加深入地说，我们又应特别提及数学思维的反思性质：数学思维往往以已有的东西（活动、运算、概念、理论等）作为直接的分析对象，并主要表现为由较低的抽象层次上升到了更高的层面。

例如，后者显然就是李士锜教授在解读"熟能生巧"这一中国数学教学传统时所采取的基本立场："经验提供了组织概念的基础，却并未提供概念本身。要构造自己理解的概念，达到学习的目的，还要出现一种思想上的飞跃，即皮亚杰提出的'反省（自反）抽象'。所谓反省，就是返身、反思。当自己作了实践性活动，必须'脱身'出来，作为一个'旁观者'来看待自己刚才做了些什么事情，将自己所做的过程置于自己思考的地位上加以考虑。"（"熟能生巧吗？"《数学教育学报》，1996 年第 8 期）

显然，从上述角度进行分析，我们也可清楚地看出片面强调"数学（基本）活动经验"的局限性，特别是，我们决不应将这里所说的"数学活动"简单等同于外部可见的操作行为；而且，与经验的简单积累相比，我们又应更加重视如何能够促进学生通过反思实现思维由较低层次向更高层次的发展。①

［诫条之三］数学教学不应只讲"合作学习"，却完全不提个人的独立思考，也不关心所说的"合作学习"究竟产生了怎样的效果。

例如，我们显然就可从这一角度去理解以下的论述："数学不同于其他学科，需要进行逻辑化、符号化、数量化，其过程必定经历独立的、个性化的思考，因此，在'合作'之前必须先'独立'。"（张奠宙语）又，"数学是自己思考的产物。首先要能够思考起来，用自己的见解和别人的见解交换，会有很好的效果。但是，思考数学问题需要很长时间。我不知道中小学数学课堂是否能够提供很多的思考时间。"（陈省身语）

另外，以下的常见现象则就清楚地表明了注意纠正这方面不恰当作法的重要性："表面上热热闹闹，实质上却毫无收获"；另外，"教学中也会有这样的学生，他认为在别人看来很有成效的课堂讨论对其而言只是分散了他对于数学概

---

① 事实上，只需与以下事实作一简单对照我们就可清楚地看出"经验"的局限性：有不少学生尽管做了很多题目但其解题能力仍然不能说有了很大提高，也有不少教师教了很多年的书但很难说已经达到了较高的教学水平。由此可见，就任何一种专业活动而言，我们都不应唯一强调"经验"，而应更加重视对于"经验"的超越，包括如何能从思维和方法的角度总结出相应的"智慧"。

念与所倾向的方法的注意。”(J. Boaler & J. Greeno 语)

当然,这又是我们在这方面的一个重要任务,即是弄清什么是好的“合作学习”应当满足的基本要求?数学教学在这方面又有哪些特殊性?

[诫条之四] 数学教学不应只提“算法的多样化”,但却完全不提“必要的优化”。

这关系到了数学学习的基本性质:学生数学水平的提高主要是一个文化继承的行为,更必然地有一个不断优化的过程。也正因此,尽管我们应当大力提倡教学的开放性,并应高度重视学生创新能力的培养,但教师在任何时候都不应采取“放任自流”的态度,乃至在不知不觉之中将“开放”变成了“完全放开”,将“创新”变成了“标新立异”。

在笔者看来,课改以来在这一方面出现的种种偏差也是人们在当前何以特别重视教学有效性的主要原因。当然,后者又不是中国数学教育的特有现象,而是具有更大的普遍性。(详可见另文“数学教学的有效性和开放性”,《课程·教材·教法》,2007 年第 7 期)

最后,从同一角度进行分析,相信读者也一定会对课改初期得到广泛引用的一些国外实例形成不同看法,特别是,这究竟能否被看成为我国数学课程改革指明了努力方向?

[例]“新西兰的阳光”(王宏甲,《新教育风暴》,北京出版社,2004)。

“这是五年级的一堂课,老师出了这样一道题:每个篮子里有 24 块蛋糕,6 个篮子里共有多少块蛋糕?新西兰五年级的学生用各种方式踊跃回答,很有成功感。”

文中还特别提到了这样一个来自中国的“差生”:在中国“她一次次受到批评,一次次失败,把她的童年的笑容消灭了,把她的自信也消灭了……可是,在新西兰,她还是她,一次次受到表扬,不仅仅是老师的表扬,而且再没有同学说她笨,同学们都对她投以佩服的目光。这是她快乐成长的真正的阳光”。

但是,“这不是我们二年级教的吗?他们五年级的学生能答出来,这也值得高兴?像这样有什么高质量?日后,能把学生送到那儿去?”

[诫条之五] 数学教学不应只讲“学生自主探究”,但却完全不提“教师的必要指导”。

这显然也可被看成上述数学学习活动本质的一个直接结论:学生数学水平

的提高主要依赖学校中的系统学习、并是在教师直接指导下逐步实现的。

为了清楚地说明问题，在此还可联系当前较流行的一些教学模式做出进一步的分析。

具体地说，“模式潮”的兴起显然可以被看成我国数学教育（乃至一般教育）领域中的一个新的发展迹象，这并就是在当前具有较大影响的一些教学模式的明显共同点，即是对于“学生自主学习”的突出强调，从而也就为人们积极提倡“学生自主探究”提供了新的动力和依据。

但是，“学生自主探究（更一般地说，就是学生自主学习）”是否也有一定的局限性？

首先，这显然与学习内容有关，特别是，这主要是指学生已有知识的简单扩展、已掌握的思想方法或基本技能的直接应用（“水平方向上的发展”），还是指已有知识的“重新组织、重新认识”，包括思考方式与已有观念的必要更新（“垂直方向上发展”）？其次，我们又应超出具体知识和技能的学习，从更广泛的角度，特别是联系数学教育的“三维目标”去进行分析，因为，“有些内容，光从学生自学后的检测结果看，好像学生达标了。实际上，还是要老师讲多一点，因为有些东西光靠学生看书，达不到应有的高度……一定要老师把他拽一拽，你不拽他就上不去。”（赵雄辉，“数学课程改革中值得注意的几个方面”，《湖南教育》，2013年第9期，第49—50页）

总之，以下论述应当说过于简单了：“凡是学生自己能学会的，教师就坚决不讲。”因为，学习并非绝对的“能”或“不能”，而主要是一个程度的问题，我们更不应单纯依据知识和技能的掌握对此作出具体判断。（5.6节）

二、更一般的思考

课程改革的总结与反思显然不应停留于教学方法，而应从更一般的角度进行分析思考，特别是，我们究竟应当如何认识教学工作的基本性质？什么又应成为我们在这方面的基本立场？

［诫条之六］应当明确肯定教学工作的创造性，因为，适用于一切教学内容、对象与环境（以及教师个性特征）的教学方法和模式并不存在，任何一种教学方法与模式必然地也有一定的局限性，从而，与唯一强调某些教学方法或模

式相对照,我们应当更加倡导教学方法与模式的多样性,而不应以方法的"新旧"代替方法的"好坏",更应鼓励教师针对具体情况创造性地加以应用,后者并可被看成教学工作专业性质的一个基本涵义。

当然,就这方面的具体工作而言,我们又不应停留于空洞无物的泛泛之谈,而应针对现实情况更深入地开展研究,特别是,如果说这即可被看成过去十多年的课改实践给予我们的一个重要教训,即是不应违背常识,那么,这就是教学工作专业性质的又一重要内涵,即是应当努力实现对于"常识"的超越。

就前一节中提到的各个教学方法而言,这就是指:

我们应当如何处理"情境设置"与"数学化"之间的关系?什么又是数学教学中"去情境"的主要手段?

应当如何认识与处理"动手实践"与数学认识发展之间的关系,什么又是"活动的内化"的具体涵义与有效途径?

什么是好的"合作学习"应当满足的基本要求?数学教学在这方面又有其哪些特殊性?

在积极鼓励学生自主探究的同时,教师又应如何发挥必要的指导作用,特别是,我们如何能够使得"优化"真正成为学生的自觉行为,而不是外部强加的硬性规范?

另外,相对于各个具体教学方法与模式的学习和应用而言,我们又应更加重视教师专业能力的提升,包括深入地研究,除去一般教师都应具备的普遍性要求,数学教师还应有哪些特殊的专业能力或"基本功"?

[诫条之七] 应当坚持辩证思想的指导,改革之际更应注意防止各种片面性的认识与简单化的做法。

这不仅可以被看成前一节中提到的五个"诫条"的共同涵义,也是改革中应当特别重视的一个基本立场。

这事实上也正是笔者在改革初期的一个明确意见,即是为了促进课程改革的健康发展,应当避免从一个极端走向另一极端,并应努力做好各个对立面之间的适当平衡。(5.2 节)

还应提及的是,在不少外国同行看来,这并可被看成中国数学教育传统最重要的一个内涵,更是中国对于国际数学教育事业的一项重要贡献。例如,澳大利亚学者克拉克就曾明确地指出,以下的"两极对立"可以被看成西方,乃至国际数学教育界最基本的一些理论前提,并就构成了“现代教育改革的关键因素”:教与学,抽象与情景化,教师中心与学生中心,讲(授)与完全不讲(To Tell or Not to Tell)等;进而,正是以中国数学教育作为直接对照,克拉克提出,这种两极化的思维方式应当被看成对于数学教育工作者的一种束缚,特别是,所谓的“两极对立”更可说是一种虚假的选择,因为,这正是中国数学教育传统的一个重要特征,即是更加重视对立面的互补与整合,如“教师权威”与“学生中心”的结合等。也正因此,在克拉克看来,西方就应努力改变传统的“两极对立”的思维方式,并从这一角度对数学教育(乃至一般教育)中最基本的一些理论前提做出认真反思与必要批判,这并可被看成成功创建新的整合性理论与教学实践的实际开端。(David Clarke, Finding Culture in the Mathematics Classroom: Lessons from Around the World, Address delivered at Beijing Normal University, August, 2005)

当然,对于辩证思维的坚持又不应成为一种教条,而应更加重视工作的针对性与分析的深度。这也是笔者提出以下一些“诫条”的基本出发点。

[诫条之八] 数学教学不应只讲“过程”,但却完全不考虑“结果”,也不能凡事都讲“过程”。

例如,正如张奠宙先生所指出的:“强调数学教学不能死记硬背,需要知道一些数学知识的发生过程,是必要的。但是,似乎不能过头。至于要求每堂课都要有‘过程性’目标,每项知识都要知道其发生过程,是否必要,又是否做得到? 需要辩证地思考。”又,“做任何事情都不要绝对化,每堂课都要讲过程、掌握过程、体验过程,其实是不必要也办不到的。”(《张奠宙数学教育随想录》,同前,第55、226页)

进而,“过程”和“结果”显然也不可能完全分开,因此,如果完全不考虑“结果”,相应的教育就很可能产生最差的“结果”。值得指出的是,这事实上也正是国外同行经由总结反思得出的一个直接结论:“一门课程通过课本或教程所规定的学习目标必须得到实现。西方的引导探索学习往往是学生很快乐,但是最后学习目标没有达到,解决这一问题的方法就是使用逆向设计模式。”“在逆向设计模式中,教师要从预想得到的结果开始,决定教学活动和教学设计。”“带着对结果的了解来开始,意味着带着对目标的清楚理解而开始,这意味着,要知道你要去哪,以便你能更好理解你现在在哪里,这样你迈出的步伐会一直朝向正

确的方向。”(特纳,“东方的尝试学习与西方的引导探索学习”,《人民教育》,2011 年第 13—14 期)

[诫条之九] 数学教学必须防止“去数学化”,同时也应反对“数学至上”。

前者显然可以被看成前一节中提到的五个“诫条”的又一共同涵义,这也就是指,课改中之所以会出现这些弊病一个重要的原因就是忽视了数学教学相对于一般教学的特殊性。

除去 5.6 节中已提到的各种现象以外,以下或许也可被看成“去数学化”这一倾向在当前的又一具体表现:作为“新课改背景下数学教师的教学基本功”的具体分析(详可见“2013 年小学数学教育热点问题探讨”,《小学教学》,2014 年第 3 期),相关作者所提到的仅仅是数学教学与一般教学的一些共同点,如解读课标的能力,分析教材的能力,进行学情调查的能力,设计和组织教学活动的能力等,但却完全没有考虑到数学教学的特殊性。

当然,作为问题的另一方面,我们也应看到“数学至上”的危险性,这事实上也可被看成“新数运动”等国际数学教育改革运动给予我们的直接启示或教训。也正因此,如果我们在今天仍然不加思考地断言“数学是数学教育的本质”,就只是表明相关学者缺少学习、盲目自大,而如果更以此去指导实际工作就必然会对我国的数学教育事业造成严重的后果。

[诫条之十] 数学教学不应因强调创新而忽视“打好基础”;也不应唯一注重基础而忽视学生创新意识的培养。

正如先前关于“算法多元化”的分析所已提及的,这也是我们在当前应当注意纠正的一个倾向,即是由于认识的片面性在不知不觉中将教学的“开放性”变成了“完全放开”,将“创新”变成了“标新立异”。

当然,从更深入的角度进行分析,我们又应很好把握“创新”与“打好基础”之间的辩证关系,特别是,就如吴文俊先生所指出的:“我非常赞成和推崇‘推陈出新’这句话。有了陈才有新,不能都讲新,没有陈哪来新! 创新是要有基础的,只有了解得透,有较宽的知识面,才会有洞见,才有底气,才可能创新!”另外,华罗庚先生的以下论述也可被看成从又一角度为我们应当如何“打好基础”,包括由“打好基础”转向“创新能力的培养”指明了努力方向:“有人说,基础,基础,何时是了? 天天打基础,何时是够? 据我看来,要真正打好基础,有两个必然的过程:即由薄到厚和由厚到薄的过程。由薄到厚是学习、接受的过程,由厚到薄是消化、提炼的过程。”“经过‘由薄到厚’和‘由厚到薄’的过程，对所学的东西做到懂，彻底懂，经过消化的懂，我们的基础就算是真正打好了。”（引自《张奠宙数学教育随想录》，同前，第110、100页）

由于对“基础”的特别重视正是中国数学教育传统的一个重要特征，因此，上述分析显然也就更清楚地表明了这样一点：对于数学教育传统的认真继承和必要发展是成功实施课程改革的一个必要条件。

更一般地说，这并应成为中国数学教育的基本哲学，即是对于辩证思维的自觉坚持与科学应用。

三、课程改革的若干原则

上面的分析已经涉及了课程改革应当遵循的一些基本原则，以下再从另外的角度对此做出进一步的分析，这事实上也可被看成辩证思维的自觉运用。

首先，无论就数学课程改革，或是一般意义上的教育改革而言，我们都应始终牢记这样一点：

［诫条之十一］课程改革没有任何捷径，特别是，中国的事情决不可能单纯依靠照搬国外的经验就能获得成功，我们更不应轻易抛弃自己的传统，或是简单地否定先前的一切；改革必定有困难和曲折，也正因此，与剧烈的变革相比，我们应当更加提倡“渐进式”的变化，并应高度重视总结与反思的工作，从而就可通过发扬成绩与发现问题、解决问题取得实实在在的进步。

依据上述立场我们也可更好理解以下一些建议的合理性。

第一，这应当成为数学教育国际比较研究的基本定位，即是帮助各国数学教育工作者更好地认识自己的传统（包括教育教学传统和文化传统），并能对此做出自觉的反思与批判。这也就是说，“比较研究提供的仅仅是一面镜子，而不是一个蓝本。”值得提及的是，这也是笔者2002年参加国际数学教育委员会组织的专题研究（“不同文化传统中的数学教育：东亚与西方的比较”）的相关会议时与一些国际同行形成的一项共识：“我们并不热衷于寻找某种最好的方法或道路，我们所注重的是关于数学与数学教育多种不同的观点和视角。每个人所感兴趣的都是从一个更广泛的视角去认识自己的方法或道路，并从微观和宏观这样两个方面对此做出发展。”（郑毓信，“数学教育国际比较研究的合理定位与

方法论”,《上海师范大学学报》,2004 年第 3 期)

第二,为了促进课程改革的深入发展,应当努力做好以下“六件要事”:(1)政府行为与学术研究导向作用的必要互补;(2)数学教育的专业化;(3)建立课程改革持续发展的良好机制;(4)认真做好教师的培养工作;(5)办好数学教育的各级刊物;(6)健康的学术氛围与合作传统的养成。(郑毓信,“中国数学教育深入发展的六件要事”,《数学教学通讯》,2001 年第 4 期)

就当前而言,笔者愿再次强调这样一点:与单纯强调所谓的“舆论导向”相比,我们应当更加重视鼓励不同意见的自由表达与充分交流,因为,如果没有“适度的包容性”,就不可能有“健康的多样性”,从而也就不可能有效地防止或纠正由于单纯依靠行政力量所容易导致的过度的统一性与一元化,后者“肯定会把哪怕是最好的教育理念搞糟”(斯法德语)。

第三,以下则是笔者 2005 年基于课改实践的总结和反思对上述“六件要事”做出的必要补充:(7)应当十分重视由国际上的相关实践吸取有益的启示和教训,切实避免重复别人犯过的错误。(8)努力防止与纠正两极化的思维方法,切实避免作法上的极端化与片面性。(9)对于教师在教学中主导地位与课程改革中主体地位的进一步确认。(5.3 节)

以下再针对理论与教学实践之间的关系做出简要的分析。

[诫条之十二] 应当更深入地认识理论与教学实践之间的辩证关系,特别是,与唯一强调所谓的“理论先行”与“专家引领”相比,应当明确肯定教师在课改中的主体地位,更一般地说,这也就是指,课程改革不可能单纯凭借“由上而下”的单向运动就能获得成功。

显然,从上述角度进行分析,我们在当前也就不应唯一地强调“新课标”的学习与落实;毋宁说,这是一种更加值得提倡的态度:“课标修订得好不好,不能只是研制者说了算,还应有使用者,尤其是广大数学教师的言说。”(许卫兵,“成为高度自觉的教育者:写给后课标时代的数学教师”,《小学教学》,2014 年第 3 期)更一般地说,这也就是指,“我们不应简单地去告诉(更不应通过某种‘国家标准’硬性地去规定)一线教师应当如何如何做,而应引导一线教师积极地进行实践,并能通过深入的思考与分析,包括积极的反思与自我批判,不断改进自己的工作——后者事实上也应被看成教学工作创造性质的又一重要内涵。”应当指出的是,这事实上也是国际上的一个普遍发展趋势。(5.5 节)

由于高度的统一性与一元化正是中国文化传统的一个重要特征，又由于"学术异化"正是我们在当前必须认真看待的一个现实情况，在此也就有必要特别提出这样一条诫条：

［诫条之十三］理论研究者，特别是在课程改革中承担重要指导责任的理论工作者必须自律，从而才能很好地承担起自己的历史责任。

由以下事实可以看出，这并非笔者吹毛求疵，而是确应引起我们的足够重视。

其一，这是"数学课程标准研制小组"当年为制订《数学课程标准》确定的具体日程（"关于我国数学课程标准研制的初步设想"，《中学数学教学参考》，1999年第5期）：

"1999年3月11日至12日在北京召开的数学课程标准首次工作会议确定了基本的工作日程。全部研制工作分三个阶段：第一阶段，专题研究阶段（1999年3月—7月），将分五个专题展开，这期间还将召开一系列的座谈会。第二阶段，综合研究阶段（1999年8月—9月）。第三阶段，'标准'起草阶段（1999年10月—11月）。"

以下就是文中提到的五个专题：(1)国际数学课程改革最新进展报告；(2)国内数学课程实施现状的评估报告；(3)中小学生心理发展规律及其与数学课程相互关系的研究报告；(4)21世纪初期社会发展及其对数学的需要预测分析报告；(5)现代数学的发展及其对中小学数学课程的影响报告。

上述日程的制定当然有多种因素的影响或制约；但在笔者看来，我们又无论如何不应回避这样一个事实：由于所说的专题涉及面广，更需要有针对性地开展深入研究，因此，即使在某些方面我们可能已有了一定基础，但只用几个月的时间无论如何也不可能产生"有震撼力的报告"！

为了清楚地说明问题，在此还可转引英国数学教育家欧内斯特关于英国"国家(数学)课程"的这样一个评论，因为，尽管后者的批评对象并非中国，但同样涉及了问题的要害：

"工作组实际并没有打算在研究基础上编制国家课程，更不用说开展经验试验了。事实上，课程委员会数星期内即完成了课程编制。我们看到国家数学课程设置的等级缺乏认识论和心理学理论的实证根据。这些情况和实际背景说明课程发展者严重失了职。"（《数学教育哲学》，上海教育出版社，1998，第287页）

其二,“数学课程标准”的研制者是否应当阅读数学教育的论文与著作?

说实在的,当笔者首次听到“相关人士从不阅读数学教育的论文与著作”这样一个传闻时,实在感到难以置信;然而,所说的“传闻”竟然得到了证实,笔者真是感到无以言对,甚至感到了一种深深的悲哀:现实中怎么会出现这样的情况?!我们又怎么会允许这样的情况长期存在?!

更有甚者,即使我们暂时不去论及当事者对于自己的这一做法所提出的种种辩解,在现实中居然还有人为此积极进行辩护——在笔者看来,这也更清楚地表明了这方面问题的严重性。

当然,从更一般的角度看,这又是任何一个理论研究者都应努力做到的一件事,即是不要自认为比一线教师高明,处处指手画脚,动辄批评指导,而应切实立足实际的教学活动,并应真正做到平等待人,密切合作,共同提高。(对此并可见另文“数学教育研究者的专业成长”,《数学教育学报》,2013 年第 5 期;“更好承担起理论研究者的历史责任”,《中学数学教学参考》,2013 年第 10 期)

另外,就一线教师而言,我们则应明确提倡“反思性实践者”这样一个新的定位:

[诫条之十四] 与传统的“理论指导下的自觉实践”相对照,广大一线教师应当更加重视自己的独立思考,而不应盲目地追随潮流,并应通过积极的教学实践与认真总结和反思不断发展自己的“实践性智慧”,从而真正成为高度自觉的数学教育实践者。

首先,这即可被看成教学活动复杂性、多样性和变化性的一个直接结论,即与唯一强调理论对于实践工作的指导作用相比较,我们应当更加重视理论与教学实践之间的辩证关系,并应切实立足实际的教学活动,因为,后者决不可能被完全纳入任一固定的理论框架。

其次,强调教师的独立思考也可被看成课程改革长期性和曲折性的一个必然结论,这也就是指,这似乎可以被看成一线教师的铁定命运:“期盼、失落、冲突、化解和再上路……”“当然我们可以抱怨,这些问题何以反复的出现,……”(黄毅英语),从而,为了真正掌握自己的命运,并更好体现自身的人生价值,我们就应切实立足专业成长,也即应当通过积极的教学实践与认真的总结和反思不断提高自身的专业水准。

当然,以上论述并不应被理解完全否认了理论对于实际教学活动的指导与促进作用，而是更加强调了理论与教学实践之间的辩证关系。就一线教师而言，这也就是指，与“理论指导下的自觉实践”这一传统提法相比较，我们应当更加重视“理论的实践性解读”与“教学实践的理论性反思”。(5.5 节)

最后，无论就理论研究的深入开展，或是一线教师的教学研究而言，我们又应特别强调这样一点：

[诫条之十五] 我们不仅应当努力增强问题意识，也应始终突出数学教育的基本问题，因为，就只有这样，我们才可能通过逐步积累取得真正的进步。

在此我们并应特别重视关于“数学教育目标”的深入研究。具体地说，这显然应被看成新一轮数学课程改革的一个重要贡献，即是明确提出了数学教育的“三维目标”，但如何能将这方面的工作真正“做实做细做深”，又是我们在当前急需解决的一个问题。

首先，这应当成为这方面工作的基本立场：数学教育的“三维目标”不应被看成相互分离、互不相干的，三者之间也不存在相互取代的关系；恰恰相反，数学思维的学习与情感、态度和价值观的培养应当渗透于具体数学知识和技能的教学之中，我们并就应当以数学思维的分析带动具体数学知识的教学，[①]包括从情感、态度和价值观的培养这一角度更好发挥数学学习的文化价值。

其次，我们又应认真做好数学思想和数学思想方法的清楚界定与合理定位，也即不仅应当清楚地指明基础教育的各个阶段应当帮助学生初步地掌握哪些数学思想和数学思想方法，也应根据学生的认知发展水平对此做出合理定位，即是具体地指明各个阶段在上述各个方面究竟应当帮助学生达到怎样的发展水平？

最后，从教师专业成长的角度看，笔者以为，以上论述也已清楚地表明了这样一点：如果说“实、活、新”即可被看成一线教师搞好教学工作的基本要求，那么，我们在当前就应更加提倡一个“深”字，也即应当通过认真的学习和深入的思考，特别是理论分析与教学实践的辩证运动，不断深化自己的认识，从而不仅将自己的工作做得更好，也可从实践层面有效地促进整体性课程改革的深入发展。

---

① 也正是从这一角度进行分析，笔者以为，与不分时间、地点与场合唯一地去强调若干所谓的“数学基本思想”相比，我们应当更加重视数学思想的历史性、发展性与学科相关性。这也就是指，“数学思想的学习，不应求全，而应求用。”(5.5 节)

第六章　走向“深度教学”

这是笔者关于数学教育的核心主张:我们应当努力做好“深度教学”。

教育领域中对于“核心素养”的提倡为这一主张提供了直接背景,6.1节就是这一方面的具体思考,也即我们应当如何理解这一整体性的教育思想,又应如何在数学教育领域中很好地加以落实?文中并明确提出了这样一个思想:数学教育的基本目标应是帮助学生学会思维(相关内容并可见另文:“数学应让学生学会思维——数学核心素养的理论性思考与实践性解读”,《湖南教育》,2017年第1、2、3期;“为学生思维发展而教——‘数学核心素养’大家谈”,《小学教学》,2017年第4、5期)。

6.2节中关于“数学深度教学”的具体论述则可被看成上述思想的进一步发展,特别是,其中不仅从理论层面指明了“数学深度教学”的具体涵义,而且也从实践的角度对我们应当如何做好“深度教学”进行了具体分析。

6.3节则是对于6.2节的必要补充,即突出地强调了“数学深度教学”特别重要的两个环节(相关内容还可见另文:“‘数学深度教学’十讲”,《小学数学教师》,2019第7期—2020年第5期;“高观点指导下的小学数学教学”,《福建教育》,2020年第11期—2021年第3期;“中学数学解题教学之我见”,《中学数学月刊》,2020第10、11期;《数学深度教学的理论与实践》,江苏凤凰教育出版社,2020)。

最后,6.4 节则从“创造未来”这一角度进一步论证了做好“深度教学”的重要性,文中并提供了关于数学教育总体形势、数学教育的基本问题以及什么是做好数学教学的关键等问题的综合分析。

6.1　数学教育视角下的“核心素养”①

对于“核心素养”的大力提倡是教育领域的一个新热点。对此例如由以下论述就可清楚地看出:“当今世界各国教育都在聚焦对于人的核心素养的培养。”(顾明远,“核心素养:课程改革的原动力”,《人民教育》,2015年第13期,第17页)“今天,这个概念体系(指‘核心素养’)正在成为新一轮课程改革深化的方向。”(《人民教育》编辑部,“核心素养:重构未来教育图景”,《人民教育》,2015年第7期,第1页)

数学教育工作者当然应当关心教育的整体发展,并以此指导自己的工作,从而更好地承担起自己所应承担的教育责任;当然,这又应被看成这方面工作的一个必要前提,即是我们应当从专业的角度对此做出进一步的分析和思考。以下就从后一角度对“聚焦核心素养”这一新的理论思想做出具体解读,包括我们应当如何理解“核心素养”的具体涵义与现实意义?数学教育又应如何落实这一整体性的教育思想?等等。

一、“核心素养”之慎思

正如人们普遍了解的,“素质教育”是我国教育改革与发展的长期战略主题;也正因此,面对“核心素养”这一新的主张,我们自然就应提出这样一个问题:现今对于“核心素养”的提倡与一般意义上的“素质教育”有什么联系和区别?

以下就是一些相关的论述:

“1997年国家教委印发《关于当前积极推进中小学实施素质教育的若干意见》,提出应‘着眼于受教育者及社会长远发展的要求,以面向全体学生,全面提高学生的基本素质为根本宗旨。’其中还特别提到,要建立一整套‘素质教育运

① 原文发表于《数学教育学报》,2016年第3期。

行体系',包括'以全面提高学生素质为目标的课程体系'。"

"1999 年 1 月,国务院批转教育部《面向 21 世纪教育振兴行动计划》。其中指出,要'整体推进素质教育',并首次指出'2000 年初步形成现代化基础教育课程框架和标准',要'启动新课程的实验'。"

"同年 6 月,一份关于素质教育的标志性文件——《中共中央国务院关于深化教育改革,全面推进素质教育的决定》发布,其中明确指出'全面推进素质教育,是我国教育事业的一场深刻变革。'"

"2014 年 3 月,教育部印发了《关于全面深化课程改革、落实立德树人根本任务的意见》,提出了'核心素养'概念,为进一步深化课程改革指明了方向。"(引自余慧娟,《大象之舞》,教育科学出版社,2015,第 1、17、39 页)

又,"学校教育很重要的功能,就是立足学生的终身发展和社会需要,培养学生良好的素养。"(顾明远,"核心素养:课程改革的原动力",同前)

"不同于一般意义的'素养'概念,'核心素养'指学生应具备的适应终身发展和社会发展需要的必备品格和关键能力。"(《人民教育》编辑部,"核心素养:重构未来教育图景",同前)

还是这样一个问题:现今对于"核心素养"的提倡与一般所说的"素质教育"究竟有什么区别和联系?另外,"以素养发展为核心的教育"与新一轮课程改革中对于"三维目标"的提倡又有什么不同或新的变化?

以下就可被看成对于前一问题的一个直接解答:"先前所说的'素质'所强调的主要是先天的品质,从而就是很难改变的;现今所说的'素养'则更加强调后天品格的养成,从而也就与教育有着更为直接的联系。"

但是,突出强调教育对于学生终身发展和社会需要的重要作用不也正是"素质教育"最基本的立场吗?!单纯的"词语转换"对于实际教育教学工作究竟又有多大的指导作用?!

以下则是另一相关的论述:

"随着时代的变迁,人们的能力观在逐渐发展,基于传统基础教育目标而发展起来的能力标准的局限性渐渐得以暴露……因此,基础的知识技能目标在各国的教育目标逐渐发展成为……'知识、能力、态度情感'三者的整合统一。显然,传统的能力概念已经不再适用,无法代表新时期的教育目标,这也就进一步催生了'素养'概念的产生。为了把握基础教育的'基础'这一根本,素养中的

‘关键素养’‘核心素养’得以强调和凸显。”(王红等,“放慢知识的脚步,回到核心基础”,《人民教育》,2015 年第 7 期,第 21 页)

但是,由“传统知识结构为核心”向“三维目标”的转变不也正是我们强调“素质教育”,乃至新一轮课程改革最基本的立场吗? 那么,当前再突出地强调“核心素养”究竟又有什么新的启示或意义呢?

总之,这是笔者的一个担忧:在积极提倡“核心素养”的同时,我们又如何能够防止纯粹的“口号操作”与“文字游戏”,因为,这不能不说是教育领域中十分常见的一个现象,即是口号的频繁更替,以至一线教育工作者只能忙于应付,甚至感到无所适从。

例如,尽管我们确可由以下论述获得关于什么是“核心素养”的若干启示,但就这方面的具体工作而言,显然还有很长的路要走:

“它是一个动态发展的,整合了知识、技能、态度、情感与价值观的集合体概念。”

“‘核心素养’指的就是那些一经习得便与个体生活、生命不可剥离的,并且具有较高的稳定性、有可能伴随一生的素养。其根本特质不在于量的积累,而在于生命个体品质与气质的变化和提升。”(王红等,“放慢知识的脚步,回到核心基础”,同前,第 21 页)

另外,笔者认为,正如以下实例所表明的,我们在此又应特别强调这样一点:“教育贵在坚持”。

“从来没想到,在北京一所不起眼的小区配套学校里,居然有一群人,对‘三维’目标的研究如此执着达 8 年之久(这一文章发表于 2011 年——注);他们从学科知识走到了知识树,从知识树走到了能力,从能力走到了高位目标,并解决了一系列教学困惑和问题。无论课改形势发生什么变化,都没有动摇他们的研究精神。10 年过去了,这所普通学校迅速成长为海淀区第一方阵的佼佼者。”

“这所进修学校附校是这里面的‘胜利者’,胜在了‘执着’二字——执着于‘教学目标’这个主题,执着于实际教学问题与困惑的解决,执着于学习成果的本土化。在课改这个平台上,他们完成了一次对教育本质与规律的漫长的探究旅程,完成了学校内涵发展的漂亮转身。”

“这,可能就是真正的教育精神。”(余慧娟,《大象之舞》,同前,第 70、82 页)

希望理论工作者也能在这方面做出切实努力!

二、两条可能的途径

作为数学教育工作者,我们当然更加关注这样一个问题:数学教育应当如何落实“核心素养”,特别是,我们是否也应积极提倡“数学核心素养”?

就当前而言,我们可大致地区分出两条不同的研究途径:(1)“核心素养”应当落实到各个学科,正因为此,我们就应具体地去研究“数学核心素养”等相关概念;(2)应当更加注重传统课程的改造与整合,包括明确提倡所谓的“去学科化”。

以下就是后一方面的一些具体论点:“基础教育要去学科化,强调综合……只从学科的角度出发,不利于学生素养的发展。”(顾明远,“核心素养:课程改革的原动力”,同前,第18页)在一些学者看来,我们又不仅应当积极提倡传统学科的整合,还应以“整体性思维”完全取代“学科性思维”——显然,按照这一观念,我们也就完全没有必要去提及所谓的“数学核心素养”。

在此我们还可特别提及清华附小的“1+X课程”,因为,在一些学者看来,这正是“整合课程”的一个积极实践,更具有重要的普遍意义:

“清华附小……通过核心素养的‘打底’、‘1+X课程’的整合和直接完整性的教学,照亮了孩子人生发展的道路和未来的远景。”(谢维和(《人民教育》特约评论员),“小学的价值”,《人民教育》,2015年第13期,第1页)

“基于学生发展核心素养的‘1+X课程’改革对于当下的基础教育课程改革具有价值引领的意义。”(顾明远,“核心素养:课程改革的原动力”,同前,第18页)

但在笔者看来,尽管上述论题严格地说已经超出了数学教育的范围,我们仍可由数学教育,以及相关的数学研究获得重要的启示。例如,这显然就是课改以来各种数学教材的一个共同特点,即是认为应当完全打破关于代数(算术)、几何等学科分支的传统区分,从而事实上也可被看成对于“整合数学”的直接追求;另外,以下则是数学中追求“统一性”的一些典型实例,即如德国著名数学家克莱因(F. Klein)的著名论点:“几何学研究的是(各种)变换群之下的不变量”,以及法国布尔巴基学派关于“数学结构”的研究,等等。

以下就是这些研究给予我们的主要启示。

第一，数学中不同学科分支的整合决非易事，我们更不应将此简单地等同于相关内容在形式上的简单组合；恰恰相反，最重要的是我们能否通过深入分析和研究揭示出相关对象的共同本质。

例如，现行各种教材中所谓的"代数与几何的整合"，事实上就都只是对这两门学科的相关内容进行了混合编排，但在具体安排上却又仍然保持了相对的独立性，从而也就只能说是一种形式上的组合。

第二，人们现今在这方面并有这样一个共识，即与唯一强调数学的统一性相比，我们应当更加重视多元化与统一性的辩证关系，特别是，我们即应如何通过这方面的研究不断深化已有的认识。

具体地说，如果说正是不同理论的相互渗透与比较导致了更加深刻的认识以及新的、更高层次上的统一；那么，新的统一性概念或理论的建立则又为人们更深入地认识已有的数学理论、创造更多新的概念和理论提供了直接基础。也正因此，我们就可断言：数学的无限发展正是在多样化与一体化的辩证运动中得到实现的。

上述认识显然也为我们深入认识"1＋X 课程"提供了直接基础。

具体地说，这里所说的"1"，"指优化整合后的国家基础性课程，我们把原来的十几门课程，根据学科属性、学习规律及学习方式整合为五大领域：'品格与社会''体育与健康''语言与人文''数学与科技''艺术与审美'"；另外，所谓的"X"则是"指实现个性化发展的特色课程，包括学校个性课程和学生个性课程两个层次。"（窦桂梅等，"'1＋X 课程'与学生发展核心素养"，《人民教育》，2015年第13期，第5页）

上述设计有一定道理，但从理论角度看，仍有一些问题需要深入地进行研究。例如，按照所说的模式，我们究竟应当如何看待"五大领域"与原先各个学科之间的关系，特别是，后者是否仍有一定的相对独立性？再者，既然"五大领域"具有不同的性质，我们又是否应当将其统一纳入"1＋X"这样一个模式，或者说，后一做法究竟有怎样的优点？

当然，这又是"整合数学"等相关研究给予我们的重要启示：在此应当特别防止人为地去制造某种"统一性"（无论这是指各个传统学科的整合，还是新建立的"五大领域"的整合），恰恰相反，在强调统一性的同时，我们也应高度重视对象不同之处的深入分析。

例如,由于自然科学与人文学科显然具有不同的性质,因此,将“语言与人文”“数学与科技”划分成两个不同领域就是较为合理的;但这事实上恰又进一步突现了这样一个问题,即是我们应当如何理解将它们同时归属于“1+X 课程”这一模式的合理性和必要性,包括后者在何种意义上可以被认为“对于当下的基础教育课程改革具有价值引领的意义”?

再例如,尽管数学与科学常常被认为是比较接近的(这或许也就是“1+X 课程”何以提出“数学与科技”这一整合性领域的主要原因),但两者之间也有重要的质的区别。具体地说,按照现代研究,数学事实上不应被归属于一般意义上的“经验科学”,而是更加接近于所谓的“思维科学”。例如,后者显然就是瑞士著名哲学家、儿童心理学家皮亚杰何以认为应对“数学抽象”(他称为“反省抽象”)与一般所谓的“经验抽象”做出明确区分的主要原因。另外,即使从教学的角度去分析,我们也可看到两者的重要区别:按照现代研究,科学学习主要应被看成一种“观念改变教学”,即是我们如何能够通过科学学习帮助学生较好地实现由(通过日常生活形成的)“素朴观念”向“科学观念”的重要转变(具体可见 J. Mintzes 等,《促进理解之科学教学》,心理出版社(台湾),2002);与此相对照,数学教学的主要目标则是帮助学生学会思维,并能逐步地养成理性精神。

综上可见,尽管我们应当充分肯定各种“整合性研究”的意义,但这并不应被看成教育改革的唯一正确方向,恰恰相反,我们也应高度重视另一方向的研究,即是如何能将“核心素养的培养”这一总体性教育目标很好落实于各个传统学科的教学之中。当然,后一论述并非是指我们不应对传统的学科教育做任何改变;恰恰相反,我们应以整体性教育目标为指导积极从事学科教育的改革,特别是,即应切实做好由“以知识结构为核心”向“以素养发展为核心”的重要转变。但是,作为问题的另一方面,我们也应切实防止各种简单化的认识与片面性的观点,后者则又不仅是指对于“去学科化”的盲目提倡,也是指将各个学科的教学简单地纳入某个单一的模式,这也就是指,“课程的整体优化与建设并不一定要取消现在的课程分类和已经有的学科,它的着力点是打破那些已经固定的不同学科之间界线分明的边界,是要穿越那些近乎僵化的学科与知识界限,使课程内容更加丰富多彩。”(谢维和,“深化中小学课程改革的路径选择”,《人民教育》,2015 年第 5 期,第 41 页)

三、“数学核心素养”之我见

那么,我们究竟又应如何去理解“数学核心素养”呢?在此不妨首先提及这样一个相关的论点:“《义务教育数学课程标准(2011年版)》明确提出了10个核心素养……曾把这些词称之为核心概念,但严格意义上讲,称这些词为‘概念’并不合适……本文把这10个词称之为‘数学的核心素养’。”(马云鹏,“小学数学核心素养的内涵与价值”,《小学数学教育》,2015年第5期,第3页)

但是,如果“数学核心素养”就可被等同于原先提出的“核心概念”,所有相关的工作除去纯粹的“重新命名”岂非没有任何真正的价值?!

另外,尽管目前国内所强调的主要都是由“核心素养”到“数学核心素养”的发展,但后者事实上不应被看成一个全新的概念,因为,只需将视野扩展到国际数学教育界,我们就可看到这样一个事实:尽管人们所使用的词语并非完全相同,但是,对于“数学素养”(mathematical literacy)的关注应当说历时已久,相关研讨甚至还专门创造了“numeracy”这样一个词语以清楚地表达这样一个思想:正如人文学科的主要功能是提高学生的“一般性素养”(literacy),数学教育也应致力于提高学生的“数学素养”。①

对于相关研究可做出如下的梳理。

第一,如果说“数学素养”在早期曾被等同于某些具体的数学知识和技能,那么,人们在现今所采取的就是更加广泛的视角,也即同时覆盖了知识与技能、思维与方法、情感态度与价值观等多个不同的成分或维度。

第二,尽管存在多种不同的研究立场,但是,对于社会进步与个人发展的高度关注又可被看成所有这些研究的又一共同点:“一方面是社会的视角:数学素养主要涉及了社会—经济的变化与社会的技术进步,它应当与此相适应并促进社会的整体发展;另一方面,数学素养又与个人的生活密切相关,也即应当聚焦于个人。”(G. Fitzsimons et al., Adult and Mathematics (Adult Numeracy), *International Handbook of Mathematics Education*, ed. by A. Bishop, Kluwer

---

① 就当前而言,人们对于“numeracy”和“mathematical literacy”这两个词语基本上是不加区分的,即将它们看成是同义词。我们在以下也将采取这一立场,即将两者统一地译为“数学素养”。

Academic Publishers, 1996:757)

以下则是主要的分歧:对一部分学者而言,提倡“数学素养”意味着对于数学教育的更高要求,特别是,我们不应简单地去提倡所谓的“大众数学”,而应明确强调“数学上普遍的高标准”;但也有一些学者认为,“数学素养”的界定为数学教育提供了“最低标准”——例如,后者事实上也就是现实中关于“数学素养”的研究何以往往跟“数学与成人”这一论题密切相关的主要原因,这并就是相关研究最重要的一个论题:什么是现代社会合格公民必须具备的“数学素养”?

笔者在这方面的具体看法是:

首先,我们应当明确提倡“数学上普遍的高标准”,并应努力做到“少而精”,也即应当切实地避免随意地列举出多项所谓的“核心素养”或“核心概念”。

其次,“数学核心素养”的基本涵义是:我们应当帮助学生学会“数学地看待世界,发现问题,表述问题,分析问题,解决问题”;进而,如果说“数学地看待世界”可以被看成“数学素养”的显性表现,那么,这又是“数学素养”的核心所在,即是我们应当帮助学生通过数学学会思维,并能逐步学会想得更清晰,更全面,更深刻,更合理。

就上述论点的理解而言,还应指明这样两个关键。

第一,相对于“帮助学生学会数学地思维”而言,“通过数学学会思维”应当说是更加合理的一个主张。因为,数学思维显然并非思维的唯一可能形式,各种思维形式,如文学思维、艺术思维、哲学思维、科学思维等,应当说也都有一定的合理性和局限性,从而,无论就社会的进步,或是个人的发展而言,我们就都不应唯一强调“学会数学地思维”,毋宁说,后者事实上即可被看成清楚地表明了狭义的“学科性思维”的局限性。

当然,我们不应因此而完全否定数学思维的研究和学习,毋宁说,这即是对数学教育工作者如何做好这一方面的工作提出了更高要求,也即指明了这样一个努力方向:我们应当积极开展两个方面的研究(2.5节):(1)立足“数学思维”(数学家的思维方式),并以此作为发展学生思维的必要规范,包括通过与日常思维的比较帮助人们很好认识后者的局限性,并能逐步形成一些新的思维方式等。(2)立足日常思维:我们应跳出数学,并从更一般的角度认识各种数学思想与数学思想方法的普遍意义,从而就可对促进学生思维的发展发挥更加积极的作用。

第二,所谓“通过数学学会思维”,主要并非是指“想得更快”“如何能够与众不同”,而是指“想得更清晰、更全面、更深刻、更合理”。

例如,这正是不少数学家的切身体会:数学学习对于思维发展的一个重要作用就是有益于人们学会“长时间的思考”。由此可见,我们在教学中就不应唯一关注学生“即兴思维”能力的提高,而应更加重视如何能够帮助他们逐步养成“长时间的思考”的习惯与能力。(2.5 节)

以下再对前面提到的这样两个问题做出简要分析:(1)应当如何认识“核心素养”与“三维目标”之间的关系?(2)这里所说的“学会思维”究竟是指一种能力,还是所谓的“个体品质与气质”?

首先,应当清楚地认识“三维目标”之间的辩证关系。

具体地说,知识显然可以被看成思维的“载体”,也正因此,“为讲方法而讲方法不是讲方法的好方法”;另外,又只有用思维方法的分析带动具体知识内容的教学,我们才能帮助学生真正学好相关的数学知识,并能将数学课真正“教活”“教懂”“教深”。(2.1 节)

另外,所谓“情感、态度与价值观”则应说主要体现了文化的视角,而这又是“文化”最重要的一个特征:人们行为方式与价值观念的养成并非一种完全自觉的行为,而是主要表现为潜移默化的影响,也即主要是通过人们的日常生活与工作(就学生而言,就是学习活动)不知不觉地养成的。例如,就数学教育而言,这就是这方面最重要的一个事实:人们正是经由“理性思维”的学习与应用逐步发展起了“理性精神”,也即由“思维方法”逐步过渡到了“情感、态度与价值观”。

综上可见,就所谓的“三维目标”而言,思维应当被看成具有特别的重要性——也正因此,我们就应将发展思维看成“数学核心素养”的主要涵义。

其次,笔者以为,思维的发展不仅与思维能力密切相关,也涉及了思维的品质,特别是,思维的清晰性与严密性,思维的深刻性与全面性,思维的综合性与灵活性,以及思维的创造性。

进而,这又可被看成“核心素养说”给予我们的一个重要启示:相对于各个具体的数学思想和数学思想方法而言,数学教学应当更加重视学生思维品质的提高。

最后,笔者以为,这或许又可被看成通过学校教育帮助学生成长的一个必然途径,即是我们必须由笼统地提倡“核心素养”或“整体发展”,逐步过渡到各门学科的专业学习;然后,在所说的基础上,又应帮助他们努力实现“对于专业化的必要超越”,包括逐步实现“不同学科的必要整合”这样一个更高层次的发展。

与此相对照,这则可被看成历史给予我们的一个重要教训:如果完全脱离专业学习去强调“个人品质与气质”等一般性素养,这在很大程度上就是回到了孔子的教育思想,而这当然也就意味着教育事业的严重倒退:我们不仅未能真正实现“对于专业化的必要超越”,而且,如果缺乏足够自觉性的话,更可能由(初步的)“专业化”又重新回到了“无专业”这样一种较原始的状态。

进而,从实践的角度看,笔者以为,上述分析显然也为我们具体判断一堂数学课的成功与否提供了基本标准:无论教学中采取了什么样的教学方法或模式,我们都应更加关注自己的教学是否真正促进了学生积极地进行思考,并能逐步学会想得更清晰、更全面、更深刻、更合理。

与此相对照,这又是我们在当前应当努力纠正的一个现象,即是我们的学生一直在做,一直在算,一直在动手,但就是不想!

这样的现象无论如何都不应再继续下去了!

6.2　“数学深度教学”的理论与实践[①]

由于在“(数学)深度学习”与“(数学)深度教学”这两个概念之间显然存在重要的联系,特别是,我们就应将帮助学生学会“深度学习”看成“深度教学”的一个重要目标,本文就将首先借助“(数学)深度学习”对“(数学)深度教学”的含义做出具体论述,其次,本文的重点又在于“深度教学”的实践性分析,具体地说,除去理论直接的教学涵义以外,我们又将主要强调这样四点:(1)联系;(2)问题引领;(3)交流和互动;(4)努力帮助学生学会学习。

一、从“深度学习”到“深度教学”

1. “深度学习”的基本涵义

从数学教育的角度看,“深度(层)学习”不能说是一个全新的概念,因为,这是人们在这方面的一项共识,即是应当切实避免数学学习的肤浅化、浅层化。也正因此,我们就可通过相关现象的分析对作为其直接对立面的“深度学习”这样一个概念做出初步界定。

以下就是“(数学)浅度学习”的一些具体表现:

(1) 机械学习,也即主要依靠死记硬背与简单模仿学习数学;这并可被看成这样一种教学方式的直接后果:相关教师在教学中完全不讲道理,也不要求学生理解。

由于后一做法在美国小学数学教学中经常可以看到,因此人们就常常戏称为“美国式数学教学”。中国旅美学者马立平博士的著作《小学数学的掌握和教学》中就有不少这样的例子。

当然,相关表现又非仅限于美国。例如,尽管以下做法不能简单地被归结为“机械教学”,但仍然会对这一倾向起到推波助澜的作用:教师在教学中往往

① 原文发表于《数学教育学报》,2019 年第 5 期。

自觉或不自觉地强调这样一点:不管你是怎样想的,也不管你是如何做的,只要做得对,做得快,就是好的,就能得到表扬!

(2)"机械学习"在计算的学习中较为常见,但几何学习也不能幸免,如相关认识始终停留于所谓的"直观几何",也即概念和图形的直观感知,却没有认识到必须超越直观更深入地研究各个图形的特征性质与相互联系。这事实上也正是范希尔(van Hiele)何以将"直观"列为几何思维发展最低层次的主要原因。

(3)这也是"浅度学习"的一个重要表现,即是满足于数学知识与技能(经验)的简单积累,却没有认识到应将它们联系起来加以考察,从而建立整体性的认识。这种"知识碎片化"的现象与数学的本质特点直接相违背,因为,作为"模式的科学",数学并非具体事物或现象的直接研究,而应致力于"模式的建构与研究",这也就是指,后者不仅是抽象思维的产物,也意味着认识达到了更大深度,因为,模式所反映的是一类事物或现象的共同特征;再者,这也是数学发展的重要特征,即是通过更高层次的抽象达到更大的认识深度。

由此可见,如果学生关于"搭配问题""握手问题""植树问题"的学习始终停留于相关的情境,就都是一种"浅度学习",因为,数学学习必须"去情境",也即由特殊上升到一般。

总之,这是数学学习必须纠正的一个倾向,即是不讲理解,或是完全停留于日常经验与直观感知。

上述分析显然也已表明:"浅度学习"在不同的社会文化背景与不同时代可能具有不同的表现形式,对此我们并将在以下联系新一轮课程改革做出进一步的分析,从而更清楚地说明"深度学习(教学)"的重要性。另外,对于以下现象我们无疑也应给予高度重视:由于校外补习的盛行,相关情况似乎有所恶化,因为,这正是后者的普遍特点,即是只讲结论和算法却不讲道理,也正因此,很多接受了此类补习的学生看上去已经懂了,也能正确解答相应的"常规性问题",但却很难被看成已经达到了真正的理解。

以下就是这样的一个实例。

[例 1]丁玉华,"'三角形内角和'一课的实践与思考"(《小学教学》,2018 年第 9 期)。

师:关于三角形的内角和,你们已经知道了什么?

生:三角形的内角和是 180 度。

（全班学生没有一个不举手的，回答问题时还“得意洋洋”）

师：你们都认为是180度？（所有学生点头）我不信！

师：请看大屏幕（课件出示图6－1，接着出示图6－2），这两个三角形的内角和分别是多少度？

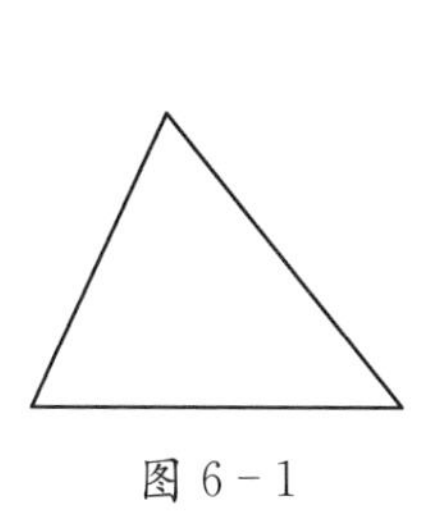

图6－1

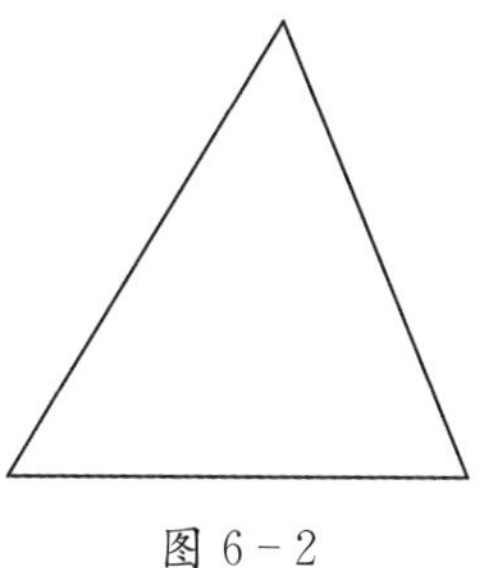

图6－2

生：都是180度。

生：三角形不管什么形状，不管多大多小，内角和永远都是180度。（全班学生依旧“自信满满”）

师：继续看大屏幕（出示图6－3），如果在下面的三角形中添一条线，将它们分开，现在这两个小三角的内角和分别是多少度呢？

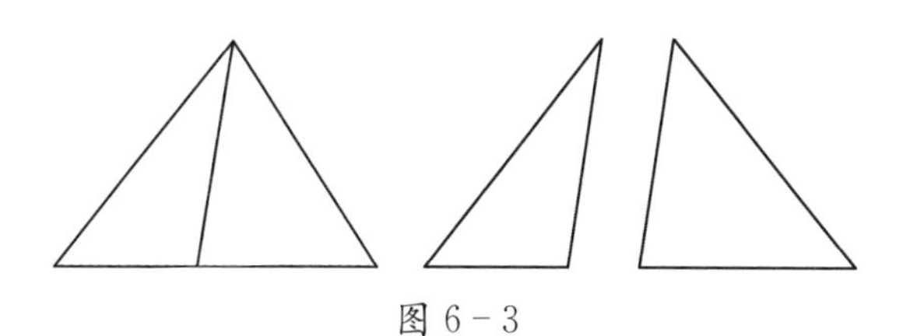

图6－3

（有的学生说90度，瞬间又改口说180度；也有学生说180度，但显然“口气不硬了”）

师：（出示图6－4）每个小三角形的内角和是多少度？把这两个小三角形拼成一个大三角形，所得大三角形的内角和是多少度？

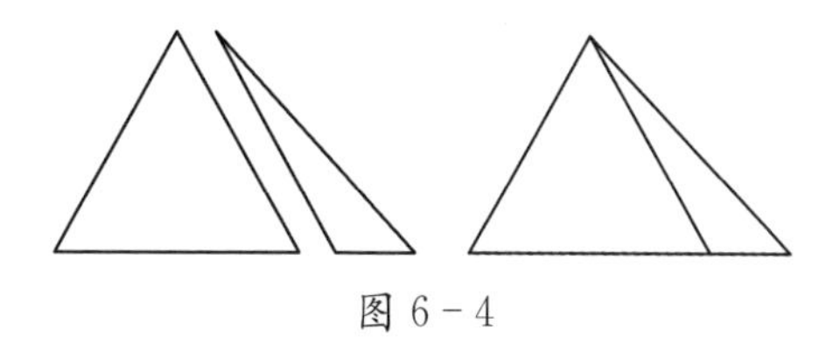

图6－4

（有的学生说360度，瞬间又改口说180度；也有学生说180度，显然犹豫不定）

综上可见，这是“深度学习”的基本涵义：数学学习一定要讲理解，很好实现对于日常经验与直观感知的必要超越。对此并可称为“深度教学的1.0版”。

2. “深度学习”的现代诠释

除去立足数学教育进行分析以外，现今对于“深度学习”的提倡还有更加广泛和更加深刻的原因，这并导致了“深度学习”更加重要的一些涵义，这就是“深度学习的2.0版”。

在此主要提及这样几点。

(1) 正如人们普遍认识到的，人工智能的研究是促进“深度学习”十分重要的一个因素：“随着人工智能的快速发展，深度学习成为近几年的热点之一。”例如，“阿尔发狗”战胜顶级国际围棋大师的事实就使人们深切地感受到了“自我学习”的重要性，包括什么应被看成“智能”的本质：是知识与技能，还是较强的学习能力？

(2) 人类社会的巨大变化与不同要求。以下就是美国普里策奖三度得主弗里德曼在《谢谢你迟到——以慢制胜，破题未来格局》(湖南科学技术出版社，2018)中提出的主要观点：

这是社会变化对于教育的最大影响：“随着流动的速度加快，它会渐渐掏空过去给我们带来安全和财富的存量知识。”“你在学校里学到的那些知识，可能你还没有出学校的大门，就已经变得过时了。”我们必须“重新思考我们的学生究竟需要哪些新的技能或态度，才能找到工作、保住工作”，并过上快乐的生活。(第115页、“导读”、第190页)

具体地说，我们必须牢固树立终身学习的思想，切实提升自身在这一方面的能力：“你必须知道更多，你必须更加频繁地更新知识，你必须运用知识做更多创造性的工作，而不仅仅是完成常规工作。”其次，我们又应特别重视长时间的思考与反思：“世界变化得越快……对我们生活方方面面改变得越多，每个人就越需要放慢速度……当你按下一台机器的暂停键时，它就停止运转了。但是，当一个人给自己暂停一下的时候，他就重新开始了。你开始反思，你开始重新思考你的假设前提，你开始以一种新的角度重新设想什么是可能做到的，而且，最重要的是，你内心开始与你内心深处最坚定的信仰重新建立联系……”再者,我们还应清楚地认识合作的重要性:“到了21世纪,我们大部分人将与他人一同协作,相互提供服务……我们必须意识到,工作的固有尊严来自人与人的关系,而非人与物的关系。我们必须意识到,好的工作就是与他人沟通交流,理解他们的期许与需求……”(第185页、简体中文版序、第215页)

(3) 在此还可特别提及2009年诺贝尔经济学奖得主康纳曼(D. Kahneman)的这样一部著作:《快思慢想》(*Thinking, Fast and Slow*, Penguin Books, 2011)。具体地说,按照康纳曼的研究,人类思维的主要特点就是“快思”占据主导地位,从而就可被看成“日常思维”的基本形式;但是,尽管这种思维形式对于人类的生活与工作具有十分重要的作用,但又常常会导致系统性的错误,从而造成严重的消极后果。也正因此,这就是人类所面临的一个重要任务,即是努力改进自己的思维,特别是学会“长时间的思考(慢想)”。(2.5节)

(4) 依据上述分析我们显然即可更好理解教育的现代发展,也即为什么要将努力提升学生的核心素养看成教育的主要目标。

那么,究竟什么又是上述发展对于我们更好理解“数学深度学习”的主要启示呢?笔者的看法是:

第一,作为“思维的科学”,数学与其他学科相比显然更加有益于学生思维的发展,我们并应明确提出这样一个任务:数学学习不应停留于各种具体的数学知识和技能,而应更加注重“通过数学学会思维”,后者更集中地反映了“努力提升学生的核心素养”这一思想对于我们的重要启示,即是我们应当由帮助学生“学会数学地思维”转向“学会思维”,特别是努力提升他们的思维品质。

第二,依据数学本身的特点我们并可对此做出如下的进一步解读:“通过数学学会思维”主要是指逐步学会更清晰、更深入、更全面、更合理地进行思考,并能努力提升思维的清晰性与严密性、思维的深刻性与全面性,思维的综合性与灵活性、以及自觉性与创造性等。由于认识的模糊性、浅薄性、片面性与随意性(任性)等正是现代社会的普遍性弊病,从而也就更清楚地表明了“深度学习”的现实意义。

应当提及的是,这事实上也是不少人士的亲身感受,即是数学特别有益于人们思维品质的提升。如著名哲学家维特根斯坦就曾明确提及数学学习对其整个学术生涯的重要影响,特别是思维的清晰性:“凡是能说的就要说清楚,说不清楚的则应保持沉默”。另外,我国著名数学家姜伯驹先生在接受采访时也曾明确提到:这是数学带给他的最大收益,即是学会了长时间的思考,而不是匆忙地处理问题。

第三,我们还应努力改变总是按照别人(包括书本)的指引进行学习和思考这样一个习惯,即应真正地学会思考,学会学习。

第四,对于上述要求我们并可统一归结为“深度学习”,因为,达到更大的思维深度正是实现这些目标的共同关键。

另外,从上述角度我们也可更好理解一些相关的主张。例如,所谓“长时间的思考”,主要不是指思维时间的长短,而是思维的深度,也即我们如何能够通过较长时间的思考达到更大的思维深度;另外,对于“反思”我们也不应简单地理解成“自我纠错”,或是单纯的“事后反省”,而是指这样一种思维习惯和能力,即是我们能够适时“中止”正在从事的活动(包括实际操作与思维活动)进行更高层面的思考,包括通过新的抽象达到更大的认识深度。后者也正是人们何以将数学抽象称为“反思抽象”的主要原因。

综上可见,“深度学习”不只是数学教育的内在要求,也即对于“浅度学习”的必要纠正,也是现代社会与教育的整体发展,也即时代对于数学教育的更高要求。

3. 走向“深度教学”

上述分析也为我们应当如何理解“(数学)深度教学”提供了具体解答:数学教学必须超越具体知识和技能深入到思维的层面,由具体的数学方法和策略过渡到一般性的思维策略与学生思维品质的提升,我们还应帮助学生学会学习,真正成为学习的主人。

在此还应特别强调这样几点。

(1) 依据“深度教学”的上述含义我们也可更好认识“(数学)浅度教学”在当前的另外一些表现。

例如,新一轮课程课改中围绕教学方法的改革曾一度出现的形式主义趋向事实上也可被看成一种“浅度教学”。

具体地说,除去前面已提及的对于“情境设置”的不恰当强调、乃至在一定程度上忽视了“去情境(模式化)”这样一点以外,以下一些做法显然也可被看成这方面的更多实例,即是“为合作而合作”“为讨论而讨论”:尽管课堂上十分热闹,但对大多数学生而言却又很难说有多少真正的收获,甚至还影响了部分学生的独立思考。

再者,按照上述分析,如果教学中我们仅仅注意了学生对于具体数学知识或技能的掌握,却未能更加重视促进学生积极地进行思考,这也应被看成“浅度教学”在当前的又一重要表现。

由于“学数学,做数学”这一思想在数学教育领域中具有十分广泛的影响,“问题解决”更可被看成数学教育的持续热点,以下就围绕“数学活动”对此做出进一步的分析。

首先,相信很多教师一看到“数学活动”这样一个字眼就会立即想到“动手实践”,如教学中让学生直接动手去画、去折、去剪、去量等;但从促进学生思维发展的立场进行分析,我们显然就应引出这样一个结论:数学教学决不应单纯强调学生的“动手”,而应更加重视如何以“动手”促进学生积极“动脑”。

对于这里所说的“动手”并应作广义的理解:这不只是指具体的实物操作,也包括各种数学运作,如数学计算等。例如,这事实上就应被看成上述片面性的一个具体表现:在实际从事计算前学生没有认真地思考为什么要进行相关计算,从而就很容易出现如下的“盲目干”现象:尽管相关计算取得了某些结果,但对解决面临的问题却没有任何作用。

总之,这是数学教学应当切实纠正的一个现象:我们的学生一直在做,一直在算,一直在动手,但就是不想!

其次,这也是对于“数学活动”的片面性理解,即是将此简单地等同于“问题解决”。因为,数学活动不仅包含其他一些重要的形式,特别是概念的生成、分析与组织,在解题活动与内在思维活动之间也存在十分重要的联系,即如我们应当使用怎样的解题方法?又如何能对得出的结论做出必要的论证,以及结论与方法的适当推广与必要优化等。总之,就只有围绕这些问题深入进行思考,相应的解题行为才能被看成真正的数学活动,而这事实上也已由单纯的“问题解决”过渡到了“数学地思维”。

与此相对照,如果缺乏清醒的认识,那么,即使是“问题解决”的简单实践也可能出现各种各样的弊病。例如,以下就是美国数学教育界在“问题解决”这一改革运动中十分普遍的一个现象,即教学中学生和教师都满足于用某种方法

(特别是观察、实验和猜测)求得了问题解答,却没有认识到还应做进一步的思考和研究,甚至都未能对所获得的结果的正确性(完整性)做出必要的检验或证明。(2.4节)

进而,我们显然也可从同一角度对现实中可以看到的其他一些做法做出具体分析,如通过组织学生参与各种他们感兴趣的游戏,包括"看绘本""演戏"等,来学习数学。具体地说,调动学生的参与积极性当然十分重要,但从数学教育的角度看,我们又应深入地去思考:此类活动中学生真正感兴趣的是什么?什么又是他们通过参与此类活动的主要收获?再者,正如弗赖登塔尔所指出的,我们又不应以自己的想法代替学生的感受,因为,儿童完全可能"通过操作对概念进行运算,但却不知道自己在做什么"。这也就是指,尽管"旁观者确实可以将它解释为数学,因为他熟悉数学,也了解实验过程中儿童的活动是什么意思,可是儿童并不知道。"(5.5节)①

总之,无论教学中采取了怎样的活动形式,我们都不应忘记这样一点,即是应当通过活动促进学生积极地"动脑",而不应认为学生只需实际参与各种"数学活动"就可学会数学,或是认为学生的数学发展就可归结为"基本活动经验"的简单积累。恰恰相反,这是我们判断一个"数学活动"是否适合的主要标准,即这是否有利于学生的数学学习,特别是思维的发展。这也就是指,我们决不应脱离数学思维去谈论"数学活动",而应将此看成数学思维的具体体现与直接应用,这更是数学教学应当注意纠正的一个弊病,即是我们的学生似乎一直在"做数学",但却很难被看成真正学到了数学,从而也就只是一种"浅度教学"。

(2) 就"深度教学"的理解,特别是相关的教学实践而言,我们还应注意防止各种可能的片面性,特别是,即应很好把握各个对立环节之间的辩证关系。

例如,以上关于"动手"与"动脑"的分析就不应被理解成对于学生动手的简单否定,也即将两者绝对地对立起来,而是指我们应当更加重视以"动手"促进学生"动脑",包括由单纯的"活动经验"转向知识的深刻理解。

在此还应特别强调这样几点。

---

① 这是另一相关的问题,即是我们应当如何看待"愉快学习"与"数学学习"之间的关系,特别是,数学学习能否真正成为一种"愉快学习",或者说,这里所涉及的究竟是一种什么样的快乐?

第一,教学中应当很好处理“知识和技能的教学”与“学生思维发展”之间的关系。我们既应由具体的数学知识和技能深入到思维的层面,但又不应以后者完全取代知识与技能的教学,因为,除去知识与技能本身的价值以外,这也为思维教学提供了必要的载体和途径,我们更应当以思维的分析带动具体知识和技能的学习,真正做到“教懂、教活,教深”。

第二,我们也不应将“数学思维的教学”与“一般思维的学习和思维品质的提升”直接对立起来,毋宁说,这即是为我们改进教学指明了进一步的努力方向。例如,相对于各种具体的解题方法或解题策略而言,我们就应更加重视“变化的思想”与“联系的观点”等一般性思维策略,也即应当从后一高度帮助学生由“数学思维”逐步走向“学会思维”,努力提升思维的品质。再例如,我们既不应局限于所谓的“直观几何”,但也不应因此而完全否定“直观”在几何、乃至整个数学学习过程中的重要作用,而应努力实现“直观”在更高层面上的重构,也即应当帮助学生逐步学会用几何图形表现内在的思维活动,从而实现思维的“可视化”,后者就是我们发展“形象思维”与“数学直觉”的一个重要途径。

第三,我们还应很好处理“学生独立思考”与“教师引导”之间的关系。我们既应将帮助学生学会学习看成数学教学的重要目标,又应清楚地看到这一目标的实现离不开教师的指导,后者就是由数学学习的性质直接决定的:这主要是后天的文化继承,并必然地有一个较长的过程,教师在此所发挥的则就是文化传承的作用。

也正因此,这就是教学中应当特别重视的又一问题,即是如何很好地处理教师的“引”与“放”之间的关系,即就各个具体内容的教学而言,教师应当在哪些方面发挥重要的引领作用,哪些方面又应放手让学生自己完成,或是主要通过学生间的合作完成?

最后,上述分析显然也为我们如何做好“深度教学”指明了努力的方向:我们应当用思维方法的分析指导,带动数学知识和技能的教学,从而不仅帮助学生很好掌握各种具体的知识和技能,也能通过数学学会思维;教学中我们应注意由具体的方法和策略上升到一般性的思维策略与思维品质,从而使大多数学生在离开学校以后还能真的留下些具有普遍价值的东西;我们还应努力帮助学生学会学习,学会合作。

二、“数学深度教学”的四个重要环节

以下就是“深度教学”特别重要的四个环节。①

1. 联系的观点

注重“联系的观点”事实上也是国际数学教育界的一个普遍趋势，更与“理解教学”具有直接的联系：按照建构主义，“理解”就是指新学习的知识与主体已有的知识及经验建立起了直接的联系（包括“同化”与“顺应”），“联系”的数目与强度则更直接决定了“理解”的程度。进而，从“深度教学”的角度看，“联系的观点”还有这样一个特殊的意义：只有从更广泛的角度，也即用联系的观点进行分析思考，我们才能达到更大的认识深度（反之，也只有达到了更大的认识深度，我们才能更好地发现不同对象之间的联系）。另外，由于“联系的观点”显然也可被看成一种普遍性的思维策略，从而我们对此自然也就应当予以特别的重视，即不仅应当用此指导各个具体内容的教学，从而帮助学生更好地掌握这些内容，而且也应通过这一途径帮助学生逐步掌握这样一种思想策略，也即能够用“联系的观点”去分析问题和解决问题。

就“联系的观点”在数学教学中的应用而言，可大致地区分出三个不同的层次。

(1) 比较的应用。这既是指找出对象的共同点，也可集中于对象的不同之处，或是同时关注它们的“同与不同”。这些对于数学的认识都具有十分重要的作用。

例如，找出不同对象的共同点（“举三反一”）显然就是数学抽象、乃至一般抽象的直接基础；另外，如果说抽象主要涉及了特殊与一般之间的关系，那么，“借助于特例进行思考”就是类比联系的主要特征，也即我们如何能够借助一个特例去从事另一特例的研究。②

此外，“对照比较”显然也可被看成一个普遍性的思维策略，包括与“变化的思想”的综合应用。例如，我们常常就可通过与基本题型的比较和适当变化解

---

① 这不应被看成已经包含了所有重要的方面，特别是，除去“联系的观点”以外，我们还应十分重视“变化的思想”，以及学生“长时间的思考”的习惯与能力的培养。详可见 6.3 节。

② 在一些学者看来，这也正是“实践性智慧”的主要特征(5.4 节)。

决各种较复杂的问题,这就是应用题教学的主要思维价值。

(2)“全局的观念”的指导。教学中我们应跳出各个细节从整体上去进行分析思考,包括用整体性的认识指导各个具体内容的教学。

在此还应特别强调这样两点:第一,抓好“种子课”,突出基本问题;第二,注重认识的发展,“用发展代替重复”。(俞正强语)

例如,就小学数学而言,“度量问题”显然包括众多的内容,因此我们就应很好地确定它们的共同核心和相应的“种子课”,从而为后继内容的教学打下良好的基础;进而,相对于简单的重复而言,我们又应更加重视通过新的学习发展学生的认识,包括对于“基本问题”和“基本数学思想”的必要强化与再认识。

具体地说,尽管“度”和“量”可以被看成“度量问题”的核心,但在不同情况下又应说具有不同的含义或重点,因此,我们在教学中就不仅应当帮助学生很好认识新的内容与已学过内容之间的共同点,也应注意分析它有哪些新的特点,特别是,什么是相应情况下合适的度量单位和度量方法(与工具)。

以下则是与“度量问题”密切相关的基本数学思想:数学中必须由简单的定性描述(“长短”“轻重”“大小”等)过渡到精确的定量分析;进而,随着研究对象的扩展,我们又应帮助学生逐步建立起这样一个认识,即是应当用计算代替直接的度量,用“动脑”代替“动手”。

(3)努力帮助学生建立“结构性认识”,也即能够按照逻辑的顺序(由简单到复杂、由低维到高维)去把握相关内容,从而更好认识它们的内在联系,包括什么是真正的重点或关键。

例如,这就是小学几何教学的一条主线,即是研究对象由“一条直线”逐步扩展到了“两条直线”“三条直线”……

具体地说,从上述角度我们即可更好理解“角的本质”:重要的并不在于我们应将“角”的“边”定义为射线、还是线段,而应帮助学生很好认识引入“角”这样一个概念的必要性与相关定义的合理性:“角”的引进主要反映了这样一个需要,即是如何反映直线(线段)与直线(线段)之间的位置关系。

进而,随着研究对象扩展到了更多的直线(线段),特别是三条直线(线段),“三角形”和“多边形”的引入显然也就十分自然了,包括我们为什么应将三角形的三条边和三个角看成它的主要元素,也即主要围绕“边与边”“角与角”“边与角”的关系去从事三角形的研究:正是先前的研究——在此即是指“线段”与

"角"这样两个概念的引入与研究——为后继工作提供了必要的概念工具。

最后,我们还应围绕"维度"的概念,特别是"由一维到二维、再到三维"这样一个顺序帮助学生很好建立关于几何形体的整体性认识。

例如,在笔者看来,就只有按照这一思路我们才能很好解决以下的问题,包括真正突破"直观几何"的局限性:"在整个小学阶段,周长与面积概念的混淆一直困扰着学生和老师,这是为什么? 我们可以从哪些方面去努力?"

当然,除去几何教学以外,我们也应从同一角度对"数的认识与运算"做出分析思考。以下就是一个相关的论述。

"可以说,'比较'这一数学思想贯穿了小学数学学习的始终,对此并可简单地罗列为下列几个典型句式:

第一阶段(一、二年级):□比□多(少)几?

第二阶段(三、四年级):□是□的几倍(几倍多(少)几)?

第三阶段(五、六年级):□是□的几分之几(□比□多(少)几分之几)?"(俞正强,《种子课——一个数学特级教师的思与行》,教育科学出版社,2013,第173页)

从促进学生思维发展这一立场进行分析,我们又应明确提出这样一个任务,即是应当通过"结构性教学"帮助学生学会"结构性思维"。[①] 当然,为了实现这一目标,教师本身必须对于相关内容有深刻理解,特别是,不仅能够准确地把握相应的"核心内容",而且也能依据"知识结构"与"认知结构"的分析很好处理细节与整体、生成与再认识等对立环节之间的关系。对此我们并将在后面环节4中"帮助学生学会学习"做出进一步的分析。

2. 问题引领

强调"深度教学"显然进一步突现了教师在教学中的主导作用,也正因此,我们就应特别重视如何进行教学才能同时保证学生在学习中的主体地位,这就是我们突出强调"问题引领"的主要原因。当然,后者事实上也可被看成中国数学教学传统的一个重要特色。(4.3节)

作为"深度教学"的具体实践,在此应特别强调这样几点。

---

① 对于所说的"结构性教学"我们不应与布鲁纳等人倡导的"结构主义教学"相混淆,两者的区别主要在于:"结构性思维"必定有一个后天学习与逐步深入的过程,相关教学并应与学生的认知发展水平相适应。

(1) 我们不仅应当做好“知识的问题化”与“问题的知识化”,也应高度重视如何能够通过适当的问题引导学生更深入地进行思考,即由知识和技能深入到思维的层面。

(2) “问题引领”不仅应当体现于课堂教学的开始部分,也应落实于其他各个环节,尽管不同的环节应有不同的重点。在开始部分,我们应当特别重视“核心问题”的提炼与“再加工”,从而就不仅能够真正聚焦于课程内容的重点与难点,也能很好调动学生的学习积极性。(相关实例可见另文“用案例说话:数学教学中‘核心问题’的提炼与‘再加工’”,《小学数学教师》,2018 年第 7—8,9,10 期)其次,由于认识往往有一个逐步明朗与不断深化的过程,包括关注点的必要调整与纠错,因此,在课程的中间环节,教师就应根据预设和当时的实际情况做出持续的引导,包括“核心问题”的明朗化与“再聚焦”,以及通过追问、反问与提出新的问题促进学生深入地进行思考,包括从“元认知”的高度做出分析和思考。最后,在课程的结束部分,我们则应引导学生对已有工作做出认真的总结与反思,并应通过适当的问题引导学生在课后继续进行思考,从而很好体现教学的“开放性”。

以下就是关于在学生取得了一定进展之后(包括“课中”与“课尾”),如何通过适当提问引导他们更深入地进行思考的一些具体建议(相关实例可见另文“以‘深度教学’落实数学核心素养”,《小学数学教师》,2017 年第 9 期):

尽管学生已经初步地掌握了某种计算方法,我们仍应引导他们进一步去思考相关算法的合理性,也即真正弄清为什么可以这样去算,包括用自己的语言对此做出清楚的说明。

尽管学生似乎已经较好地掌握了某一概念,包括能对相关实例(正例和反例)做出正确判断,也能准确复述相关的定义,我们仍应促使他们深入思考这一概念与其他概念之间的关系,包括什么是这一概念的本质,我们为什么要引入这一概念,等等。

尽管学生已通过主动探究发现了相应的规律,我们仍应促使他们深入地去思考如何对此做出必要的检验,又能否对此做出进一步的推广,等等。

尽管学生已顺利地解决了所面对的问题,我们又应促使他们深入地去思考其中是否可能存在某些隐藏的错误,能否找到更有效的解题方法,由这一解题过程我们又可获得哪些一般性的结论和启示,等等。

显然,上述分析也已清楚地表明了教学中恰当应用"问题链"的重要性,即是如何"让思维在'问题链'中'浅入深出'"。(吴正宪语)

(3) 尽管对于教师如何做好"问题引领"可以提出一些普遍性的建议,我们又应更加重视针对具体的教学内容、对象与环境创造地加以应用。

例如,正如人们普遍了解的,以下三个问题对于数学概念的教学具有特别的重要性:(1)是什么?(概念的定义)(2)有什么用?(为什么要引入)(3)相关概念与其他概念的联系与区别?但是,相对于机械地去提出这样三个问题而言,我们又应更加重视针对具体教学内容与对象作出恰当选择,从而确定相应的"核心问题"。

[例 2]数学概念教学的三个例子。

第一,刘松,"聚集核心问题,发展核心素养——《百分数的意义》的教学及思考"(《教育视界》,2017 年第 4 期)。其中主要突出了这样两个问题:

(1) 在已经有了分数的情况下为什么还要引入百分数?为什么不是"十分数"、不是"千分数"?

(2) 你们见过百分数带单位名称的吗?为什么?

第二,李培芳,"基于问题的互助学习——以'比例的意义'的教学为例"(《小学教学》,2017 年第 10 期)。文中也提到了这样三个问题:什么是比例?比例有什么用?比例与比有什么关系?但这又是相关教师的主要观点:就这一内容的教学而言,应当更加突出"比例究竟有什么用"这样一个问题,也即我们为什么要由"比"的概念进一步过渡到"比例"的概念?

第三,郭海娟,"'两位数减一位数(退位减)'的教学"(《教育视界》,2017 年第 6 期)。相关教师原先认定这一堂课应当聚焦于"个位不够减,怎么办"这样一个问题,但通过实际教学认识到学生的问题并不在于"怎么办",也即"怎样退位?"而是"为什么要退位?"于是调整教学思路,通过两组需要退位和不需要退位的算式的对比,让学生首先判断需不需要退位,再思考怎样退位。

文中写道:"'需要退位吗'这一课堂中生发的核心问题,如同引擎般将学生'发动'起来,帮助学生明晰了'退位减'与'不退位减'的重要区别。"

从同一角度进行分析,我们也可看出,教学中不应唯一强调任何一种问题形式,而应更加重视针对具体内容和对象创造性地加以应用,包括同时肯定"大问题教学"与"让思维在'问题链'中'浅入深出'"这样两种方法对于数学教学的特殊重要性。进而,以下论述或许就可被看成我们在教学中应当如何处理这两者的关系提供了直接启示:应当同时做好“整体设计的开放性”与“细节处理的精致化”。(张齐华语)

综上可见,“善于提问”就应被看成数学教师十分重要的一项基本功,特别是,我们即应通过适当提问引导学生更深入地进行思考,从而真正学会思维,包括努力提升他们提出问题的能力(对于后一论题我们并将在环节 4 做出进一步的论述)。

也正因此,这就应被看成这方面工作的一个更高境界,即是我们如何能够使得以下情境成为教学的常态:这时不仅原先设计的问题已经成了学生自己的问题,学生的关注也不再局限于原先的问题,他们所追求的更已超出了单纯意义上的“问题解答”。(Lampert 语)另外,从同一角度进行分析,相信读者也可更好地理解这样一个论述:“一个问题情境既不能被等同于问题本身,也不能被等同于如何在教室中对所说的问题作出说明,它还包括了教师关于在课堂上如何去组织这一问题的求解以及如何对相关解答进行验证的构思。从而,这就可被看成问题与教学情境的一个组合。”(安提卡语)

3. 充分的交流和互动

我们为什么又应特别重视学生的交流与互动?或者说,什么是“深度教学”在这方面的不同要求和新的启示?答案可以说十分明显:这并非是指“会说”“会听”等一般性要求,而是因为这十分有益于学生学会反思,学会优化,学会合作。

以下就是这方面的一些具体建议。

(1) 教学中应当尽可能地给学生更多的表述机会,因为,为了清楚地说出自己的想法,必然要求主体积极进行思考,包括对头脑中的已有想法做出自我梳理与审视。

由于上述目标的实现又在很大程度上取决于学生是否有时间做出准备,特别是深入进行思考,因此,教学中我们就应十分重视为学生的积极思考提供足够的空间与时间,包括努力培养学生长时间思考的习惯与能力。

特别是,教学中要求学生解决的问题不应太多太小,而应努力做到“少而精”,并有足够的思维含金量,因为,不然的话,学生就会忙于应付,而不可能真正静下心来做长时间的思考,甚至根本找不到深入思考的切入点。

教学中我们还应十分重视如何能为学生的静心思考提供合适的环境与氛围,包括努力帮助他们进入这样一种状态,即是完全沉浸于相应的学习活动。

例如,从后一角度进行分析,以下论述即使对于数学教师而言应当说也十分重要:“改变最应该从课堂开始,每个课堂的参与者都要学会静静地倾听,尤其是课堂的主导者——教师……只有倾听才能有正常、平等的交流,只有倾听才能让自己的下一句话有的放矢,才能让学生们想听,而只要学生们想听,你就不用背着大功率的扩音器,润物细无声才是教育的高境界。”(吴志军语)

(2) 其他人的看法或做法显然可以被看成为主体的深入思考、特别是比较和优化提供了重要背景,因为,只有更清晰、更深入、更全面、更合理地进行思考,我们才可能对他人的意见做出适当的评论与批评,包括对自身原来的想法作出改进或优化。更进一步说,这也十分清楚地表明了这样一点:“深度学习”不仅依赖师生间的积极互动,也离不开学生间的积极交流与互动。

也因为此,我们在教学中就应积极提倡观点与方法等的多元化,特别是对于不同观点与方法的容忍、理解与欣赏,即是应当保持一定的开放性,而不应过分强调教学的规范性;进而,教学中我们又应特别重视引导学生对于不同观点和方法(包括自己原先的观点和方法)的比较,并能通过充分的交流与反思很好实现认识的优化。

显然,从上述角度我们也可更好理解笔者的这样一个主张,即是应当将“善于比较与优化”看成数学教师又一重要的基本功。教学中我们还应很好处理开放性与规范性之间的关系,即既应坚持必要的规范,不应采取放任自由的态度,也应使之真正成为学生的自觉行为,而不只是由于外部压力的被迫服从。

(3) 强调“交流与互动”还有这样一个重要的涵义,即是认识主体由各个单独的个体向群体、向由学生与教师组成的“学习共同体”的转变——正因为此,这也就直接涉及了“深度教学”的这样一个目标,即是我们应当帮助学生学会合作,从而真正成为学习的主人。

例如,就只有从上述角度进行分析,我们才能更好理解“学习”的这样一个涵义:这并非知识的简单“传递”,而主要是指相关成员作为共同体成员直接参与到了知识的生成过程之中,尽管相关学生在当时可能没有发言的机会,或只是通过举手表达了对于某个主张的赞同或反对,或只是用简单的一句话表达了自己的想法,或只是提出了一个问题,等等。

另外,如果说我们在先前所强调的主要是由“与别人对话”转变到“与自己对话(反思)”,那么,现在就是由“个体性反思”走向了“集体性反思”和“社会性反思”,后者显然应当被看成更高层次的一种“反思”。

例如,从后一角度去分析,这就是一个很好的教学措施,即在课堂上组织学生对解题时容易出错的地方(“易错题”)进行交流,包括明确提出这样一个想法:“聪明人会认识自己的错误,聪明人会改正自己的错误,聪明人不犯同样的错误,最聪明的人不重复别人的错误。”(贲友林语)

再者,这也是上述做法的一个可能作用,即是有益于解决现实中“学生间差异变大”这样一个困难,并将此转变成重要的教学资源——当然,后者又不只是指“兵教兵”这一方式的应用,而主要是指使全体学生真正成为一个学习共同体,从而就可超出单纯知识与方法的学习这一范围产生更大的作用,特别是,帮助学生真正学会合作。

综上可见,这就是交流与互动的主要作用:触发思考,促进优化,学会合作;进而,为了实现这一目标,教师就不应满足于“平等的参与者”这样一个定位,而应很好发挥“组织者”和“引导者”等作用,即如对讨论方向的引导,结论的总结和强调等,我们更应努力促进学生的反思与合作,从而不断实现必要的优化。

例如,在笔者看来,这或许也就可以被看成实现以下目标的关键:“错着错着就对了;聊着聊着就会了”(吴正宪语);当然,这又是这方面的一个更高要求,即是我们努力促进学生的思考,从而真正做到“想着想着就通(懂)了”。①

以下就是这方面的一个具体经验。

[例 3]与学生的“约定”。

这是北京小学长阳学校吴桂菊老师的一个做法,即从一年级起就鼓励学生在课堂上自由地与同学们分享“自己看到了什么,自己想到了什么,自己发现了什么,自己有什么好奇想问的”,并将此作为师生的共同约定用明显标识写在了教室的黑板之上(图 6-5)。

当然,随着学生年龄的增长,我们又应对此做出必要的调整。例如,在进入小学中段以后,这可能就是更加合适的一个“约定”,即是应当鼓励学生在课堂

① 笔者以为,我们也可从同一角度对如何更好地实现“学为中心”做出具体分析,即是应对“交流与互动”予以更大的重视,包括切实做好“学习共同体”的建设(对此并可见 3.5 节)。

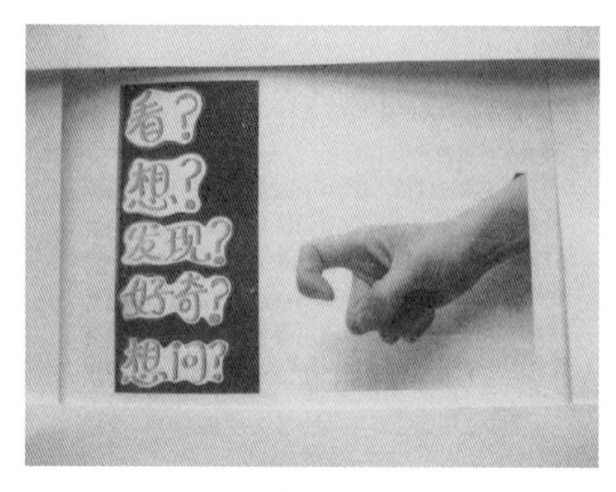

图 6－5

上自由地提出以下的问题："我还有哪些不理解的地方或疑问？有什么不同的想法或做法？我又有哪些教训愿意与大家分享？我还能提出哪些问题供大家进一步思考？"

最后，应当强调的是，上述分析事实上也涉及了对我们应当创造什么样的"数学课堂文化"这样一个问题的回答："思维的课堂，安静的课堂，合作的课堂，开放的课堂"。当然，后一目标的实现必定有一个较长的过程："你的心中有你坚信的价值观，你真诚地相信它、表达它、宣扬它，并持之以恒地创造性地工作，可能就是在倡导一种文化……文化是源自内心的坚守和持之以恒的耕耘，短时间内是无法被刻意创造出来的。"（王小东语）

4. 努力帮助学生学会学习

这首先是指这样一个意识的树立，即应由教师指导下的学习、不知不觉的成长，转变成为学生的自觉行为，包括清楚地认识数学学习，特别是"深度学习"的主要目标，并以此指导自己的行动。

就这方面的具体工作而言，我们还应注意超出数学，并从更一般的角度进行分析。以下就转引著名学者周国平先生的一些相关论述，借此我们即可更清楚地认识究竟应当通过数学学习帮助学生养成哪些基本能力和必备品格。

周国平先生指出，就人的成长而言，有三项教育是最重要的：生命教育、智力教育与灵魂教育。以下就是一些相关的论述（"人身上有三样东西是最宝贵的"，《新华日报》，2019 年 3 月 22 日）：

"在人的智力品质中，第一重要的品质是好奇心……每个人在智力成长的一定阶段上都会显现出来，实际上是一个人的理性觉醒的征兆。

“智力品质的另一个要素是独立思考的能力。所谓独立思考的能力，就是对于任何理论、说法，你都要追问它的根据，在弄清它有无根据之前，你要存疑。”

“我还想强调一点，就是智力生活的非功利性……如果一个民族尊重精神本身的价值，纯粹出于兴趣从事精神事业的人越多，那个民族就会成为肥沃的土壤，最容易出大师。”

“怎样才能使灵魂丰富呢？欣赏艺术，欣赏大自然，情感的经历和体验，这些都很重要。除此以外……要养成过内心生活的习惯。人应该留一点时间给自己，和自己的灵魂在一起，静下来，想一想人生的问题，想一想自己的生活状态……我承认交往是一种能力，但独处是一种更重要的能力，缺乏这种能力是更大的缺陷。”

由此可见，这就是我们通过数学学习所应养成的一些基本素养。

第一，好奇心的保持，对精神本身价值的尊重。这事实上也是笔者一直持有的一个观点：正是人类固有的好奇心、探究心为数学学习提供了根本动力：“一种希望揭示世界最深刻奥秘的强烈情感。”(3.4 节)

显然，从上述角度我们也可更清楚地认识“应试教育”的危害性，包括这样一点，即是不应过分强调数学的实用价值。

第二，理性精神的养成，特别是，应当努力提升自身独立思考的能力，包括较强的批判意识，而不是迷信盲从，并能逐步养成自觉反思的良好习惯与不断优化的能力，而不是自我满足，固步自封，包括积极创新，而不是标新立异。

在很多人看来，这也正是数学学习的主要价值：“告诉一个小学生第二次世界大战持续了 10 年，他会相信；告诉他两个 4 的和为 10，就会引起争论了。”(ICMI 研究丛书之一：《国际展望：九十年代的数学教育》，上海教育出版社，1990，第 79 页)另外，我们还应通过数学学习逐步养成长时间思考的习惯与能力，以及这样一些品格：较强的承受能力，能经得起挫折与失败，能耐得住寂寞，有一定的独处能力，并能始终保持积极的思维与谨慎的乐观这样一种状态。

就这方面的具体教学工作而言，还应强调这样两点。

(1) 注意帮助学生学会总结、反思与再认识

如前所述，这并直接关系到了数学本身的特点：数学的发展主要不是指横

向的扩展,即如引进了更多的概念,积累起了更多的知识与技能等,而是指借助更高层次的抽象实现了纵向的发展;也正因此,数学学习主要就是一个不断优化的过程;又由于后者不可能单纯依靠外部压力与简单示范得到实现,而必须成为学生的自觉行为,这显然也就更清楚地表明了帮助学生学会总结与反思的重要性。

例如,"问题解决"现代研究中对于"元认知"的强调就可被看成属于这样一个范围,即在从事解题活动时,我们应当促使学生经常问自己这样三个问题:正在干什么?为什么要这样做?这样做了究竟又有怎样的效果?(2.3节)显然,这事实上就是一种"即时反思",并十分有益于学生依据实际情况及时做出必要调整,从而使得解题活动真正成为一种自觉的行为。另外,我们在教学中还应十分重视引导学生从整体的角度对已有知识做出再认识,从而建立起"结构性认识",包括真正做到"化多为少""化复杂为简单"。

例如,就自然数的运算而言,我们就应通过总结与反思帮助学生建立这样的认识:对此可以区分出两个不同的层次:加与减,乘与除;两者又不仅同样具有互逆的关系,相应的计算法也都可以看成"化归思想"的具体运用,即用加法与乘法分别去解决减法与除法的问题。

应当强调的是,在很多学者看来,这就是数学认识发展最重要的特点:"由简单到复杂,化复杂为简单";进而,正如华罗庚先生所说,这也是最基本的治学之道,尽管他使用的是"由薄到厚"和"由厚到薄"这样一个表达方式:"由薄到厚是学习、接受的过程,由厚到薄是消化、提炼的过程";"经过'由薄到厚'和'由厚到薄'的过程,对所学的东西做到懂,彻底懂,经过消化的懂,我们的基础就算是真正打好了。"(引自《张奠宙数学教育随想录》,华东师范大学出版社,2013,第100页)

(2) 努力提高学生提出问题的能力

如果说适当的提问正是教师发挥指导作用,特别是引导学生深入思考最重要的一个环节,那么,由此显然也可引出这样一个结论:努力提升他们提出问题的能力正是帮助学生学会学习的又一关键,借此他们即可通过自我引领不断实现自我完善和新的发展。

以下就是几个具体的建议。

第一,无论在课程的哪个环节,教师都不仅应当通过适当提问进行引领,也应让学生发挥更大的作用，即应鼓励学生积极提问，包括通过对学生所提问题的评价、筛选与优化为学生提供必要的指导，并能通过自己的工作做出直接的示范。

教学中我们应注意保护学生的提问积极性，不要因为不恰当的“回答”挫伤了他们在这一方面的积极性，即应让学生真正做到“敢问”。[①]

第二，除去直接的示范，我们也应从一般角度总结出这方面的普遍性策略或方法。

例如，所谓的“逆向思维”就可被看成这样的一个策略，如在解决了“面积相等时图形的形状是否一样”这一问题之后，就应促使学生进一步去思考：“图形形状一样时面积是否一定相等？”进而，以下一些问题的提出又可被看成“类比联想”的具体应用：“面积相等时图形的周长是否一定相等？”“周长相等时图形的面积是否一定相等？”等等。

再例如，对于所谓的“否定假设法”我们也应予以特别的重视，因为，借此我们即可更清楚地认识“（自我）评价”对于提升提出问题能力的重要性。

我们还应清楚地看到在“提出问题的能力”与“数学思维和一般思维能力”之间的重要联系：“提出问题”事实上也可被看成数学思维与一般性思维策略的具体体现和直接应用；反之，提出问题的学习也十分有益于人们思维品质的提升。

第三，我们应努力提升学生在这一方面的自觉性，特别是，不仅“敢问”，也能真正做到“爱问”“善问”。

例如，这就是这方面十分重要的一个认识：我们为什么要对“发现问题”与“提出问题”做出一定的区分，并对“问题的表述”予以足够的重视？这事实上也关系到了由素朴状态向自觉状态的重要转变：如果说“发现问题”主要是指主体对于问题有一定的敏感性，也即具有一定的“问题意识”，那么，由“发现问题”转向“提出问题”，就意味着主体对问题的认识已由先前的“模模糊糊、似有似无”变得更加清晰、更加准确，这并就是认真思考和分析（再认识），包括自我评价与改进的结果，如这是否可以被看成一个真正的问题，又是否具有深入研究的价值，等等。（对此并可见另文“聚焦‘学生发现与提出问题能力的培养’”，《教学

---

① 也正因此，这就应被看成“数学课堂文化”建设的又一重要方面。

月刊》,2018 年第 4 期)

另外,我们还应清楚地看到提出问题对于提升学生创造能力的重要性,包括这样一点:只有会提问题,特别是能够引发深入思考的问题,我们才能真正学会学习,学会深度学习。

第四,我们还应十分重视学生的发展水平与接受能力,包括针对"学生的学习心理"去进行教学。这可被看成以下实例给予我们的主要启示。

[例 4]姜俊峰,"从学生心理看提问时机的设置"(《小学数学教师》,2018 年第 12 期)

这是作者对于六年级学生的一项调查,并希望能弄清"学生对课堂提问的喜好及真实想法"。以下就是两个相关的结论。

其一,"学生对提问是有畏难情绪的……他们更希望能在对知识有一定体验后进行提问,以提出'被人接受的'的'好问题'。"相对而言,"设置在课始的提问看似不难,但为何喜欢的学生并不多?因为,学生此时自感缺乏对知识的体验,觉得很难提出好问题。"

其二,"学生对提问是有目标意识的……他们更愿意在对比新旧知识后,提一些'加深对知识的理解'的'好问题',而这样的提问时机就是在新知识刚讲完以后。""我们是否也可由此推测,喜欢在'课堂的练习部分'和'课堂总结时'提问的学生之所以不多,是因为练习时已进入巩固深化阶段,不再有新旧知识对比;而课堂总结时,学生难免认为:都已经学完还怎么提呢?更何况,课末提问通常以教师的'课下自行研究'而告终,那何必再提呢?"

由此可见,让学生提问必须讲究时机:"让学生在有一定体验后进行提问,在教学的行进过程中开展提问";另外,在笔者看来,这也清楚地表明了在"提问"与深化认识之间的重要联系,对此学生并可说已有了一定认识。

当然,与简单否定课始和课末的提问相比,上述工作又应被看成更清楚地表明了努力提升学生在这一方面认识的重要性,也即我们应当通过自己的教学帮助学生很好认识"善于提问"与总结反思对于学习的特殊重要性,包括逐步学会在不同的时机提出不同的问题。

最后,应当强调的是,先前关于"深度教学"主要环节的分析显然也为这一方面的工作提供了直接启示,特别是,除去已提及的"总结反思"和"适当提问"以外,我们还应通过强调"联系的观点"和"积极的交流与互动"帮助学生更好地学会学习，包括真正学会与他人合作。

三、结语

如果说人们在先前比较注重教学的“实”“活”“新”（周玉仁语），那么，我们在当前就应更加强调一个“深”字，也即应当通过“深度教学”很好落实努力提升学生核心素养这样一个目标；再者，如果说“用诗意的语言感染学生”正是语文教学应当努力实现的境界，那么，数学教师的主要责任就是“以深刻的思想启迪学生”。

6.3 “变化的思想”与“长时间的思考”[①]

一、变化的思想与思维的灵活性

相信人们在谈及“数学与思维发展”这一论题时往往会立即想到思维的敏捷性,并将此归结为单纯的“快”。后一认识应当说有一定的片面性,因为,“快”并非数学的主要诉求,而应是达到更大的思维深度(这也是数学教学为什么应当特别重视“长时间的思考”的主要原因,详可见下一节的论述);另外,相对于“快”的简单提倡而言,我们显然也应更深入地去研究如何才能提升学生的思维速度。以下就围绕“变化的思想”这一普遍性的思维策略对此做出具体分析,后者即是指,我们应当通过适当变化更有效地解决问题,并实现认识的不断深化。

应当提及的是,前面所提到的“联系的观点”(6.2 节)也与“思维的灵活性”密切相关,因为,善于将事物和现象联系起来考察显然也应被看成思维灵活性的具体表现;在“联系的观点”与“变化的思想”之间更可说存有互补的关系。例如,正如人们普遍认识到的,这是我们求解各种较复杂应用题的关键,即是与基本题型的比较和解题模式的适当变化,从而就同时用到了“联系的观点”与“变化的思想”。总之,尽管以下分析主要集中于“变化的思想”,我们不应因此而忽视“联系的观点”在这一方面的重要作用。

为了清楚地说明“变化的思想”的重要性,在此可以先举出数学教学的一个实例。

[例 4]是“学生笨”,还是“老师笨”?

这是俞正强老师的一个亲身经历:班上有一个女生数学学得不好,因此他就常常给她“吃小灶”,即有针对性地进行个别辅导。有一次,他给这个学生讲一道题目,整整讲了 3 遍学生还是不懂,这下俞老师可真有点失去耐心了:“讲

① 本文由“数学深度教学十讲”之六、七两讲合并而成,原文发表于《小学数学教师》,2020 年第 1、2 期。

了3遍还是不懂，你可真笨！”没想到学生对此却很快做出了反应（由此可见，在数学学习与思维灵活性之间并没有必然的联系）：“你讲了3遍还没有把我讲懂，你才真正的笨！”

这两个人中究竟何人真笨？由以下的实例我们或许即可获得一定启示：

如众所知，中医治病以辨症为先，但是，由于号脉、看舌胎等传统辨症方法有很大的经验性质，因此，现实中就常常会发生“对不上号”的现象，也即医生所开的药有时似乎完全无效；但恰又是在这一点上我们即可看到“好中医”与“一般中医”的区别：前者在先前药路不对的情况下往往能够及时做出改变采取另一新的路子，后者则只会“一条路走到黑”……

由此可见，这也是上述实例中教师的不足之处，即是未能通过“求变”有效地解决问题！

就“变化的思想”在数学中的应用而言，我们并可区分出若干不同的层次和或方面，特别是，这不仅直接关系到了我们如何能够更有效地解决问题，也与数学的整体发展密切相关。

例如，“特殊化”就可被看成通过变化有效解决问题最常用的一个方法。这也就如著名数学家希尔伯特所指出的：“在讨论数学问题时，我们相信特殊化比一般化起着更为重要的作用。可能在大多数场合，我们寻找一个问题的答案而未能成功的原因，是在于这样的事实，即有一些比手头的问题更简单、更容易的问题没有完全解决或完全没有解决。这时，一切有赖于找出这些比较容易的问题并使用尽可能完善的方法和能够推广的概念来解决它们。这种方法是克服数学困难的最重要的杠杆之一。”

例如，“找次品问题”就可被看成这样的实例。为了解决如下的较复杂问题：“如果243个产品（螺丝钉）中有一个次品（较轻），用天平至少称几次能保证把它找出来？”我们可以先行研究与此相类似、但又比较简单的问题，即如将问题中产品的个数改为5或9等，因为，这不仅有助于我们更好地理解问题，我们往往也可通过具体求解相关问题找出普遍性的解题模式或解题策略，从而最终解决原来的问题（详可见另著《小学数学教育的理论与实践》，华东师范大学出版社，2017，第4章）。

另外，如果说数学的发展主要可以被归结为“由简单到复杂，化复杂为简单”，那么，从这一角度我们即可清楚地看出一般化的作用，包括其与特殊化之间的关系:“一般化”正是数学中实现“由简单到复杂”的发展的主要手段,我们并就往往可以通过“特殊化”化复杂为简单。

应当强调的是,从实践的角度看,为了有效地应用特殊化与一般化等方法去解决问题,我们应特别重视针对具体情况做出深入研究;另外,就我们目前的论题而言,也即从“深度教学”的角度看,则又应当更加强调这样一点:相对于各种专门化的研究而言,我们应当更加重视这些方法或思维策略的普遍意义,也即应当超出数学、从更一般的角度进行分析思考,从而很好实现“通过数学帮助学生学会思维”这样一个目标,特别是,即能努力提升学生的思维品质。

事实上,特殊化与一般化显然都有十分普遍的意义。对此例如由以下一些普遍性的经验就可清楚地看出:“解剖麻雀”“由点切入,以点带面”……从而,在此真正需要的就是更大的自觉性,特别是,我们在整体上更应突出强调这样一个思想:“变化的思想”。

最后,从上述角度我们显然也可更好理解笔者的这样一个主张:“数学基本技能的教学,不应求全,而应求变。”例如,以下显然就可被看成这方面的一个具体经验:“我提倡‘一题一课,一课多题’——一节数学课做一道题目,以一道题为例子讲解、变化、延伸、拓展,通过师生互动、探讨、尝试、修正,最后真正学到的是很多题的知识。”(李成良,“聊聊‘懒’课——谈谈高效课堂”,载《人民教育》编辑部,《教学大道——写给小学数学教师》,高等教育出版社,2010,第65页)另外,在笔者看来,我们也可从同一角度更好地理解“变式理论”,特别是“问题变式”的意义。

与此相对照,这则是数学教学应当切实防止与纠正的做法,即是繁琐哲学、求大求全,包括对形式的片面强调等,即如以问题的事实性内容作为区分不同问题类型的主要依据,却未能深入分析它们的内在结构,乃至要求学生通过机械记忆和简单模仿去解决问题,等等。例如,这事实上也就是人们对于传统应用题教学的主要批评:“小学数学教学中,应用题教学作为培养学生解决问题能力的重要载体,积累了丰富的经验……然而,在几十年的演变过程中,应用题教学的理念与价值不断转变,逐渐形成了一套固定的思考模式和解题模式。以至于将应用题的类型机械地归结为11种,解题模式由一步应用题,到两步应用题(复合应用题),再到典型应用题,形成了一种‘程式化’的解题套路……使应用题的教学陷入困境,学生的问题解决能力没有得到切实的培养。”(马云鹏等,

“从应用题到数量关系:小学数学问题解决能力培养的新思路”,《小学数学教师》,2018 年第 6 期)

也正因此,相对于用“问题解决”(或“解决问题”)简单地去取代传统的应用题教学这一主张而言,积极从事“应用题的当代重建”就应说是更加合适的一个立场。(详可见另文“传统应用题教学之当代重建”,《中小学课堂教学研究》,2020 年,第 1、2 期)另外,从更一般的角度进行分析,我们在教学中又应特别突出这样一个关键词:“变”!

二、“长时间的思考”:总结、反思与再认识

这是笔者近年来经常提到一个观点:数学教学应当帮助学生学会“长时间的思考”,而这又不仅因为“快思”和“慢想”都是一种重要的思维形式,还因为“快思”作为日常思维的主要形式更有一些明显的不足之处,特别是容易导致若干规律性的错误,从而就需通过提倡“慢思”,也即长时间的思考予以补救和改进(2.5 节)。另外,这显然也是数学的一个明显特点,即是任一真正的数学问题都非轻而易举地就能得到解决,也即需要研究者(学习者)做出持续的努力(在很多人看来,这也正是数学的魅力所在)。由此可见,数学学习确实就可对人们学会“长时间思考”发挥重要的作用。这正是笔者转引以下实例的主要原因。

[例 2]“等着,就好”(华应龙,《小学数学教师》,2019 年第 5 期)。

这是著名特级教师华应龙老师 2019 年展示的一堂数学课:“我不是笨小孩”。其出发点是这样一道难题:

“徒弟:师父,您多大了? 师父:我在你这年纪时,你才 5 岁;但你到我这年纪时,我就 71 岁了! 请问:徒弟几岁? 师父几岁。”

具体的教学情况是这样的:

在学生尝试无果的情况下,老师介绍了“投石问路”,然后请两名学生画出自己的作品。接着,“我问‘投石’之后干什么,学生说:‘问路’。我说:‘问什么呢? 什么变了,什么没变? 有什么规律? 你还发现什么?”

不少学生兴奋地举手。

“我说:‘不举手,不给别人压力。发现了的同学,请在自己胸前竖个大拇指。’”

有发现的学生，自豪地竖起大拇指；没有发现的学生，茫然地看着我。

“我说：‘人和人是不一样的，有人反应快，顿悟；有人反应慢，渐悟。没问题，没有看出来的同学，正好是需要加强锻炼的。（我指着板书）就盯着这三幅图看，看看自己能看出什么。’”

没有发现的学生，看一眼后又看着我。

“不行的，孩子，要定下心来看。先从左往右看，2，22，42，62。再从右往左看，62和2之间有什么关系？20、25、30、35，35和20之间有什么关系？30、60、90、120，120和30之间有什么关系？然后，从上往下看，再从下往上看，看看什么变了什么没变……孩子，上看下看，左看右看，原来每道题目都不简单！”

孩子们笑了。

“我继续用手势引导全班学生观察。少倾。有发现的学生‘哦’了一声，瞪大了眼睛，笑得更美了。学生的笑容，已将我融化。次第花开，我心满意足。”

“现在，你发现5和71之间有什么关系了吗？’

‘发现了！’‘发现了！’

‘那现在，这道难题你会做了吗？’

‘会做啦！’‘会做啦！’”

……

开始时都不会做的一道难题，现在全班都会了。“我问：‘你怎么会的？’”

全班几乎是异口同声，非常自豪地回答：“我自己想的！”

以下则是华应龙老师的课后总结：

“并不是我高明，我本是笨小孩，只是我在这节课中一直耐心地等着，包括让先会了的学生也等着。让那有些慢的、有些‘笨’的、有些不喜欢数学的学生，自己想出来了。”

“教育是慢的事业，是面向未来的事业。儿童的成长是一个缓慢的过程，那种急于得到、自以为高明的做法，失去的是儿童的幸福和未来。我以为，‘等着我’一定是学生内心的呐喊。这节课中，学生发现‘我不是笨小孩’，恰恰是‘等’来的。一些课上，学生以为‘我是笨小孩’，是否是因为‘不等’而造成的呢？”

“当然，也会遇到‘有心栽花花不开’的时候，还等吗？怎么等？我喜欢笑着说……‘你不说，我能等’，逼着学生动脑筋。当学生开始思考了，我喜欢竖起大拇指说——‘思考着，是美丽的’或者‘虽然教室里没有一点声音，但我分明能听到同学们思考的声音’……教师为等而做出的努力，一定不会白白浪费。”

当然，正如华应龙老师所指出的，我们提倡的并非消极的等待，而应更深入地去思考教师此时应当做些什么：“总之，等着，并不是等闲视之，一‘等’了之。关于‘等着’，完全可以做篇大文章，何时等？等什么？怎么等？等等。”

就我们目前的论题而言，这也就是指，对于“长时间思考”我们不应简单地从思维时间的长短去进行理解，恰恰相反，与单纯强调“放慢节奏”相比较，我们应当更深入地去思考：为什么要放慢节奏？停下来后又应做些什么？或者说，什么是“长时间的思考”的主要涵义？

具体地说，除去纠正与防止“快思”的可能错误这样一个涵义以外，在此还应特别强调这样两点。

第一，这是“长时间的思考”更重要的一个涵义：“反思”，而且，后者相对于一般性思考而言对于数学学习又可说具有更大的重要性。对此例如由“问题解决”现代研究中关于“元认知”的强调就可清楚地看出。(2.3 节)

后者即是指，我们在实际从事解题活动时应当经常问自己：我现在正在做什么？为什么要这样做？这样做了的实际效果究竟又是什么？

显然，注重“元认知”十分有助于我们防止与纠正“快思”，特别是“解题冲动”可能造成的错误。当然，我们又不应将“防错”“纠错”，以及“事后反省”看成这里所说的“反思”的唯一涵义，恰恰相反，这主要是指我们应当善于适时“停下”目前正在从事的活动(包括实际操作与思维活动)，并从更高的层面去进行分析思考，从而实现更大的自觉性，也即应当被看成一种“即时反思”。

第二，这是“长时间的思考”又一重要的涵义：在结束了一个阶段的学习以后，我们应当对所学习的内容与全部学习过程作出总结和“再认识”，从而不断优化自己的认识。

这直接关系了数学学习的本质：这并非单纯的纠错，而主要是不断的优化——就我们的论题而言，也就是认识的不断深化，包括我们如何能够“化多为少”“化复杂为简单”。

另外，“善于总结和再认识”显然也应被看成一般性学习活动十分重要的一个环节，从而也就更清楚地表明了通过数学教学帮助学生学会总结和再认识的重要性。

以下就是相关的教学建议：我们应为学生的长时间思考提供充足的时间和

空间。例如,相对于一味鼓励学生尽快地做出反应而言,我们在教学中应当表现出更大的耐心:“孩子,不要急,慢慢想!”我们并应注意引导学生更仔细、更深入地进行思考。更一般地说,我们在教学中应很好地去处理这样一些关系:“快”与“慢”、“多”与“少”、热闹与安静、“引”与“放”等。

再例如,我们显然也可从同一角度去理解这样一个“经验”:“教师不要太聪明”,即如教学中不应过快地由特殊上升到一般,而应保证学生具有充分的体验,包括“基本活动经验”的必要积累。另外,更广泛地说,这显然也直接关系到了这样一个论题,即是整体性“课堂文化”的创设。(6.2 节)

综上可见,这就是数学教学的又一重要目标,即是帮助学生学会“长时间的思考”。对此我们并可引申出这样几个关键词:“总结”“反思”与“再认识(优化、深化)”。

6.4 中国数学教育如何创造未来[①]

由美国女教师 S. McAuliffe(她曾经被选拔参与了 1986 年美国航天飞机“挑战者号”的飞行任务,并为此而贡献了自己的生命)的以下名言我们即可很好地理解“创造未来”的这样一个涵义:“作为一名教师,通过我的学生,我每天都在创造未来。”

一、严重的挑战

笔者十分赞赏《南方周末》在报道《他乡的童年》这样一部纪录片时采用的这样一个标题(张锐,2019 年 9 月 19 日):“什么时候教育变成一个事儿了?”的确,如果我们作为一名教育工作者都未能深切感受到教育现正面临严重的挑战,那么就应当说过于“麻木”了!

当然,相对于简单的“什么时候”这样一个问题,我们又应更深入地去思考:我们究竟应当如何看待数学教育、乃至教育的整体形势?

必须肯定的是,这方面有不少积极的变化,特别是,与中国社会的整体进步相一致,在教育领域我们也可看到自信心的明显提升,从而就与新一轮课程改革初期特别强调中国数学教育的不足,以及我们必须以西方为范例进行改革这样一个立场构成了鲜明对照。但是,作为问题的另一方面,我们也应清楚地看到中国的数学教育、乃至一般教育,现正面临着前所未有的严重挑战!

具体地说,由于社会上普遍存在强烈的焦虑感,因此,就当代中国而言,传统上家庭对于学校、教师的大力支持现已转变成了巨大的压力。对此例如由以

① 原文发表于《教育研究与评论》2019 年第 6 期,由笔者 2019 年在中国教育学会小学数学教学专业委员会组织的一次学术论坛上的讲演修改而成,采取“创造未来”这一标题则反映了笔者对于会议主题“面向未来的小学数学教育”的这样一个看法:我们应由简单的“畅想(奢谈)”转向更自觉的行动,也即由简单地“说”转向认真地“做”;再者,创造未来最重要的动力不是技术或任何一种外在的力量,而是广大教师。

下两个现象就可清楚地看出:

(1)“补课”的盛行,更已由先前的高中逐步蔓延到了初中、小学乃至学前阶段。例如,《中国儿童发展报告》提供的数据显示,六成儿童参与课外辅导,上学日5天参与课外班的累计时间为3.4小时,周末两日参与课外班的累计为3.2小时。

(2)学校与教师面临巨大压力,特别是,不允许教师和学校在任何一种考试中有任何一点点的“失利”,否则就将面临家长的严重讨伐,而其直接结果就是不少优秀教师、优秀学校现已完全丧失了与“应试教育”抗衡的能力与决心。

这对教育究竟意味着什么?!

笔者的看法是:当前社会已失去了对于学校和教师的传统信任!这也正是一位教师在观看了《他乡的童年》后对于芬兰教育体制的最大感触:“他们没有那么多教育任务和束缚,老师可以按照自己的知识和理解设计课程……我们则承受着来自社会、学校和家长的压力,只好按照一个模式进行。”

以下事实则可被看成为上述结论提供了更多证据:这是湖北省赤壁市正扬小学的一次数学教学改革实验:三年级前不上数学课。实验已进行五年,实验班考试颇佳,数学平均90.1分,比普通班高11.5分,语文平均90分,比普通班高15.3分。但是,2019年该校收到一纸通知:从2019年起要开齐课程、开足课时,改革被迫中止。(引自高伊琛,“一场未竟的课程改革”,《南方周末》,2019年10月10日)

再者,如果“‘用考试倒逼学生读书’正是语文课程改革的新动向”并非误传,特别是,在“很好继承中华文化传统”这一口号下,要求学生背诵的诗词量大大增加,那么,这显然也就可以被看成“应试教育”在语文领域的一次重大胜利![1]

但是,我们究竟应当如何评价中国教育的整体水平?对于这一问题的深入思考显然可被看成由单纯的“文化自信”转向“文化自觉”的必然要求,包括我们如何才能更好地承担起自己应负的“文化责任”。由几位曾先后在中美两国任教的数学教师的以下体会我们即可对此做出自己的判断,包括清楚地认识什么

---

[1] 与此相对照,以下的认识显然更加可取:“强调任何一种文化的重要都不可过度,都必须考虑它的‘边界问题’。”(程世和)

是中国基础教育的主要问题：

“人到16岁开始成人，知道自己要有人生目标，优秀生开始思考未来，这是一个人成长、成型的关键时期。中国学生却在这两年天天复习高考”；“美国的优秀学生不断向上攀升，中国学生天天做高考题。中国高中的‘空转’，在最容易吸收知识、开始思考人生的年龄段，束缚于考试。更令人心焦的是，许多顶尖的中学，对‘空转’现象不觉得是问题。自我感觉良好。”（“中国数学教育的软肋：高中空转——美国奥赛教练冯祖鸣等访谈录”，《数学教学》，2007年第10期）

更严重的是，相关现象现已由高中蔓延到了初中、小学、幼儿园……我们的年轻一代正在失去快乐的童年，我们甚至都没有给他们提供最少一点的放飞理想的时间和空间。这样的民族能有未来吗？！难道教育的梦想就是让更多学生进入211或985重点大学？如果我们的学生连走路和在食堂排队的时间都在看书，他们又是否还有一点时间对自己的人生做出思考，对国家的大事表现出应有的关怀？！又有谁真的关心，并认真地研究过我们的学生在进入大学以后、乃至更长时间内的表现和状态？！

二、守住底线

我们在此并应进一步去思考这样一个问题：上述的外部冲击对于教师而言究竟产生了怎样的影响？显然，其性质明显地不同于先前由于纯粹的物质诱惑或社会价值观的扭曲对少数教师造成的消极影响，而是集中地体现于对教师基本观念的巨大冲击，特别是，我们究竟应当如何认识教师工作的意义，难道就是为了应付各种各样的考试，并能帮助自己的学生在考试中取得好的成绩吗？我们应特别关注年轻教师的成长，而不能让他们从一开始就陷入“应试教育”的泥潭，却又始终未能对此具有清醒的认识，从而也就无可避免地会越陷越深，完全无法自拔。

由以下事实即可看出笔者实非杞人忧天，因为，现在确有很多教师深深地陷入到了“应试教育”之中，甚至还感觉良好：

前一段时期，由于主管部门开展了“素质教育大检查”，江苏各地学校学生的负担大为减轻，不仅作业量锐减，考试得到严格控制，连书包的分量也大大减轻了，因为，学校严令禁止学生带任何课外学习材料到学校，尽管后者原先都是在教师的推荐或直接组织下购买的；然而，尽管检查时雷厉风行、一丝不苟，检查一结束，马上就恢复原状了，而且，所有这些行动又都是教师自愿进行的，有些教师还对个别表达了简单的口头抗议——“教育局的人快回来吧！”——的学生提出了严重警告：“你想干什么?！我们还不是为了你们好！”

由此，我们也可更清楚地认识“不忘初心，牢记使命”的重要性，这也就是指，我们每一个人都应牢牢记住教师工作的真正意义与基本使命，特别是这样一些认识(*NCTM News Bulletin*, 1998(2))：

教师对于学生的整个生涯都有十分重要和深远的影响；

在对学校生活进行回忆时，学生更多回忆起的是他们的教师，而不是学过的课程；

选择成为教师，就是选择了一个在情感方面有很高要求的职业；

教师应像家长一样爱自己的学生，却是为了不同的理由，并采取了不同的方式；

教师既应成为学生的典范，同时又应努力改变学生的行为；

很少有人会高度评价教师为教学工作付出的大量时间和精力；

人类文明大多数最重要的进步都应归功于教师的工作；

教师的工作是一种基于关于明天的信仰而从事的活动。

进而，我们还应认真思考这样一个问题：面对各种挑战或压力，作为一名普通教师，我们如何才能守住自己的职业底线，特别是，能在考试的巨大压力下始终保持自己的教育情怀?

这就是学校与教师的一项重要社会责任：“优质的教育从来不肯迎合儿童当下的兴趣；优质的教育从来都是从适宜的高度引导学生——带领学生围绕伟大的事物起舞、成长；优质的教育要求教师的心中首先装着伟大的事物，然后才是学生。否则，爱学生就是一句空话；否则，我们拿什么去爱他们，帮助他们。”又，“自由从来不是自上而下赐予的，它是凭借信念和意志争取到的，自由的程度从来都取决于我们坚守正道、向善向美的信念和信心！”(薛瑞萍语)

在此还可特别提及这样两个范例，尽管它们所直接涉及的都不是数学教学。

[例 1]学生对于一位语文教师的回忆(董月玲，“师说”，《中国青年报》，2008年7月16日)。

这是北京四中语文老师李家声的课堂，不是公开课：

他讲《离骚》，“好像被屈原附体一样，散发出一种人性的光芒，(让我们)心里有说不出的感动。”他朗读《离骚》，时而激扬，时而悲愤，学生不得不“被屈原那种灵魂的美、精神的美，所深深吸引”。“虽然《离骚》只上了两节课，一个从前不喜欢语文的理科学生，课后，不知花了多少时间来读《离骚》，375句差不多都能背下来了。”

“他讲《满江红》，不是讲，而是吟唱，每次唱，都会哭。”一个考上北大的女生回忆道：“开始时，我望着他，他微蹙着眉头，凝视着前方，几根发丝微微颤动。但很快，我低下头，不敢再抬起来，因为我知道，自己的双颊已经红得发烫，眼中的泪水，已经涨到收不回的程度。”唱到“待从头收拾旧山河，朝天阙”时，先生已满眼是泪，学生也满眼是泪。歌罢，教室里，立刻响起雷鸣般的掌声。“我们把手拍红了，却都不愿意停下来。就这样，掌声一浪接一浪地响了不知多长时间。”

一茬茬的学生，成了他忘年的知音。“先生给予了我空灵、明净和透亮的灵魂，教我们怎样做一个知识分子，做一个铁骨铮铮、处世独立、横而不流的知识分子。”

[例2]一位特别受学生欢迎的历史老师：李晓风(引自余慧娟，《大象之舞》，教育科学出版社，2015)。

一位学生回忆道：“在高三的单调生活中，历史课成为我们全班同学的享受，李老师十分注重逻辑，带领我们建立起知识的整体结构，这无论对考试或是我们今后的常识记忆都是大有裨益的。”

“在这个流行‘刷题’‘刷夜’的年代，高三的历史依然是50分钟的传统(三周两次)，没有作业题，不用参考书，课堂，便是一切，课后要温习的，也是课上的历史细节和思考。在做够了数学题，背吐了政治书之后，一切与历史有关的复习和思考都成了一种享受。这种学习，无关乎高考，甚至无关乎前途，或许只是对某个人物的命运、某段王朝兴衰的慨叹，对某个哲学家思想的思悟，又或，对某个现实事件折射出的历史进程的思考——那不是明确的课堂内容，却是每个人在课上课下不由自主会想的问题。常常有那么一瞬，为自己是在进行‘人文思考’而不是‘文科学习’而感到幸福，这种幸福感，源自风哥的历史课。”

以下则是这位教师对于自己工作的分析：“学生们喜欢我的课，我觉得思考是个很重要的原因。""这是我的历史课的一个目标。我想让他知道更多的历史事件,我想让他学会思考,我想让他建立一种价值观与正义感。这是成为一个知识分子必要的条件。独立思考,不屈服权威。咱们老强调创新精神和思维,其实创新精神不是说学点什么技巧就行,如果在人格上、在思想深处没那东西就不行。"

那么,什么又是数学教师应当坚守的职业底线?笔者以为,这就是最起码的要求:我们在任何情况下都不应搞机械教学,都不应搞题海战术!

[例 3]完全失败的数学教学(邬瑞香,"我的数学教学模式",载詹志禹主编,《建构论——理论基础与教育应用》,正中书局(台湾),2002)。

"1988 年,遇到我的学生,正在国中(指初中)教英文,她当面告诉我:'老师,从前学的数学,都听不懂,我们都用背的!'我的天啊!这个当年每次数学考试都是一百分的小孩,数学,居然是这么辛苦学的!'那国中(指初中)呢?''一路背到底啊!''那高中呢?''就很惨啊!背不来!'学生的话,好比一记当头棒喝,敲醒梦中人,含着泪水,忏悔去也;当年的名师,也不过是个假象吧!"

当然,除去上述的基本要求以外,我们还应有一定的理想与追求。在笔者看来,在这方面我们可通过中国数学教育教学优秀传统的分析获得直接的启示,这集中体现了笔者的这样一个信念:只要很好继承自己的优秀传统,那么,即使面对再大的风雨,即使出现各种各样的复杂情况,我们的教学都不会差到哪里,中国数学教育的整体情况也绝不会出现太大的反复!

那么,究竟什么是中国数学教育最有价值的方面?什么又是中国数学教师最重要的特色?

笔者的看法是:对于思维教学的高度重视即是中国数学教育最有价值的方面,也就是指,我们应当通过具体数学知识和技能的教学努力促进学生的思维发展;再者,善于通过"问题引领"很好地实现所谓的"双主体"则可被看成中国数学教师最重要的特色,即我们如何能够同时落实教师在教学活动中的主导地位与学生的主体地位。(4.3 节)

三、创造未来

作为自觉的教育工作者,我们当然不应满足于被动地应付,而应努力创造更好的、更加适应未来社会需要的数学教育;那么,我们究竟又应如何确定努力的方向?

鉴于《课程标准》是数学教育最直接的指导性文件,以下就首先针对以下论述对此做出简要分析:“现在,我们强调学生核心素养的发展,关注数学学科在人的素养发展中起到的作用,也就是说,通过数学学习,学生应当成长为什么样的人,这就是数学教育的终极目标:会用数学的眼光观察世界,会用数学的思维思考世界,会用数学的语言表达世界。”(史宁中,“人是如何认识和表达空间的”,《小学教学》,2019 年第 3 期)

但是,我们是否真的应当要求每个学生都能做到所说的“三会”,乃至将此看成数学教育的终极目标,更希望由此解决现实中的种种问题?

在此我们仍可采取“用案例说话”这一方式帮助读者做出自己的回答。

[例 4]“从《红楼梦》看教育”(《小学数学教师》,2019 年第 2 期)。

这一文章的主要观点是:“《红楼梦》中有两个重要的主角,林黛玉和薛宝钗,她们的性格分别代表着数学中两种不同的问题解决策略——‘从条件想起’和‘从问题想起’。”具体地说,“林妹妹也许并不懂得数学中那些解决问题的策略,但其实她的性格特征倾向就是习惯‘从条件想起’……宝姐姐或许也不懂得数学中那些解决问题的策略,但其实她的性格特征倾向就是善于‘从问题想起’。”“‘从条件想起’的人行为动机是出于内心真实的感受,而‘从问题想起’的人的行为动机是出于某种想要达到的目的……‘从条件想起’和‘从问题想起’出发点不一样,它们所经历的过程以及对新问题的生成影响也都是不一样的。‘从条件想起’就像林黛玉堆起的落花冢,无用,但能触及更多人的心灵;‘从问题想起’就像薛宝钗服用的冷香丸,实用,但只为解决她一个人的病症。”

现在的问题是:上述分析是否可以被看成数学的具体应用,特别是较好地体现了“用数学的眼光观察世界,用数学的思维思考世界,用数学的语言表达世界”?进而,如此观察、思考和表达世界究竟又有什么优点,还是把一个本来不很复杂的事情搞复杂了?

笔者认为,上述做法实在有点“数学霸凌”的味道,即是将一个丰富多彩的真实世界硬性塞入了冰冷的数学樊笼之中,是用一个缺少人味的量的世界代替了“我们的质和感知的世界,我们在里面生活着、爱着、死着的世界。”(柯伊莱语)

进而，数学思维显然只是文学思维、艺术思维、哲学思维、科学思维等多种思维形式中的一种，这些思维形式都有一定的合理性和局限性；而且，不是所有学生将来都要用到数学思维，数学思维也并非适用于所有的工作和场合。由此可见，仅从单一学科的视角进行分析就必然会导致片面性的认识，后者既包括片面强调"帮助学生学会数学地思维"，也包括"人人都应做到'三会'"这样一个主张。

与此相对照，以下的论述应当说更加合理，又由于这一论述来自"（数学）问题解决"现代研究的直接倡导者、著名数学家波利亚，自然就应引起我们的更大重视："一个教师，他若要同样地去教他所有的学生——未来用数学和不用数学的人，那么他在教解题时应当教三分之一的数学和三分之二的常识。对学生灌注有益的思维习惯和常识也许不是一件太容易的事，一个数学教师假如他在这方面取得了成绩，那么他就真正为他的学生们（无论他们以后是做什么工作的）做了好事。能为那些70％的在以后生活中不用科技、数学的学生做好事当然是一件最有意义的事情。"（《数学的发现》，内蒙古人民出版社，1981，第二卷，第182页）

那么，笔者在这方面的具体主张究竟是什么呢？就是"深度教学"。我们在此并应特别强调正确理解"（数学）深度教学"的重要性，因为，"教育领域中的深度学习含义已经发生了很大变化，特别是'深度'的含义被通俗化"（蒋澎）；我们还应特别重视"深度学习"的实践性解读，因为，如果相关论述完全沉溺于形式上的"高、大、上"，诸如"深度学习'深'在哪里？首先'深'在人的心灵里，'深'在人的精神境界上，还'深'在系统结构中，'深'在教学规律中"……这显然只能使人望而生畏、望而却步。

具体地说，我们首先应当清楚地认识到这样一点："深度教学"不仅是数学教育的内在要求，也反映了现代社会的发展，特别是科学技术的飞速进步对于数学教育的更高诉求。

例如，尽管以下一些论述没有直接提到"深度学习"这样一个概念，但在笔者看来，我们仍可由此获得关于数学教育如何才能帮助学生更好适应未来社会需要的直接启示：

"随着流动的速度加快，它会渐渐掏空过去给我们带来安全和财富的存量知识。""你在学校里学到的那些知识，可能你还没有出学校的大门，就已经变得过时了。”我们必须“重新思考我们的学生究竟需要哪些新的技能或态度，才能找到工作、保住工作”。

以上论述引自美国普里策奖三度得主弗里德曼的新著《谢谢你迟到——以慢制胜，破题未来格局》(湖南科学技术出版社，2018)，以下就是他对于教育所提出的一些具体建议(详可见6.2节)：(1)我们必须牢固树立终身学习的思想，并切实提高自身在这一方面的能力；(2)我们应特别重视长时间的思考与反思；(3)我们还应清楚地认识合作的重要性。

另外，6.2节中也已提及，我们在这一方面还可由周国平先生相关论述获得重要的启示，尽管这也并非专门针对数学教育而言。

以下就以此为基础对上面提到的这样两个问题做出进一步的分析：(1)什么是“数学深度教学”的具体涵义？(2)我们又应如何去做好“深度教学”？

为了清楚地说明问题，建议读者在此还可首先思考这样一个问题：为了做好教学工作，数学教师主要应当关注哪些方面？

显然，如果身处课程改革的起始阶段，人们就必然地会特别强调这样几种时新的教学方法：(1)情境设置；(2)动手实践；(3)主动探究；(4)合作学习。但是，从现今的角度看，我们又应对此做出怎样的总结和反思？因为，一个人没有反思就不可能进步，一个民族没有反思也不可能有前途！(5.4节)

进而，相对于单纯的总结与反思而言，我们又应更加重视问题本身的再认识，这也就是指，为了做好数学教学，究竟哪些方面可以被看成具有特别的重要性？

例如，尽管笔者并未对此做具体的研究，但相信人们面对上述问题一定会提到这样一些环节：情境，联系，变式，活动，应用，理解，探究，思维，问题引领，问题解决，经验，多元表征理论，整合……但是，笔者希望读者深入思考的问题恰就是：上述各个环节是否真的都很重要？什么又可被看成具有最大的重要性？

具体地说，依据前文分析相信读者即可很好理解笔者关于“(数学)深度教学”具体涵义的如下诠释(6.2节)：数学教学必须超越具体知识和技能深入到思维的层面，由具体的数学方法和策略过渡到一般性的思维策略与思维品质的提升，我们并应帮助学生由在教师(或书本)指导下进行学习逐步转变为学会学习，包括善于通过同学间的合作与互动进行学习，从而真正成为学习的主人。

图6-6就是对于“深度教学”具体涵义及其与其他一些概念之间关系的简要表述：

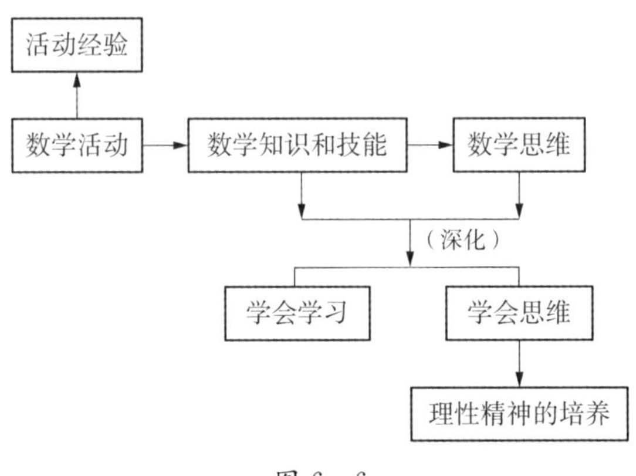

图6-6

进而，依据上述分析我们也可进一步指明哪些环节对于数学教学具有特别的重要性，包括我们应当如何去做好“数学深度教学”(图6-7至图6-9)：

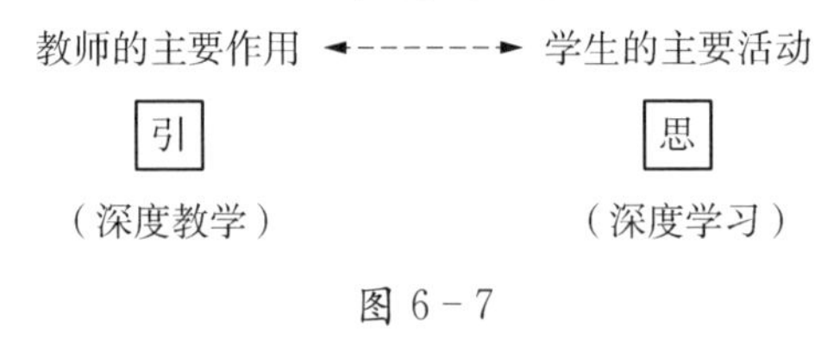

图6-7

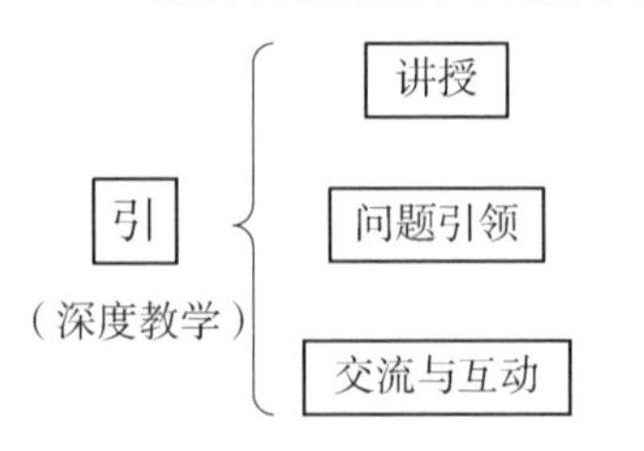

图6-8

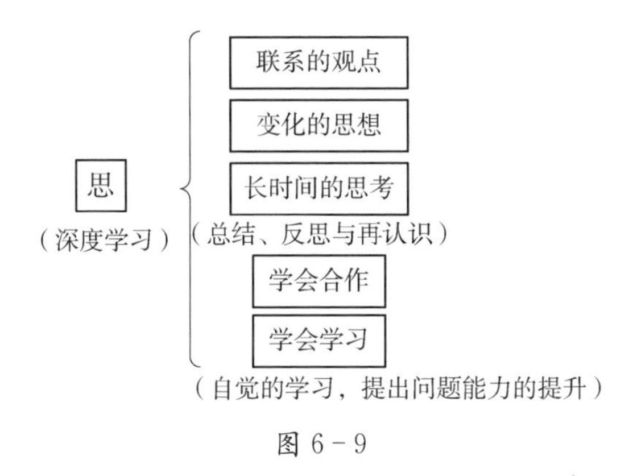

图 6－9

最后,作为有益的比较,笔者愿特别强调这样两点:(1)如果说人们在先前往往比较注重教学的“实”“活”“新”(周玉仁语),那么,我们在当前就应更加强调一个“深”字,也即应当通过“深度教学”努力提升学生的核心素养。(2)如果说“用诗意的语言感染学生”正是语文教学应当努力实现的一个境界,那么,数学教师的主要责任就是“以深刻的思想启迪学生”。

四、 聚焦专业成长

以下再针对数学教师的专业成长提出一些看法和建议,这也直接反映了笔者的这样一个认识:教师是创造更好的教育,特别是通过年轻一代的培养创造更好未来的主要力量。

在此首先提及中国数学教师在专业成长上的两个主要特点:(1)实践中学习;(2)群体中的成长。进而,这又可被看成提升这方面工作的两个关键:(1)更好地处理理论与教学实践之间的关系,切实做好“理论的实践性解读”与“教学实践的理论性反思”;(2)努力成为“作为研究者的教师”,也即应将“研究的精神”渗透于自己的全部教学工作。

下面再针对现实情况提出另一具体的建议:

与课改初期相比,一线教师的情况现已有了很大的变化,特别是由当年的盲从转而表现出了更多的独立思考,更有不少优秀教师提出了自己相对独立的教学主张或理论思想,如“儿童数学教育”“大问题教学”“化错教学”“种子课”

“学为中心”“结构化教学”“无痕教学”等。笔者的建议是:这些主张或理论也可被看成为广大教师很好实现自己的专业成长提供了重要契机:我们可以把这些主张作为分析、思考的直接对象,也即具体地去思考它们对于我们改进教学有哪些新的启示,这些主张与理论又有怎样的局限性或不足之处等等。进而,什么又可被看成做好数学教学最重要的环节?

以下就是这方面的一个初步工作,即是关于小学数学教学的若干经验。

第一,这是小学特级教师吴正宪老师关于数学教学的一个具体想法:“错着错着就对了,聊着聊着就会了。”

笔者的看法是:这是“错着错着就对了”这一思想给予我们的主要启示,即是对于实践,特别是操作性活动的应有重视。更进一步说,这事实上也可被看成“学数学,做数学”这一思想的具体体现。但就相关的教学实践而言,我们又应特别重视这样一点,即是如何能使学生在这方面具有更大的自觉性,也即对于错误的清醒认识(反思)与自觉纠正。

例如,我们在教学中应当引导学生认真地去思考这样一些问题,包括逐步在这方面养成自觉反思的良好习惯:我是不是真的错了?为什么会出现这样的错误?我又如何才能避免再次出现同样的错误?等等。

再者,“聊着聊着就会了”则清楚地表明了“交流(包括表述)与互动”对于数学学习的特殊重要性。但就这方面的教学实践而言,我们又应特别重视这样一个关键,即是对于多元化的提倡与不同思想或主张(包括主体原有的想法与做法)的对照比较;我们还应帮助学生逐步养成这样一种品质,即是思维的开放性,特别是对于不同观点的尊重和理解,更能通过向别人学习实现自身的不断优化。

最后,无论就“错着错着就对了”、或是“聊着聊着就会了”而言,我们应更加重视促进学生积极地进行思维,从而就能真正做到“想着想着就懂了”,或者更进一步说,“想着想着就通了”!

第二,以上述分析为背景,建议读者也可对以下一些主张做出自己的分析,即什么是它们的主要启示与不足之处:“玩着玩着就会了”“看(画)着看(画)着就会了”“演着演着就会了”……这也就是指,我们是否应当提倡通过玩数学游戏、看(画)数学绘本(漫画)、乃至“演戏”来学习数学?

笔者认为,对于这些主张我们不应持简单否定的态度,并应积极鼓励这方面的具体实践;但我们又应清楚地看到,如果缺乏必要的引导和后继发展,我们所希望的数学学习很可能不会发生。这也就是指,就这方面的具体工作而言,我们应当更加重视如何很好地处理“活动”与数学学习,特别是学生思维发展之间的关系。例如,从上述角度我们即可更好地欣赏这样两个实例:(1)刘善娜,“‘画’数学,我想要做什么”(2)裘陆勤,“巧手折数学,有趣又有用”(《小学数学教师》,2019年第3、4期)

第三,更一般地说,笔者又有这样一个想法:这是否可以看成小学数学教师的一个自然倾向,即是对于“活动”情有独钟?例如,与抽象的认识相比,小学教师往往更加喜欢看得见、摸得着的东西,特别是各种具体的活动;也希望相关的教学措施能有较强的可操作性,从而就容易学,学了也能马上用得上……当然,这又是笔者提及这一现象的主要意图,即是希望读者能更深入地去思考:这种“活动化倾向”是否真的合理,它又有怎样的局限性?

例如,笔者以为,这事实上也可被看成上述倾向在当前的具体表现,即是对于“思维的可视化”的特别强调;但这又是这方面工作的真正关键:我们在数学中究竟是用眼睛在看,还是用头脑在“看”?(对此并可见另文“理论视角下的小学数学教学——案例三则”,《小学教学》,2007年第7期)数学中我们所应真正重视的是素朴的直观,还是专业意义上的直觉?

总之,我们应将日常教学与教学研究、理论学习很好地结合起来,从而确定自己的努力方向,更能持之以恒地去进行工作,而不是满足于对于各种时髦口号的简单追随,却又始终未能取得真正的进步。

以下则是关于教师专业成长的进一步建议。

第一,视野的必要拓宽。

这与教师如何能由“合格(成熟)”走向“优秀(卓越)”密切相关,更体现了关于优秀教师的这样一个标准:优秀教师的特色不应局限于教学方法或模式,而应体现他对于教学内容的深刻理解,反映他对于学习和教学活动本质的深入思考,以及对于理想课堂与教师自身价值的深切理解与执着追求。

笔者在此并愿再次提及关于如何促进数学教育深入发展的这样一个建议:“立足专业成长,关注基本问题。”(7.2节)以下就是我们在当前应当特别关注的若干基本问题:

(1) 我们应当如何认识自身工作的意义,也即数学教育的基本目标?什么又可被看成社会进步对于数学教育的更高要求？我们还应如何去理解新一轮课程改革在这方面的各个具体主张，包括“三维目标”“核心素养”，以及“四基”与“三会”等？

(2) 什么是数学学习与数学教学的本质，特别是，这相对于一般的学习和教学活动有怎样的特殊性，我们又是否应当积极提倡“基础教育的去专业化”或是所谓的“整合课程”？

(3) 我们是否应当积极提倡“数学深度教学”，什么是它的主要涵义，特别是，“深度教学”究竟“深”在哪里，相关主张对于我们改进教学又有哪些新的启示？

(4) 教学方法与教学模式是否有“好坏”的区分，在这方面又是否有彻底改革的必要？更一般地说，什么是我们做好数学教学的关键？什么又是数学教师最重要的专业能力，后者与教师的个人特质是否有一定的关系？

(5) 什么是你心目中的“理想课堂”，或者说，我们应当努力创造什么样的“数学课堂文化”和“数学学习共同体”？

第二，自身人格的塑造。

这即是对于这样一个论述的直接反应：“在对学校生活进行回忆时，学生更多回忆起的是他们的教师，而不是所学过的课程”。这也反映了笔者的这样一个认识：教师对于学生的教育也是一个自我教育、不断重塑自我的过程，而且，教师又只有不断提升自身在这一方面的自觉性才能对学生产生更全面、更深远的影响，包括“数学文化”的直接熏陶。

也正因此，笔者就愿再次强调数学教师的“三个境界”：如果你的教学仅仅停留于知识和技能的传授，就只能说是一个“教书匠”；如果你的教学能够很好体现数学的思维，就可以说是一个“智者”，因为，你能给人一定的智慧；如果你的教学能给学生无形的文化熏陶，那么，即使你是一个小学教师，即使你身处偏僻的山区或边远地区，你也是一个真正的大师，你的人生也将因此散发出真正的光辉！

愿我们大家都能在上述方向做出切实的努力！

第七章　聚焦教师专业成长

除去数学教育的理论建设，教师专业成长也是笔者特别关注的一个论题，因为，如果我们未能在后一方面取得切实的进展，数学教育的深入发展显然就只是一句空话。

7.1 节是这方面较早的一项工作，主要是指明了数学教育的专业化对于教师成长的具体涵义。

7.2 节则是以新一轮数学课程改革为背景对此做了进一步的分析，其中并明确提出了这样一个主张：无论是课程改革还是正常状态，我们都应坚持"立足专业成长，关注基本问题"这样一个基本立场。

当然，为了促进自己的专业成长，我们也应注意吸取国外的相关经验与启示，这就是 7.3 节和 7.4 节的主要内容，后者并提供了关于中国小学数学教师成长经验的一个具体分析，包括什么是进一步的努力方向。

7.5 节则是关于数学教师专业成长较为完整的一个论述，其中直接涉及了数学教育的一些主要问题，包括数学教育的基本性质与主要目标，数学教师的必备能力，我们又应如何更好地处理理论与教学实践、教学实践与教学研究之间的关系等，从而在一定程度上也可被看成对于本书主要内容的一个简要总结(相关内容并可见另文："数学教师的三项基本功"，《人民教育》，2008 年第 18、19、20 期；"教师专业成长：背景、内涵与基本途径"，《中学数学教学参考》，2011 年第 1/2 期；"教师应有自己的独立思考"，《小学教学》，2014 年第 4 期；"做具有哲学思维的数学教师"，《教学月刊》，2015 年第 10

期;"'问题意识'与数学教师的专业成长",《数学教育学报》,2017 年第 5 期;"从'反思性实践者'到作为研究者的教师",《小学教学》,2018 年第 7、8、9、10 期,等等)。

7.1　数学教师的专业化①

“专业化”是数学教育现代发展的一个重要特点。例如，格劳斯(D. Grouws)在其主编的《数学教与学研究手册》的前言中就曾明确指出：“在过去20年中，关于数学教学的研究得到了迅速发展……在这一方向上所取得的巨大进展已使数学教育成为一个相对独立的研究领域，其研究者则构成了数学教育研究的共同体。”(*Handbook of Research on Mathematics Teaching and Learning*, ed. by D. Grouws, Macmillan, 1992: Ⅸ)

显然，作为数学教育专业化的一个直接结论，我们也应高度重视数学教师的专业化问题，这首先就是关于数学教师专业知识和教学能力的研究，其次，我们还应深入地研究如何才能培养出专业化的数学教师。以下就依据最新的研究成果对此做出简要分析和概述。

一、数学教师的专业知识

从专业化的角度进行分析，一个好的数学教师应当具备哪些知识？这就是“数学教师的专业知识”。具体地说，人们现今普遍地认为，“数学教师的专业知识”不应被等同于“数学知识”与“教育学知识”的简单组合；恰恰相反，我们应对其内容和结构做出更加深入的分析研究。

例如，在一篇题为“超越于题材内容之外的：教师专业知识的心理学结构”的论文中，德国学者 R. Bromme 就曾对数学教师专业知识的内容进行了具体分析，认为这主要包括以下五个部分：(1)作为科学的数学知识；(2)学校数学知识；(3)学校数学哲学；(4)一般教育学(心理学)知识；(5)特定题材内容的教学知识。(载 R. Biehler 等主编，《数学教学理论是一门科学》，上海教育出版社，1998，第88页)另外，按照美国学者 E. Fennema 和 M. Franke 的观点，数学教

① 原文发表于《中学数学教学参考》，1999年第10期。

师的专业知识则可归结为以下四个部分:(1)数学的知识;(2)数学表达的知识;(3)关于学生的知识;(4)关于教学法的一般知识。(Teachers' Knowledge and Its Impact, *Handbook of Research on Mathematics Teaching and Learning*, ed. by D. Grouws, Macmillan, 1992:221)

尽管不同学者有不同的看法,但就实质性内容看,人们的意见又应说相当一致。以下就围绕 R. Bromme 的分类方法对相关研究做出综合介绍。

第一,这是一个根深蒂固的认识,即是认为教师数学知识的多少对其教学质量有十分重要的影响;然而,出人意料的是,现代的一些研究似乎表明:教师数学知识的多少与其教学结果并无重要的联系。

相关研究可见 E. Fennema 和 M. Franke 的文章"教师的知识及其影响";现在的问题是:我们应当如何看待这些研究结果?对此人们的普遍反应是:我们不应轻易否定数学知识的重要性,而应对此做出更深入的研究。

例如,E. Fennema 和 M. Franke 指出:"很可能是不适当的知识测量与相对有限的研究方法隐蔽了原本存在着的教师知识与学生学习之间的相互关系"(Teachers' Knowledge and Its Impact, *Handbook of Research on Mathematics Teaching and Learning*, Macmillan, 1992:223)。这也就是指,我们应当首先对研究方法的适当性和可靠性做出仔细分析。笔者以为,这在很大程度上可被看成表明了定量研究方法的局限性。例如,在所说的研究中,研究者常以教师先前学过的大学数学课程的数目作为数学知识的度量;然而,在很多学者看来,数学知识的良好组织更加重要,即其是否建立起了相关知识的综合的、概念性的理解。

另外,在笔者看来,相关研究也从一个角度清楚地表明了教学活动的复杂性。例如,教师数学知识的缺乏显然可以借助教学技能得到一定补偿。从而,总的来说,我们仍需对此做出深入的研究。

第二,人们现也清楚地认识到了"作为科学的数学"不应被等同于"学校(教育)数学"。这也就是说,为了搞好数学教学,我们必须对前者进行重建或改造,以适合教学的需要。(由于所说的"重建"直接涉及了数学的表述问题,即是如何将"复杂的数学内容转变成学生能够理解的表达形式",因此,E. Fennema 和 M. Franke 就把相关知识称为"数学表达的知识"。)

容易看出,上述分析对于数学以外的各个学科也是适用的;那么,数学教学在这方面又有什么特殊性?

具体地说,由于数学是由一大群高度抽象的概念和知识组成的,因此,从这一角度进行分析,这里的首要问题就是我们如何能将这些高度抽象的数学概念与学生已有的知识和经验联系起来。

正是基于这样的认识,关于如何利用现实情境(包括现实问题和实际模型)的问题就获得了广泛重视,一些人士更将这看成搞好数学教学的关键:我们既应善于为学生呈现特定的学习情景,同时又应帮助学生很好实现对于具体情景的必要"超越"(或者说,"去情境"),也即应当帮助学生很好地建构起隐藏在现实情境背后的数学概念与知识的正确含义。

特殊地,由以上分析我们也可看出,由"作为科学的数学"向"学校数学"的转变所涉及的并不只是"表述"的问题。

第三,除去具体的知识内容以外,人们现也清楚地认识到了观(信)念的重要性,而且,与上面提到的关于教师数学知识的多少与教学质量之间关系的研究不同,现有的研究一致地表明:教师的数学观对其如何进行教学具有十分重要的影响。

也正是基于这样的认识,有学者提出,"问题并不在于:'最好的教学方法是什么?'而是'数学究竟是关于什么的?'"(R. Hersh 语)。另外,这也正是 R. Bromme 提出"学校数学哲学"应被看成"数学教师专业知识"一个重要成分的主要原因,而其之所以采用"哲学"这样一个词语,则是为了"强调它是元知识的一部分,渗透着隐含的认识论与本体论。"("超越于题材内容之外的:教师专业知识的心理学结构",同前,第 81 页)

还应强调的是,在此所涉及的又非单纯的数学观,还包括关于数学教学的各种观念或信念。这也就如 T. Cooney 所指出的:"就数学教学而言,真正的问题是教师对教学的看法,以及他们如何想象数学教师这一角色。其实,当教师为了帮助孩子们学习数学而奋斗时,'哲学的'思考每天都在课堂上满世界地尽情表现。"("科学在教学与教师培养中的应用",载 R. Biehler 等主编,《数学教学理论是一门科学》,同前,第 119 页)从而,笔者以为,与"学校数学哲学"这一术语相比,"数学教育哲学"就是更加恰当的一个名称。

第四,所谓"特定内容的教学法知识"(pedagogical content knowledge,简记为 PCK)在很大程度上即可被看成"一般教学法知识"对于特定教学内容的应用。然而,就现实而言,我们在这一方面又经常可以看到这样一种局限性,即大多数教师在这方面的知识主要都表现为经验的总结,也即主要反映了个人的教学经验,从而就明显地表现出了理论研究与教学实践的严重脱节。

造成上述情况的原因当然是多方面的;但在笔者看来,这又是一个特别重要的原因,即是相关的理论研究未能很好突出数学教学的特殊性。这也就是说,我们为广大数学教师提供的只是一般的教学理论(包括学习心理学),而不是与他们的实际工作密切相关的"数学教学论"(与"数学学习心理学")。

显然,依据上述分析我们也可清楚地看出在所说的"特定内容的教学法知识"与传统的"教材教法研究"之间的重要区别,特别是,对于学生在相关内容学习过程中真实思维活动的了解即应被看成我们选择教学方法的重要依据。

也正因为深切地认识到了"有关学生思维的知识的确影响着教师在课堂中上的所作所为",E. Fennema 和 M. Franke 就把"关于学生的知识"列为"数学教师专业知识"的一个重要成分。应当提及的是,国外同行并已在这方面做了不少有益的工作。例如,所谓的"认知指导下的教学"(CGI)就可被看成这方面的一个典型例子,以下就是其最基本的一些指导思想:(1)教学必须建立在每个学习者所了解的知识基础之上;(2)教学应当考虑儿童的数学思想如何自然地发展;(3)当儿童学习数学时,他们必须积极思维。(M. Koehler & D. Grouws, Mathematics Teaching Practice and their Effects, *Handbook of Research on Mathematics Teaching and Learning*, ed. by D. Grouws, Macmillan, 1992: 115-126)

二、 创造性是专业化的一个重要内涵

对于数学教师专业知识的具体内容和结构应当做出更深入的研究,包括通过实验具体地确定各个变量对于教学质量有怎样的影响;但就教师的专业化而言,笔者以为,除去所说的"知识性内容"以外,我们又应十分重视知识与能力的关系,特别是,教师的专业知识不能被看成为实际教学活动提供了某些事先确定的,"正确的"程序、方法或规范,恰恰相反,所有这些知识事实上都只是为数学教师的创造性活动提供了必要的基础。

更一般地说,这应被看成教学工作的基本立场:由于教学内容与教学环境

的多样性,更由于教学的对象是具体的人,因此,就不存在任何固定的教学程序和方法,对此即可有效地被用于各种环境下对于各种对象、各种数学知识内容的教学;恰恰相反,每个教师都必须依据特定的教学内容、教学对象与教学环境(从而,教师在此所面临的就是一个"三重"的建构)创造性地去进行教学。(从更广泛的角度进行分析,教师又可被看成在整个教育体制与受教育者之间充当了"中介者"的角色,也正因此,在实际从事教学活动时,教师就应将整体性教育目标也考虑在内。更一般地说,按照 E. Elbaz 的用语,教师在此所从事的事实上就是一种"界定"的工作,对于后者我们并应从社会、个人、经验、理论和情境等多种角度做出具体分析。)

具体地说,教师必须依据特定的教学内容、教学对象和教学环境对自己的教学工作做出计划和实施,包括及时的评价和调整,以及事后的反思与总结。其中,教学工作的设计(教案的制订)显然可以被看成理论与实际教学的一种结合(也正因此,我们就不应将"教师专业知识"看成是由各个互不相关的成分组成的,而应明确强调知识的综合性);另外,与这种事先的"决策"相比,课堂中的"即时决策",也即教师如何能够针对课堂教学的实际情况、特别是学生的反应做出必要的调整,则可说更为清楚地表明了教学工作的创造性质(应当指出,研究表明,这种即时决策的能力也是"专家教师"与"新手教师"的一个主要区别,详可见 C. Brown & H. Borko, Becoming a Mathematics Teacher, *Handbook of Research on Mathematics Teaching and Learning*, ed. by D. Grouws, Macmillan, 1992:209 - 239);最后,课后的反思与总结则不仅是改进教学的一个有效手段,也是教师由单纯的教学者向研究者转化的一个重要途径。

综上可见,在教师的教学与学生的学习活动之间我们就可看到某种对称性,进而,又如与具体数学知识内容的学习相比学生数学能力的培养更加重要,我们在此显然也应引出这样一个结论:相对于教师的专业知识而言,教师的教学能力同样更加重要,特别是,我们不应机械地去应用任何一种教学方法,而应依据具体的课堂情境(条件与限制)、具体的教学对象和教学内容去决定哪种方法最适合目前的教学任务,也即应当明确肯定教学活动的创造性质。

应当提及的是,上述认识事实上也可被看成美国新一轮数学教育改革给予我们的一个重要启示或教训。具体地说,由于《学校数学课程和评估的标准》突出地强调了某些教学形式(合作学习等),从而就在很大程度上取消了教师在教学过程中所应发挥的主导作用;也正因此,在新的"数学课程标准"(《学校数学的原则和标准》)中,美国数学教师全国委员会(NCTM)就明确提出了这样一条新的原则:"关于教学的原则"("原则三"),而其主要内容就是对于教学活动创造性的明确肯定(详可见另文"美国《数学课程标准(2000)》简介",《中学数学教学参考》,1999 年第 7 期)。这也就如美国数学教师全国委员会在其"政策声明"中所指出的:"教师应当根据数学内容和学生的需要,并借助各种教学方法在学习过程中发挥主导的作用,创造出适当的教学环境。"(详可见 NCTM, "An NCTM Statement of Beliefs", NCTM Website: www. nctm. org)

显然,从上述角度进行分析,我们在此也就应当提出这样一个问题:我国现行的数学教学大纲和数学教材是否为教师留下了足够的创造空间?特别是,传统的"一层卡一层"的局面是否已有了很大的改变?更为明确地说,由于一定的自主权正是教师充分发挥创造性的一个重要条件,因此,我们就应将"自主权"看成专业化的又一重要标志。(对此并可见 N. Noddings, Professionalization and Mathematics Teaching, *Handbook of Research on Mathematics Teaching and Learning*, ed. by D. Grouws, Macmillan, 1992: 197 - 208)

总之,创造性应当被看成数学教师专业化的一个重要内涵。

三、专业化数学教师的培养

以下再对数学教师(包括职前与在职教师)的培养问题提出一些简单意见。

第一,在教师的培养与学生的培养之间显然也有一定的对称性。例如,如果我们反对"传授式"的教学思想,那么,在教师的培养工作中我们显然也就应当注意纠正类似的做法,即如认定后者所需要的只是及时、热情地对教师进行"补缺"(我们还应牢牢地记住这样一点:观念转变不可能通过几天培训就能得到实现)。另外,考虑到教师所"给予"的(或者说,教师所希望学生学到的)未必是学生实际学到的,以下现象的出现也就无足为奇了:尽管教材较好地体现了数学的结构和学生的思维特点,相应的培训也为教师指明了合适的教学方法,但是,实际教学工作却没有能够取得预期的效果,因为,课程开发者认识到了的东西并不必然地为教师所具有,培训中所推荐的教学方法也未必为教师所认可。

除去上述的"对称性"以外,我们还应注意分析培养工作本身对于教师教学的重要影响,这也就是指,我们给教师教什么以及如何教,将直接影响到他们给自己的学生教什么以及如何去教,特别是,对未来的教师而言就更是这样的情况,因为,"正是通过这种亲身的体验,他们逐步形成了什么是成功的和不成功的数学教学,以及什么是数学教学的一般性概念,并初步学到了各种课目的教学方法和技巧。"(*Professional Standards for Teaching Mathematics*, NCTM, 1991)这也就是指,未来的教师常常不是按照所学的理论,而是按照自己做学生(或实习)时的体验从事教学的——显然,这也就更清楚地表明了教师培养工作中"教学思想"转变的重要性。

第二,从理论的角度看,我们并应注意分析建构主义在这一方面为我们提供的重要启示。

例如,从建构主义的立场出发,我们就应十分重视促进教师对于自己教学思想的自觉反思。更一般地说,这也可被看成"反省式师资培养方式"近年来何以得到普遍重视的重要原因。(应当指出,在一些学者看来,反思也应被看成很好掌握数学知识的关键。例如,正是在这样的意义上,H. Vollrath 提出,"对于数学概念的反思"应当被看成"数学思维的出发点"。详可见"对数学概念的反思是教学思维的出发点",载 R. Biehler 等主编,《数学教学理论是一门科学》,同前)

另外,正如教学应当被看成教师与学生之间的互动,我们在教师的培养工作中也应积极提倡教学双方的合作与互动。进而,课例分析又可被看成为所说的合作与互动提供了合适的背景,更有利于理论与实践的直接"对话"。这也就如 H. Steinbring 所指出的:"这是研究人员将其理论观念在共享背景的角度下进行交流的一种手段,而且也是探索教师实践,或是更好地从中获得反馈,并向教师学习的一种典型的方法。"("数学教育的理论与实践之间的对话",载 R. Biehler 等主编,《数学教学理论是一门科学》,同前,第 104 页)

最后,又如 N. Noddings 所指出的:"建构主义的特殊力量在于使我们对教学过程作出批判性和具有想象力的思考"。显然,从这一角度进行分析,我们在教师的培养工作中也就应当大力提倡对于传统教学思想和教学方法的自觉反思和批判。(值得指出的是,在一些学者看来,我们并就可以依据教师在这一方面的自觉程度对其"专业水平"作出具体区分。详可见 C. Brown & H. Borko,

Becoming a Mathematics Teacher, *Handbook of Research on Mathematics Teaching and Learning*, ed. by D. Grouws, Macmillan, 1992:209－239)

第三,从教学工作的创造性进行分析,我们又可引出这样一个结论:相比数学教师的专业知识而言,"广度"与"深度"(特别是数学知识方面的深度)在一定程度上更加重要。这也就是说,为了搞好数学教学,数学教师应当具有广泛的知识背景,包括教育学、心理学、社会学、语言学、人类文化学、哲学等。当然,就每一个教师而言,不可能在上述各个方面都有很深的知识,但在笔者看来,这又不仅清楚地表明了加强合作的重要性,而且也很好地体现了创造活动的个体特殊性,后者即是指,在具有广泛知识背景的同时,每个人都可按照自身条件与兴趣在某些方面作出更深入的研究,从而真正实现"由单纯的教学者向研究者的转变"。

第四,教师的专业知识和教学能力不应被看成固定不变的,恰恰相反,对此我们应当持有发展的、动态的观点。显然,从这一立场进行分析,即如我们在教学中应当注意培养学生的学习能力以适应"终身学习"的社会需要,我们在教师的培养工作中也应特别重视对于教师学习能力的培养(事实上,按照 N. Noddings 的观点,业务上的不断提高也应被看成"专业化"的一个重要特征。详可见 Professionalization and Mathematics Teaching, *Handbook of Research on Mathematics Teaching and Learning*, ed. by D. Grouws, Macmillan, 1992:197－208)

当然,教师相对于学生而言在这方面也有一定的特殊性:教师的进一步学习应与其教学工作密切相关;从发展的眼光看,这包括了由教学向研究的转化。

笔者在此愿突出强调一定的研究经验对于教师形成正确观念的重要性。例如,就只有具有了一定的数学研究经验,我们才能更好地理解数学的本质,特别是建立起"动态的、发展的数学观"(1.2 节);另外,我们显然也应将积极的教学实践看成建立正确的数学教学观念的一个重要前提。

另外,从"终身学习"的角度看,我们显然也应对教师间的合作(包括集体备课,积极参与各种学术活动等)予以特别的重视。

显然,这也就从另一角度指明了教师培养工作的又一重要目标。

第五,数学教师的成长是一个社会化的过程。这就是说,我们在此不仅应当看到系统的培养工作的重要性,而且也应看到社会上方方面面(如社会大环境、升学体制、学校氛围、学生的要求和压力等)的影响,包括在其实际成为数学教师之前和以后。显然,从这一角度进行分析,我们也可更好认识教师培养工作的复杂性和艰巨性,并对教师在专业化道路上遇到的困难给予更好的理解和更多的支持。

综上可见,数学教育的专业化对于数学教师及其培养工作提出了更高的要求,也正因此,我们就应将数学教师的专业化发展看成数学教育研究的一项重要内容。

[**附录**]新近读到了美国《小学杂志》(*Elementary School Journal*)刊登的关于专业化的一篇文章(1998 年第 5 期),其中提到,任何一门专业(对此应与一般的"职业"加以明确的区分)都应具有以下几项特征:

在需要时为其他人服务的责任感;

必要的理论(知识)背景,也即对于相关理论的较好掌握;

特定领域中的实践能力,也即在某一领域的实践中表现出了较高的技巧;

在不确定的情况下作出判断的能力;

需要通过实践,也即理论与实践的相互作用不断进行学习;

相应的专业共同体在质量保证与知识的积累等方面发挥了重要作用。

不难看出,就上述的各个标准而言,除去最后一条是从社会学,也即宏观的角度进行分析的,其他各条即可被分别归属于上面提到的"专业知识""专业能力"和"观念"等这样三个方面。

7.2 立足专业成长，关注基本问题（节选）[①]

教师的专业成长，当然不是一个全新的论题。相信在座的老师都听过这样的报告，也看过不少相关的论著。简单地说，这是对教师的普遍要求，同时又有较大的难度，特别是，所说的“专业成长”往往与一线教师的日常工作有较大距离。与此相对照，笔者以为，我们讲专业成长一定不能离开自己的工作，又由于当前最大的背景正是新一轮数学课程改革，因此我们在当前就以课改为背景来讲教师的专业成长。

课程改革在当前有一些新的动态，这是两条较重要的信息：一是在南京召开的“基础教育课程改革经验交流会”，会上讲了句话叫“开弓没有回头箭”（教育部陈小娅副部长，2009 年 10 月）。什么叫“开弓没有回头箭”？课程改革怎么会扯到“开弓没有回头箭”？二是《人民教育》后来的报导文章：“课程改革再出发”（2009 年第 22 期）。什么叫“课程改革再出发”？难道课程改革中止了吗？难道课程改革回头了吗？看到这样两个信息我想我们应当认真地去想一想：课程改革至今已有 10 年了，对于过去 10 年的改革到底应当怎样评价？现在讲“再出发”、讲“开弓没有回头箭”又为我们传递了什么样的信息？“再出发”的课程改革又如何能够取得真正的进展？

一、课改 10 年的回顾

课改 10 年，简单回顾一下，开始的两三年可以说是一个高潮，然后好像逐渐淡出了人们的视线，一些老师甚至都不再关心课程改革了。现在又讲“再出发”，那么这 10 年是不是应该回顾一下？是不是应该总结一下、反思一下？我想有些事情回忆一下会有好处。既然讲“开弓没有回头箭”，既然讲“再出发”，

① 本文依据笔者在“第 6 届人教版课程标准实验教材经验交流会”（2010，安庆）上的讲话整理而成，首次发表于《小学数学》（人教社），2010 年第 3、4 期。由于篇幅的限制，在此仅选用了其中的前两节。

这就反映出新一轮数学课程改革不是很顺利,也即应当承认课程改革的长期性和复杂性,甚至可能出现一定反复和停滞。

1. 历史上的“钟摆现象”

其实,年龄稍大一点的老师都知道,这不是我们国家第一次课改,当然以前可能叫教育改革,58年有过,“文化大革命”期间有过,后来又有过好多次,有人统计过好像有7次或8次。但为什么老是要改,而且很多问题都是老问题。例如,1958年时学校门口就都挂有这样一个大标语:“教育为无产阶级政治服务、教育与生产劳动相结合”,那时就强调教育应与实践结合,加强应用。因此,联系实际不是新问题,而是一个老问题。那么,这些问题为什么反复出现,而始终没有得到很好解决?我想应该重视这样一个问题,即是避免出现“钟摆现象”:前十年改革,后十年回去了;再过十年再改革,再过十年又回去了……从世界的范围看,数学领域确实存在这样的“钟摆”现象。

简单回顾一下,数学教育领域几乎每十年出现一个新的口号:20世纪60年代是“新数运动”,在世界范围轰轰烈烈地展开;但到了70年代就是“回到基础”,出现了回潮,先前的改革基本到此为止。80年代出现了“问题解决”,90年代则是以“课程标准”为主要标志的新一轮数学课程改革运动,我国自2001年开始的课程改革基本上也属于这一波;但据我的了解,从2000年开始在世界范围内,特别是在美国、日本,包括我们国家的台湾地区,又都进入了“后课标时期”,即是对于课程改革做总结和反思的阶段。所以有必要考虑一下如何才能避免这种“钟摆现象”?当然,现在我们国家可以说已经意识到了这样一点,并正努力防止这种现象的出现,所以叫“再出发”,所以叫“开弓没有回头箭”。

在座的很多老师都身处教学一线,听了上面的总体发展趋势可能会说这与我关系不大:课改不课改是领导的事,我们一线老师你叫我怎么做我就怎么做。但我想有些问题一线老师还是应当想一想,因为,如果你想的不是很清楚,也即缺乏自觉性的话,就会出现一些不很理想的情况。如一线教师往往会由积极参与改革不知不觉地变得比较消极、麻木。什么叫积极参与?大家不妨回忆一下:2001年课改刚开始时是怎样的情况?以下的话我也曾很受鼓舞:“跨入21世纪,中国迎来教育大变革时代,百年难遇,能够亲历这么大的变革是我们的幸运,‘人生能有几回搏?’愿我们能在改革的风浪中搏击,在改革的潮水中冲浪,20年以后,历史将会记得你在大变革中的英勇搏击。”(张奠宙语)再例如,当年大家知道要改革了,很多老师都急切地想知道以后怎么上课。因此,即使是在很大的礼堂做培训,也座无虚席,有的老师没有板凳一站就是4个小时,都很认真地在看、在听,因为,他们想要知道自己将来究竟应当怎样上课。

2. 现实中的常态

有些现象不知大家注意到没有?课改开始时观摩课的桌椅都是以小组形式摆放的:围成4人一组、6人一组或8人一组;但你有没有注意到从什么时候开始桌椅的摆法又不知不觉地改回去了,即重新回到了"标准的"一排一排?我想有很多事情由于当时身处其中可能没有感觉,但过后冷静地想一想,这里是否确有这样的变化,即从原来的激情时代,充满热情,充满信心,不知不觉地消沉下去了,变得麻木起来,甚至是"牢骚复牢骚,长叹复长叹"。

这难道就是一线教师的铁定命运?刚才讲到数学教育领域中的改革已不是第一次了,经常是前10年改,后10年不改。难道我们一线教师就永远处于这样的"被运动"状态吗?香港中文大学的黄毅英先生有这样一段话:"期盼、失落、冲突、化解和再上路……当然我们可以抱怨,这些问题何以反复地出现……"(邓国俊、黄毅英等,《香港近半世纪漫漫"小学数改路"》,香港数学教育学会,2006)但是,难道我们一线教师就只能永远处于这样的被动状态:你叫我改革我就改革,你叫我不改我就不改?!似乎是一眨眼的时间,课改10年了!我觉得我们真的应该好好想一想:人生究竟有几个10年?在这种情况下我们又如何才能很好实现自己的人生价值,并在教学工作中不断有新的提高?坦率地讲,这是我自2009年下半年起一直在思考的一个问题,我也很愿意与一线教师交流这样一种看法:改革不改革我们做不了主,课改的大方针我们也做不了主,但有的事情我们还是可以做主的,就是不管你改与不改,作为教师我总得关注自己的专业成长,这是我们的根本。所以,我想给一线老师讲这样一句话:"老师,请立足自身的专业成长,这是最最重要的。"为什么?因为教学最终是要靠教师完成的,而如果我们始终处于很低的水平,教育就永远上不去;再者,如果离开了教师的专业成长,课程改革恐怕也成功不了,因为,正如有人所说的,课程改革成在教师,败也在教师。所以,想来想去还是这样一句话:立足专业成长。

事实上,我在10年前讲过另外一句话:"放眼世界,立足本土;注重理念,聚焦改革"。现在则愿意强调这样两句话。第一句就是"立足专业成长"。这是教育的根本,课程改革能否成功也取决于此。例如,在谈到数学课程改革的实际情况时,你不用告诉我相关数据,特别是课改10年取得了多少多少成绩,因为一线老师心里肯定有一本账,这才是我们应当认真思考的,就是自己跟10年前相比,到底有没有成长?有哪些成长?有哪些提高?这是十分重要的。

香港大学有一个研究报告,在对中国大陆、香港和台湾地区的数学课程改革进行比较以后说了这样几句结论性的话:“整个课程改革都声称教师要进行‘范式转移’……但现实恰恰相反,因为课程文件上愈来愈多条条框框,课程甚至写得过于详细,差不多是要指挥每位教师每日在课堂如何教学,这跟教师的专业发展背道而驰。”报告提出应当鼓励教师的专业成长:“重要的是……课程改革是否具备改变或强化教师队伍、促进教育专业化的诱因和条件。我们甚至可以把‘能否提高教师的专业性(包括专业意识、专业自主和专业教学)’用作评定教育改革成败的判准。”(丁锐等,《两岸三地基础教育数学课程改革比较及对课程改革的启示》,香港中文大学香港教育研究所,2009)我赞同这样一个观点:应当更加重视教师的专业成长。

在此还可提个问题供大家思考:一个永远走在“最前面”的教师能否被看成真正的好教师?这就是指,课改前传统教学他是优秀教师,课改初期他也是样板,而如果课改中止回到传统他还是最好的老师……但是,这样的老师究竟是不是一个好教师?我想真的应该打个问号,因为他缺乏独立思考,而教师一定要有自己的独立思考,这也是专业化的必然要求,因为,教学不是一种简单的重复劳动。作为对照,愿意介绍一个著名教师(魏书生)在《人民教育》发表的文章,标题就叫“不动摇、不懈怠、不折腾”。

再提一个问题:现在有很多教师培训活动,有的是一年期,也有两年期的,还有三年期的……我问相关人士:“3年期的培训到底有没有一个明确目标?参加培训的教师3年后会有什么变化?”我想应当关注的不是究竟出了几个特级教师,出了几个一等奖,而是教师在专业成长上究竟有哪些收获?所以,我今天讲的第一件事就是“立足专业成长”。

二、一线教师专业成长的基本途径

有的教师会说我也想专业成长,但什么是专业成长的基本途径?提到这一问题我想很多老师马上会有这样一个想法:加强理论学习,多看些书。这也是我参加教师培训时经常遇到的一个请求:“郑老师,能不能给我们推荐几本书啊!”反映出很多老师都有学习的愿望。

1. 从“加强学习”谈起

加强学习当然是对的,但还可以更深入地想一想:加强学习到底有什么用?有这么几条可以简单复述一下。

第一,通过学习可以吸取别人的经验和教训,从而防止重犯别人的错误。我记得当年新一轮课程改革还没有启动之时,曾在上海开过一个小型会议,在场的一位老同志,就是广东教育学院的苏式冬教授,讲了这样一段话:“你们想的这些问题,我们(她原来是北京景山学校的)当年都想过,你们想做的事情当年我们也都做过。”这是什么意思?就是指要注意吸取别人的经验和教训。以下是另一相关的体会:“最大的读书心得是什么?许多事情,过去有过;许多问题,前人想过;许多办法,曾经用过;许多错误,屡屡犯过……懂得先前的事情,起码不至于轻信,不至于盲从。”(陈四益,《文艺报》,2005 年 9 月 17 日)

但有的老师可能会反驳道:上面的话泛泛讲我也赞成;但数学课程改革是个新东西,怎么可能有现成的经验呢?

我想请大家看一看美国的教训。这是我在 1999 年写的一篇文章,当时我国的新一轮课程改革还没有开始,但美国是 1989 年开始改革的,到 1999 年就已暴露出了很多问题,有很多经验和教训,所以在当时我就写了篇文章谈美国数学课程改革的教训,共 6 条。请大家看一下:如果当时有更多人注意到了这样一些问题我们是不是就可少付些代价?! 少走些弯路?!

“第一,对基本知识与技能的忽视。第二,不恰当的教学形式。即如对于合作学习的过分强调等,但却没有很好发挥教师应有的作用。第三,数学不只是一种有趣的活动,仅仅使数学变得有趣起来并不能保证数学学习一定能够获得成功。因为,数学上的成功还需要艰苦的工作。第四,课程组织过分强调情境学习,却忽视了知识的内在联系。第五,未能给予数学推理足够的重视。第六,广而浅薄。由于未能很好区分什么是最重要的和不那么重要的,现行的数学教育表现出了‘广而浅’的弊病。”(5.1 节)

再重复一遍:这是我在 1999 年写的一篇文章。我觉得如果一些承担领导责任的人当年能多看一些书,一线老师也能多知道一些相关信息,错误或弯路就会少一些。所以,为什么要加强学习?第一条就是为了接受别人的经验和教训。

第二,加强学习可以提高自己的理论素养,从而实现由“经验型教学”向“理论指导下自觉实践”的重要转变,真正做到居高临下。由于这也是新一轮数学课程改革的一个重要指导思想,从而现实中就经常看到这样的做法:“理念先行、专家引领”。但是,我想大家也应深入地去思考一下:这样的运作模式,即“专家引领”和“由理论到实践”是否也有一定的局限性或者不足之处?

首先,这是当前的一个明显事实,即专家泛滥,而且专家讲的话又不太一样。例如,有的专家讲早晨起来千万千万不要吃鸡蛋黄,有的专家讲鸡蛋黄最有营养,因此就一定要吃;有的讲早晨起来一定要喝三杯凉开水,但中医说早上千万不要喝凉的东西……你到底怎么办?更坏的则是学术异化,因为,专家的看法不一样尚属正常,但有的时候专家是不是真的凭良心在讲话?

这是我们中国的特殊现象,我想这一点大家也一定深有感触。下面就是一个教研员的具体体会:“现实中,教师要上出一堂大家都认为好的课,真难!如果课上不注重情境设置、与生活联系、运用小组合作学习,评课者就会说上课的老师‘教育观念没有进行转变’‘因循守旧’;如果课上注意了这些,评课者又很可能说‘课上的有点浮’‘追求形式’,教师往往处于两难的境地。”(谢惠良,“把握实质,用心选择”,《小学数学教学》,2006 年第 5 期)

严格地说,这又不是中国的特有现象。可以看一下外国专家自己的话,这是一位在香港大学工作的瑞典人,也是世界上有点名气的教育家:“在中国香港我的这些同事是外国人,他们不懂广东话,当然也不懂普通话,但是却去学校做教师的教育者。他们不理解教师讲的话,只是看看课堂,如果他们看到学生以小组的形式学习,他们就会说‘这是好的教学’。到另一个班级,如果他们看到的是全班教学,他们就会说‘这是差的教学’。”(“什么是好的教学——就中国教师关心的问题访马飞龙教授”,《人民教育》,2009 年第 8 期)这是外国人自己讲的。所以我总结了一句话:“千万不要迷信专家。”

其次,更基本的原因又在于教学活动的复杂性,从而不可能被完全纳入任一固定的模式,更不可能有一个人事先把理论彻底地想好了,也把教学模式完全设计好了,一线老师就只要照着去做就可以了。所以,从这个道理上讲,也不可能存在这样一个“课程标准”,其中将全部的问题都想到了,你只要照着去做我们国家的数学课程改革就完成了。我想没有这样的东西。因为,教学活动是非常复杂的,其对象、环境和内容等不断在变。现在的问题是:在这种情况下我们是不是应该提倡一种新的立场?

具体地说,这正是国际数学教育理论研究在整体上出现的一项重要变化:"就研究工作而言,仅仅在一些年前还充塞着居高临下这样一种基调,但现在已经发生了根本性的变化,即已转变成了对于教师的平等性立场这样一种自觉的定位。"(A. Sfard 语)我想这确实很有道理。例如,我曾经跟我的几个负责课改的朋友讲:"你讲的头头是道,但你能不能上一堂课给大家看看?"他们通常不搭这个腔,因为,到一线上一堂课,上一堂好课,一堂大家都认为好的课,真的很难。所以,前几年经常强调"专家引领"、强调"理论指导下的实践"确有一定的局限性。

2. 反思性实践

现在更加强调关于教学工作的这样一个新定位:"反思性实践",其直接涵义是:一线教师不要指望谁来告诉你应该怎么怎么去做,也不要指望有这样一本书,里面写得很现成,一看这本书就马上专业成长了。恐怕没有这么容易;重要的应是通过自己的积极实践、认真总结和反思,一步一步地往前走。

下面再具体解释一下"反思性实践"的涵义。

第一,以前我们往往单一地强调理论的指导作用,比如前几年的建构主义理论,后者往往被形容为最先进、最好的。现在回过头来看,恐怕应当更加强调对于实践工作的总结和反思。再来看刚才引用的黄毅英教授的话,这是不是教师的铁定命运:"期盼、失落、冲突、化解和再上路……"他说:"当然我们可以抱怨,这些问题何以反复的出现……""我们也可以反过来看,教育本身就是一种感染和潜移默化,如果明白这一点,也许我们走了半个世纪的温温数改路,一点也没有白费,业界就正要这种历练,一次又一次的反思、深化、在深层中成长……问题就是有否吸取历史教训,避免重蹈覆辙。"(引文出处同前)这段话真的讲得十分到位。

这里还可举另一个例子供大家对照:如果 10 年前课改开始时做一个报告,10 年后再做一个报告,这两个报告肯定不一样,但我们还应更自觉地去总结反思一下:10 年前你讲的东西到底对不对? 如果有些东西讲对了,就要坚持;如果有些东西讲错了,就不要怕坦诚地讲出来,因为,能认识错误就说明你成长了,说明你有总结、有反思。总之,过去 10 年自己到底有没有长进,一个很重要的东西就是看当事者有没有意识到有哪些地方不恰当? 哪些地方做得不太好? 哪些地方做好了?

第二，还要重复一句：不要迷信专家，而应依靠自己，依靠自己的独立思考。

这里再插一句：不知大家注意到了没有，课程改革开始那几年，随便走进哪个书店去看一下，满世界铺天盖地的都是课改的书，《走进新课程》等，一套一套的，装帧也十分漂亮；但请大家现在再去看一看，这些书还在不在？恐怕一本都没有了！都到哪里去了？为什么书的生命这么短？这里是不是有些东西应当总结和反思?!

有位小学教师说得好："新课程改革进行到现在，专家们众说纷纭，我们也莫衷一是。还好，真正每天在教室里和新课程打交道的，站在讲台上能够决定点什么的，和孩子们朝夕相处的，还是我们一线教师，而教育变革的最终力量可能还是我们这些'草根'"。（潘小明，"'数学生成教学'的思考与实践"，《小学青年教师》，2006 年第 10 期）我非常欣赏这样一段话。一线教师应当有这种气魄："我说了算，管你什么专家，参考而已。"

顺便插句话，小学教师在这方面和中学教师相比"太可爱"了一点，也许跟小学生接触时间长了，被"童化"（儿童化）了。小孩子谁讲话都信，我们小学老师有的时候也这样，不管那个专家的话你都信。其实不是，我讲的话你就不要全信，要有这种气慨。

第三，不要追求时髦。刚才讲了数学教育领域每十年一个口号，因此，如果你永远在追口号："问题解决"时髦就讲"问题解决"，建构主义时髦就讲建构主义……这样，你就永远在追，永远没有自己的东西。所以我想提另外一个建议：与其永远追时髦，不如抓基本的东西。

我很喜欢下面这句话，这是我在南京作讲演时一位老师用短信发的一个短评。她说郑老师的报告"年年岁岁花相似，岁岁年年花不同。"我很喜欢这句话，特别是，这也可看成教师教学工作的一个真实写照：我们的教师哪怕你 6 年一转，6 年后又重新回来了，是不是"年年岁岁花相似"，但教育工作的创造性恰又在于"岁岁年年花不同"。

坦率地说，我一年做一个报告，基本上每一年都不一样，当然也有一些重复的东西，但一定有新的内容。所以，我想这两句话就是我们应当坚持的东西，不仅教学工作是这样，教学研究也应是这样。有些基本问题不管课改不课改都是基本问题。所以，与其追时髦，追潮流，不如老老实实抓基本问题，当然你要以新的发展为背景重新思考这些问题。

所以,我想这就是基本立场的一个必要转变:转向"反思性实践"。要积极实践、认真总结、深入反思,不断前进。这也是课程改革深入发展的关键。所以我的主题就是这两句话:"立足专业成长,关注基本问题。"①

三、结语

最后再回到我们的主题:"立足专业成长,关注基本问题"。希望大家都能看看这样一篇文章:"教师专业成长的民间道路"(《人民教育》,2009 年第 20 期,第 40 页)。因为,它体现了学习的第三种意义:超越庸常生活,唤醒心灵力量。

这篇文章讲的是什么事?是介绍福建仙游县一个偏僻山村小学中由教师自发组成的读书会。我以为这从又一角度更清楚地表明了加强学习对于教师提高素养的重要性,后者不仅是指教师应当具有的专业素养,也是指更加基本意义上的人生修养,包括对于人身价值与生命意义的认识。

这是读书会成立前的心态:"教育教学生涯不知不觉的走过了 10 多年,突然发现生命布满了厌倦、疲累与无奈。看着日渐麻木与僵硬的自己,我们变得惊慌失措——难道就这样拖着硬壳如甲虫般的一直生活下去?"

一个似乎纯粹的偶然促成了读书会的建立:"那天晚上,坐在我家的龙眼树下,几位同事针对教育教学生活聊了很久,长叹复长叹,沉重复沉重……"后来有个朋友近乎忏悔地叹道:"好久没认真地读一本书了!""是呀!"幽幽地,如回音一般几个人一起应和着,随后又陷入了沉寂。……突然,一个美妙的构思在心里绽放:"干脆我们组织一个读书研究会吧!"不成熟的提议竟获得了大家的一致鼓掌通过。

他们就这样坚持下来了。以下体会则表明了读书带来的变化:"自从走进这支自发成立的教育阅读研究团队,不知阅读的我从此迷上了阅读,并以书籍为心灵导师。我与大家一起阅读、思考交流,渐渐地,我从书中发现并找回了自身的价值,一种让心灵回归平静的安慰……"

现在的社会的确太浮躁,从而最需要回归平静。希望大家都能真正静下心来,认认真真地读一些书,认认真真地想一些问题,认认真真地做一些事情。

---

① 以下共略去三节的内容,主要涉及了"关注基本问题"这样一个论题。至于就当前而言"什么是数学教育的基本问题?"可见 6.4 节。

7.3　教师“实践性智慧”的内涵与发展途径[①]

一、数学教育研究的新热点

对于教师“实践性智慧”的强调是数学教育现代发展的一个明显特点，并集中地反映了数学教育理论研究的这样一个发展趋势：按照著名数学教育家斯法德(A. Sfard，她也是国际数学教育界 2007 年弗赖登塔尔奖的得主)的观点，20 世纪的六七十年代可称为“课程的时代”(the era of curriculum)，20 世纪最后的 20 年是“学习者的时代”(the era of the learner)，与此不同，在过去的几年我们则已进入了“教师的时代”(the era of the teacher)，这也就是指，现时研究者们已将关注点由先前的课程和教材的开发与学生的研究转向了教师的教学行为。(A. Sfard, What can be more practical than good research? —— On the relations between Research and Practice of Mathematics Education, *Educational Studies in Mathematics*, 2005(3):409)

例如，这就是人们通过对数学教育心理学共同体提交的研究报告进行综合分析得出的一个结论：“我们发现早期研究者关注学生的学习，几乎不关注教师……然而，从 20 世纪 80 年代开始，越来越多的开始关注教师。”(庞特、查布曼，“关于数学教师的知识和实践的研究”，载古铁雷斯、伯拉主编，《数学教育心理学研究手册：过去、现在与未来》，广西教育出版社，2009，第 522 页)

那么，研究者为什么会将研究重点由学生的数学学习转向教师的教学行为，人们又为什么要突出强调数学教师的“实践性智慧”呢?

对于上述问题当然可以从多个不同角度进行分析；但在笔者看来，这又是这方面的一个基本事实：正是通过对这些年数学教育(包括理论研究与教学实践)现实情况的总结与反思直接促成了上述的转变。

具体地说，在此首先应提及 20 世纪 90 年代起在世界范围内先后开展的新

① 原文发表于《中学数学月刊》，2011 年第 12 期。

一轮数学教育改革运动("课标运动"),这就是人们经由对这些年的课改实践进行总结与反思得出的一个重要结论:"课程改革成在教师,败亦在教师。"例如,以下就是中国香港与中国内地的一些学者通过"两岸三地"基础教育数学课程改革的比较研究所得出的一个结论:"真正的改革恐怕并不能在一夜之间发生。避免急功近利,着重细水长流的教师队伍整固,似乎更有作用。""更重要的是……课程与教育改革是否具备改变或强化教师队伍、促进教师专业化的诱因和条件。我们甚至可以把'能否提高教师的专业性(包括专业意识、专业自主和专业教学)'用作评定教育改革成败的判准。"(丁锐等,《两岸三地基础教育数学课程改革比较及对课程改革的启示》,香港中文大学,2009,第48—49页)

其次,对于"实践性智慧"的强调则集中反映了人们对于理论与教学实践之间关系的新认识,特别是这样一点:"对于理论研究与教师之间关系的重新认识是研究工作能否真正发挥对于实践活动促进作用这一方向的一个重要进步。"(A. Sfard, What can be more practical than good research? —— On the relations between Research and Practice of Mathematics Education, *Educational Studies in Mathematics*, 2005(3):401)

当然,在理论与教学实践关系问题上的认识转变也可被看成对新一轮课改进行总结与反思的一个直接结果。例如,正如"理念先行""专家引领"等口号所清楚表明的,对于理论指导作用的强调是我国新一轮数学课程改革的一个明显特征;但这恰又可被看成过去这些年的课改实践所给予我们的一个重要启示或教训:我们应当彻底改变那种单一的"由上至下"(包括由专家到一线教师、由理论到实践)的改革模式。(5.3节)

再者,就人们对理论与实践之间关系的新认识而言,一个重要的内容就是对于"理论优位"这一传统立场的自觉批判,特别是,由于教学活动的复杂性和不确定性,我们必须针对具体的教学内容、教学对象与教学情境创造性地去进行教学,而不能期望通过简单套用某个现成理论就能获得成功,也正因此,与单纯强调理论的指导作用相比较,我们就应更加重视切实立足实际的教学活动,并能通过及时总结与认真反思不断发展自己的"实践性智慧"。

总之,"反思性实践者"即是关于教师工作的一个新定位,这与传统的"理论指导下自觉实践"构成了直接对立。例如,这就正如黎纳雷斯与克雷纳所指出的:"反思是一种途径,通过这个途径,教师能够继续从事数学学习和作为教师的自我学习……这个过程……是教师学习的中心。”又，“这个概念挑战了这个假设，即知识与实践相互脱离，并且知识要比实践更加优越。”（“关于作为学习者的数学教师和教师教育者的研究”，载古铁雷斯、伯拉主编，《数学教育心理学研究手册：过去、现在与未来》，同前，第500页）另外，从这一角度我们也可进一步理解“实践性智慧”的基本性质，这主要是“行动导向”的：“从本质上来说，就是行动中的认知，它建立在经验、对经验的反思和理论知识基础之上。”又，“这种知识建立在第一手的经验基础之上……在实践中，这种知识作为规则、实践原则和意象起作用。”（庞特、查布曼，“关于数学教师的知识和实践的研究”，同前，第530、521页）

以下就对教师“实践性智慧”的性质与具体内涵做出进一步的分析论述。

二、“实践性智慧”的性质与内涵

“实践性智慧”的行动导向直接决定了它的这样两个特性：实践性（具体性、情境性）与综合性。

由于“实践性智慧”常常也被说是一种知识（“实践性知识”），因此，我们就可通过与传统意义下的知识（“理论性知识”）的比较，清楚认识“实践性智慧”的性质与具体内涵。

具体地说，“理论性知识”（“理论”）的主要特性是它的普遍性或普适性，这也就是指，作为真正的认识活动，我们不应停留于某个特定的对象或状态，而应由特殊上升到一般，也即应当由特殊的事物或现象的研究引出普遍性的结论。例如，主要地也就是在这样的意义上，知识常常被说成对于客观规律的正确反映；另外，新的实践活动则又常常被描述为理论的应用，即是由一般重新回到了特殊，这也就是指，我们应当以普遍性理论自觉地去指导新的实践活动。

由此可见，传统的知识观（和实践观）所体现的就是“理论优位”的立场，特别是，处在这种传统支配下的研究者往往就以创造新的理论作为主要目标。

与此相对照，对于“实践性知识”我们则不应理解成普遍性的理论，毋宁说，这主要是由各个具体案例构成的；进而，新的实践活动也不应被看成“理论指导下的自觉实践”，而主要是指“借助于案例进行思维”，从而，如果从思维形式的角度进行分析的话，在此所看到就不是“由特殊上升到一般，再由一般回到特殊”，而是“由特殊到特殊”，或者说，这主要地即可被看成一个类比的过程。

例如，我们就可从后一角度去理解“反思性实践”这一关于专业实践新定位的主要倡导者舍恩的以下论述：“当实践工作者理解了这个被他视为独特的情境之后，他便把它看成是已存在于资料库中的事物，把这个选址当成那个选址，并非要将前者分类到以往熟悉的类别或规则之中，而是要将不熟悉或特殊的情境，视为一个与熟悉情境相似、却又不尽相同的情境。即使无法脱口就说出二者之间有何异同。”（舍恩，《反映的实践者》，夏林清译，教育科学出版社，2007，第116页）

另外，依据这一分析我们显然也可更好理解“实践性智慧”的行动导向性，这就是指，人们在此关注的并非新的理论的创造，而主要是如何能够解决目前所面临的具体问题。

也正因此，笔者以为，不同于“知识”的归类，“实践性智慧”更应被看成一种能力，一种创造性地工作的能力。

为了清楚地说明问题，在此还可联系所谓的“学科内容教学法知识”（PCK）做出进一步的分析。

具体地说，这也是数学教育现代研究、特别是教师专业成长的一个热门话题，即是对于“学科内容教学法知识”的高度关注，更有不少理论研究者从纯知识的角度对其内涵进行了具体分析，因为，在他们看来，这清楚地表明了什么是数学教师的“专业基础知识”。

上述研究当然有一定意义；但在笔者看来，这又是此类工作的一个不足之处，即是仍然表现出了“理论优位”的倾向，尽管后者主要地又只是一种不自觉的行为。与此相对照，笔者以为，从“实践性智慧”的角度我们即可对“什么是学科内容教学法知识?”作出新的分析，并获得关于如何实现教师专业成长的有益启示。

具体地说，如果仍然采取先前的术语，也即坚持“实践性知识”与“理论性知识”的区分，我们在此所面临的就可说是这样一个问题：“学科内容教学法知识究竟是一种理论性知识、还是一种实践性知识?”进而，这又是笔者在这方面的基本看法：“学科内容教学法知识”主要应看成一种“实践性知识”。

事实上，对于“学科内容教学法知识”实践性与综合性的强调正是人们在这方面的一项共识，从而就从一个角度清楚地表明了这样一点：在“学科内容教学法知识”与“实践性智慧”之间确有很大的一致性。

例如，人们常常会利用如下的文恩图(图 7-1)对“(数学)学科内容教学法知识”的内涵做出具体说明，也即认为这在很大程度上可以被看成以下三类知识的一种综合：数学学科知识、一般教学法知识、数学学习知识(包括学习对象、学习背景、学习环境等方面的知识)。另外，如果说上述分析即已清楚地表明了“学科内容教学法知识”的综合性质，那么，由这一概念的最早倡导者舒尔曼关于其核心要素的分析我们就可清楚地看出这种知识的实践性质：第一是直面学生教学如何架构和呈现学科内容的知识；第二是有关学生在学习具体的内容可能拥有的共同的概念、错误观念与困难的知识；第三是在教学情况下能满足学生学习要求的具体教学策略。(李渺、宁连华，“数学教学内容知识的构成成分、表现形式及其意义”，《数学教育学报》，2011 年第 2 期)

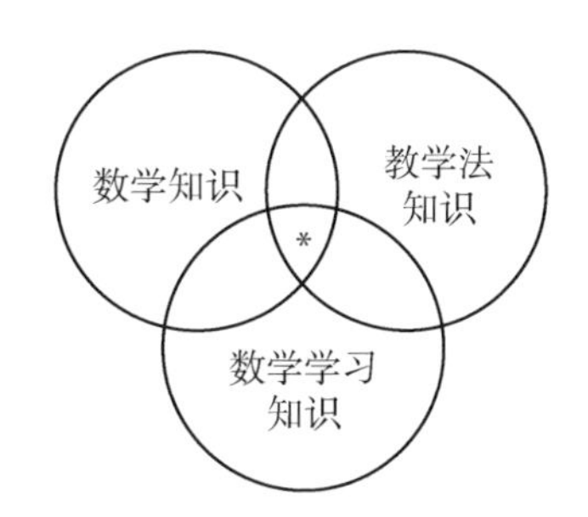

图 7-1 数学学科内容教学法知识

应当强调的是，我们还可从实践的角度对上述论点做出进一步的分析。具体地说，由“知识”到“知识”显然可以被看成上述各个研究工作的一个共同特点；也正因此，尽管人们突出地强调了这样一点：发展“学科内容教学法知识”的过程主要应被看成一种创造或再创造的工作，但这又是相关工作的一个常见弊病，即人们往往只是唯一地强调了由“作为科学的数学”(“学术形态的数学”)向“教育数学”(“教育形态的数学”)的转变，或是认为这可以被看成“一般教学法知识”在数学领域中的具体应用，却忽视了这里所说的“创造”或“再创造”还有这样一个十分重要的涵义：我们必须很好地实现由“理论性知识”向“实践性知识”的重要转变。

显然，按照后一种观点，我们也就必须对什么是“学科内容教学法知识”的基本性质和主要涵义做出新的分析。例如，从实践的角度看，我们无疑就应更加强调案例在“学科内容教学法知识”中的地位；另外，与纯知识性的理解相比，这又应被看成关于“学科内容教学法知识”更加适当的一种解释：这主要地应被看成是一种能力，一种创造性地进行工作的能力。例如，在笔者看来，这事实上也可被看成舒尔曼本人关于“学科内容教学法知识”如下反思的主要涵义：“学科教学知识的概念表明了教师知识的一个主导概念，它是陈述的而不是行动导向的或者根植于实践中的。……这些研究忽视了就实践而言的本质的‘重要观点’。”（引自庞特、查布曼，“关于数学教师的知识和实践的研究”，同前，第544页）

最后，应当强调的是，上述关于“实践性智慧”基本性质与内涵的分析也为我们如何发展自己的“实践性知识”（包括“学科内容教学法知识”）指明了努力的方向。这也正是下一节的直接论题。

三、发展“实践性智慧”的基本途径

这是人们在这方面的一项共识：实践基础上的总结与反思是发展“实践性智慧”的基本途径，这就是人们何以将这种关于实践工作的新定位称为“反思性实践”的主要原因。

进而，上面所说的“行动导向”显然也已表明对于所说的“反思”我们既不应理解成“闭门思过”，也不应等同于纯粹修养意义上的“吾日三省吾身”；再者，由于明确肯定实践活动与研究工作的一致性也是“反思性实践”的又一重要特征（从而，这也就与传统的关于理论与实践的严格二分构成了鲜明对照），这就是指，注重总结与反思的实践同样应当被看成真正的研究工作，因此，我们也就可以从这一角度引出关于教师如何发展“实践性智慧”的这样一些具体建议：

第一，加强“问题意识”。这就是指，无论就教学实践的总结或反思、或是一般意义上的教学研究而言，我们都应围绕问题去进行分析研究，并应当将日常的教学活动看成问题的主要来源。例如，主要地也就是基于这样的认识，笔者以为，尽管所谓的“教育叙事”可以被看成一线教师进行教学研究的直接出发点，但后者又不应被理解成教学过程的简单记录，而应突出其中存在的问题。

第二，努力做到“小中见大”。这就是指，我们既应切实立足教学实践，同时又应清楚地指明反思或研究工作的普遍意义。显然，依据这一分析，我们就应十分重视研究问题的典型性或代表性，因为，就只有这样，才可能对于新的教学实践具有更大的启示作用。

第三,由案例着手。由以下论述我们即可更好理解案例的积累与分析对于发展“实践性智慧”的特殊重要性:“一般专业实践者指的是反复进入某些特定情境的专家。根据各种专业的需要,专业工作者使用‘个案’……当实践者经历了为数不多的案例的许多差异时,他就能够‘实践’他的实践。他建立起一个关于期望、形象与技术的全面性资料库。他习得了要期待什么以及如何回应他的发现。随着他的实践渐趋稳定,即他处理的同类型案例越来越多,他就越来越少感到惊讶。他的‘实践中认知’将渐渐变得内隐、自然和自动化,他和他的当事人也将借此而认可其专业化的发展态势。”(舍恩,《反映的实践者》,同前,第116页)

显然,从教育的角度看,这也就从一个角度为“课例研究”何以在现今获得人们普遍重视提供了直接解释。当然,这里所说的案例既包括成功的实例,也包括不那么成功、甚至是完全失败的实例。

进而,又由于“实践性智慧”主要是指“借助于案例进行思维”,后者在很大程度上又可被看成一个类比的过程,因此,我们在案例分析中也就应当特别重视比较的工作。例如,这显然就可被看成一线教师在当前从事教学研究的一个很好切入点,即是通过同一内容的不同教学设计,特别是课改前后、课改初期与当前的比较,引出关于教学方法的改革与研究的具体思考。

第四,充分发挥社会互动的积极作用。

教师的专业成长可说涉及了两个不同的维度:个人的维度与社会的维度,这并就是后一方面研究工作的主要特点,即是突出强调了个体对于相应社会共同体的参与、交流(共享)和互动,包括个体身份的形成与变化:“社会文化观点把学习教学概念化为教师在不同共同体中身份的发展。”也正因此,我们就可断言:“专业发展即社会过程”。当然,如果将个人的维度也考虑在内,我们则又应当说,“反思”与“共享”是教师专业成长最核心的两个概念。(黎纳雷斯、克雷纳,“关于作为学习者的数学教师和教师教育者的研究”,同前,第495、500、503页)

由此可见,为了发展“实践性智慧”,我们就应注意吸取别人的经验和教训。例如,在笔者看来,我们就可从这一角度去理解以下的现象,即一线教师为什么会对观摩教学表现出如此高的热情,我们应明确肯定“同课异构”“集体研究”等做法的积极作用,因为,这即可被看成为个人的积极思考,包括自我反思提供了重要背景。

第五,重视理论学习。

这显然即可被看成“吸取别人经验”的一个具体途径;另外,这也清楚地反映了这样一个认识:尽管我们应当明确反对“理论优位”这一传统定位,包括不应将努力实现由“经验型教学”向“理论指导下自觉实践”的转变看成教学成长的唯一追求,但我们又不应因此而完全否定理论对于实际工作的指导作用,恰恰相反,一定的理论背景同样也可被看成“反思情境”的一个重要含义。例如,就只有从理论的角度进行总结与思考,我们才能更深刻地理解相关实践为什么会获得成功,又为什么会失败。

当然,在肯定理论对于实践活动积极作用的同时,我们又不应认为理论相对于实践而言占有绝对主导的地位。例如,这就可被看成这一立场的具体表现,即是实践中我们应当始终坚持对于相关理论的“尝试—检验—调整、补救、甚至是打破”这样一个立场,也即应当将实践基础上的认真总结与反思同样看成理论建设的一个基本途径。

显然,从上述立场进行分析,我们也可更清楚地认识积极提倡理论多元化的重要性。

第六,坚持独立思考。

无论就理论学习、或是实践基础上的总结与反思而言,我们都应坚持自己的独立思考,而不应迷信专家,或是盲目地去追随潮流。例如,正如前面所提及的,由于对“专家引领”的片面强调也可被看成“理论优位”这一立场的具体表现,因此,我们在当前就应注意对此加以纠正。

更一般地说,我们又应清楚地认识批判意识的重要性。例如,在笔者看来,就只有从这一角度进行分析,我们才能很好地理解以下论述的真谛:“多一点哲学思考,多一点文化判断力,就能经得起这个风那个风的劲吹,牢牢抓住教书育人不放松,一步一个脚印往前迈。”(于漪,“教海泛舟,学做人师”,《人民教育》,2010年第17期)

7.4　小学数学教师专业成长的“中国道路”：现实与展望①

曾有人问20世纪最伟大的大提琴家卡萨尔斯是如何成功的，他的回答是：“先成为一个优秀的、大写的人，然后成为一名优秀的、大写的音乐人，再然后就成为一名优秀的大提琴家。”这一论述对于中国小学数学教师，特别是目前在各类学校中充当教学主力的中年教师也是大致成立的，因为，他们的成长道路有两个明显的特点：第一，这些教师大多毕业于当年的中等师范学校，而中师毕业的教师的一个主要特征就是不分学科或专业；第二，尽管大多数人只是在走上工作岗位才成了专门的数学教师，但正是从跨入中师校门起很多人就已牢固地树立了成为一名优秀教师这样一个志向，从而为日后的专业成长奠定了重要基础，包括不少这样的实例，即相关人士首先是一个优秀教师，然后是一个优秀的数学教师。

当然，在校期间专门学科教学的缺失必然也会对他们后来的专业生涯有一定的消极影响，即是数学素养较为薄弱。对此中国的小学数学教师往往也有清醒的认识，但即使在这样的情况下，他们仍然在专业成长上取得了很大成绩，不仅出现了一大批优秀的代表人物，而且就整体而言与国际同行相比也有一定的优势，对此例如由中国旅美学者马立平博士关于中美小学数学教师的比较研究（《小学数学的掌握和教学》，华东师范大学出版社，2011）就可清楚地看出。也正因此，我们就应深入思考这样一个问题：中国的小学数学教师是如何实现专业成长的？我们又是否可以认为存在“数学教师专业成长的‘中国道路’”？以下就对此做出具体分析。

应当强调的是，本文主要是从教师的培养与专业发展这一角度进行分析的，而这事实上也涉及了整体性社会文化，包括传统教育思想对于教师的重要影响。例如，这就是中国社会十分普遍的一个认识：“只要教师教学得法，学生

① 原文发表于《数学教育学报》，2018年第6期。

又做出了足够努力,绝大多数学生都能掌握基本的数学知识与技能,也即能从知识上为进入社会作好必要的准备。”(4.1节)显然,这不仅促使中国数学教师很好地承担起自己的社会责任,也为他们积极从事教学工作提供了必要的信心!

一、在实践中学习,在群体中成长

正如人们普遍认识到的,这是专业性工作的一个重要涵义,即是相关人士必定有一个不断学习、逐步提升自身专业水准的过程。就我们的论题而言,这也就是指,即使相关人员在校学习专业对口,也很少有人从学校一毕业就能完全胜任教师的工作,甚至已可以被看成一个优秀的数学教师。

上述结论对于其他各科的教师当然也是成立的;更一般地说,这就是医生、律师等具有较强实践性质的专业人员何以需要较长见习期的主要原因,即是工作的复杂性与不确定性,从而不可能被完全纳入任一固定的理论框架,这也就是指,即使相关人士较好地掌握了相关的专业知识,仍然不可能通过这些知识的简单应用就能有效解决所面临的各种问题,而必须主要依靠自身的创造性劳动,包括相关知识的创造性应用。

从同一角度进行分析,我们显然也可更好理解国际上关于教师专业成长的这样一项共识,即是对于“在实践中学习”的突出强调。例如,在论及在职教师的专业发展时,由国际数学教育委员会组织的专题研究“数学教师的专业教育与发展”(ICMI Study 15)就采用了“在实践中和向实践学习”(Learning in and from Practice)这样一个标题。

具体地说,这正是“在实践中学习”的基本涵义:无论就教师、或是其他具有较强实践性质的专业性工作而言,相关人士的成长都应服务于他们的实际工作。例如,主要地也就是基于这样的认识,有学者提出,我们应将发展“实践性智慧”看成相关人士专业成长的主要目标(D. Wiliam, The Impact of Educational Research on Mathematics Education, *Second International Handbook of Mathematics Education*, ed. by A. Bishop, Kluwer, 2003:471-490);又由于认为已有实践的反思正是人们增长实践性智慧最重要的途径,因此,人们又提出了关于实践性专业工作的这样一个定位:“反思性实践者”。

(7.3节)

以下就是美国著名教育家、20世纪80年代以来教学和教师教育的领军人物舒尔曼(Lee Shulman)的相关论述:“从事这项专业30多年后,我总结道,课堂教学——特别是在中小学层次——也许是迄今人类发明的最为复杂、最具挑战性、要求最高、最敏感、最细微、最令人惧怕的活动。”“越复杂和高级的学习,它越多的依靠反思,回头反省和合作及其与别人一起工作。”“最能解决问题的专家不是靠做来学的;他们不是根据简单的解决问题的实践来学习的。他们通过追忆那些他们已经解决了的问题(或者比较少的是那些没有解决的问题)来学习;通过反思来学习他们为解决那些问题做了些什么,不是通过做,而是通过想他们以前在做什么。”(《实践智慧——论教学、学习与学会教学》,华东师范大学出版社,2014,第362、363、220页)

那么,中国的小学数学教师在这方面又有什么特殊之处呢?可以特别强调这样几点。

第一,除去自身工作的总结与反思以外,中国数学教师也十分重视向同行学习,“在群体中成长”更可被看成中国数学教师专业成长的基本形式。

例如,依据前一立场我们就可很好理解这样一个现象,即中国的小学数学教师为什么特别重视“课例展示”或“教学观摩”?另外,这也是诸多小学优秀数学教师在回忆自己成长过程时普遍提到的一点,即是“老教师”的帮助,这在很多情况下更是采取了“师傅带徒弟”这样一种形式。

但是,过分重视向别人学习是否也会因此而抹杀主体的个性特征、乃至教学工作的创造性?首先强调这样一点:“向别人学习”不应被看成是与一般意义上的“反思”直接相抵触的;恰恰相反,这为我们实际从事反思指明了一条十分重要的途径:通过与别人的对照比较我们可以更清楚地认识自己的不足与改进方向。其实,这也是这方面的一个普遍认识:教学中我们不应机械地去照搬别人的经验,也即纯粹地进行模仿,而应针对具体的教学情境和教学对象去从事教学,这集中地体现了教学工作的创造性质。

更深入地说,这也直接关系到了东西方对于创新的不同理解:“西方人很难理解创新未必需要全新的表述,而也可以表现为深思熟虑的增添,新的解释,与巧妙的修改。”在此并可说存在有两种不同的教师形象(职业标准):按照中国的教育思想,好的教师主要应被看成“熟练的演绎者(skilled performer)”;

与此相对照,按照西方关于"创造者(innovator)"的理解,仅仅演绎出一个标准的课程还不足以被看成一个好教师,甚至更应被看成缺乏创造力的表现。(4.1节)

其次,对于"合作"的高度重视也是国际教育界关于教师专业成长的又一共识。如舒尔曼就曾明确指出:"对一个单独工作的老师来说要想知道他的教学是否已经完成是很艰难的。""教师的智慧是孤独而静默的,作为教师,我们事实上能够在我们的所作所为上变得更加聪明,但是由于我们在孤立的氛围中工作,使得我们难以清晰地表明我们知道的和从他者那里分享而来的智慧。由于我们的工作习惯和条件如此缺乏反思性,以致我们几乎遗忘了我们在实践过程中对成果和做法的一些深思。"(《实践智慧——论教学、学习与学会教学》,同前,第224、364页)中国教师的相关实践可被看成在这一方面提供了很好的范例。

例如,前面提到的"师徒制"就可被看成"通过合作实现专业成长"的一个具体形式;进而,现今得到推广的"名师工作室"则可被看成这一做法的现代发展:"'名师工作室'一方面为名师自身发展提供了更为广阔的空间,另一方面也为团队教师成长提供了平台,成为教师专业发展的新途径。"(孙晓俊,"指向教师专业发展的数学名师工作室实践研究",《数学教育学报》,2017年第4期)

在此还应特别提及各级教研组织的作用。例如,中国特有的"教研员"体系在这方面就有特别重要的作用:"中国有专门的包含省、地(市)、县(区)等各级教研室的教研工作管理系统,这个系统中的教研员通过有计划的、形式多样的教研活动,组织不同层级的课例研究,从而为中国教师专业发展提供有效支持。"(章建跃等,"中学数学教研员的'专业知识''能力'及其'发展'",《数学教育学报》,2017年第4期)

最后,还应强调的是,无论"向别人学习",或是"群体中的积极互动",课例研究都是最重要的一个形式。例如,这就是年级备课组或学校教研组经常举行的一种活动:"教学观摩—集体研讨—再实践—再研讨……";另外,所谓的"同课异构"也是人们在当前经常采用的一种教研形式,即由多位教师同时展现同一教学内容的教学。

正因为此,相对于"反思性实践者"而言,这就是关于中国数学教师更恰当的一个定位:"作为研究者的教师"。这也就是指,只有通过积极的教学研究我们才能更好实现自身的专业成长。

第二,对于教材研读与教学工作的高度重视。

各种书面材料的学习显然也可被看成“向别人学习”的一个重要形式。例如,中国有很多数学教学的专门刊物,其主要内容就是课例与点评,从而就为广大教师向别人学习提供了很好的平台;更重要的是,相对稳定的数学教材,包括各种配套的“教师用书”,也为广大教师提升专业素养提供了重要帮助,特别是,借此我们即可超越各个具体内容建立“全局的观念”,也即很好地弄清各个内容之间的联系,从而准确地确定其中的核心内容与基本问题等。

后者事实上也是马立平博士在论及中国小学数学教师是如何达到“数学知识的深刻理解”时特别强调的一点:“中国教师花费大量的时间和精力钻研课本,在整个学年的教学中不断地全面研究课本。首先,他们要理解‘教什么’。他们要研究课本是如何解释和说明教学大纲的思想的,作者为什么以这样的方式编排,各部分内容间的联系是什么,该课本的内容与前后知识点之间有什么联系,与旧版本相比有什么新亮点,以及为何要做这样的改变等。更为详细地讲,他们要研究课本的每个单元是如何组织的,作者是怎样呈现内容的,以及为何如此呈现。他们要研究每个单元有哪些例题,为什么作者会挑选这些例题,以及为什么例题以这样的次序呈现。他们要审核单元每一节的练习,每一部分练习的目的等。他们确实对教材作了非常仔细和批判性的研究。”(《小学数学的掌握与教学》,同前,第125页)

当然,重视教材并不意味着教学工作创造性的丧失;恰恰相反,这是人们在这方面的又一共识:“教师不应简单地教教材,而应当用教材去教,用好教材”。进而,这也是中国数学教师普遍认同的基本职业道德:我们应当通过自己的教学帮助绝大多数学生很好掌握数学基础知识和基本技能,也正因此,我们就应认认真真地上好每一节课,包括针对具体的教学环境与教学对象做出适当的教学设计。

第三,由教学方法、教学模式到教学能力。

尽管现实中经常可以听到“教无定法”这样一个论述,但这又是中国数学教师十分明显的一个特点,即是对于教学方法的高度重视,特别是,在课改时期,能否积极从事教学方法的改革常常就被看成相关教师是否具有较强改革意识的直接标志。进而,除去课改初期对于教学方法改革的突出强调以外,这又是

2010 年前后出现的一个新变化,即是“模式潮”的涌现。具体地说,尽管这两者有一定差异,现实中获得人们特别重视的“先学后教”“翻转课堂”等模式并都有一定的特殊背景(5.6 节),但就相关的教学实践而言,又应说有很多的共同点,特别是,它们都在很大程度上表现出了对形式的片面追求,乃至一度造成了形式主义的泛滥,从而也就进一步凸显了这样一个结论:“我们不应唯一地强调某种(些)教学方法或模式,更不应以方法的‘新旧’代替‘好坏’,而应明确提倡教学方法和教学模式的多样性,因为,适用于一切教学内容、对象与环境的教学方法和模式并不存在,任何一种教学方法和模式也必定有一定的局限性,从而,我们就应积极鼓励教师针对具体情况创造性地去应用各种教学方法和模式,后者并应被看成教学工作专业性质的一个基本涵义。”(5.3 节)

但是,人们为什么未能从先前的实践吸取有益的教训,而是一再地重复过去的错误呢?在笔者看来,这也直接关系到了中国教师培养工作的又一重要特征,即是很强的规范性(4.1 节),包括理论对于教师的重要影响,特别是,如果后者更以“国家课程标准”的形式出现,或是被包装成了“国际上的最先进理论”的话。

当然,在上述方面我们也可看到一些真正的进步,即是对于教学能力的高度重视。在笔者看来,我们就可以从同一角度更好地理解舒尔曼所提倡的“学科内容教学法知识”:相对于简单的知识组合与积累而言,我们应当更加重视如何能够针对具体的教学情境与对象综合地去应用各种相关的知识(除去“学科内容知识”与“一般教学法知识”以外,这还包括有更多的方面,如“有关学习者及其特性的知识”“教育情境的知识”“有关教育目标、价值及其哲学和历史基础的知识”等)。这也就是指,这同样应当被看成教师必须具备的又一基本能力。

就中国数学教师的相关实践而言,以下一些工作可说具有较大的影响:

(1) 数学教师应当切实抓好这样三个字:“实、活、新”。第一,我们在教学中应当始终坚持“以学生为本”,也即应当通过自己的教学使学生有实实在在的提高,而非刻意地表演做秀;第二,由于教学对象是活生生的人,我们就应当以促进学生的发展作为基本目标,因此,我们应努力将数学课“教活”,也即很好调动学生的学习积极性;第三,所谓的“新”则是对于教学工作创造性质的直接肯定。(“探寻适合中国小学数学教育的‘0.618’——北京师范大学教授周玉仁访谈录”,载唐彩斌主编,《怎样教好数学——小学数学名家访谈录》,教育科学出版

社,2013)[①]

(2) 应当用数学思维的分析带动具体数学知识的教学,从而将数学课真正“教活”“教懂”“教深”。(2.1节)

(3) 数学教师应当很好掌握这样三项“基本功”:善于举例,善于提问,善于比较与优化。(7.5节)

(4) 由以上分析我们可引出这样一个结论:由于理论对于实际教学工作既可发挥积极的促进作用,也可能产生一定的消极影响,因此,这就应被看成促进教师专业成长的又一重要环节,即是我们应当更好地处理理论与教学实践之间的关系。这也正是下一节的直接论题。

二、努力做好“理论的实践性解读”与“教学实践的理论性反思”

这严格地说还不是一个成功的经验,而是由课改实践获得的教训,即是一线教师应当更好地处理理论与教学实践之间的关系,切实做好“理论的实践性解读”与“教学实践的理论性反思”。

1. 理论的实践性解读

这是2001年起实施的中国新一轮数学课程改革的主要发展线索,即由传统的“双基”过渡到了“三维目标”,然后又有所谓的“四基”(“数学基础知识”“数学基本技能”“数学基本思想”与“数学基本活动经验”),以及近期得到大力提倡的“核心素养”。但是,由诸多小学数学教师的亲身感受我们就可深切地感受到切实做好“理论的实践性解读”的重要性(这方面的一个典型例子可见4.3节)。

更一般地说,在此还应强调这样几点:

(1) 这里所说的“理论”,不只是指课改的基本理念,也包括国内外各种具有较大影响的教育理论,即如前些年十分流行的“建构主义”,以及现今在国内教育领域占据核心地位的“核心素养说”,等等。

(2) 这是“理论的实践性解读”的主要涵义:面对任一新的理论思想或主张,我们都不应盲目地追随,而应坚持自己的独立思考,特别是弄清这样三个问题:

---

① 当然,相对于“实、活、新”而言,我们在当前又应更加强调一个“深”字,也即应当通过“深度教学”努力促进学生思维的发展,包括由“理性思维”逐步走向“理性精神”。(6.2节)

第一,这一理论或主张的实质是什么?第二,这一理论或主张对于我们改进教学有哪些新的启示和意义?第三,这一理论或主张有什么局限性或不足之处?

因为,只有做到了这样一点,广大教师才能真正成为课程改革的主人,而不是始终处于"被运动"的地位,也不会因为"理论优位"这一传统认识而永远处于"受教育或被指导"的位置。应当指出的是,这事实上也是国际上的一个普遍趋势。(7.2节)另外,从同一立场进行分析,我们显然也就应当明确肯定在中国小学教师身上发生的如下变化:由于长期与儿童接触,很多小学教师也在一定程度上被"童化"了:容易轻信别人,特别是领导或权威的话;但是,这一情况现已有了很大改变,更有很多教师清楚地认识到了坚持独立思考、乃至具备一定批判意识的重要性。

再者,依据上述分析我们显然也可更好理解以下建议的重要性:"立足专业成长,关注基本问题"。(7.2节)特别是,就只有坚持这一立场,面对多变的指导思想我们才不会无所适从,并能切实避免这样一个现象,即是忙了一辈子却不知道忙了什么,乃至一再重复过去或别人的错误,却没有任何真正的进步。

当然,以上论述并非是要完全否认理论对于实际教学工作的指导意义或促进作用,恰恰相反,即使是小学数学教师也应加强理论学习,包括将此看成专业发展十分重要的一个方面,因为,这正是理论最重要的作用,即是有益于我们对于自己工作的深入理解,这并就是我们为什么可以将教师工作看成一个真正的专业的主要原因。这也就如舒尔曼所说:"将某项职业称为专业,意味着它在学术上具有广泛的知识解释基础……专业实践的变化的原因不仅仅来自于实践规则、环境或政策的变化,也来自于学术研究中知识的增长、批判和发展所导致的新理解、新观点或理解世界的新方式。"(《实践智慧——论教学、学习与学会教学》,同前,第382页)

当然,为了实现上述目标,我们又不仅应当积极提倡理论的多元化,更应始终坚持自己的独立思考,这就是我们特别强调"理论的实践性解读"的又一重要原因,即是我们应当通过积极的教学实践对相关理论的真理性做出必要的检验,包括促进后者的改进与进一步发展。

最后,应当提及的是,文中对于舒尔曼相关论述的多次引用,事实上也可被看成依据中国数学教育的现实情况做出的"实践性解读"。我们在后文将继续采取这一立场。

2. 教学实践的理论性反思

除去“理论的实践性解读”，我们还应积极提倡“教学实践的理论性反思”，这两者可被看成从不同方面表明了我们应当如何更好地去处理理论与教学实践之间的关系。

具体地说，强调“教学实践的理论性反思”应当说也有很强的针对性，因为，与对于理论的盲目追随相类似，现实中我们也可经常看到这样一个现象，即是有很多教师满足于教学经验的简单积累，却未能上升到应有的理论高度，从而也就未能在专业成长的道路上取得更大的进步。

在此还应特别强调这样一点：如果说反思可以看成教师专业成长最重要的途径，那么，“理论性反思”就是做好这一工作的关键，这也就是指，我们应当超越单纯的经验积累，从理论高度切实做好教学实践的总结与反思（显然，这也就更清楚地表明了加强理论学习、包括切实做好“理论的实践性解读”的重要性，即是我们应当将理论学习与教学工作更好地结合起来）。

由于对“课例”的高度重视正是中国小学数学教师的普遍特征，以下就围绕这样一点做出进一步的分析。

具体地说，尽管一线教师普遍地十分重视课例，包括教学观摩与教学研究，但是，这方面工作又往往局限于我们如何能由相关课例、特别是优秀教师的课例获得某些可直接借鉴的经验或设计，即如某一特定情境的创设，某些特殊教学工具的开发等；另外，就自身教学工作的总结与反思而言，往往也只是一种就事论事、“亡羊补牢”的工作，即只是集中于教学中的某些细节，特别是不足之处，如教学中某个问题的设计应当如何改进，或是学生在这一内容的学习中为什么出现某种错误，等等。也正因此，尽管这些活动确实有益于我们改进教学，但却很难说是否有更加普遍的作用，包括我们又如何能够通过此类活动有效地促进自身的专业成长。

事实是，自新一轮课改以来有很多教师都已参加过数十次、乃至上百次的教学观摩，在各种论著中我们也可看到大量的课例，包括若干所谓的“经典”，但是，除去若干直接的启示或经验以外，我们在总体上究竟又有多少收获？再例如，除去最初的“适应期”以外，大多数教师在几年之后往往又很快进入了所谓的“发展瓶颈”，也即似乎很难超出“合格教师”这样一个层面成为真正的优秀教师。（当然，这也是一个密切相关的现象，即现实中有不少“优秀教师”并不名副其实,因为,他们似乎更加在意头上的光环和荣誉,而其所谓的"理论建构"主要也只是词语上的急速膨胀,如由"数学教学思想"迅速发展成了"数学教学理论",又由"小学数学教学理论"急速演变成了"小学数学教育理论",直至最终包装成了集大成的"数学教育理论",但就实质内容而言,却看不到任何真正的发展或进步。)

应当强调的是,我们在这方面也可由国外同行、特别是舒尔曼的相关论述获得直接的启示。

首先,我们即应清楚地看到在"从经验中学习"与"只是获得经验"(或者说,经验的简单积累)之间的巨大差异:"二十年的经验"很可能只是"二十遍一年的经验",从而就有很大的局限性;与此不同,"从教学经验中学习不仅只是练习一个可以转为自觉行为的技巧,而是将技巧上升到思考,为行为找到理由,为目标找到价值所在。"显然,后一论述并直接关系到了理论与实践之间的关系,这也是舒尔曼本人明确强调的:"从经验中学习既需要具有学术特征的、系统的、以原型为中心的理论知识,也需要具有实践特征的流动性、反应性的审慎推理。专业人员必须学会如何处理这些不可预测的问题,也必须学会如何反思自己的行动。专业人员需要将行动的结果融入自己日益增长的知识基础里。""这种理论原理和实践叙事、普遍性和偶然性的联系就形成了专业知识。"(《实践智慧——论教学、学习与学会教学》,同前,第364、228、385、385页)

舒尔曼并对我们应当如何从事"案例研究"进行了具体分析:"一个被恰当理解的案例,绝非仅仅是对事实或一个偶发事件的报道。把某种东西称作案例是提出了一个理论主张——认为那是一个'某事的案例'""尽管案例本身是对某些事件或一系列事件的报道,然而是它们所表征的知识使它们成为案例。案例可以是实践的具体实例——对一个教学事件发生进行的细致描述,并伴随着特定的情境、思想和感受。另一方面,它们可以是原理的范例,例证一个较为抽象的命题或理论的主张。"(同上,第141、142页)

在舒尔曼看来,这就是我们为什么应当特别重视案例的主要原因:"案例存在于理论与实践、观念和经验以及规范性理论和可实现现实之间的领域。""案例最吸引人的地方莫过于它是存在于理论与实践、想法与经验、标准的理想与可实现的现实之间的情境。"这就是做好案例分析的关键:"案例的组织与运用要深刻地、自觉地带有理论色彩。""没有理论理解,就没有真正的案例知识。"

(同前,第407、391、142、144页)

综上可见,为了更好地实现自身的专业成长,我们也应高度重视"教学实践的理论性反思"。

以下就是这方面的两个具体建议。

(1) 立足实际教学工作,切实增强问题意识。这就是指,"问题"应当成为课例研究的直接出发点。我们应切实立足实际教学去发现值得研究的问题,而不应停留于纯粹的"无事呻吟"。

进而,这显然也是我们在从事"课例研究"时应当特别重视的一个问题,即是应当具有明确的目标。当然,就广大一线教师而言,这既不应是纯粹的"标新立异",也非如何能够建构起某种"宏大理论",而主要是指促进自己的教学。

也正因此,对于所说的"问题"我们就应做广义的理解:除去已有工作的不足以外,这也是指教学中存在的疑问或困惑,乃至我们应当如何去理解与落实某些新的理论思想,等等。总之,我们即应通过研究"变得更加明智和具有洞察力",从而就可更好地去从事教学,包括对相关理论的发展发挥一定作用。

显然,从上述角度我们也可更好理解现实中存在的这样一些弊病:由于小学数学教学的内容相对而言比较单一,因此,相关的课例研究就容易出现"撞衫"的现象,这并常常导致了对于"与众不同"的刻意追求,乃至将此简单地等同于教学上的"创新",事实上却又往往不知不觉地陷入了单纯的"标新立异"。例如,在笔者看来,以下论述就多少表现出了这样的倾向:"永不重复别人,更不重复自己"。

(2) 我们不仅应当切实立足实际教学活动,也应超出各个具体内容并从更一般的角度指明相关研究的普遍意义,也即真正做到"小中见大",用具体的例子说出普遍性的道理,从而真正做到"以点带面"。

为了清楚地说明问题,在此仍可围绕"课例"来进行分析,特别是这样一个问题:一堂具体的课究竟在何种意义上可以被看成一个真正的"课(案)例"?

正如前面所已提及的,我们在此即应清楚地看到理论的作用:正是后者决定了我们应当如何对相关事实或事件进行叙述、记载和表达。这也就如舒尔曼所说:"把经验叙述出来,本身进行了选择和概念化。"进而,相关工作往往又有一个逐步深入、不断加工的过程:"案例是对直接经验的再收集、再陈述、再经历和反思。记忆、复述、再经历和反思的过程,也就是从经验中学习的过程。"(《实践智慧——论教学、学习与学会教学》,同前,第343、342、143页)显然,这事实上也就是理论与教学实践之间的辩证运动,我们只有通过这样的途径才能真正超越单纯的"经验总结"并使自己的研究工作具有更大的普遍意义。

进而,从上述角度我们显然也可清楚地看出纠正这样一个常见弊病的重要性,即是研究问题不应过于细小琐碎,因为,只有作为研究出发点的"问题"或"目标"具有足够的代表性或典型性,相关研究才可能具有较大的普遍意义。(对此并可见另文"'问题意识'与数学教师的专业成长",《数学教育学报》,2017年第5期)

例如,从上述角度进行分析,所谓的"同课异构"就不应停留于关于同一内容不同教学设计的简单展示,而应通过它们的对照、比较,引导广大教师更深入地进行思考和研究。特别是,相对于"各有千秋"此类的相对性评论而言,我们又应更加重视从整体上揭示相关教学应当特别重视的各个问题,从而就可促使广大教师由单纯的"观察者和学习者"转变成为教学研究的实践者,并能按照自己的研究积极地去从事新的教学实践。

最后,笔者以为,依据上述分析我们也可引出这样一个结论:与"教学实践的理论性反思"相比,"作为研究者的教师"是教师工作更为恰当的一个定位,这也就是指,为了促进自身的专业成长,我们应将教学工作与研究工作更好地结合起来,这可被看成对于舒尔曼这样一个论点的积极实践,即是我们应将"参与"或"行动"看成教师专业成长的第一要素!

的确,作为中国的数学教师,我们可以为自己积极参与了这些年来的课改实践,以及自身的专业成长感到自豪,尽管在这方面还有很长的路要走!

让我们共同努力!

7.5　数学教师专业成长的 6 个关键词①

笔者 1965 年毕业于江苏师范学院数学系，至今（指 2015 年）执教已有整整五十年，包括基础教育、大学教育与研究生教育，以及各种类型的教师培训，有不少收获和成绩，也有不少遗憾和困惑。现总结出这样 6 个关键词：专业化，促进学生思维的发展，实践性智慧，数学知识的深刻理解，作为研究者的教师，高度的自觉性。希望能对一线教师的专业成长有一定启示，包括我们应当如何认识数学教育最基本的一些问题和道理。

一、 从数学教育的基本性质谈起

谈到数学教育的基本性质，人们恐怕会立即想起这样几个词语：教育、数学和数学教育。

上述想法有一定道理，特别是，“教育”这一词语清楚地表明了数学教育的教育属性，更直接关系到了教师工作的意义，乃至基本的人生价值；“数学”则集中体现了数学教育相对于一般教育与其他各科教育的特殊性，也即数学教育的数学属性。

例如，基于上述立场，我们就可立即看出以下一些现象的错误性，即如教学观摩的“异化”，少数教师甚至已蜕变成了纯粹的“功利分子”；当然，作为问题的另一方面，我们也应防止这样一种心态：“教育教学生涯不知不觉的走过了 10 多年，突然发现生命布满了厌倦、疲累与无奈……难道就这样拖着硬壳如甲虫般的一直生活下去？”

另外，从同一角度我们也可更好地认识以下建议的重要性：从职前教育开始，我们就应帮助广大教师对教师工作的性质和意义具有清醒的认识，特别是，

① 原文发表于《小学教学》2015 年第 4、5 期。为避免重复与缩小篇幅，收入本书时做了一定压缩，笔者对部分内容做了改写，以更好反映笔者当前的认识。

“作为一名教师,通过我的学生,我每天都在创造未来。”(6.4 节)

其次,又只有依据数学教育的数学属性进行分析,我们才能真正弄清数学教育对于促进学生发展所应发挥的主要作用,而不是简单地停留于教育的总体性目标,乃至忽视了这样一个基本事实:后者就只有通过各个学科的分工合作才能真正得到落实。

就当前而言,我们还应特别重视防止与纠正“去数学化”的倾向,这可看成过去 10 多年的课改实践给予我们的重要启示或教训:“任凭‘去数学化’的倾向泛滥,数学教育无异于自杀。”(张奠宙语,详可见 5.6 节)

当然,我们也应明确反对对于数学教育“教育属性”或“数学属性”的片面强调,而应更加重视两者之者的辩证关系,包括牢固树立这样一个认识:“数学教育”不应被等同于“数学+教育”,而应更加重视数学教育的专业化发展。由此可见,在所提及的这三个概念中,“数学教育(专业化)”应当被看成具有最大的重要性。

由以下实例我们即可更清楚地认识强调“专业化”的重要性。

第一,尽管以下一些主张从一般教育的角度看都有一定道理,如“生本课堂”“生命课堂”“生态课堂”等,但以此作为数学教育的主要口号就未必合适,因为,它们都未能很好体现数学教育的特殊性。另外,这事实上也应被看成各种“去数学化”迹象的根本错误,即是未能很好突出数学学习与教学活动的特殊性,而不只是对于数学教育“数学属性”的忽视。

第二,这也是我们面对各种新的教学模式或教学方法应当注意的一个问题,因为,就当前较为盛行的一些教学方法或模式而言,如“先学后教”“翻转课堂”等,主要地都只是一般性的教学理论,而未能真正深入到学科内部。但是,正如整体性的“学校文化”必须通过“学科文化”的建设才能获得进一步的发展动力,并切实走出现实中经常可以看到的发展瓶颈,离开了专业的思考,任何一种教学方法或教学模式的应用也不可能真正获得成功。

由以下关于“合作学习”的分析我们即可更好理解从专业角度进行分析思考的重要性。如众所知,自新一轮数学课程改革实施以来,“合作学习”作为一种新的教学方法得到了大力提倡,但这也是这方面的一个常见弊病:“表面上热热闹闹,实质上却没有任何效果”。那么,数学教学中究竟应当如何去应用“合作学习”这样一种教学方法呢?

具体地说，这即应被看成教学中用好“合作学习”的一个重要条件，即是我们应当努力创造一个好的“班级文化”。以下就是台湾学者经由新一轮课改的反思在这方面得出的一个具体结论：“一个班级讨论文化的塑造必须经历心理性、社会性、科学(学科)性的发展阶段。”(钟静，“建构导向教学与数学教学有效性之探讨”，《2008两岸四地小学数学教育研讨会资料》，2008)由于现实中人们所关注的往往只是心理和社会的方面，从而也就进一步凸显了加强专业分析的重要性。

例如，尽管我们经常可以听到关于“合作学习”的种种解读，如分工合作，“脑风暴”，“强者”帮“弱者”等，但这些事实上都不能被看成很好地体现了数学教学中“合作学习”的本质(5.6节)。另外，也正是从同一角度进行分析，我们显然又应更加重视关于“数学地交流和互动”的深入分析，包括在教学中很好突出以下一些环节：多样化与必要的比较，教师应通过适当的提问和举例促进学生进行反思，从而就能更清楚地认识已有方法和结论的不足，并自觉地实现必要的优化；与此相对照，以下一些主张则就应当说过于一般了，从而也就更清楚地表明了从专业角度进行分析的重要性：“教师应当善于倾听(蹲下身来说话)，注意观察(谁没有参与?)”“教师应当做到平等的交流”……

二、“三维目标”的核心

正如人们普遍认识到的，这是数学教育现代发展的一个重要内涵，即由唯一强调知识(和技能)的学习转而认识到了应当明确提倡数学教育的“三维目标”，也即我们还应帮助学生(初步地)学会数学地思维，并能逐步养成相应的情感、态度与价值观。

但是，在此仍可提出这样一个问题：在上述的“三维目标”中何者最重要，从而就可被看成相应的关键词?

具体地说，这直接涉及了知识、思维和情感、态度与价值观这三者之间的关系：知识应被看成思维的载体，从而，“为讲方法而讲方法不是讲方法的好方法”，反之，只有用思想方法的分析带动具体知识内容的教学，我们才能将数学课真正“教活”“教懂”“教深”(2.1节)；另外，所谓的“情感、态度与价值观”则主要体现了文化的视角，又由于这正是文化的主要特征，即这主要表现为一种潜移默化的影响，主要体现于人们的行为方式、思维方法与价值观念，进而，由于“理性思维”和“理性精神”又可被看成“数学文化”的核心，因此，相对于泛泛地去谈及“情感、态度与价值观的养成”而言，我们就应更加重视如何能使自己的教学更好发挥数学的文化价值，特别是，即能帮助学生由“理性思维”逐步走向“理性精神”。

综上可见，在所说的“三维目标”中，“思维”就应被看成具有特别的重要性，这也就是指，我们应将“促进学生思维的发展”看成数学教育的基本目标。

例如，从上述立场进行分析，这就应成为我们判断一堂数学课成功与否的主要标准，即无论这是一堂什么样的数学课(概念课、练习课、复习课等)，也无论教学中采取了什么样的教学方法或模式，我们都应注意分析相关教学是否促进了学生积极地进行思考，并能逐步学会想得更深入、更合理、更清晰！进而，这又是我们在当前应当努力纠正的一种现象，即是我们的学生一直在做，一直在算，但就是不想！(6.1 节)

但是，我们究竟又应如何去促进学生思维的发展，包括是否应当明确地提倡“帮助学生学会数学地思维”?

事实上，从专业的角度进行分析，除去“去数学化”以外，这也是数学教育应当防止的又一片面性认识，即是“数学至上”。这就是我们在做出相关思考时应当特别重视的一点，即我们是否应当突出强调“数学活动经验”的积累?

当然，我们在此并不是要完全否认学习数学思维的意义，而是认为必须超出数学并从更一般的角度认识数学学习的作用。具体地说，与单纯强调“帮助学生学会数学地思维”相比较，我们即应更加强调“通过数学学会思维”。由以下关于如何帮助学生发展思维的具体论述相信读者即可更好地领会到这样一点。

就如何促进学生思维的发展而言，应当说存在两个可能的方向:(1)立足“数学思维”(数学家的思维方式)，并以此作为发展学生思维的必要规范。显然，这也正是“帮助学生学会数学地思维”的基本立足点。(2)立足日常思维，并通过其不足之处的分析为这一方面工作指明努力的方向，也即我们如何能够通过数学教学帮助学生改进日常思维。

当然，在明确提及这样两个不同研究方向的同时，我们又应十分重视它们的相互渗透与必要互补，特别是，数学思维的研究不仅可以被看成为我们更深入地认识日常思维的局限性提供了重要背景,而且也为我们应当如何改进思维指明了努力的方向;反之,这也是数学教学应当特别重视的一个问题,即是我们应当跳出数学,并从更一般的角度去认识各种数学思想与数学思想方法的意义,从而就可对促进学生思维的发展发挥更加积极的作用。(2.5 节)

例如,从数学教育的角度看,这就可被看成"改进日常思维"最直接的一个涵义,即是我们应当帮助学生逐步学会"长时间的思考",我们更应针对"即时思考"("快思")的局限性及其内在机制深入地去思考数学教学如何才能在这一方面发挥更积极的作用,包括在教学中有意识地予以强化。

当然,我们在此又应注意防止这样一种简单化的认识,即是将"快思"和"慢想"简单地等同于"错"和"对",乃至完全否定了"快思"的作用,毋宁说,这即是为我们改进教学指明了一个十分重要的方向,即是我们不仅应当适度地"放慢节奏",而且应当更加重视"慢下来干什么"。(6.3 节)

例如,从上述角度进行分析,相信读者即可更好理解以下对比的意义(2.5 节):

快　思	慢　想
如何做?(工具性理解)	为什么可以这样做?(关系性理解)
问题解决(解题冲动)	策略性思考与调控(元认知)
特殊(model of)	一般(model for)

三、 方法、模式与教学能力

之所以将这三个词语组合在一起,主要是出于现实的考虑。首先,对于教学方法改革的突出强调,特别是"情境设置"等新的教学方法的大力提倡即可被看成新一轮数学课程改革的一个明显特点;再者,这又是数学教育、乃至一般教育领域中的一个新的发展迹象,即是"模式潮"的涌现,从而,对于广大一线教师来说,也就面临着这样一个问题,即是我们应当如何看待这样一个浪潮,特别是对于某些模式的强力推广?

“前事不忘,后事之师!”尽管在此似乎存在由“方法”到“模式”的变化,但我们仍然可以,而且应当由前一方面工作的总结与反思引出相应的普遍性结论,从而对于后一方面的工作发挥重要的启示或促进作用。(5.6节)

更一般地说,我们又应始终坚持这样一个基本立场:我们不应片面地强调某些教学方法或教学模式,更不应以方法或模式的“新旧”代替“好坏”的分析,而应明确提倡教学方法与模式的多样性,因为,适用于一切教学内容、对象与环境的教学方法或模式并不存在,任何一种教学方法和模式必定也有一定的局限性,从而,我们就应积极鼓励教师针对具体情况创造性地去应用各种教学方法和模式,后者就应当被看成教学工作专业性质的一个重要涵义。

简而言之,作为教师,我们应当始终牢记这样一点:任何一种教学方法和模式都是为教学工作服务的,而不应成为束缚我们手脚的镣铐。

以下再对方法、模式与教学能力这三者的关系做出进一步的分析,特别是这样一点:相对于各种具体教学方法或模式的掌握和应用,我们应当更加重视自身教学能力的提高——就我们目前的论题而言,这也就是指,在上述三个词语中,“教学能力”应当被看成具有最大的重要性。

也正因此,这就是我们在当前面临的一个重要任务,即是应对数学教师必需具备的基本教学能力(可称为“基本功”)做出清楚界定。以下就是这方面的一个初步工作(详可见另文“数学教师的三项基本功”,《人民教育》,2008年第18、19、20期)。

1. 善于举例

“举例”对于数学教学的重要性可以被看成是由数学的高度抽象性与学生思维的基本特征直接决定的。

具体地说,即使就最简单的数学对象而言,显然也是抽象思维的产物;然而,由于学生思维具有明显的具体性和直观形象性,不仅缺乏抽象能力,往往也不具有作为抽象基础的具体事例,因此,教师在教学中就应通过适当举例帮助学生很好地理解相应的概念和理论,包括为学生很好地实现相关抽象提供必要的基础。

由以下事实我们即可更好理解“适当举例”对于数学教学的特殊重要性:这是数学学习心理学现代研究的一个重要结论:在大多数情况下,数学概念在人们头脑中的心理对应物都不是相应的形式定义,而是一种由多个成分组成的复合体(3.7节),其中,所谓的“实例”更可说占据了十分重要的地位,因为,在很多情况下,正是后者起到了“认知基础”的作用。

特殊地,这事实上也正是所谓的“范例教学法”(paradigm teaching strategy)的基本立足点(详可见R. Davis, *Learning Mathematics*: *The Cognitive science Approach to Mathematics Education*, Routledge, 1984)。另外,从同一角度进行分析,我们显然也可更好理解“变式理论”对于数学教学的积极意义,特别是,为了防止学生将相关实例的某些特性误认为数学概念的本质,相应教学就不应局限于平时经常用到的一些实例(“标准变式”),也应有意识地引入各种“非标准变式”,包括一定的“反例”(“非概念变式”)。因为,通过与“正例”(“概念变式”)的对照比较,我们即可帮助学生更好掌握相应的概念,特别是防止或纠正各种可能的错误观念。

进而,尽管上述分析主要是针对数学概念的教学而言的,但相关结论对于“问题解决”的教学显然也是同样适用的:“当要求学习者……解决问题时,必须通过提供相关案例以支撑这些经验……相关案例通过向学习者提供他们不具备的经验的表征,来支持意义的形成。……通过在学习环境中展示相关案例……向学习者提供了一系列的经验和他们可能已经建构的与这些经验有关的知识,以便与当前的问题进行对比。……相关案例同时也通过向学习者提供所探讨的问题的多种观点和方法,帮助他们表征学习环境中的复杂性。”(乔纳森,“重温活动理论:作为设计以学生为中心的学习环境的框架”,载乔纳森、兰德主编,《学习环境的理论基础》,华东师范大学出版社,2002,第89页)

当然,无论就教材、或是教师在教学中对于例题的使用而言,我们又应十分重视它们的典型性,包括教学中如何应用才能真正起到“范例”(或“认知基础”)的作用。例如,从后一角度我们即可更好理解这样一些做法的合理性,即是所谓的“一题多解,一题多变”。(6.3节)

2. 善于提问

无论就数学本身的发展或是数学教学而言,“问题”都可说具有特别的重要性。

具体地说,“问题”在很大程度上即可被看成数学研究的实际出发点,特别是,新的具有重要意义的问题的提出更可被看成数学取得新进展的重要标志。另外,从教学的角度看,适当的“问题引领”则就是我们如何能够同时实现学生的主体地位与教师的主导作用、包括很好落实数学教育基本目标的主要手段,这也就是指,数学教师应当善于提出具有一定挑战性,同时又适合学生的认知水平,并具有一定启示意义的问题,从而促使学生积极进行思考,而不是处于纯粹的被动地位,更能通过这一途径逐步地学会思维。(4.3 节)

以下就是这方面的一些具体建议:

第一,努力增强问题的"启发性",从而真正促进学生的思考,特别是,教师的提问不应过于简单,而应给学生的独立思考与主动探究留下充分的空间。

第二,相对于各种即兴性的提问而言,教学中又应更加突出相应的"核心问题"。(4.3 节)

第三,相对于简单地由教师提出问题而言,我们又应更加重视帮助学生在这一方面养成良好的习惯与一定的能力,也即能由被动地回答教师提出的问题逐步过渡到由学生自己提出问题,因为,后者不仅是"学会学习"的一个重要涵义,也是创新能力十分重要的一个方面。(6.2 节)

显然,上述分析事实上也对数学教师提出了更高的要求,或者说,我们即应将"善于提问"看成数学教师的一种必备能力,因为,归根结底地说,"教师的工作(就)是通过向学生问他们应当自己问自己的问题来对学习和问题解决进行指导。这是参与性的,不是指示性的;其基础不是要寻找正确答案,而是针对专业的问题解决者当时会向自己提出的那些问题。"(巴拉布与达菲,"从实习场到实践共同体",载乔纳森、兰德主编,《学习环境的理论基础》,同前,第 31 页)

另外,从上述角度进行分析,我们显然也就可以立即看出以下一些论点或作法的片面性:"学生提出的任何问题都是有意义的";在现实中更有不少教师往往就以"这堂课你们想学些什么?"作为课堂教学的直接开端。恰恰相反,我们应当清楚地认识到这样一点:正如解决问题能力的培养,学生提出问题能力的提高也有一个后天学习的过程,教师更应在这一过程中发挥重要的作用,与此相反,如果我们在教学中完全忽视了这样一点,必然的后果就是学生往往只会通过简单模仿或"随大流"来提问题,或是刻意地"标新立异",但这显然都不能被看成真正的创新,甚至还可说十分不利于学生创新能力的培养。

3. 善于比较与优化

相关于"善于举例"与"善于提问"而言,"善于比较与优化"应当说更直接地涉及了数学学习的本质:这主要是一个文化继承的过程,并是在教师的直接指导下完成的,也即主要表现为不断的优化。

例如,这即可被看成先前分析的一个直接结论,即无论就学生提出问题的能力、或是解决问题的能力而言,都有一个逐步提高的过程,并且主要是一个后天学习与不断优化的过程。当然,从更一般的角度看,我们又应特别提及数学思维发展的这样一个特征:这既包括横向的扩展,也包括纵向的发展,后者清楚地表明了数学学习活动的阶段性与不连续性:"它必须重新组织、重新认识,有时甚至要与以前的知识和思考模式真正决裂。"(M. Artique, What can we learn from educational research at the university level? *The Teaching and Learning at University Level*: *An ICMI Study*, ed. by D. Holton, Kluwer, 2004)

进而,从上述立场进行分析,我们也就可以立即看出以下一些做法的错误性:

第一,这是当前应当特别注意的一个倾向,即是教师在教学中不自觉地采取了"放任自流"的做法,也即完全忽视了必要的"优化"。例如,教学中只是强调了解题方法的多样化,却未能作出必要的比较和优化,甚至更将"创新"等同于"标新立异",将教学的"开放性"变成了"完全放开"。

第二,数学教学中的"优化"不应被理解成强制的规范,而应使之真正成为学生的自觉行为。

例如,从上述角度进行分析,我们在教学中就应允许学生表现出一定的"路径差"和"时间差";当然,又如上面所提及的,我们在此又不应停留于所说的"多元化",更不应为"多元化"而"多元化",而应努力作好由"多元化"向"优化"的必要过渡。

总之,这即应被看成教学工作艺术性的一个重要表现,即是应当很好处理"多元化"与"优化"之间的关系,特别是,我们既应大力提倡教学的开放性,但又不应将此理解成"完全放开",或是因此而否定了"优化"的必要,恰恰相反,我们应将"开放性"与"多元性"看成"优化"的直接基础,"优化"则又应当成为"开放性"与"多元性"的必要发展。①

---

① 从教师的工作态度看,在此也可做出如下的总结:很好认识和处理"宽容"与"规范"之间的关系是教学工作艺术性的又一重要表现。

以下则就是教学中实现“优化”的两个关键:(1)比较;(2)总结与反思。在此我们并应给予后者特别的重视,因为,这正是数学教育现代研究的一个明确结论:单纯的比较并不足以导致计算技能的优化,真正的关键则是主体是否已经清楚地认识到了已有方法的局限性。(详可见 P. Cobb, Concrete can be Abstract, *Educational Studies of Mathematics*, 1986(17):43)另外,这显然也可被看成现实中何以可以经常看到以下现象的直接原因:尽管教师邀请了众多学生在课堂上展示自己的不同做法,但实际的教学效果却不很理想,而且,似乎邀请的学生越多情况就越不理想,后者则又不仅是指课堂上学生的注意力很快出现了分散,也是指大多数学生根本不关心其他人采用的方法,更谈不上以此为基础实现自身方法的必要改进。

进而,就观念的更新而言,我们显然就应将所说的“对于已有方法局限性的清楚认识”改为“思维的内在冲突”,这也就是指,为了使观念更新真正成为主体的自觉行为,我们即应努力在学生头脑中引发内在的概念冲突,也即能够清楚地认识其中包含的矛盾。

总之,我们在教学中即应特别重视总结、反思与再认识的工作。例如,在成功解决了面临的问题以后,我们就应促使学生对相应的解题活动作出总结、反思和再认识,即如进一步去思考能否用别的方法求解同一问题,这些方法又各有什么优点和局限性,等等。(6.3 节)

应当强调的是,从后一角度我们也可更好认识“适当举例”与“适当提问”的重要性:由于已形成的观念不可能通过简单示范就能得到改变,因此,如何能够通过适当的举例和提问在学生头脑中引发必要的观念冲突就特别重要。另外,据此我们显然也可更好理解积极提倡“回头看”这样一个策略的重要性,特别是,即应通过这一活动促进学生自觉地进行比较、总结、反思和再认识。

当然,正如先前关于“善于提问”的分析,这也应成为这方面工作的一个更高目标,即是应使“总结、反思与再认识”真正成为学生的自觉行为。

4. 进一步的分析

以下再从总体上对教师如何提升自身的教学能力做出进一步的分析。

第一,所说的三项“基本功”不是相互独立、互不相干,而是具有重要的联系,特别是,“优化”在很大程度上即可被看成为数学教师在教学中应当如何“举例”与“提问”指明了努力的方向,反之,适当的“举例”与“提问”则就可以被看成教师如何帮助学生实现“优化”的两个主要手段。

第二，所说的三项“基本功”不应被看成已经穷尽了数学教学能力的全部内容；恰恰相反，我们应当通过积极的教学实践和认真总结对此作出必要的发展，包括内涵的扩展与认识的不断深化。①

第三，尽管我们可以、而且应当从理论角度对如何发展教师的教学能力作出适当概括，包括具体指明数学教师应当很好掌握的各项“基本功”；但是，教师的教学能力主要地又应被看成一种“实践性智慧”，我们并就应当依据理论与实践之间的辩证关系很好地对此加以应用和做出必要的发展。

例如，从上述角度进行分析，这方面的主要工作就不在于我们如何能够无一遗漏地列举，并很好地掌握所有的“基本功”；恰恰相反，每个教师都应依据自己的个性特征与工作情况从中做出恰当的选择和灵活地加以应用，包括细致的体会与感悟。笔者并有这样一个基本的看法：只要我们很好地掌握了其中的某个或几个，并能在日常的教学工作中自觉地加以应用，包括不断总结与改进，就一定能够成为具有个人鲜明特色的优秀数学教师。

最后，我们显然也可从同一角度对现今得到教育界人士普遍重视的“学科内容教学法知识(PCK)”做出具体分析，这就是指，尽管我们确有必要对后者的具体内容作出理论分析，但同时又应清楚地认识到这样一点：这主要地也应被看成一种“实践性智慧”，更集中地体现了教师的教学能力。(7.3 节)

四、数学知识的“深刻理解”：“广度”“深度”与“贯通度”

从专业化的角度看，如何对“数学教师的专业知识”做出清楚界定显然也有很大的重要性；进而，尽管对此我们不应简单地等同于“数学知识”，但这显然又应被看成这方面的一个明显结论，即是数学教师应当具有一定的数学知识。

当然，在这一方面我们也应防止各种简单化的认识，即如单纯从数量上去统计数学教师应当具有多少数学知识，在校学习期间应当学过多少门数学课程，一共又应有多少学时等；或是简单地认定数学教师的数学知识越多越好，越

---

① 例如，按照笔者现今的认识，“善于数学地交流与互动”就应被看成数学教师必须具备的又一基本能力。详可见另著《小学数学教育的理论与实践》，华东师范大学出版社，2017，第 8.4 节。

深越好,从而就能自然而然地做到居高临下。

那么,究竟什么是这方面最重要的因素呢?在此首先提及这样一个论点,即是我们应当切实做好由“作为科学的数学知识”向“学校数学知识”的转化,也即应当对于前者做出适当改造以适合学校数学教学的需要。其次,笔者以为,我们又应更加重视中国旅美学者马立平博士的以下研究结论,即是我们应当努力做到“数学知识的深刻理解”。

事实上,对于学科知识重要性的确认也是马立平的一个明确认识:“教师的学科知识并不能自动产生出成功的教学方式和新的教学理念,但缺乏坚固的学科知识的支持,成功的教学方式和新的教学理念是不可能实现的。”又,“如果教师对要教什么都没有清晰的认识,他又如何深思熟虑地确定教学方法?”(《小学数学的掌握与教学》,华东师范大学出版社,2011,第38、149页)但这又是马立平通过中美两国小学数学教师的比较研究得出的主要结论:中国教师与美国同行相比普遍具有这样一个优点,即是较好地做到了对于教学内容的“深刻理解”,这就是中国教师何以能比美国同行取得更好教学成绩的主要原因。

以下就是马立平关于“数学知识深刻理解”的具体解释:“关于深刻理解,我的意思是指理解基础数学领域的深度、宽度和贯通度。”“我将‘深刻地理解一个专题’定义为:将这个专题与该学科的更多的概念上很强大的思想联系起来……‘广泛地理解一个专题’,就是与那些相似的或概念性较弱的专题相联系……然而,深度和宽度依赖于贯通度——贯穿某一领域的所有部分的能力——把它们编织起来。”(《小学数学的掌握与教学》,同前,第121页)

以下就围绕所说的“广度”“深度”与“贯通度”对一线教师如何提高自己在这一方面的专业素养做出进一步的分析。

第一,所谓“广度”,主要是指我们应将每一堂课或某一特定的学习内容与其他相关的内容联系起来,也即应当用“联系”的观点去看待数学知识。

由以下论述我们即可清楚地认识“联系”对于数学教学的特殊重要性:这正是实现“理解教学”的关键,因为,数学中的“理解”并非一种全有或全无的现象,而是主要取决于主体头脑中建立的“联系”的数目和强度。(6.2节)

也正因此,对于“联系”的强调就已成为国际数学教育界的普遍趋势,只是相对于上面的论述而言,后者具有更加广泛的涵义:这不仅是指不同的数学概念、不同的数学结论乃至不同数学理论之间的联系,也包括同一概念不同表征之间的联系,以及数学与外部世界的联系等。

进而,又如马立平的研究所表明的,对于“联系”的高度重视也可被看成中国数学教育教学传统十分重要的一项内涵。例如,马立平指出:“中国教师的另一个特征是他们具有发展良好的‘知识包’,这在美国教师中并没有发现。”又,“在教一个知识点的时候应该把知识看作一个包,而且要知道当前的知识在知识包中的作用。你还要知道你所教的这个知识受到哪些概念或过程的支持。所以你的教学要依赖于强化并详细描述这些概念的学习。当教那些将会支持其他过程的重要概念的时候,你应该特别花力气以确保你的学生能够很好地理解这些概念,并能熟练地执行这些过程。”(《小学数学的掌握与教学》,同前,第110、17页)

从而,这也更清楚地表明了很好继承中国数学教育教学传统的重要性,包括这样一条原则:“数学基础知识的教学,不应求全,而应求联。”(4.2节)

第二,所谓“深度”,主要是指我们应当清楚地揭示出隐藏在具体数学知识背后的数学思想和数学思想方法。显然,这一主张即是与数学教育的现代目标,也即所谓的“三维目标”完全一致的,特别是,我们应当努力帮助学生学会数学地思维,或者更恰当地说,即是努力促进学生思维的发展。

在此还应特别强调“广度”与“深度”之间的辩证关系:只有从更广泛的角度进行分析,也即十分重视视角的“广度”,我们才能达到更大的认识“深度”,也即清楚地揭示出相关知识内容所蕴涵的数学思想;反之,也只有思维达到了更大的“深度”,即是揭示出了隐藏在具体数学知识背后的数学思想,我们才能更好地发现与把握不同知识内容之间的重要联系,而不仅仅是从表面上去作出判断。

第三,对于所谓的“贯通度”我们则可借助“多元表征理论”来进行理解,后者即是指,数学概念的心理表征往往具有多个不同的方面或成分,它们对于概念的正确理解都有重要的作用,从而,我们就不应片面地强调其中的某一(些)成分,而应更加重视这些成分的联系,包括如何能够依据情况与需要在这些成分之间做出灵活的转换和必要的整合。(3.7节)

显然,在所说的意义上,所说的“贯通度”即是与“变化的思想”,也即思维的灵活性直接相联系的(6.3节),我们也可以从这一角度更好地理解笔者在先前所提出的另一原则:“数学基本技能的教学,不应求全,而应求变。”(4.2节)

当然,又如马立平所指出的,对于所说的“贯通度”我们应从更加广泛和深入的角度去进行理解,也即应当将概念、知识、问题等多种成分,甚至“某一领域的所有部分”都考虑在内,而且,除去单纯的“转换”以外,我们又应更加重视如何能够超越各个细节和局部建立整体性的认识,也即应当将“某一领域的所有部分……编织起来。”

最后,依据上述分析我们显然也可看出:这里所说的“数学知识的深刻理解”是与我们所强调的“深度教学”(详见第六章)十分一致的,或者说,即是十分清楚地表明了这样一点:只有教师本身较好地做到了“数学知识的深刻理解”,才能真正做好“深度教学”。

五、 作为研究者的教师

作为具有较强实践性质的专业性工作,这显然也应被看成教师实现专业成长十分重要的一个方面,即是很好处理理论与教学实践之间的关系,特别是,我们不应单纯地强调理论的学习和应用,乃至将“理论指导下的自觉实践”看成自身工作的最终定位,而应更加重视“理论的实践性解读”与“教学实践的理论性反思”。(7.4 节)

首先,所谓“理论的实践性解读”,这主要是指,面对任一新的口号或理论主张,我们都应认真地思考这样三个问题:(1)什么是这一新的主张或口号的主要涵义? (2)这一主张或口号对于我们改进教学究竟有哪些新的启示和教益? (3)什么又是其固有的局限性或可能的错误? 总之,我们应将理论的学习和理解与自己的教学工作很好地结合起来,从而就不仅可以很好地吸取相关理论思想中的合理成分以改进教学,同时也能切实防止对于时髦潮流的盲目追随,乃至因此对实际工作造成严重的消极影响,包括通过积极的教学实践与认真的总结及反思对相关理论作出必要的检验和发展。

例如,面对 2011 年版“数学课程标准”发表以后出现的“解读热”,特别是对于“由‘双基’到‘四基’”的高度评价,我们就应围绕上述三个问题认真地去进行思考,而不应盲目地去追随潮流,乃至完全丧失了应有的独立思想。(5.5 节)

其次,这即是强调“教学实践的理论性反思”的主要涵义:尽管教学实践的总结与反思确可被看成一线教师实现专业成长最重要的途径,但这不应是一种

“就事论事式”的工作,而应从更一般的角度进行分析思考,从而引出具有更大普遍性的问题、启示和教训等。

例如,由相关课例的综合分析即可看出,这是数学概念教学在当前应当注意纠正的一些现象:(1)人们往往只是注意了如何引导学生通过自主探究去发现对象的相关性质,却忽视了还应帮助学生很好认识相关概念的准确含义;(2)相关教学往往又只是强调了概念在日常生活中的应用,却忽视了数学概念还有这样一个重要的作用,即是为我们深入进行认识提供了必要的理论工具;(3)人们在教学中往往又只是注意了概念的生成,却忽视了概念的分析与组织。(对此并可见另文“概念教学应当注意的一些问题”,《小学教学设计(数学)》,2014年第5、6期)

最后,我们又不应将“理论的实践性解读”与“教学实践的理论性反思”绝对地分割开来,毋宁说,这即是从不同方面表明了我们应当如何更好地处理理论与教学实践之间的关系;另外,这事实上也十分清楚地表明了这样一点:除去教学能力以外,教师还应具有一定的研究能力,我们应将教学工作与教学研究很好地结合起来。

以下就是关于一线教师应当如何开展教学研究的一些具体建议(7.3节):

(1) 加强“问题意识”。“问题”应当被看成教师教学研究的直接出发点,我们应切实立足实际教学活动去发现值得研究的问题,而不应停留于纯粹的“无事呻吟”。

更一般地说,这又可被看成教师教学研究的基本模式:“问题—分析、学习、思考—结论—新的实践—新的问题”。显然,这就将教学实践与教学研究更紧密地联系在了一起。

(2) 努力做到“小中见大”。教学研究不仅应当切实立足实际教学活动,也应采取更广泛的视角,即从一般角度指明研究的意义。

显然,这也正是“教学实践的理论性反思”的基本要求。

(3) 应有一定的创新成分。这就是指,教学研究应当“言之有物”,即如达到了更大的分析深度,揭示出了新的联系或方面,提供了新的不同视角,提出了拓展性的新问题等,而不只是简单地去重复别人的现成结论,或是希望依托某些“宏大理论”就能“短平快”地生产出所谓的“研究成果”。

显然,从这一角度进行分析,我们也就可以引出这样一个结论:观点的提出比素材的收集更加重要。我们应切实避免这样一种现象:有材料却无观点,有“研究”却无创新。

例如,“案例研究”在当前可以说已经获得了人们的普遍重视;但是,我们在此又应特别强调这样一点:“案例分析应重在分析”,也即应当明确反对以“案例”的收集代替真正的研究;另外,这或许也可被看成片面强调“实证性研究”极易导致的一个弊病,即只是注意了研究工作的“科学性”(特别是,论据的可靠性),却忽视了研究工作的意义,特别是结论的创新性。

(4) 用案例说话。这是教学研究的应有特色,即与实际教学活动的密切联系。具体地说,与形式上的“完整性”和表面上的“深刻性”相比,我们应当更加重视教学研究工作的“丰富性”和“直接性”,包括如实反映本人在教学中的亲身体验,甚至还可带有一定的个人色彩,也即能够较好地做到“有血有肉、原汁原味”。

例如,我们显然就可从这一角度去理解著名数学教育家毕晓普的这样一个论述:“教学法有关的研究叙述不宜精简或压缩,它的威力在于它的丰富,而不在于任何简洁的理论框架……这些教育家的智慧表现于高度理论化的和精巧的创新做法上面,表现在对教育情境的带有感情色彩的详尽描述和对经验的有见识的分析之中。”(A. Bishop, International Perspectives on Research in Mathematics Education, *Handbook of Research on Mathematics Teaching and Learning*, ed. by D. Grouws, Macmillan, 1992:712 - 713)

最后,相对于上述的建议而言,笔者又愿更加强调这样一个关于教师工作的新定位:“作为研究者的教师”,这也就是指,我们应将研究的精神很好渗透于自己的全部工作,这应成为教师实现专业成长的主要途径。

显然,从根本上说,上述主张也可被看成是由教学工作的复杂性直接决定的:由于教学涉及多个不同的因素,包括教学对象、教学内容、教学环境等,从而就不可能被完全纳入任何一个固定的模式,我们也不可能单纯依靠某一现成理论就可顺利地解决教学中面临的各种问题,毋宁说,在绝大多数情况下我们都必须依靠自身创造地进行工作,特别是,即能及时作出各种判断和决定。也正因此,教师的教学能力主要就应被看成一种“实践性智慧”,后者的发展则又主要依赖积极实践基础之上的认真总结与反思,或者说,我们即应将反思与总结看成一线教师密切联系自己的教学工作开展教学研究的基本形式。

六、专业成长道路上的不断追求

首先重申这样一个观点，对于数学教师可以区分出三个不同的层次(3.4节)：第一，如果仅仅停留于知识的传授，就是一个“教书匠”；第二，如果能够帮助学生通过数学学会思维，你就是一个智者，因为你能给人以智慧；第三，如果能给学生无形的文化熏陶，那么，哪怕你是个小学老师，哪怕你身处深山老林、偏僻农村，你也是一个真正的大师！

进而，这是笔者通过多年的教学实践获得的又一体会：只要认真学习，无论你学的是数学，还是语文，或是哲学等其他学科，就都可以在一定程度上改变一个人的气质乃至品格，乃至成为真正的“大师”，也即能够通过自己的教学，包括日常言行给学生深刻的文化熏陶。

以下再借助北京教育学院刘加霞教授的用语对此做出进一步的论述：希望大家都能成为“大气的数学教师”。

这是“大气的数学教师”最基本的一个涵义：视野开阔，有远大的抱负与志向，从而就能超世脱俗、淡泊名利；同时也能真正做到小处着手，也即能够切实地做好自己的本职工作，而不是好高骛远，妄自尊大。

显然，前者直接决定了我们在专业成长的道路是否能够始终具有足够的动力。在笔者看来，这并就是以下一些实例为什么能够深深打动我们的主要原因，尽管当事者未必是特级教师，或是什么“教授级的中小学教师”，他们在很多情况下显然也不够“时尚”，因为，这或许应当被看成教师专业成长的一个必要经历，即是耐得住寂寞，坐得住冷板凳，或者说，与“光环下的成长”相比较，我们应当更加重视教师专业成长的“民间道路”，相对于各种荣誉与名利而言，我们也应更加提倡对于教学工作的“痴迷”：

“其实……孕育‘独立思考’的土壤，就是生活，就是日常教学，就是每天的课堂，就是和孩子们的每一句真实的对话。”

“从某种角度讲，我的课堂有那么一点闪亮的思想，就是因为我远离了那些‘专业比赛’，剔除了一些权威思想的干扰和传统思维的束缚，长期扎根于日常实践的田野式生长，保持了最为可贵的独立性。”

“我之所以要强调这些有‘思想含量’的课是家常课，因为只有家常课，才是

我们教师独立思考的最佳土壤。”(刘发建,“思想含量来自独立思考”,《人民教育》,2010 年第 8 期)

另外,6.4 节中所提到语文老师李家声和历史老师李晓风显然也可被看成为我们提供了直接的典范,尽管他们都不是数学老师。

再者,从上述角度进行分析,相信读者也可更好理解这样一个论述:教室事实上可以被看成各种力量与思想观念实际交汇的地方,不仅包括整体性教育目标、各种教育理论的影响,也包括社会上普遍性观念或传统的力量,以及学校的具体要求,家长的殷切期望,学生的实际评价等,当然还有升学的巨大压力;但是,教室又非纯粹的“反应发生器”,教师在其中所发挥的也不只是“触媒”的作用:尽管必不可少,但对反应结果没有任何实质性的影响,毋宁说,我们在此即应清楚地看到人的作用,后者更被看成“教学活动的实践观念”的核心:我们应当先注意教课的人,然后再看他是怎样教课的!

最后,依据上述分析我们显然也可更好认识教师对于教育事业的深入发展、包括课程改革的特殊重要性,因为,真正的人,总有一定的理想和追求。从教育的角度看,这也就是指,只要教师具有对于学生健康成长与社会进步的高度责任感,在他身上就一定可以看到对于改革的渴望与认同,他的教学实践也可能在不知不觉中表现出与新的先进教育理念的高度一致,从而就可被看成教育改革“在这片土壤中的种子”。

更一般地说,教师的素养不仅是决定教育改革成败的关键,更构成了教育的本,教育的根!“毫不夸张地说,现实之中,教师的选择、建构能力远远超出专家的理论想象。他们会听从内心的召唤,对各种新理念、新思想做出自己的判断和选择。……这是强大的惯性之外,最不可小觑的一种自我建设、自我修正的力量。”(余慧娟,“年终综述:十年课改的深思与隐忧”,《人民教育》,2012 年第 2 期)

当然,从专业的角度看,对于所说的“文化熏陶”我们又不应单纯地理解成教师个人品格的无形影响,而应同时肯定“言教”的重要性,特别是,作为数学教师,我们更应很好地承担起“培养学生的理性精神”这样一个任务。更一般地说,这也就是指,我们必须由纯粹的“教师职责”过渡到“学科责任”与“学科自觉”。

具体地说,这即可被看成这里所说的“理性精神”最基本的一个含义:勇于坚持真理,而不是盲目地崇拜权威或权力;我们应很好地认识自我,包括勇于承认错误和改正错误,同时能通过认真地总结反思和向别人学习,不断取得新的进步。

在此我们还应清楚地看到"理性精神"与人的思维方式及行为方式之间的重要联系,特别是,这更可被看成"数学文化"的一个基本含义,即是指人们通过数学活动(包括数学学习与数学教学)所形成的行为方式、思维方式和价值观念等(3.4节)。显然,从这一角度进行分析,我们也可更好理解这样一个论述,即是我们确应将"思维"看成全部数学教学工作的核心,特别是,就只有以数学思维的分析带动具体数学知识的教学,我们才能帮助学生很好掌握相关的知识和技能,而且也能使自己的教学真正超出单纯知识学习的范围,即不仅能够帮助学生逐步地学会思维,也能使学生在不知不觉之中受到"数学文化"的熏陶,从而逐步养成数学的理性精神。

例如,在笔者看来,这也正是我国著名数学家齐民友先生的以下论述所给予我们的主要启示:"数学把理性思维发挥得淋漓尽致,提供了认识世界的最有力的工具。数学是向两个方向生长的,一个是研究宇宙规律,另一个是研究自己。既探索宇宙,也研究自己——所达到的理性思维的深度,从逻辑性和理性思维的角度讲,是任何其他学科所不及的。数学提供了一种思维的方法与模式,不仅仅是认识世界的工具,而实际上成为一种思维合理性的重要标准,成为一种理念、一种精神。"(郑隆炘等,"论齐民友的数学观与数学教育观",《数学教育学报》,2014年第4期)

从实践的角度看,这也应被看成"大气的数学教师"的又一重要涵义,即是对于专业成长具有高度的自觉性,特别是,能够针对实际情况制订切实可行的发展计划,既有长期目标,也有当前的工作重点,既能有效地促进自己的教学,也能在专业成长的道路上不断取得新的进步。

在此笔者愿特别引用这样两段论述:

"首先,对数学知识的理解是很重要的。如果你自己的数学根底不好的话,教学效果肯定不会很好。……除此以外,很多时候老师要多一点反思。比如,对数学是什么进行思考。我觉得数学哲学、数学教育哲学,这些课程是很有用的。这种反思,就是要求我们要退一步,我们常常做数学,我们要退一步想:数学是什么?怎么样才是一个数学的态度?所以,教师自己要反省,才可影响他的学生。”(陈汉君等,“儒家文化视角下华人数学教育的发展——专访2013年弗赖登塔尔奖得主梁贯成教授”,《数学教育学报》,2014年第3期)

“一个教师的真正成长,一定是其思想精神的自觉、自主、自在与自得的成长。这种成长又总是从职业起步,逐步走向教育视域里的学生,走向哲学意义上的人生。”又,“一个教师要真正走向专业,教育人格、专业品性与哲学素养是其基本的要素。”(袁炳生,“一个值得解读的专业成长范例”,《小学教学》,2015年第2期)

综上可见,这应当成为数学教师专业成长的一个自觉追求,即是努力成为具有一定哲学思维的数学教师,因为,只有从哲学的高度进行思考和分析,包括不断地总结与反思,我们才能明确进一步的努力方向,从而不仅将自己的工作做得更好,也能真正活出精彩!

最后,笔者愿再次强调这样一个观点,因为,这不仅清楚地表明了上述6个方面之间的联系,也在很大程度上为“什么是真正的好教师?”提供了具体解答:教师的特色不应主要体现于教学方法或模式,而应反映出自身对于教学内容的深刻理解,体现出对于学习和教学活动本质的深入思考,以及对于理想课堂与教师自身价值的执着追求与深切理解。

愿我们大家都能在上述方向作出不懈的努力!

附录一　数学·哲学·教育

——我的“跨界”教育人生①

一、“跨界”历程及主要成果

尽管一些年前已有人称我“郑老”，但自己并不喜欢这样一个称呼，因为，这很容易使人产生“真老”这样一个联想。当然，从总体上说“郑”这一姓氏还是充满了“正能量”，特别是会使人联想起“正”(一身正气)和“真”(真实不假)这样一些字眼，从而就为人生指明了努力方向。但笔者现时又可说真的老了，从而似乎也就有资格为《教育人生》这一专栏撰写文章：自1965年从江苏师范学院毕业并正式走上教育岗位以来已有50多个年头过去了，自己当教授也已超过了30年！

50多年的教育生涯应当说十分漫长，但回顾起来又可说十分简单，因为，教师是自己从事过的唯一职业，人生的轨迹似乎更可被归结为这样的“两点一线”，即是“家门”与“校门”间的来来回回，而且，“门”内的生活又主要是“与书相伴”。当然，随着时间的推移，后者的含义也有所变化：相对于单纯学习意义上的“看书”而言，“教书”与“写书”所占的比例越来越大；但在退休以后又有一定逆转：尽管现在每年还会为各类教师培训做上十几次演讲，写上十几篇文章，但又有更多时间用在了看书之上，包括诸多优秀教师的著作，以及各类刊物上刊登的大量文章。

这些年中也有一些重要转折，从而“简单”之中也有些“不简单”。有时自我调侃道：“我原来是学数学的；后来年龄大了感到数学‘搞不动’了，就转向了哲学；后来哲学也‘搞不动’了，又转向了教育，并由大学、中学最终转向了小学。”从而，如果按照钱钟书先生在《围城》中对于不同学科的评价，自己也就可以说

① 原文发表于《中小学课堂教学研究》，2019年第4期。

一直在“走下坡”:“在大学里,理科学生瞧不起文科学生,外国语文系学生瞧不起中国文学系学生,中国文学系学生瞧不起哲学系学生,哲学系学生瞧不起社会学系学生,社会学系学生瞧不起教育系学生,教育系学生没有谁可以给他们瞧不起了,只能瞧不起本系的先生。”但我还是乐此不疲,耕耘不止,以至在一定程度上引起了老伴的“反感”:“你不要再这么辛苦了,该歇息了!”

平心而论,改行并不容易,即使由一般性数学教育集中到小学数学教育也需付出很大努力才能成为真正的内行,更何况自己的研究还涉及了数学、哲学与教育学等多个不同的学科。又如著名数学哲学家、科学哲学家拉卡托斯所指出的,即使只是在学科交叉处做点局部性工作也不容易。以“数学哲学”为例,你必须付出双倍的努力:你首先得搞懂数学才不至于说出外行话,同时又必须搞懂哲学才能做好数学的哲学分析;但最终结果却很可能两边都不讨好:专业的数学家会说你因搞不了数学才改行做哲学,哲学家则会批评说你搞的根本不是哲学!类似地,要让一线数学教师乐意听一个哲学教授做报告也不容易,对此只需想象一下以下情境就会有一定的体会:来自四面八方的三四千人挤满一个大大的体育馆,你对于他们没有任何的约束力,然而,你不仅要使与会者真正静下心来听你的报告,从而获得关于如何做好教学的一点启示,甚至也能在一定程度上激发对于哲学、特别是数学教育哲学的兴趣!

至此,也许会有读者提出这样的疑问:“上述转变是否是你的自愿选择?”开始时应当说并非如此,因为当教师并非笔者年轻时的理想,而是无奈地接受,从师范学院毕业以后被分配到一所普通中学更有一种不得志的感觉。但这恰又是我的一个优点(从现今的角度看,或许也是一个“缺点”),即比较本分,通常不会怨天尤人,不管做什么事都想做好。也正因此,即使在教学秩序受到很大冲击的“文化大革命”期间,除非根本上不了课,我仍会认认真真地上好每一节课。事实上,在大多数情况下,学生与老师的心也是相通的:他们会知道你是否真的为他们好,从而就会给你足够的尊重与支持;当一个班上有一半以上的学生愿意听课,其他学生也就不会过分闹事。总之,即使是被动的适应,但从总体上说自己仍然是一个不错的中学数学教师。

现在回忆起来,一个人能否从小养成好的习惯也很重要,因为自己多年来一直有这样一个习惯,即愿意看书,愿意思考。我也正是通过阅读马克思、恩格斯的著作对哲学产生了一定兴趣,乃至在“文化大革命”结束后国家首次恢复招收研究生时，就正式转向了哲学，报考了南京大学哲学系自然辩证法专业的硕士研究生——这时我在中学教师的岗位上已经工作了整整13年！

此后的转变则主要是自己的选择；但从回忆的角度看，先前的经历也有重要的影响，尽管在当时自己并未清楚地认识到这样一点，从而也就在一定程度上印证了这样一句话：我们在建构世界的同时，世界也在建构我们。因为，正是先前作为一线数学教师的经历使自己养成了强烈的数学教育情怀，甚至在成了哲学教授以后也无法完全释怀，于是若干年后又重新回到了数学教育。当然，此时我已不能被看成一个专门的数学教育家，而是一个热心数学教育的哲学工作者，一个具有较强哲学味的数学教育工作者。

以下经历对我后来的学术生涯也有重要影响：从1988年起，我多次赴英美等国与我国港台地区做长期学术访问，包括英国伦敦政治经济学院科学哲学系、美国Rutgers大学数学教育研究所，我国香港地区的香港大学教育学院、台湾地区的"中研院"数学研究所等。除去专业的提升以外，我的眼界也有了很大扩展，更在一定程度上提升了自信心，因为，我在这方面可以说做得相当不错。如出国第一年就在世界顶级科学哲学期刊 *The British Journal for Philosophy of Science* 上发表了长篇文章，还曾应邀到英国牛津大学作专题讲演(University Lecture on Philosophy of Mathematics)，从而受到很大的鼓舞：能登上牛津大学的讲台，世界上就没有什么讲台能吓倒自己了！10年后(1997年)，我再次访英，其间还应邀赴意大利、德国、荷兰等国多所著名大学做报告。有点自豪的是：邀请方既有哲学系，也有数学系(所)，甚至还有计算机系。

在此还应提及这样一点：尽管取得了一定成绩，却又正是这些经历引发了我进一步的思考或反思：如果相关工作始终局限于哲学的范围，即使获得国际同行的肯定也仍然影响有限；与此相对照，数学(科学)哲学研究应当努力实现这样一个目标，即应对于实际数学(科学)活动有一定的积极影响。我还有这样一个想法：我们应将工作重点转向青少年学生、转向基础教育，因为，正如伦理道德的教育，年轻人、特别是青少年学生与成年人相比显然具有更大的可塑性，同样地，数学哲学恐怕也很难对于专业的数学家产生实质的影响，因此我们就应以数学教师作为直接的工作对象，这样就可通过他们的教学对年轻一代，即未来的数学研究，以及社会的整体发展产生积极的影响。

当然，上述选择并非是指我们应将数学哲学强行纳入师范学院数学系的课程之中,我们也不可能通过简单宣传数学哲学就可以帮助广大数学教师实现数学观念的必要转变或更新;恰恰相反,我们应当关注数学教育的整体发展,关注一线教师的实际需要,想他们所想,急他们所急,这样才有可能从哲学层面发挥一定作用,给人一定的启示。

上述认识的形成当然有一个过程,要想真正做好更需付出极大的努力,但又恰是在不断的探索与省思中,我真正领会到了哲学的真谛:这主要不是指各个具体的结论或理论,而是一种思维方式,即我们应当学会反思,学会批判,从而就可通过自身的努力超越各种表面化的认识与片面性,达到更大的认识深度。

显然,从上述角度进行分析,我在由哲学重新转向数学教育以后,选择“数学教育哲学”(对此不应等同于“数学哲学”)作为一项主要工作也就十分自然了。我在这方面的第一部著作是 1995 年四川教育出版社出版的《数学教育哲学》。这本书得到了数学教育界人士的普遍欢迎和广泛好评,在 1998 年“第四届全国优秀教育类图书评选”中获一等奖,同年台湾的九章出版社也出版了该书的中文繁体字版。当然,这只是“从哲学角度为数学教育奠定必要的理论基础”这个方向上的第一步,我们还应针对数学教育的现代发展不断做出新的研究,包括对已有工作的自觉反思。这也正是我在这方面工作的实际轨迹,包括两部新著的问世:《数学教育哲学的理论与实践》(广西教育出版社,2008)和《新数学教育哲学》(华东师范大学出版社,2015)。我还为后一著作写了前言“开放的数学教育哲学”,特别强调数学教育的哲学基础并非某种具体的理论或观念,而是应当促进广大数学教育工作者坚持独立思考,并能不断提升自己的理论素养,逐步养成反思的习惯和一定的批判精神,从而将自己的工作做得更好,直至真正成为具有一定哲学素养的数学教育工作者。

进而,这也可以说是一个自然的发展,即从 2001 年我国开始新一轮数学课程改革起,我就有意识地选择了从学术角度对课程改革作出理论分析这样一个定位,包括必要的批评,希望有助于改革的健康发展。就这方面的具体工作而言,还应提及 1991 至 1992 年间对美国的学术访问:当时正是美国以“课程标准”为主要标志的新一轮数学教育改革运动的高峰时期,又由于接待方戴维斯(Robert Davis)教授是美国最有影响的数学教育家之一,从而就为自己深入了解这一改革运动提供了良好条件,自己并通过这次访问确定了这样一个基本立场:"放眼世界,立足本土;注重理念,聚焦改革"。这就是此后一个阶段中我出版的多部著作的共同特点,即是不满足于数学教育现代发展的简单介绍,更不是盲目地去追随潮流,而是坚持自己的独立思考和分析,包括必要的批判,以促进我国的数学教育事业作为主要的工作目标。这些著作主要包括:《问题解决与数学教育》(江苏教育出版社,1994),《数学教育的现代发展》(江苏教育出版社,1999),《认知科学、建构主义与数学教育》(与香港大学梁贯成先生合作,上海教育出版社,1999)等。此外,1997年对我国台湾地区为期两个月的访问,也为我提供了一个很好的观察点,因为,这也正是当地推行"课标运动"的关键时期;另外,能从繁忙的教学工作中暂时解脱出来,也有益于我静下心来对数学教育的现代发展做整体分析,这也是我对香港大学多次访问的一个重要收获。

二、数学教育研究的主要工作

从2001年起,我将工作重心转移到了小学数学教育,因为,中学很难从高考指挥棒下解放出来,以小学数学为对象可做更多的事情。以下就是笔者课改以来在数学教育领域的主要工作:

第一,数学教学方法的改革与省思。这是数学课程改革的一个重要切入点,也是一线教师最关注的问题。但课改初期恰又在这方面出现了较大问题,即是对某些教学方法的片面强调,从而在一定程度上造成了形式主义的泛滥。针对这一现象,自己提出:我们不应片面地强调任何一种(些)教学方法或模式,更不应以方法或模式的"新旧"代替它们的"好坏",而应明确肯定教学方法与模式的多样性,因为,适用于一切教学内容、对象与环境的教学方法和模式并不存在,任何一种教学方法和模式也必定有其局限性,所以,我们就应积极鼓励教师针对具体情况创造性地应用各种教学方法和模式,这也应被看成教学工作创造性质的集中体现。

具体地说,数学教学不应只讲"情境设置",但却完全不提"去情境";不应只讲"动手实践",但却完全不提"活动的内化",乃至完全忽视了促进学生积极地动脑;不应只讲"合作学习",但却完全不提个人的独立思考,也不关心所说的"合作学习"究竟产生了怎样的效果;不应只提"算法的多样化",但却完全不提"必要的优化";不应只讲"学生自主探究",但却完全不提"教师的必要指导";不应只讲"过程",却完全不考虑相应的"结果",也没有认识到不应凡事都讲过程;等等。总的来说,我们应当明确提倡教学的"有效性"。当然,对此我们又不应仅仅从知识和技能的角度进行理解,而应坚持数学教育的"三维目标",并很好地处理有效性与开放性之间的关系。

笔者在这方面的主要文章"数学教学方法改革之实践与理论思考"(2004),尽管长达15000多字,曾由四个刊物全文刊出,我还就这一主题在不同范围做了多次讲演,产生了较大影响。

第二,"立足专业成长,关注基本问题":这是2010年前后,我通过对过去一些年的课改实践进行总结与反思,提出的关于如何促进课程改革深入发展的具体建议,也反映了自己的这样一个认识:我们应当跳出课程改革,并从更广泛的角度进行思考和研究,因为课程改革不是改进教育的唯一途径,这更可被看成我国历次教育改革的一个通病,即"每次都是从头做起",但却积累很少。

同名长文也曾由多家刊物刊出;以下则是笔者针对课改的后继发展所撰写的更多评论性和批判性的文章:"《数学课程标准(2011)》的'另类解读'"(2013),"更好承担起理论研究者的历史责任"(2013),"数学教育的20个问题"(2014),"数学教育改革十五诫"(2014)等,其中的一些在网上的点击量达到了20多万次。

以下则是关于一线教师专业成长的进一步建议:努力做好"理论的实践性解读"与"教学实践的理论性反思"。这不仅直接涉及了我们如何能够更好地处理理论与教学实践之间的关系,也反映了关于教师定位的进一步思考,即应由简单提倡"反思性实践"转向"作为研究者的教师"。

第三,对于数学教育现实情况的高度关注。除去对于课改指导思想的持续关注以外,笔者还力求真正做到脚踏实地。对此例如由以下一些文章就可清楚地看出:"教学模式研究需要再深入"(2012),"动态与省思:聚焦数学教育"(2012),"数学教育:问题与思考"(2013),"关于'以学为中心'的若干思考"(2014),"概念教学应当注意的一些问题"(2014),"由'先学后教'到'翻转课堂'"(2014),"数学教学中的'找规律'风应当降温"(2014)。

同一期间我还出版了多部著作,包括论文集和以小学数学教学作为直接主题的系列著作:上海教育出版社出版的《数学教育:从理论到实践》(2001),《数学教育:动态与省思》(2005)和《课改背景下的数学教育研究》(2012);人民教育出版社出版的《国际视角下的小学数学教育》(2004)和《数学教育新论:走向专业成长》(2011);江苏教育出版社出版的《开放的小学数学教学》(2008),《数学思维与小学数学》(2008),《数学教师的三项基本功》(2011)和《小学数学概念与思维教学》(2014);等等。

由于强调核心素养是教育领域2014年以后的一个新的发展趋势,这自然也成为我诸多文章的直接主题,如"学科视角下的核心素养与整合课程(系列文章)"(2016),"从'核心素养'到数学教师专业成长"(2016),"'数学核心素养'之我见"(2016),"数学教育视角下的'核心素养'"(2016),"数学应让学生学会思维——数学核心素养的理论性思考与实践性解读"(2017),"为学生思维发展而教——'数学核心素养'大家谈"(2017)等。

上述工作应当说与我自20世纪80年代起一直从事的两项工作也有直接联系,即"数学思维的研究"和"数学的文化研究"。事实上,我的第一本著作就是1985年由浙江教育出版社出版的《数学方法论入门》,1991年广西教育出版社出版的《数学方法论》则是我在这一方面的第二部著作。2009年广西教育出版社又出版了我的一部新著《数学方法论的理论与实践》,其中不仅对国际上关于"问题解决"的最新研究进行了介绍分析,并且将关注点由单纯的理论研究转向了理论与教学实践并重。这几本著作都有较大的影响,如《数学方法论入门》在20年以后又出了新版;《数学方法论》不仅有多个版本,销售量也已超过4万册。

我主张教师应当用思想方法的分析带动具体知识内容的教学,因为只有这样,才能将数学课真正"教活""教懂""教深",也即能够通过自己的教学,向学生展现"活生生的"数学研究工作,而不是死的数学知识,并能帮助他们真正理解相关的内容,而不是囫囵吞枣,死记硬背;让他们不仅能够掌握具体的数学知识,也能领会内在的思想方法。

2001年由四川教育出版社出版的《数学文化学》(与王宪昌、蔡仲合作)是关于数学文化研究的一部专著,后继工作包括"数学的文化价值何在、何为——语文课反照下的数学教学"(2007)等。我还曾就这一主题做过多次讲演,受到普遍欢迎。

随着中国国际地位的上升,数学教育的形势也有所变化。应当强调的是,我们不仅应有一定的文化自信,也应努力做到文化自觉,即由这方面的不自觉状态转到更自觉的状态,努力克服各种片面性的认识,包括妄自菲薄与盲目自大,还应很好地承担起自己的文化责任,即应跳出狭窄的专业圈子,并从更大范围认识与落实数学教育对于社会整体发展所应发挥的重要作用。

具体地说,数学教育应当努力促进学生思维的发展,特别是帮助学生逐步学会更清晰、更深入、更全面、更合理地进行思考,并能由理性思维逐步走向理性精神,真正成为一个高度自觉的理性人;我们还应通过"深度教学"落实这样一个任务:数学教学必须超越具体知识和技能深入到促进学生思维的发展,由具体方法过渡到学生思维品质的提升,我们还应帮助学生学会学习,从而真正成为学习的主人。我的两本著作《小学数学教育的理论与实践——小学数学教学180例》(华东师范大学出版社,2017)和《数学深度教学的理论与实践》(江苏凤凰教育出版社,2020)对此有较为系统的论述。

第四,中国数学教育传统的界定与发展。这项工作不仅与先前的各项工作有直接联系,也是成功实施课程改革必须解决好的一个问题,因为,这也是课改初期的一个明显不足,即是过分强调了对传统的批判,却未能注意必要的继承与发展。

"文化视角下的中国数学教育"(2002)是我在这方面较有影响的一篇文章,该文的英文稿已被收入由国际数学教育委员会(ICMI)组织的专题论文集。除去"清楚界定",我们也应十分重视传统的必要发展。我在"'双基'与'双基教学':认知的观点"(与谢明初合作,2004)这篇文章中,明确提出了这样一个思想:"数学基础知识的教学,不应求全,而应求联;数学基本技能的教学,不应求全,而应求变。"应当强调的是,尽管就整体而言在后一方面已有了不少工作,但仍有深入进行研究的必要,包括应当高度重视一线教师的实践经验。以下就是我在后一方面的一些具体努力:"我们应当如何发展自己的传统与教学经验——聚焦数学教育"(2011),"中国数学教育的'问题特色'"(2018),"小学数学教师专业成长的'中国道路'"(2018)。

还应说明的是,上述工作与自己的哲学研究有一定的互动,特别是使我对哲学的本质及其现代发展有了更好的理解,包括后现代主义和科学知识社会学(SSK)等思潮出现的必然性与启示意义,从而就有了这样一部著作:《科学哲学十讲:大师的智慧与启迪》(译林出版社,2013)。当然,数学哲学也是我持续关注的课题,包括这样三部专著:《西方数学哲学》(与夏基松教授合作,人民出版社,1986),《数学哲学新论》(江苏教育出版社,1990),《数学哲学中的革命》(与李国伟先生合作,台湾九章出版社,1999)。我还在国际专业期刊上发表了多篇论文,产生了一定的国际影响。

三、对教育的一些想法

以下再从一般角度对教育、包括一线教师的专业成长和子女教育等问题提出一些具体想法。

首先,关于课程改革,尽管方方面面做了很大努力,也有一定成效,但在我看来,总体效果应当说并不理想,甚至可以说有一定倒退。造成这一现象的一个重要原因,即是指导思想变化太快、太频繁,再加上事先缺乏深入研究,事中和事后也缺乏认真的总结与反思。进而,以下的事实显然也应引起我们的高度重视:在21世纪的中国居然会出现一些以“应试”为唯一目标的“另类学校”,而且生源滚滚,经久不衰;另外,如果说先前的“补课潮”主要局限于部分高中生,那么,现在就已扩展到了小学甚至是幼儿园,更有愈演愈烈、愈加不可阻挡之势:我们的下一代从幼儿园起就已深深地被卷入到了“补课文化”之中,既没有课外娱乐,也没有放松的周末,有的只是奥数与外语辅导班,难道快乐的童年真的会在我们这一代永远消失?! 我衷心希望主管部门的补救措施能够发挥切实的作用!

其次,作为教师,应当有所追求,并不断有所提高,而这主要不是指职称的提升,或是发表了多少文章和著作,而是指学识、能力与人品的提高。因为只有这样,我们才能做好自己的工作,真正成为一个好教师。以下就是数学教师的三个层次或境界:如果仅仅停留于知识和技能的传授,你就只是一个“教书匠”;如果能够帮助学生通过数学学会思维,就是一个智者,因为你能给人以智慧;如果能给学生无形的文化熏陶,那么,即使你是个小学教师,或者身处深山老林、偏僻农村,也是一个真正的大师,你的生命也将因此而具有真正的价值。

再者,“乐于思考,善于思考”应当被看成数学教师最重要的一个素养,因为,如果教师本身不善于思考,也不愿意思考,比如在教学中总是照本宣科,更会听任情感主导自己的行为,乃至十分任性地处事,那么,期望通过他的教学提升学生的核心素养,特别是促进学生思维的发展,显然就只是一句空话。

以下是更加具体的一些建议。

(1) 坚持独立思考,而不要盲目地追随潮流。作为教育工作者,我们在任何情况下都应稳得住,都应有所为、有所不为,既不应违背常识,也应坚持专业成长,更应通过深入思考弄清数学教育教学的基本道理,化复杂为简单,而不是将简单的问题复杂化。

由于当前各种各样的理论实在太多,甚至可以说"乱花渐欲迷人眼",这显然也更为清楚地表明了坚持独立思考,包括养成一定批判能力的重要性。

(2) 努力拓宽自己的眼界。这也应被看成专业发展的一个重要涵义,不仅有益于从多个角度去思考问题,而且人的心境也会有所不同。

例如,这就是笔者关于"学科整合"问题的基本看法:不同学科的整合应当说是发展的高级状态,就个人而言也就是"一通百通";但要达到这样一个境界并不容易,必然地有这样一个过程,即是首先由"无专业"发展到"有专业",然后才谈得上不同专业的整合或超越。也正因此,如果在专业化之初,甚至在尚未实现初步的专业化之时,就谈论不同学科的整合,很可能会造成这样的后果,即是不仅未能很好地实现所说的目标,反而会由初步的专业化重新回到了没有专业的"原始状态",也即只是所说的高级状态的庸俗化。

(3) 重视向他人学习,争取得到前辈与专家的指导。这也是我的一个切身体会:正是由于我国著名数学家徐利治先生的直接指导,我才真正走上了研究的道路;再者,尽管与英国著名哲学家波普尔接触不多,但由于我曾在其创设的伦敦政治经济学院哲学、逻辑与科学方法系进行长期访问,从而受到了"批判性思维"这一学术氛围的很大影响,更以"对科学家有重要影响"作为工作的信条。

当然,我们也应防止对专家的迷信,特别是不要为装腔作势的人所吓到,并应以人品作为判断人的第一标准。

在此还可对针对"推荐一本读物"这一要求做一回复:我从来不认为一本书可以管一个人的一生,而是不同时期应看不同的书,当然也包括有的书应当反复地看。因为,不同时期会有不同的需要,一本书也许在这个时候能给你很大帮助,过段时期看则未必;也会有这样的书,尽管很好,但因你当时水平不够,可能就品不出味道。

最后,关于子女教育问题,我们不应过分焦虑,而应处理好这样几件事:

(1) 不宜过早规划。如果在儿童阶段就能看出孩子的特长,有意识地加以培养,当然很好;但大部分孩子可能不是这样,想一早就看出苗头并有意识地培养,恐怕不是很现实。相比而言,我们应当更加重视打好基础,孩子将来才可能有较好的发展。我们应鼓励孩子多读一点书,因为不知道什么时候就有可能用得上,这更直接关系到了儿童整体素质的提升。

(2) 为儿童提供宽松的环境,不要操之过急。儿童有一个成长过程,这也是我通过“与孙子一起学数学”获得的体会:有很多题目,我原以为给他讲讲,他马上就能理解。事实是:尽管我可以居高临下地讲,而且他当时好像也听懂了,但过几天还是不懂,这说明相关知识没有真正成为他自己的东西,他还没达到这个阶段。教师应为儿童向更高层次的发展提供必要的启示、指导,但儿童一定有一个成长的过程,简单地大量做练习,或者上辅导班,都不会收到很好的效果。我们还应清楚地看到个体的特殊性,从而就不应千篇一律地进行教学。

(3) 不应要求过高。家长要明白:对孩子来讲最重要的是健健康康、快快乐乐地成长,将来能做大事做大事,做不了大事,做普通人也挺好,开开心心过日子。

简言之,情商比智商更重要,品德比知识更重要。我们一定要想清楚这些道理,包括这样一点:对小学生而言,第一层面是必要的规范,养成好的习惯,低年级要特别重视这样一点。第二层面是兴趣,要保持他的兴趣,因为有兴趣他才觉得好玩,才会产生好奇心,才有探究的欲望。不要搞补课,不要搞超前教育,因为小学是发展兴趣、形成兴趣的时候,从一开始就变成一个负担,必须怎么样,小孩子的兴趣就搞没了。

愿大家都能关心教育,更能按照教育规律行事,教师则应将自己的工作做得更好,这样我们的国家才有美好的未来!

附录二　数学教育相关著作目录

1.《数学方法论入门》,浙江教育出版社,1985(2006 年再版)
2.《西方数学哲学》(与夏基松教授合作),人民出版社,1986
3.《数学、逻辑与哲学》(与林曾合作),湖北人民出版社,1987
4.《现代逻辑的发展》,辽宁教育出版社,1989
5.《关系映射反演方法》(与徐利治教授合作),江苏教育出版社,1989
6.《数学哲学新论》,江苏教育出版社,1990
7.《数学抽象的方法与抽象度分析法》(与徐利治教授合作),江苏教育出版社,1990
8.《数学方法论》,广西教育出版社,1991(1996、2001、2008 年分别再版)
9.《数学方法论教程》(与徐利治、朱梧槚教授合作),江苏教育出版社,1992
10.《数学模式论》(与徐利治教授合作),广西教育出版社,1993
11.《问题解决与数学教育》,江苏教育出版社,1994
12.《数学教育哲学》,四川教育出版社,1995(2001 年再版,1998 年由台湾九章出版社出版繁体字版)
13.《认知科学、建构主义与数学教育》(与梁贯成教授合作),上海教育出版社,1998(2002 年再版)
14.《数学哲学中的革命》(与李国伟教授合作),台湾九章出版社,1999
15.《数学教育的现代发展》,江苏教育出版社,1999
16.《数学文化学》(与王宪昌、蔡仲合作),四川教育出版社,2001
17.《数学思维与数学方法论》(与肖柏荣、熊萍合作),四川教育出版社,2001
18.《数学教育:从理论到实践》,上海教育出版社,2001
19.《国际视角下的小学数学教育》,人民教育出版社,2004
20.《数学教育:动态与省思》,上海教育出版社,2005
21.《科学教育哲学》,四川教育出版社,2006
22.《数学哲学与数学教育哲学》,江苏教育出版社,2007
23.《数学教育哲学的理论与实践》,广西教育出版社,2008
24.《开放的小学数学教学》,江苏教育出版社,2008
25.《数学思维与小学数学》,江苏教育出版社,2008
26.《数学方法论的理论与实践》,广西教育出版社,2009
27.《数学教育新论:走向专业专长》,人民教育出版社,2011
28.《数学教师的三项基本功》,江苏教育出版社,2011
29.《课改背景下的数学教育研究:回顾与展望》,上海教育出版社,2012
30.《科学哲学十讲——大师的智慧与启迪》,译林出版社,2013
31.《小学数学概念与思维教学》,江苏教育出版社,2014

32.《新数学教育哲学》,华东师范大学出版社,2015
33.《小学数学教育的理论与实践:小学数学教学 180 例》,华东师范大学出版社,2017
34.《数学深度教学的理论与实践》,江苏凤凰教育出版社,2020

附录三　数学教育相关论文目录[①]

1. “四边形教学的体会”,《中学理科教学》,1978 年第 9 期
2. “评 Pólya 的代表性著作《数学的发现》”,《数学研究与评论》,1983 年第 1 期
3. *“数学直觉浅析”,《哲学研究》,1983 年第 7 期
4. “拉卡托斯的数理哲学思想”,《国外社会科学》,1984 年第 1 期
5. “无限:数学家的迷宫”,《百科知识》,1984 年第 7 期
6. “化归是数学家用以解决问题的一个重要手段”,《中学数学》,1984 年第 6 期
7. “应当培养对于数学美的鉴赏能力——数学方法论漫谈之二”,《中学数学》,1985 年第 1 期
8. “加强思想方法的训练,上出哲理化的数学课”,《高教研究与探索》,1986 年第 3 期
9. “论深入开展数学方法论研究的重要性——兼评《数学方法论选讲》一书”(与黄开斌合作),《数学研究与评论》,1987 年第 3 期
10. *“从数学发现的逻辑到科学研究纲领方法论(1—2)”,《南京大学学报》,1989 年第 3、4 期
11. *“一个时代的终结——数学哲学现代发展概述”,《科学技术与辩证法》,1989 年第 5 期
12. *“数学模式观的哲学基础”(与徐利治合作),《哲学研究》,1990 年第 2 期
13. Counter-Way Thinking and Its Methodological Principle, *Proceedings of The 3rd Five Countries conference on Mathematics Education*, 1990
14. “悖向思维与悖向思维和谐性原则”,《数学通报》,1990 年第 7 期
15. *“坚持实践,不断提高教学艺术”,《南京大学学报》,1990 年第 6 期
16. From the Logic of Mathematical Discovery to the Methodology of Scientific Research Programmers, *British Journal for the Philosophy of Science*, 1990,41(3):377 - 399
17. “数学抽象的基本准则:模式建构形式化原则”,《数学通报》,1990 年第 11 期
18. *“非欧几何与数学革命”,《南京大学学报(哲学 · 人文科学 · 社会科学版)》,1991 年第 1 期
19. “数学直觉的性质与数学直觉能力的培养”(与张心珉合作),《松辽学刊(自然科学版)》,1991 年第 3 期
20. China's Study of Methodology of Mathematics, *Proceedings of ICMI-China Regional Conference on Mathematics Education*, 1991
21. *“数学的文化观念”,《自然辩证法研究》,1991 年第 9 期
22. “数学方法论的内容、性质和意义”,《曲阜师范大学学报(自然科学版)》,1991 年第

① 目录中加 * 者表示此文发表于“核心期刊”,或由“人大复印报刊资料”等刊物全文转载。

4 期
23. Philosophy of Mathematics in China, *Philosophia Mathematica*, 1998,6(2)
24. “关于数学美的研究与‘审美直觉选择性原则’”,《松辽学刊(自然科学版)》,1992 年第 2 期
25. “美国学校数学教育的现状”,《中学数学杂志》,1992 年第 6 期
26. “学校数学教育研究规划”,《中学数学》,1992 年第 10 期
27. “‘解决问题’与数学教育——美国数学教育观感之二”,《中学数学杂志》,1992 年第 11 期
28. Non-Euclidean Geometry and Revolutions in Mathematics, *Revolutions in Mathematics*, ed. by D. Gillies, Oxford University Press, 1992:169 - 182
29. *“数学:不可思议的有效性?”,《南京大学学报(哲学·人文科学·社会科学版)》,1992 年第 4 期
30. “数学哲学、数学教育与数学教育哲学”,《哲学与文化》(台湾),1992 年第 10 期
31. *“时代的挑战——美国数学教育研究之一”,《数学教育学报》,1992 年第 1 期
32. *“加强学习,深化研究,加速发展我国的数学教育事业——美国数学教育研究之二”,《数学教育学报》,1993 年第 1 期
33. *“数学思想、数学思想方法与数学方法论”,《科学技术与辩证法》,1993 年第 5 期
34. “一般化方法在数学解题中的应用与 RMI 方法模式中的参变数方法”(与徐利治合作),《曲阜师范大学学报(自然科学学报)》,1993 年第 4 期
35. “问题解决与数学教育”,《数学传播》(台湾),1993 年第 4 期
36. “论数学问题的‘深层结构’”,《数学通报》,1993 年第 12 期
37. “数学教育哲学刍议”,《中国教育报》,1994 年 2 月 15 日
38. *“数学:看不见的文化”,《南京大学学报(哲学社会科学版)》,1994 年第 1 期
39. *“什么是‘问题解决’”《小学教学》,1994 年第 3 期
40. Philosophy of Mathematics, Mathematics Education and Philosophy of Mathematics Education, *Humanistic Mathematics Network Journal*, 1994(9)
41. Some Remarks on the Philosophy of Mathematics Education, *Philosophy of Mathematics Education Journal*, 1994(7)
42. *“问题解决的研究现状”,《小学教学(数学版)》,1994 年第 4 期
43. “‘建构学说’笔谈”(与王长沛、张国栋合作),《数学教育学报》,1994 年第 1 期
44. “数学哲学现代发展概述”(与徐利治合作),《数学传播》(台湾),1994 年第 1 期
45. “数学哲学的内容和意义”,《数学传播》(台湾),1994 年第 1 期
46. *“对于波利亚的‘超越’”,《中学数学研究》,1994 年第 7 期
47. *“再谈‘淡化形式、注重实质’——《淡化形式,注重实质》读后”,《数学通报》,1994 年第 8 期
48. *“由数学哲学到数学教育哲学”,《科学技术与辩证法》,1994 年第 5 期
49. “关于‘大众数学’的反思”,《数学教育学报》,1994 年第 2 期
50. “数学教师应当关注的几个问题”,《数学传播》(台湾),1995 年第 2 期
51. “数学哲学中的革命”,《哲学与文化》(台湾),1995 年第 8 期
52. *“数学哲学、数学方法论与数学教育哲学兼论数学哲学研究的方法论问题”,《南京

大学学报(哲学社会科学版)》,1995 年第 3 期
53. “现代数学教育工作者值得重视的几个概念”(与徐利治合作),《数学通报》,1995 年第 9 期
54. “积极培养高学历的中小学数学教师——香港大学教育硕士班课程介绍”,《数学教育学报》,1995 年第 4 期
55. “进一步促进数学方法论研究与教学”(与徐利治合作),《学科教学探索》,1996 年第 1 期
56. “数学地交流:数学教育现代发展的热点之一”,《小学教学(数学版)》,1996 年第 3 期
57. “数学教育哲学概论”,《数学教育学报》,1996 年第 2 期
58. “问题解决:数学教育现代发展的一个重要方向”,《国际教育新动态》,1996 年第 1 期
59. “积极开展数学教育哲学的研究”,《数学素质教育设计》,江苏教育出版社,1996
60. “数学教育与哲学”,《数学教育》(香港),1996 年第 2 期
61. “数学方法概论”,《方法论全书》,南京大学出版社,1995
62. “数学教育目标刍议”,《课程论坛》(香港),1996 年第 1 期
63. “关于问题解决的再思考”,《数学传播》(台湾),1996 年第 4 期
64. “数学学习心理学的现代研究”,《数学教育学报》,1997 年第 1 期
65. “问题解决与数学地思维”,《徐州教育科学》,1997 年第 1 期
66. *“数学方法论的现代发展”,《南京大学学报(哲学·人文科学·社会科学版)》,1997 年第 1 期
67. “算法化原则与数学教育”(与徐利治合作),《数学传播》(台湾),1997 年第 2 期
68. “短评两则——兼论积极开展数学教育研究的评论工作”,《数学教育学报》,1997 年第 3 期
69. “对于传统教法设计理论的严重挑战”(与黄家鸣合作),《教育学报》(香港),1997 年第 2 期
70. The Revolution in the Philosophy of Mathematics, *Logique et Analyse*, 1997
71. “建构主义与数学教育”,《数学传播》(台湾),1998 年第 3 期
72. “《数学教育哲学》译序”,《数学教育哲学》,上海教育出版社,1998
73. “数学教育之关键性论题与发展趋势”,《数学教育学报》,1998 年第 4 期
74. “数学教育的多学科、多方位研究”,《中学数学教学参考》,1999 年第 1 期
75. *“数学文化学:数学哲学、数学史与数学教育现代研究的共同热点”,《科学技术与辩证法》,1999 年第 1 期
76. “由‘熟能生巧’到自觉学习——搞好数学教学的一个关键问题”,《数学教育学报》,1999 年第 2 期
77. “美国《数学课程标准(2000)》简介”,《中学数学教学参考》,1999 年第 7 期
78. “建构主义:从理论到实践”,《小学教学(数学版)》,1999 年第 10、11 期
79. “数学教师的专业化”,《中学数学教学参考》,1999 年第 10 期
80. “数学哲学中的革命”,《国外社会科学前沿(1999)》,上海社会科学院出版社,1999
81. “民俗数学与数学教育”,《贵州师范大学学报(自然科学版)》,1999 年第 4 期
82. “数学教育的现代发展——从数学教育的专业化谈起”,《数学教学通讯》,1999 年第 6 期

83. “真正落实学生在学习活动中的主体地位——简评《说课:平行四边形及其性质》”,《数学教学通讯(中教版)》,1999年第6期
84. *“关于编写数学课程标准和教材的意见”,《课程·教材·教法》,1999年第11期
85. “中国数学教育的‘雄起’:写在‘新千年’到来之际”,《数学教学》,2000年第1期
86. “如何培养学生的猜想和直觉能力——由《能否少问学生几个“为什么”》引出的思考”,《中学数学教学参考》,2000年第1期
87. “从建构主义的角度看”,《小学教学(数学版)》,2000年第1期
88. “由制订‘国家数学课程标准’引出的思考”,《数学教学通讯(中教版)》,2000年第1期
89. “再谈‘国家数学课程标准’的制订”,《数学教学通讯(中教版)》,2000年第2期
90. “从‘数学教育三角形’到学校数学教学设计的六条标准”,《数学教学通讯(中教版)》,2000年第3期
91. “(数学)教室文化:数学教育的微观文化研究”,《数学教育学报》,2000年第1期
92. “关于开发数学教育软件的几点想法”,《广东教育(综合版)》,2000年第3期
93. “由教学到科研”,《小学教学(数学版)》,2000年第4期
94. “数学教育研究的不同范式”,《数学教学通讯(中教版)》,2000年第4、5期
95. “创造未来——简论高水准数学教师的培养”,《杭州教育学院学报》,2000年第2期
96. “谈高水平数学教师的培养”,《中学数学》,2000年第5期
97. “数学方法论与数学教学——案例三则”,《中学数学教学参考》,2000年第6期
98. “努力培养学生提出问题的能力——从‘在数学课中培养创新意识’一文谈起”,《数学教学通讯(中教版)》,2000年第6期
99. “数学思维研究的现状”,《数学教学通讯(中教版)》,2000年第7期
100. “设问应当合乎情理,力求自然——从‘课例点评:余弦定理(第一课时)’谈起”,《中学数学教学参考》,2000年第7期
101. “教研活动应加强时代性和研究性”,《小学教学(数学版)》,2000年第7期
102. “努力培养学生的创新能力——再谈数学教育软件的开发”,《广东教育(综合版)》,2000年第7期
103. “现代教育技术面面观”,《数学教学通讯(中教版)》,2000年第8期
104. “从初中‘完全废除’证明谈起——兼论数学课程改革的深入发展”,《数学教学通讯(中教版)》,2000年第9期
105. “基本立场的重要转变:由《学生计算错误原因初探》一文说开去”,《小学教学(数学版)》,2000年第9期
106. “‘案例分析’应重在分析——关于搞好“案例分析”的若干想法”,《中学数学教学参考》,2000年第9期
107. “创新与数学教育”(与宋唐秦合作),《中学数学月刊》,2000年第10期
108. *“数学哲学:20世纪末的回顾与展望”,《哲学研究》,2000年第10期
109. “从教研的角度看创新与数学教育”,《中学数学教学参考》,2000年第11期
110. “‘大教育观下’的数学教育”,《数学教育学报》,2000年第4期
111. “素质教育观指导下的数学教育”(与宋唐秦合作),《广东教育(综合版)》,2000年第12期

112. ＊“数学课程改革深入发展的两个问题”(与宋唐秦合作),《中学数学》,2001 年第 1 期
113. ＊“创新与数学教育”,《小学青年教师》,2001 年第 1 期
114. ＊“从‘高师 2000 年年会’看我国数学教育研究”,《数学教学通讯(中教版)》,2001 年第 1 期
115. “数学教学的现代研究”,《中学数学教学参考》,2001 年第 1 期
116. “也谈中学数学教师应当如何从事教育教学研究”,《中学数学月刊》,2001 年第 2 期
117. “中国学习者的悖论”,《数学教育学报》,2001 年第 1 期
118. “关于数学教师培训工作的几点意见”,《数学通报》,2001 年第 2 期
119. “大力加强数学教学研究的评论工作”,《小学青年教师》,2001 年第 3 期
120. ＊“开放题与开放式教学”,《中学数学教学参考》,2001 年第 3 期
121. “虚实并重、小中见大,不断实践、不断总结——喜谈‘课例大家评’”,《中学数学教学参考》,2001 年第 4 期
122. ＊“中国数学教育深入发展的六件要事”,《数学教学通讯(中教版)》,2001 年第 4 期
123. “一个值得喝彩的现象”,《中学数学教学参考》,2001 年第 7 期
124. “数学教育研究的界定与深化——从 ICMI 的相关研究谈起”,《数学教学通讯(中教版)》,2001 年第 8 期
125. “中国数学教育的国际定位”,《广东教育(综合版)》,2001 年第 9 期
126. “走向 ICME - 10”,《中学数学月刊》,2001 年第 9 期
127. “关于数学课程改革的再思考”,《中学数学杂志(初中版)》,2001 年第 5 期
128. ＊“课例分析的重要发展——读书有感”,《中学数学教学参考》,2001 年第 12 期
129. “加强学习,将课例分析作得更好”,《小学青年教师》,2002 年第 1 期
130. ＊“数学教育之动态与思考”,《数学教育学报》,2002 年第 1 期
131. “中国数学教师培养工作的之当务之急”,《数学教学通讯(中教版)》,2002 年第 5 期
132. ＊“再论开放题与开放式教学”,《中学数学教学参考》,2002 年第 6 期
133. “‘数感’‘符号感’与其他——《课程标准》大家谈”,《数学教育学报》,2002 年第 3 期
134. ＊“解读‘数学课程目标’”,《数学教学通讯(中教版)》,2002 年第 9 期
135. ＊“改革热潮中的冷思考”,《中学数学教学参考》,2002 年第 9 期
136. ＊“文化视角下的中国数学教育”,《课程・教材・教法》,2002 年第 10 期
137. “积极促进数学课程改革的深入发展”,《小学青年教师》,2003 年第 1 期
138. “数学课程改革应重视教学方法的改革”,《广东教育》,2003 年第 1 期
139. “努力提高我国数学教育专业研究生的培养水准”,《数学教育学报》,2003 年第 1 期
140. ＊“国际教育视角下的中国数学教育——关于中国数学教育的再认识”,《中学数学教学参考》,2003 年第 1 期
141. ＊“比较与思考:关于深入开展数学教育理论研究的几点想法”,《数学通报》,2003 年第 2 期
142. “数学课程改革:比较与思考”,《中学数学月刊》,2003 年第 2 期
143. “置于理论与数学课程改革”,《上海师范大学学报(哲学社会科学版)》,2003 年第 1 期
144. ＊“试析新一轮课程改革中小学数学课堂教学——由若干小学数学课例说开去”,

《课程・教材・教法》,2003 年第 4 期
145. “新一代小学数学教师的成长”,《小学青年教师》,2003 年第 6 期
146. *“简论数学课程改革的活动化、个性化、生活化取向”,《教育研究》,2003 年第 6 期
147. *“数学教育的国际进展及其启示”,《全球教育展望》,2003 年第 7 期
148. *“数学教育研究之合理定位与若干论题”,《数学教育学报》,2003 年第 3 期
149. “短评两则”,《小学青年教师》,2003 年第 9 期
150. “数学课程改革与教材编写——简论教材编写的恰当定位”,《中学教研(数学)》,2003 年第 10 期
151. “建构主义及其教学涵义”,《中学数学教学参考》,2003 年第 10、11 期
152. “数学教育研究的社会转向”,《数学教学》,2003 年第 12 期
153. “数学课程改革深入发展之若干关键问题”,《中学教研(数学)》,2003 年第 12 期
154. “简论数学教学方法的变革——由三个课例说开去”,《教学月刊(小学版:数学)》,2004 年第 1 期
155. “数学教育研究之规范化与中国数学教育的发展”,《中学数学月刊》,2004 年第 1 期
156. *“建构主义之慎思”,《数学通报》,2004 年第 9 期
157. “审思数学课程改革”,《中学数学教学参考》,2004 年第 1 期
158. “学习理论的现代发展及其教学涵义”,《数学教育学报》,2004 年第 1 期
159. “小学生数学学习过程中的思维活动”,《小学青年教师》,2004 年第 3 期
160. *“后现代课程与数学教育”,《全球教育展望》,2004 年第 3 期
161. *“数学思维与小学数学教学”,《课程・教材・教法》,2004 年第 4 期
162. *“‘双基’与‘双基教学’:认知的观点”(与谢明初合作),《中学数学教学参考(教师版)》,2004 年第 6 期
163. The Orientation and Methodology of the International Comparative Studies on Mathematics Education, *Trends and Challenges in Mathematics education*, ed. by J. Wang & B. Xu, East China Normal University Press, 2004
164. *“数学教学方法改革之实践与理论思考”,《中学教研(数学)》,2004 年第 7、8 期
165. “专业化小学数学的创建”,《小学数学教学》,2004 年第 4 期
166. “语言与数学教育”,《数学教育学报》,2004 年第 3 期
167. “数学教育国际比较研究的合理定位与方法论”,《上海师范大学学报(哲学社会科学基础教育版)》,2004 年第 3 期
168. “教材编写与理论研究的密切结合——由几篇硕士论文引出的话题”,《数学教育学报》,2004 年第 4 期
169. *“课程改革 2005——论积极促进数学课程改革的深入发展”,《中学数学教学参考》,2005 年第 1 期
170. “回顾与展望——在 2004 年数学教育高级研讨会上的发言”,《数学教育学报》,2005 年第 1 期
171. “观课有感”,《教学月刊(小学版:数学)》,2005 年第 2 期
172. “数学探究学习之省思”(与吴晓红合作),《中学数学月刊》,2005 年第 2 期
173. “理性思维、理性精神与数学教育——《‘一节以理性思维为主的研究课——三角函数的图象变换’课例大家评》读后有感”,《中学数学教学参考》,2005 年第 3 期

174. “数学课程改革:何去何从?”《中学数学教学参考》,2005年第5期
175. “回顾与反思——致数学教育界的各位同行”,《数学通报》,2005年第5期
176. “也谈小学数学教师的专业化发展”,《小学青年教师》,2005年第6期
177. *“‘教师研究’的现状与发展”(与张汝新合作),《全球教育展望》,2005年第7期
178. “读‘有效课堂:数学教学的朴素追求’一文有感”,《小学数学教学》,2005年第7/8期
179. “我的体会与想法——写在浙江省首期小学数学省级培训者培训以后”,《教学月刊(小学版:数学)》,2005年第8期
180. “迷茫中的思考——听课有感”,《数学教学通讯(中教版)》,2005年第8期
181. “做有高度自觉性的数学教育工作者——《为什么小学语文教学总患‘多动症’‘浮肿症’》读后感”,《教学月刊(小学版:数学)》,2005年第9期
182. *“数学课程改革2005:审视与展望”,《课程·教材·教法》,2005年第9期
183. “‘数学文化’与数学教育”,《中学数学教学参考》,2005年第10期
184. “警惕基础教育界的三个‘时髦病’”,《中学教研(数学)》,2005年第11期
185. “由几节观摩课说开去”,《教学月刊(小学版:语文)》,2006年第1期
186. “数学课程改革:路在何方?”《中学数学教学参考(高中版)》,2006年第1/2、3期
187. “变式理论的必要发展”,《中学数学月刊》,2006年第1期
188. “学校数学:必要的抽象”,《人民教育》,2006年第1期
189. *“从东西方的比较到‘两种文化’的整合——方法论视角下的我国科学哲学研究”,《陕西师范大学学报(哲学社会科学版)》,2006年第2期
190. “一线教师如何从事教学研究——由两个案例说开去”,《广西教育》,2006年第03A期
191. Mathematics Education in China: From a Cultural Perspective, *Mathematics Education in Different Cultural Traditions-A Comparative Study of East Asia and the West*, ed. by F. Leung & K-D. Graf & F. Lopez-Real, Springer, 2006
192. *“学习共同体与课堂中的权力关系”(与张晓贵合作),《全球教育展望》,2006年第3期
193. “一步一个脚印地前进”,《小学数学教学》,2006年第3期
194. “中国数学教育的界定与建设:综述与分析”,《数学教育学报》,2006年第2期
195. *“关于小学数学教材建设的若干想法”,《课程·教材·教法》,2006年第7期
196. “关于课程改革的若干深层次思考——从我国新一轮数学课改说开去”,《开放教育研究》,2006年第4期
197. *“数学教学的现代研究”,《湖南教育(数学教师)》,2006年第9期
198. *“小学数学教学研究热点问题透视”,《人民教育》,2006年第18期
199. *“回顾、总结与展望——写在2007年到来之际”,《中学数学教学参考(高中版)》,2007年第1期
200. “再谈‘三角形边的关系’的教学”,《小学教学(数学版)》,2007年第1期
201. *“从课程改革看数学教育理论研究”,《数学教育学报》,2007年第1期
202. *“数学课程改革与教师的专业化发展”,《教学月刊(小学版:数学)》,2007年第3期

203. “数学的文化价值何在、何为——语文课反照下的数学教学”,《人民教育》,2007 年第 6 期
204. “考试高压下的中国数学教育:现状与对策”,《数学通报》,2007 年第 5 期
205. “由‘工厂要建造污水处理系统吗’谈开去”,《小学教学(数学版)》,2007 年第 6 期
206. *“数学教学的有效性和开放性”,《课程・教材・教法》,2007 年第 7 期
207. *“理论视角下的小学数学教学——案例三则”,《小学教学(数学版)》,2007 年第 7 期
208. *“‘开放的数学教学’新探”,《中学数学月刊》,2007 年第 7 期
209. “中国传统文化与数学教育”,《中学数学教学参考(高中版)》,2007 年第 9 期
210. “中国大陆数学课程改革之省思——从教学方法的角度看”,《基础教育学报》(香港中文大学),2007 年第 1 期
211. “漫谈数学文化”,《湖北教育(教育教学)》,2008 年第 2 期
212. *“数学思想、数学活动与小学数学教学”,《课程・教材・教法》,2008 年第 5 期
213. “走进数学思维(1—4)”,《小学教学(数学版)》,2008 年第 5、6、9、10 期
214. *“数学教师的三项基本功”,《人民教育》,2008 年第 18、19、20 期
215. “‘植树问题’教学之我见”,《小学数学》(人教社),2008 年第 4 期
216. “通过数学教育提升学生素养”,《江苏教育》,2009 年第 1 期
217. “‘问题解决’与数学教育(2008)”,《数学教育学报》,2009 年第 1 期
218. “交流与期望——寄语江苏小学数学界的朋友”,《教育研究与评论(小学教育数学)》,2009 年第 2 期
219. “年年岁岁花相似,岁岁年年花不同”,《小学数学》(人教社),2009 年第 2 期
220. *“语言视角下的数学教学”(与肖红合作),《课程・教材・教法》,2009 年第 9 期
221. *“变式理论与认知发展”,《中学数学月刊》,2009 年第 10 期
222. *“展望‘后课标时代’——写在数学新课改实施 8 周年之际”,《小学教学(数学版)》,2009 年第 11、12 期
223. *“从三项基本功到数学教师的专业成长”,《中学数学月刊》,2010 年第 3 期
224. “‘高潮’之后的必要反思——从理论研究的角度看”,《数学教育学报》,2010 年第 1 期
225. “‘小中见大’与‘贴标签’”,《新世纪小学数学》,2010 年第 1 期
226. *“国际理论视野下的中国数学教育”,《全球教育展望》,2010 年第 3 期
227. *“数学课程改革如何深入?”《人民教育》,2010 年第 5 期
228. “关注现实,加强比较,聚焦基本问题——也谈‘中国数学教育传统’”,《人民教育》,2010 年第 6 期
229. “数学教师的专业成长”,《人民教育》,2010 年第 8 期
230. *“分数的教学与数学思维”,《小学教学(数学版)》,2010 年第 5 期
231. “一个哲学工作者眼中的《人民教育》”,《人民教育》,2010 年第 9 期
232. “数学教师的专业成长”,《新世纪小学数学》,2010 年第 2、3 期
233. *“立足专业成长,关注基本问题”,《小学数学》(人教社),2010 年第 3、4 期
234. “做高度自觉的数学教师”,《湖南教育》,2010 年第 10 期
235. “‘问题解决’面面观”,《小学教学(数学版)》,2010 年第 11、12 期

236. ＊“从数学哲学到数学教育——数学观的现代演变及其教育含义”(与肖红合作),《课程·教材·教法》,2010 年第 12 期
237. “教师专业成长:背景、内涵与基本途径”,《中学数学教学参考(高中版)》,2011 年第 1 期
238. ＊“数学教育的误区与盲点”,《人民教育》,2011 年第 1 期
239. “做大气的数学教师”,《中学数学月刊》,2011 年第 3 期
240. “数学教育领域中的三个新‘教条’——数学观的现代演变及其教育含义”,《数学教育学报》,2011 年第 1 期
241. ＊“多元表征理论与概念教学”,《中学数学教学参考(高中版)》,2011 年第 5、6 期
242. “算术与代数的区别与联系”,《小学教学研究》,2011 年第 7 期
243. “我们应当如何发展自己的传统与教学经验——聚焦数学教育”,《湖南教育》,2011 年第 7、8 期
244. “充分发挥数学的文化价值——谈教育的“时代病”与数学教育的社会功能”,《湖北教育(教育教学)》,2011 年第 7 期
245. “学生无限观的形成与发展”,《教学月刊(小学版:数学)》,2011 年第 7/8 期
246. “‘找次品问题’与数学思维”,《小学教学(数学版)》,2011 年第 7 期
247. ＊“教师‘实践性智慧’的内涵与发展途径——兼论“学科内容教学法知识”的实践性解读”,《中学数学月刊》,2011 年第 12 期
248. ＊“专业成长道路上的不断追求——由《审视课堂:张齐华与小学数学文化》引发的两点思考”,《教育研究与评论》,2011 年第 12 期
249. “一本不应被忽视的重要著作:《小学数学的掌握与教学》”,《小学数学教师》,2012 年第 1 期
250. “从‘多位数加减法’的三个课例看传统的继承与发展”,《小学教学(数学版)》,2012 年第 1 期
251. “数学教育哲学与课程改革”,《湖南教育》,2012 年第 2、3 期
252. ＊“中国数学教育的重要生长点”,《中学数学教学参考(高中版)》,2012 年第 3 期
253. “教学模式研究需要再深入——由《讨论》引发的思考”,《人民教育》,2012 年第 8 期
254. “数学教师专业成长的当务之急”,《小学数学教育》,2012 年第 5 期
255. ＊“《义务教育数学课程标准(2011 年版)》之审思”,《小学教学(数学版)》,2012 年第 7/8 期
256. ＊“‘数学思想’面面观”,《中学数学教学参考(初中版)》,2012 年第 8、9、10 期
257. “聚焦‘课堂文化’与‘中观文化’”,《人民教育》,2012 年第 19 期
258. “动态与省思:聚焦数学教育”,《中学数学月刊》,2012 年第 11、12 期
259. “数学教育:问题与思考”,《小学数学教师》,2013 年第 1 期
260. “《数学课程标准(2011)》的‘另类解读’”,《数学教育学报》,2013 年第 1 期
261. “数学课改深入发展不应被忽视的几个环节”,《新课程研究》,2013 年第 2、3、4 期
262. “HPM 与数学教学的‘再创造’”(与郑玮合作),《数学教育学报》,2013 年第 3 期
263. “‘优化问题’与‘优化思想’”,《教学月刊(小学版:数学)》,2013 年第 7/8 期
264. “数学思维的学习与教学”,《湖南教育》,2013 年第 7、8、9 期
265. “教研道路上的无穷探索——从‘圆的认识’的教学谈开去”,《小学数学教师》,2013

第 9 期
266. “数学教育研究者的专业成长”,《数学教育学报》,2013 年第 5 期
267. “更好承担起理论研究者的历史责任”,《中学数学教学参考(初中版)》,2013 年第 10 期
268. “教师专业成长的主要目标与重要内容”,《小学教学(数学版)》,2013 年第 11、12 期
269. “‘解决策略的教学——画图’的教学”,《小学数学教师》,2013 年第 12 期
270. “数学思维与复习课”,《小学数学教师》,2014 年第 1 期
271. “关于‘以学为中心’的若干思考”,《中学数学月刊》,2014 年第 1 期
272. “‘找规律’教学的若干误区”,《小学教学设计》,2014 年第 8 期
273. “教师应有自己的独立思考”,《小学教学(数学版)》,2014 年第 4 期
274. *“数学教育的 20 个问题”,《小学教学(数学版)》,2014 年第 5 期
275. “概念教学应当注意的一些问题”,《小学教学设计(数学)》,2014 年第 5、6 期
276. “数学教育改革十五诫”,《数学教育学报》,2014 年第 3 期
277. “数学教育的理论建设”,《数学教学》,2014 年第 7 期
278. “‘平面图形分类’教学的综合思考”,《湖南教育》,2014 年第 7、8 期
279. “由‘先学后教’到‘翻转课堂’——基于数学教育的视角”,《教学月刊(小学版:数学)》,2014 年第 9 期
280. “数学教学中的‘找规律’风应当降温”,《小学教学(数学版)》,2014 年第 10 期
281. “高观点指导下的小学数学教学”,《小学数学教育》,2014 年第 12 期
282. *“‘数学与思维’之深思”,《数学教育学报》,2015 年第 1 期
283. “从‘一一列举’到‘抽屉原理’”(“教数学、想数学、学数学”系列之一),《小学数学教师》,2015 年第 3 期
284. “小学几何内容的教学”(“教数学、想数学、学数学”系列之二),《小学数学教师》,2015 年第 4 期
285. “离开专业思考我们能走多远?”(“教数学、想数学、学数学”系列之三),《小学数学教师》,2015 年第 5 期
286. “数学教学与学会思维”(“教数学、想数学、学数学”系列之四),《小学数学教师》,2015 年第 6 期
287. “数学教师专业成长的 6 个关键词”,《小学教学(数学版)》,2015 年第 4、5 期
288. *“莫让理论研究拖了实际工作的后腿”,《湖南教育》,2015 年第 3、4 期
289. “核心概念与小学数学教学”,《湖南教育》,2015 年第 5、6 期
290. “由‘先学后教’‘翻转课堂’看数学教师的专业成长”,《小学教学(数学版)》,2015 年第 6 期
291. *“做具有哲学思维的数学教师”,《教学月刊(小学版:数学)》,2015 年第 10 期
292. “数学教师资格考试‘试题’的几个思考”,《人民教育》,2015 年第 18 期
293. “从教师资格考试到教师专业成长”,《数学教育学报》,2015 年第 6 期
294. “由‘数学教学’到‘数学教育’再到‘教育人生’”,《数学教学》,2016 年第 1 期
295. “关于‘核心素养’的若干思考”(“学科视角下的核心素养与整合课程”系列之一),《小学数学教师》,2016 年第 1 期
296. “从‘整合数学’到‘整合课程’”(“学科视角下的核心素养与整合课程”系列之二),

《小学数学教师》,2016 年第 2 期
297. *“聚焦‘数学核心素养’”(“学科视角下的核心素养与整合课程”系列之三),《小学数学教师》,2016 年第 3 期
298. “多视角的数学教育研究”(“学科视角下的核心素养与整合课程”系列之四),《小学数学教师》,2016 年第 4 期
299. “数学教师如何才能用好教材”,《小学教学(数学版)》,2016 年第 3 期
300. *“课例研究的必要发展”(“‘课例研究’之思考与实践”系列之一),《小学教学(数学版)》,2016 年第 4 期
301. “‘课例研究’的一个实例:数学思维的教学”(“‘课例研究’之思考与实践”系列之二),《小学教学:数学版》,2016 年第 5、6 期
302. “从‘核心素养’到数学教师专业成长”,《小学数学教育》,2016 年第 4 期
303. “‘数学核心素养’之我见”,《教育视野》,2016 年第 10 期
304. “从数学教育的新近发展看教师专业成长”,《中小学课堂教学研究》,2016 年第 2 期
305. *“数学教育视角下的‘核心素养’”,《数学教育学报》,2016 年第 3 期
306. “一年级数学教学的规范性与开放性”,《教育视界》,2016 年第 22 期
307. “数学应让学生学会思维——数学核心素养的理论性思考与实践性解读”,《湖南教育》,2017 年第 1、2、3 期
308. “一个数学教育工作者的喜与悲——2016 年末的思考与感受”,《小学教学(数学版)》,2017 年第 3 期
309. *“为学生思维发展而教——‘数学核心素养’大家谈”,《小学教学(数学版)》,2017 年第 4、5 期
310. “什么样的数学教学要不得?”《教学月刊(小学版:数学)》,2017 年第 4、5 期
311. “从‘数学文化’到‘数学核心素养’”,《江苏教育》,2017 年第 7 期
312. *“以‘深度教学’落实数学核心素养”,《小学数学教师》,2017 年第 9 期
313. “更好发挥‘中英交流项目’的‘镜子’功能”,《小学数学教师》,2017 年第 11 期
314. *“‘问题意识’与数学教师的专业成长”,《数学教育学报》,2017 年第 5 期
315. “立足基本问题求新求异——从张齐华老师‘圆的认识’的五个教学设计谈开去”,《教育视界》,2017 年第 20 期
316. “数学教育的‘问题导向’”,《中学数学教学参考(高中版)》,2018 年第 2、3 期
317. “小学数学思维教学的几个案例”,《湖南教育》,2018 年第 2、3 期
318. *“中国数学教育的‘问题特色’”,《数学教育学报》,2018 年第 1 期
319. “努力打造数学教育的中国名片”(“中国数学教学‘问题特色’”系列研究之一),《小学数学教师》,2018 年第 2 期
320. “数学教学中的‘问题引领’与‘问题驱动’”(“中国数学教学‘问题特色’”系列研究之二),《小学数学教师》,2018 年第 3 期
321. “数学教师应有较强的‘问题意识’”(“中国数学教学‘问题特色’”系列研究之三),《小学数学教师》,2018 年第 4 期
322. “用‘全局的观念’指导教学——由俞正强老师的‘种子课’谈开去”,《教学月刊(小学版:数学)》,2018 年第 3 期
323. “聚焦‘学生发现与提出问题能力的培养’”(“用研究的精神从事教学”系列之一),

《教学月刊(小学版:数学)》,2018 年第 4 期

324. “聚焦‘认识分数’的教学”(“用研究的精神从事教学”系列之二),《教学月刊(小学版:数学)》,2018 年第 5 期
325. “认真学习、积极实践、深入研究:新一代教师的成长之道”,《小学数学教师》,2018 年第 7/8 期
326. “用案例说话:数学教学中‘核心问题’的提炼与‘再加工’”,《小学数学教师》,2018 年第 7/8、9、10 期
327. *“从‘反思性实践者’到‘作为研究者的教师’”,《小学教学(数学版)》,2018 年第 7/8、9、10 期
328. “关于‘问题解决’与应用题教学的若干思考”,《教育研究与评论:小学教育教学》,2018 年第 9 期
329. “明确核心问题,明辨核心观点——读刊有感”,《教育视界》,2018 年第 20 期
330. “小学数学教育的‘别样研究’——读“高中新课标的启示”专辑有感”,《小学教学(数学版)》,2018 年第 11 期
331. “全局观念指导下的‘度量问题’教学”,《教育视界》,2018 年第 24 期
332. “小学数学教师专业成长的‘中国道路’”,《数学教育学报》,2018 年第 6 期
333. “中国数学教育需要更多、更好的专业评论”,《小学数学教师》,2019 年第 1 期
334. “文化视角下的数学教学”,《教育研究与评论》,2019 年第 1 期
335. “数学教师应有的‘文化担当’”,《湖南教育》,2019 年第 1、2、3 期
336. “评论应当促进人们的思考”,《小学数学教师》,2019 年第 3 期
337. “核心素养的实践性解读”,《中小学课堂教学研究》,2019 年第 3 期
338. “数学 · 哲学 · 教育——我的‘跨界’教育人生”,《中小学课堂教学研究》,2019 年第 4 期
339. “读书有感”,《小学数学教师》,2019 年第 5 期
340. “数学深度教学”十讲(1—10),《小学数学教师》,2019 年第 7/8、9、10、11、12 期,2020 年第 1、2、3、4、5 期
341. “数学教育教学的基本道理”,《小学教学(数学版)》,2019 年第 9、10 期
342. “关于教师专业成长的一点思考”,《教学月刊(小学版:数学)》,2019 年第 10 期
343. “‘数学深度教学’的理论与实践”,《数学教育学报》,2019 年第 5 期
344. “中国数学教育如何创造未来”,《教育研究与评论》,2019 年第 6 期
345. “中国数学课程改革 20 年”,《小学教学(数学版)》,2019 年第 11 期,2020 年第 1、3、4 期
346. “传统应用题教学之当代重建”,《中小学课堂教学研究》,2020 年第 1、2 期
347. “从‘数学表达能力的培养’到‘深度教学’”,《教育视界》,2020 年第 5 期
348. “数学教学研究范式的必要转换”,《小学数学教师》,2020 年第 7 期
349. “学生的‘思’与教师的‘引’——有感于支玉恒《说说我们的语文教学》一文”,《教育研究与评论》,2020 年第 3 期
350. “认清形势,砥砺前行——寄语初中数学教师”,《中学数学教学参考(初中版)》,2020 年第 7、8 期
351. “中学数学解题教学之我见”,《中学数学月刊》,2020 年第 10、11 期

352. “高观点指导下的小学数学教学”(系列),《福建教育》,2020 年第 11 期、2021 年第 1—3 期
353. “新一代数学教育研究者的成长”,《数学教育学报》,2020 年第 6 期
354. “小学数学教学的新热点与关键”(系列),《小学教学(数学版)》,2020 年第 11 期—2021 年第 2 期